トランジスタ技術 SPECIAL

No.127

商用利用もできる無制限ツールでメーカ顔負けのモノ作りに挑戦

一人で始めるプリント基板作り
［完全フリーKiCad付き］

CQ出版社

CONTENTS
トランジスタ技術 SPECIAL

特集　一人で始めるプリント基板作り[完全フリー KiCad 付き]

Introduction	商用利用もできる無制限ツールでメーカ顔負けのモノ作りに挑戦 **本格基板製作を始めよう**　米倉 健太	4

第1部　入門編　ゼロから始めるプリント基板設計

Prologue・1	**USB DACヘッドホン・アンプの基板を作ろう**　米倉 健太	6
	■ 概要　■ KiCadによるプリント基板作成の手順　■ 第1部の説明	
STEP1	自宅のパソコンを開発ツールに変える **プリント基板CADをインストール**　米倉 健太	8
	Column Linuxパソコンや MacにKiCadをインストールする方法　Column インターネットからインストーラを入手する場合の注意点	
STEP2	手づくりUSBヘッドホン・アンプを例に **回路図を書く**　米倉 健太	11
	■ (1) 回路図ファイルを作成する　■ (2) 部品を配置する　■ (3) 部品同士を配線する　■ (4) 配線ミスを修正する　■ (5) ネットリストを出力する	
STEP3	作画前の下準備 **回路図の読み込みと設計ルールの設定**　米倉 健太	19
	■ (1) 回路図エディタで新規のページを作り保存　■ (2) ネットリストとフットプリントを関連付けする　■ (3) ネットリストを読み込む　■ (4) デザイン・ルールを設定する	
STEP4	外形/部品配置から配線/チェックまで **作画する**　米倉 健太	23
	■ (1) 外形やねじ穴を描く　■ (2) 部品を配置する　■ (3) 信号線を配線する　■ (4) シルク位置を調節する　■ (5) ベタ・パターンを作る　Column クローズ・ジャンパとオープン・ジャンパ　■ (6) GNDビアを追加する　■ (7) デザイン・ルールをチェックする　■ (8) 目視確認　Column 使い慣れると高速動作が可能に！ショートカット・コマンド	
STEP5	基板製造に必要なデータを出力 **発注データの作成と基板発注**　米倉 健太	30
	■ (1) 発注用のデータを作る　■ (2) 発注　■ (3) プリント基板が届く	
Appendix 1	ノーミス目指して！KiCadで出力したExcelでバッチリ管理！ **部品表の作り方**　米倉 健太	34
Appendix 2	CADデータが完成したら発注！ **プリント基板製造メーカ一覧**　武田 洋一	35
Appendix 3	**P板.comによる基板の発注**　米倉 健太	36
	■ ユーザ登録　■ 基板製造見積もり　Column 格安基板製造メーカの利用法	
Appendix 4	**Digi-Keyによる部品の発注**　米倉 健太	41
	■ BOMシートの編集（部品の選定）　■ 発注書の作成　■ 発注	
	最低限知っておきたい **プリント基板用語のまとめ**　つちや 裕詞	44

第2部　実践編　プロに学ぶプリント基板製作

Prologue・2	**プリント基板CADを使いこなそう**　つちや 裕詞	45
第1章	タダのツールでプロっぽく！宅配ピザみたいにネット注文 **自宅でプリント基板が作れる時代がキタ！**　つちや 裕詞, 米倉 健太	46
	Column KiCadのライセンスについて	
第2章	グラフィック液晶ディスプレイ制御基板を例に **オートルータでチョッパヤ配線**　つちや 裕詞	51

CONTENTS

表紙・扉デザイン　ナカヤ デザインスタジオ(柴田 幸男)
本文イラスト　　神崎 真理子

No.127

■ はじめてのオートルータ　■ より高性能なオートルータとKiCadのコラボ　Column オートルータの機能と付き合い方　Column プロはオートルータをこう使う！

第3章　部品配置や電流ルートにこだわった
OPアンプをとっかえひっかえ！電池1個のポータブル・ヘッドホン・アンプ　つちや 裕詞 …… 59
■ STEP1：作りたいものの構想を練る　■ STEP2：基板の仕様を決める　■ STEP3：回路図を描く　■ STEP4：部品配置を検討する（フロア・プラン）　Column チップ部品が起き上がる「マンハッタン現象」

Appendix 5　電源や信号の電流の流れを追いかけて描く
ノイズの出にくいスイッチング・アンプの基板作り　つちや 裕詞 ……… 68

第4章　プロはこういうところで手を抜かない
仕上げの配線テクニック 20　つちや 裕詞 ……………………… 72
■ パターン編　■ 部品配置編　■ 基板製造編

第5章　回路の動作チェック，作画，発注までを一つのツール上で完結！
回路シミュレータ「LTspice」と基板設計CAD「KiCadの連携」　つちや 裕詞 …… 78
■ 「KiCad」は市販のCadに匹敵する機能を着々と装備しはじめている　■ SPICE用回路図デモ・ファイルを利用して慣れよう　■ シミュレーションを行うために必要な設定のポイント　■ AC解析用の回路図を作成する　■ SPICEネットリストの出力　■ ネットリストの読み込みとAC解析の実行　■ 値を自動で変化させて結果を重ね描きしてくれるパラメトリック解析　■ 波形を表示してくれるトランジェント解析　■ 周波数成分を表示してくれるFFT解析

Appendix 6　KiCadと相性バッチリ！ 定番＆フリーの2D機構CAD "Jw-cad" で穴あけ
基板がピッタリ収まるケースを作る　今関 雅敬 ………………………… 87
■ オススメ！2D機構CAD Jw-cad　■ バシッと決める！穴の位置出し　■ 基板取り付け用の穴あけ加工にTRY…アクリルの保護板　■ 基板取り付け用の穴あけ加工にTRY…タチチのモールド・ケース　Column 製品レベルの見事な仕上がり！機械加工専門の工場に外注

第6章　部品メーカのデータシートを読み取り，自分だけのライブラリを作成する
KiCadの回路記号＆フットプリントを作る方法　米倉 健太 ……………… 93
■ 回路記号を作成する　■ フットプリントを作成する

Appendix 7　ライセンスを理解し，安心してKiCadを使おう
KiCadのライセンスおよび開発と日本のユーザ・コミュニティについて　米倉 健太 …… 100
■ KiCadとは　■ ライセンスに関すること　■ OSSとOSHW　■ ユーザ・コミュニティ kicad.jp について

第3部　資料編　KiCadリファレンス・マニュアル

Prologue・3　KiCad日本語マニュアル最新版　つちや 裕詞 ……………………………… 103

第1章　誰でも制限なく使えるOSSのプリント基板CAD
KiCad導入リファレンス・マニュアル　kicad.jp ……………………………… 107

第2章　OSSのKiCadで回路図もラクラク管理
Eeschemaリファレンス・マニュアル　kicad.jp ……………………………… 112

第3章　EeschemaとPcbnewの部品同士を関連付けする
CvPcbリファレンス・マニュアル　kicad.jp …………………………………… 173

第4章　リアルタイムDRCを活用して本格的基板設計をマスタしよう
Pcbnewリファレンス・マニュアル　kicad.jp ………………………………… 180

第5章　基板の発注前にガーバー・データを確認しよう！
GerbViewリファレンス・マニュアル　kicad.jp ……………………………… 235

Supplement　気軽に使えるホビー用からプロ用まで
プリント基板CADセレクション　武田 洋一 …………………………………… 239

CD-ROMの内容と使い方 ……… 241　索　引 ……… 243　執筆者紹介 ……… 247

▶ 本書の第1部と第2部の各記事は，「トランジスタ技術」に掲載された記事を再編集したものです．初出誌は各章の章末に掲載してあります．記載のないものは書き下ろしです．また，第3部はKiCadのヘルプファイルを再編集したものです．

Introduction 商用利用もできる無制限ツールで メーカ顔負けのモノ作りに挑戦
本格基板製作を始めよう

米倉 健太

1 はじめに

この本を手にとっていただきありがとうございます．「プリント基板を製作する」というかなり専門的な本を手に取り，ページを開いていただけているということは，あなたも相当マニアックな方であるとお見受けします．あなたは，以下のうちのどれかに当てはまる方ではありませんか？

① 電子工作の幅を広げたい日曜エンジニア
② 電子部品を扱ってまだ日の浅い新米エンジニア
③ 電子の流れが見えるスーパー回路基板エンジニア

①に当てはまる方には，この本をぜひお薦めしたいです．昔は電子工作と言えば，ユニバーサル基板に手はんだしたり，ブレッドボードに部品を並べたりすることが一般的でしたが，ここ数年の製造技術の普及と価格競争によりプリント基板製造の価格が下落し，個人での発注が容易になりました．プリント基板設計は手はんだに比べて，そこまで難しい技術ではありません．出来上がった基板の見た目がプロっぽくてカッコいいので，ぜひとも習得することをお薦めします．

②に当てはまる方は，この本を読んでおくべきです．業界に入って日も浅いと，毎日が勉強すべきことであふれていると思います．学校で習った回路設計やプログラミングの復習に加え，実務で覚える仕様決めや作業工程と品質の管理など，個々の仕事の結果が一つの製品になります．その中で，製品が持つさまざまな機能をまとめる役割をしているのが基板です．すなわち，基板の作り方を知るということは，現在バラバラに学んでいるさまざまな仕事のまとめ方を知ることに他なりません．この本が，あなたの日々の業務のモチベーションを高められることを願ってやみません．

③に当てはまる方は，おそらく，この本を必要に迫られて手に取ったはずです．基板の作り方など百も承知であるにも関わらず，この本を手に取ったということは，何かしら既存の知識に加えて，KiCadというソフトウェアの知識を収集しておく必要があると，判断されたのだと思います．私には，その深慮の理由は分かりませんが，この本はKiCadというソフトウェアについて，余すところ無く解説した本ですので，きっとご期待に沿えるかと思います．

さて，①にも②にも③にも当てはまらなかった方，本当にありがとうございます！ この本は，これまであなたのすぐ隣にあって，でも，あなたがこれまで知らなかった世界について，その扉を開ける方法をご紹介します．プリント基板というのは，パソコンやDVDプレーヤ等の家電を分解すると必ず出てくる，緑色（たまに茶色）の板のことです．この板の上には，とても小さな抵抗・コンデンサ・ICなどの部品が電子回路を構成していて，家電というシステムの中で，適切に電力を配分したり実際の動作命令を出したりしている縁の下の力持ちです．本書は，その部品の作り方を解説しており，あなたが今後，何かのモノ作りをすることになった場合，きっと必要になる知識です．

近年の"メイカーブーム"と呼ばれる「誰もが自分に合ったモノを手作りする時代」の到来にともない，3Dプリンタや電子工作カフェなどがにわかに脚光を浴びています．この本がそうした時代を下支えできるよう，読者の皆さまの工作スキルの幅を広げることに貢献できれば幸いです．

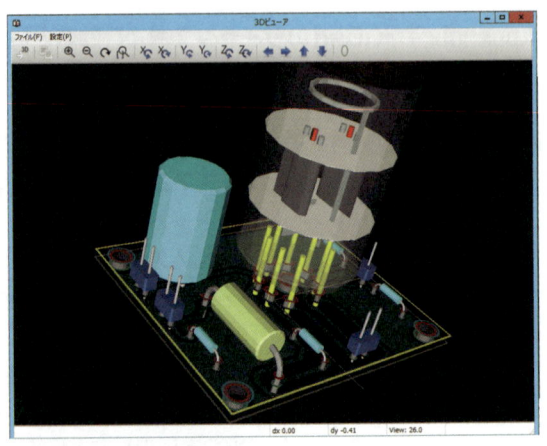

2 本書の構成と学び方

この本の執筆は，ロボットが専門の米倉と，基板アートワークが専門のつちやの二人がタッグを組んで主に執筆しました．米倉が初級者向けにKiCadを使ったプリント基板設計を第1部で解説し，つちやが中・上級者向けにプリント基板設計におけるテクニックや勘所を第2部で解説しています．そして第3部には，KiCadの日本ユーザ・コミュニティであるkicad.jpに

よる，KiCad付属マニュアルの日本語翻訳を収録しました．

プリント基板設計の初心者の方，あるいはKiCadの操作について特に知りたい方は，第一部のKiCadを使用したプリント基板設計のチュートリアルを読み，その後，もっと詳しく知りたいことが出て来たとき，第3部のKiCadと個々のエディタのマニュアルを参照するのが良いでしょう．第1部だけでプリント基板作成のソフトウェアインストールから発注までフォローしているので，ここを読むだけで，誰でもすぐにプリント基板設計ができるようになります．

第2部のプリント基板設計のテクニック解説は，かなりプリント基板設計の中・上級者向けです．初心者の方が気にする必要はあまりありませんが，効率的に，安定した回路基板の開発を，設計ミスができるだけ少なく行うためには必須の知識となります．第2部は，CADこそKiCadを使用していますが，解説されているテクニックや勘所は，EagleやOrCAD等の他のCADでも共通で使える知識となっています．自分のプリント基板設計のスキルをさらに伸ばしたくなったときに読むのが良いでしょう．

一つだけ注意してもらいたいのは，本書はプリント基板の設計に特化した書籍であり，電子回路については解説をしていません．電子回路の設計方法については，さまざまな回路の種類に応じて，既刊のトランジスタ技術SPECIALが出版されているので，そちらを参考にしてください．

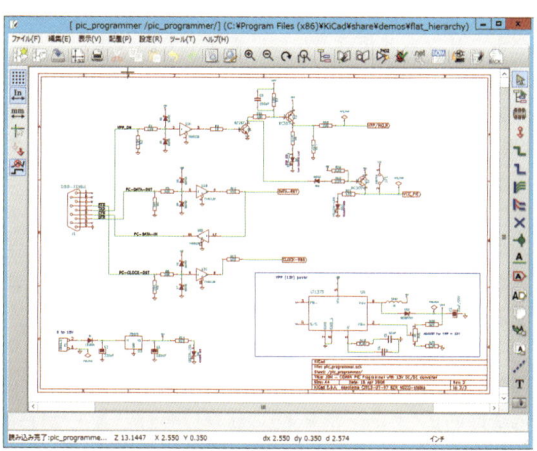

3 KiCadの特徴と活用

KiCadはGPLというライセンスのオープンソース・ソフトウェア（OSS）です．KiCadはこのライセンスの元に，我々ユーザは，その機能の全てを永遠に制限なく無償で利用することが可能で，これを利用して商業活動をするためにわざわざ許諾を得る必要もなく，必要があれば自分で改造することすらできます．企業が提供しているソフトウェアだと不具合を見つけても，ユーザは企業に不具合を報告した後，修正してもらえるまで待つしか方法がありません．KiCadの場合は，ソフトウェアを作成するための設計図であるソースコードが公開されているので，誰でも不具合箇所を特定して修正することが可能です．この，イザというときに自分で修正できるというのは，とても大きな利点ですが，プログラミングについての知識がないと意味がないので，一長一短というところです．

KiCadを利用する際にぜひ活用してもらいたいのが，日本ユーザ・コミュニティkicad.jpの存在です．kicad.jp(http://kicad.jp/)は，この本の執筆陣である米倉とつちやが中心となって開設したWebサイトで，KiCadに関するさまざまな日本語の情報を集めています．中でも活発に活動がされているのは，メーリング・リスト（kicad-users@kicad.jp）です．2014年5月現在で150人ほどが登録しており，KiCadに関するさまざまな質問を日本語ですることができます．そして，ここで議論された質問は，Wiki(http://wiki.kicad.jp/)に質問・バグ報告・参考になるWebページなどに分類して蓄積されており，初心者が遭遇する問題については，だいたいこのWikiを読むことで解決できます．kicad.jpは有志のメンバーによって管理されており，これらのメーリング・リストやWikiは，基本的に誰でも書き込んだり編集したりできるようになっています．これは，kicad.jpがKiCad本家が持つオープンソース的な風土を継承し，「ソフトウェアの主役となるべきなのは開発者ではなくユーザである」という方針をとっているからです．そのため，kicad.jpから積極的に情報を発信することはほとんどなく，Web上のブログ記事や有志による勉強会の情報について，積極的にリンクを張って盛り上げるのが主な活動です．ですので，KiCadを使って何かを作ったら，ぜひkicad.jpにご一報ください！

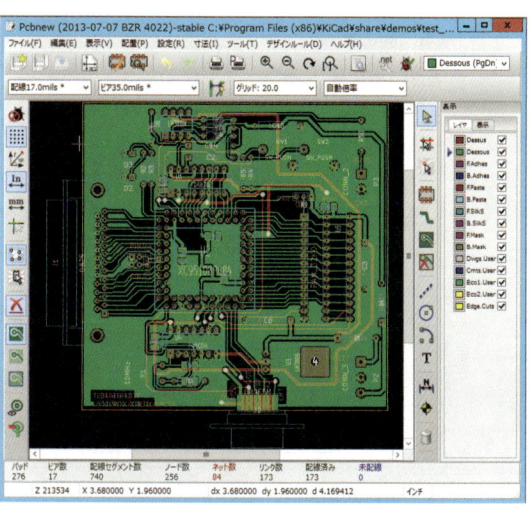

第1部 入門編 ゼロから始めるプリント基板設計

Prologue・1
USB DAC ヘッドホン・アンプの基板を作ろう

米倉 健太

概要

第1部では，STEP2の図1の回路のUSB DACヘッドホン・アンプのプリント基板を，実際に手を動かしながら作っていきます．この作業は，KiCadを使って行うものの他にも，部品の発注方法やKiCadで作成したガーバー・ファイルのメーカへの発注方法まで含まれており，ここを読むだけで，初心者でも一人でプリント基板が作成できるようになっています．

KiCadによるプリント基板作成の手順

プリント基板作成の概略を，**図A**に示します．今回の作成例はかなり単純なものですが，基板設計のエッセンスをちゃんとつかんでいます．

この後に続くSTEP1でKiCadをコンピュータにインストールして開発環境を整えた後，STEP2で回路図の作成，STEP3でライブラリの紐づけ，STEP4，5で基板図面の作成を行います．そのほかの，自作ライブラリの作成方法については第2部の第6章を，部品の調達についてはAppendix1，4を，製造メーカの選定についてはAppendix2，3を参照してください．実際のプロの基板設計では，回路設計や筐体設計，性能検査などの工程が入るのですが，それらについても一部は第2部で解説があります．

第1部の説明

STEP1では，KiCadというプリント基板設計ソフトウェア(PCB CAD)をコンピュータにインストールする方法について解説します．作業時間の目安は10～30分ほど．流れ図に沿ってコンピュータを操作すれば，コンピュータにプリント基板を設計する環境が整います．このソフトウェアは，本書の全体を通して使用します．次のSTEP2から，実際に手を動かしながらプリント基板設計について学んでいきましょう．

STEP2では，プリント基板化する電子回路の回路図を引く方法について解説します．作業時間の目安は，1時間から1時間半ほど．実は，回路図を引かなくても基板を設計することはできますが，回路図を引くことで複雑な電子回路をミスなく基板化することができるようになります．また，基板を編集する際，さまざまなサポート機能の恩恵を受けることができるようになるため，積極的に使っていきましょう．

STEP3では，回路図エディタで使用した電子部品(回路図マクロ)と，これから基板エディタで使用する電子部品(フットプリント)の紐づけを行います．作業時間の目安は，15分から30分ほど．ここは，対応するものを選ぶだけなので，すぐに終わってしまいます．この作業は，回路図マクロとフットプリントを一緒に管理するタイプのPCB CADにはないかもしれませんが，世の中の多くのPCB CADは，このように両者が分離しており，同一の回路図から使用する電子部品を変更した基板を作成することが容易になっています．

STEP4では，ようやく基板エディタを使って，基板の図面を引いていきます．作業時間の目安は2時間

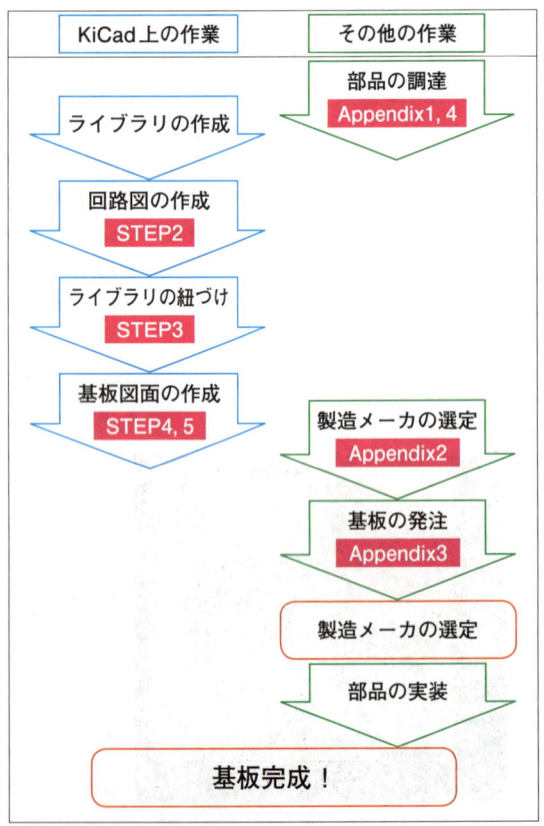

図A プリント基板作成の概略

から3時間ほどです．ピンの一本一本を配線でつないで，未配線の表示を消して行く作業はさながらパズルのようで，慣れるととても楽しい作業です．もう既に他のPCB CADを使用したことがある人には，ここで出てくるリアルタイムDRCの機能に心を奪われるでしょう．リアルタイムDRCとは，配線作業中に同時に配線がプリント基板の製造基準（デザインルール）を満たすように矯正する機能です．多くの商用のPCB CADには付属している機能ですが，フリーのPCB CADでこの機能が付いているのは，筆者の知る限りKiCadをおいて他にありません．この機能がないPCB CADの場合，配線作業をやって，デザインルールをチェックして，配線を修正して，またデザインルールをチェックして，また配線を修正して…と，この作業ループを延々と繰り返す必要があります．しかし，リアルタイムDRCが搭載されているKiCadの場合，この無駄な手戻りを一掃することができるため，搭載されていないPCB CADよりも基板の作成時間が短縮でき，作業時間の見積もりも，ある程度できるようになります．

STEP5では，作成した基板の図面から発注に使用するガーバー・ファイルの出力を行います．ガーバー・ファイルの出力自体は15分から30分程度でできてしまいますが，実際の発注処理については，各プリント基板製造メーカの発注方法によります．Appendix 2に，主なプリント基板製造メーカの一覧を載せたので，これを参考に，発注するメーカを選んでください．Appendix 3には，製造メーカの中でも有名な「P板.com」に発注する際の実例を解説したので，ぜひ参考にしてください．また，最近話題の中国の格安基板メーカについても，Column中で解説を行っています．

それでは，ご一緒に始めましょう！

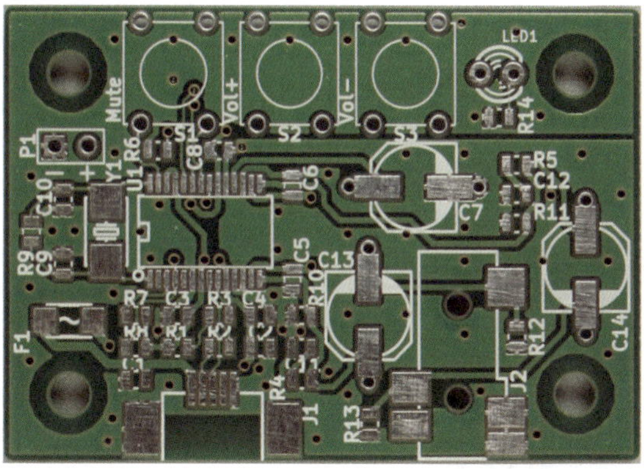

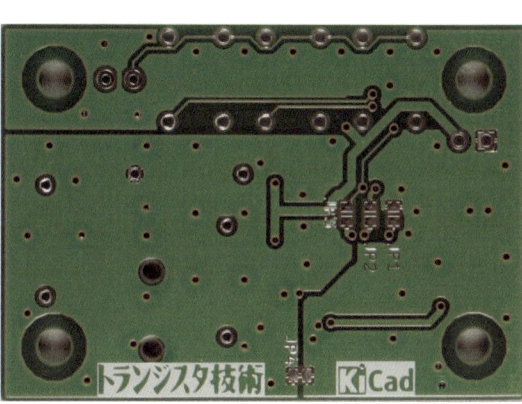

第1部　もくじ

■ **STEP1**　プリント基板CADをインストール

■ **STEP2**　回路図を書く
(1) 回路図ファイルを作成する
(2) 部品を配置する
(3) 部品同士を配線する
(4) 回路図のエラーをチェックする
(5) ネットリストを作成する

■ **STEP3**　回路図の読み込みと設計ルールの設定
(1) 基板エディタで新規のページを作り保存
(2) ネットリストとフットプリントを関連付ける
(3) ネットリストを読み込む
(4) デザイン・ルールを設定する

■ **STEP4**　作画する
(1) 外形やねじ穴を描く
(2) 部品を配置する
(3) 信号線を配線する
(4) シルク位置を調整する
(5) ベタ・パターンを作る
(6) GNDビアを追加する
(7) デザイン・ルールをチェックする
(8) 目視確認

■ **STEP5**　発注データの作成と基板発注
(1) 発注用データの作成
(2) 基板製造メーカの選定
(3) プリント基板の完成

STEP1 自宅のパソコンを開発ツールに変える
プリント基板CADをインストール

米倉 健太

● 準備するもの
- Windows XP以降のOSを搭載したパソコン
- 付属CD-ROM

● インストールする前に
▶既にKiCadを使用している方は

　これまでKiCadを使用していた場合は，最新のKiCadをパソコンへインストールする前に，コンピュータ内のKiCadのフォルダ（例，C:¥Program Files (x86)¥KiCad）から，自作のライブラリ・フットプリント・プロジェクトを別のフォルダに退避させてください．KiCadをインストールすると，以前のフォルダは上書きされます．

● インストールしよう！

　付属CD-ROMのKiCadのフォルダ内にあるインストーラ KiCad_stable-2014.05.14-BZR4022-ja_Win_full_version.exe をクリックして，図1のようにインストールを始めましょう．

　すると，図1(a)のようにインストールする言語を選択する画面が表示されます．「Japanese」が選択されていることを確認して「OK」をクリックします．次に図1(b)のセットアップ ウィザードの開始画面が表示されるので「次へ」をクリックします．

　図1(c)のライセンス契約書の画面が表示されます．記載されている内容は，KiCadをソース・コードから変更した場合の再配布方法についてなどです．ソース・コードからビルドしたKiCadを自身のWebサイトで公開したり，イベントなどで配布したりする場合には注意が必要です．KiCadを使用するだけであれば関係ありません．「同意する(A)」をクリックして次に進みます．

　図1(d)のコンポーネントを選択する画面が表示されます．特別な理由がなければ，全てのコンポーネントをインストールすることをお勧めします．必要なコ

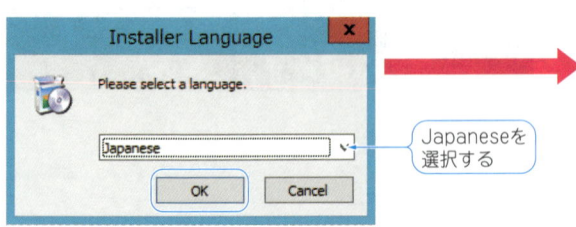

(a) インストール言語「Japanese」を選択する

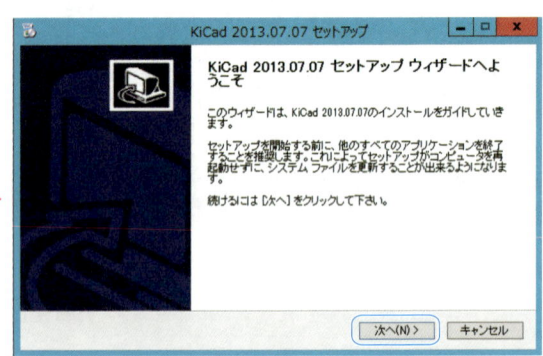

(b) KiCadセットアップウィザードが開始される

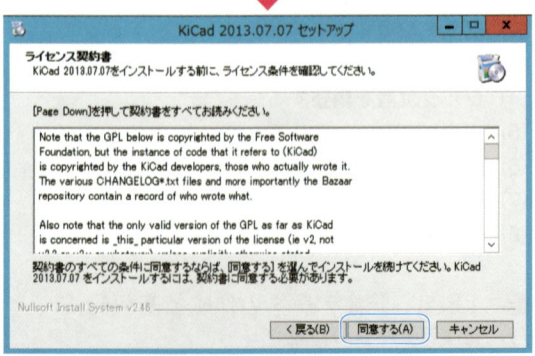

(c) ライセンス条件の確認をして同意する

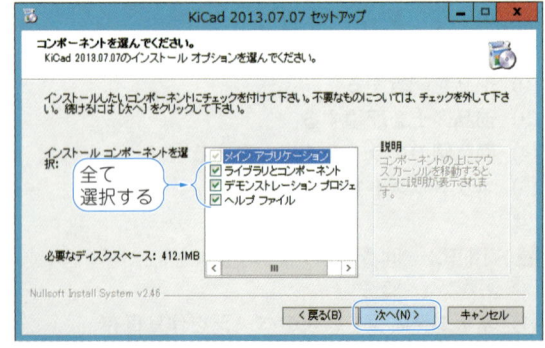

(d) KiCadと一緒にインストールするコンポーネントを選択する

図1 プリント基板CAD「KiCad」をパソコンにインストール！

> **Column** LinuxパソコンやMacにKiCadをインストールする方法
>
> ● Linuxパソコンにインストールする
>   rpmやaptといった，ディストロ標準のパッケージ・マネージャから「KiCad」を選択してインストールすると，アップデートなどの管理が楽にできます．また，http://kicad.jp/のサイトからは，最新のGUIやチュートリアルの日本語ファイルがダウンロードできます．
>
> ● Macにインストールする
>   http://kicad.jp/で紹介しているサイトから，インストーラをダウンロードできますが，サポートがあまり行われていないため，お勧めはできません．

ンポーネントにチェックが付いていることを確認したら，「次へ(N)」をクリックします．

図1(e)のKiCadのインストール先を選択する画面が表示されます．筆者は64ビットのWindows 7を使用しているため，図中のインストール先フォルダが「C:¥Program Files(x86)¥KiCad」となっていますが，32ビットのWindowsを使用しているユーザの場合は，「C:¥Program Files¥KiCad」となります．どちらでも問題ありません．「インストール」ボタンをクリックして，インストールを開始しましょう．インストール中は確認を求められることはないので，この間にひと休みすることができます．

インストールが完了すると，図1(f)のWings3Dというソフトウェアのインストールを促す画面が表示されます．Wings3DはKiCadの3D表示部分を担っているソフトウェアです．Windows Vista以降はOSが3D表示の機能を持っているため，チェックは不要です．ここではボックスにチェックを入れず，「完了」をクリックしましょう．デスクトップとスタートメニューに，KiCadのショートカットが作成されます．

Windows Vista以降のOSを使用している人は，これでKiCadのインストールは完了です．

▶Windows XPを使用している場合

Windows XPを使用の方は，続いて図2のようにWings3Dライブラリをインストールします．Wings3DのWebページ http://www.wings3d.com/?page_id=84から該当するインストーラをダウンロードし，実行してください．

図2(a)のようにコンポーネントを選択する画面が表示されます．特に変更せず，デフォルトのまま「Next＞」をクリックします．図2(b)のインストール先を選択する画面が表示されます．デフォルトのままで問題がなければ「Next＞」をクリックします．

図2(c)の画面では，Windowsのスタートメニューに登録する名前を選ぶことができます．特に問題がなければ「Install」をクリックします．インストール中に，VC++2005ライブラリの設定画面が表示されることがありますが，「キャンセル」せずに，そのまま何もクリックせず設定されるのを待ちます．

インストールが完了すると，図2(d)の画面が表示されます．「Close」を押してウィンドウを閉じます．

＊

たったこれだけで，プリント基板を設計する準備が整いました！

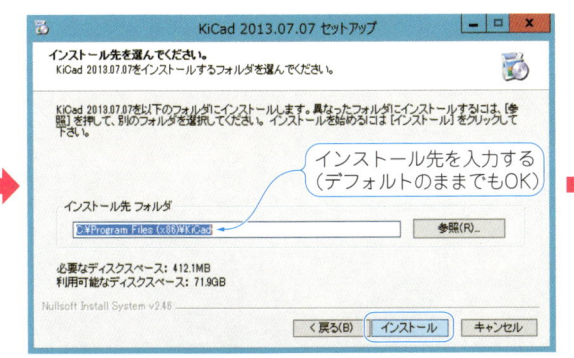

(e) インストール先を選択する

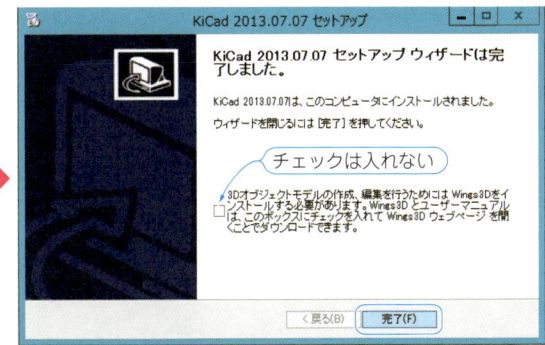

(f) インストール完了画面．Wings3Dのインストールを進めるチェック・ボックスがあるがチェックしない

インターネットからインストーラを入手する場合の注意点 **Column**

今回は，付属CD-ROMに収録されているインストーラを使っているので問題はありませんが，kicad.jpのWebサイトからインストーラをダウンロードする際には注意点があります．

Nortonのアンチウイルス製品を使用の場合，ファイル・インサイトの機能により，インストーラが削除される場合があります．

Web上からダウンロードしたインストーラが見当たらない場合，Nortonの「ネットワークの設定」から「ダウンロードインテリジェンス」の中にある「インサイト」の機能を一時的に無効に設定してください．

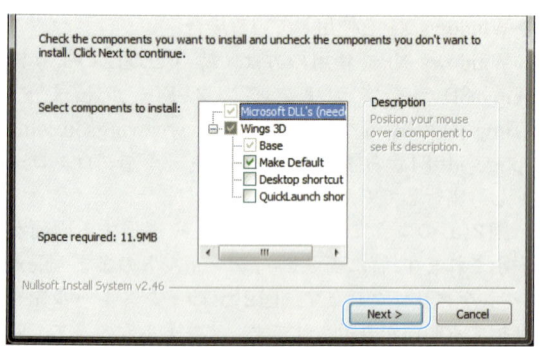

（a）コンポーネントを選択する．特に変更の必要はない

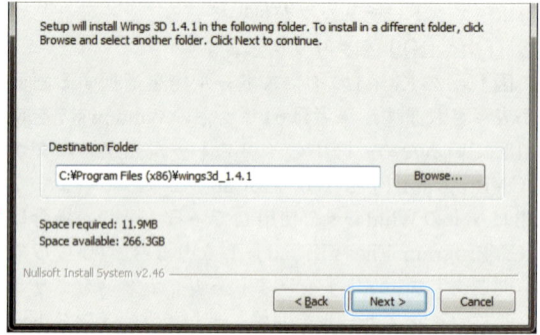

（b）インストール先の選択をする

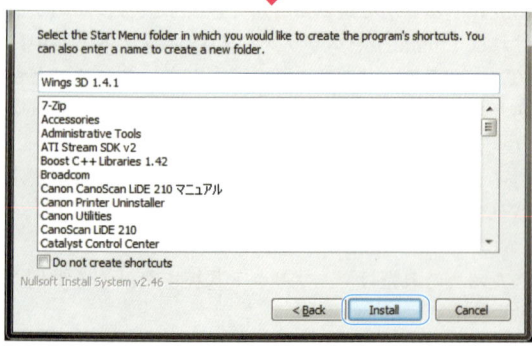

（c）スタートメニューの登録を選択する

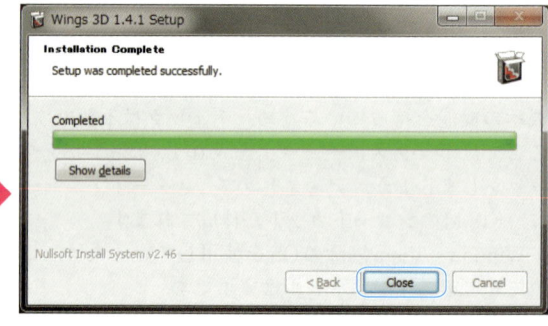

（d）インストールが完了したら，「Close」をクリックする

図2　Windows XPを使っている人はWings3Dをインストールする

STEP2 手作りUSBヘッドホン・アンプを例に 回路図を書く

米倉 健太

① 部品を配置する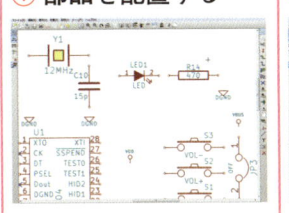
② 部品同士をつなぐ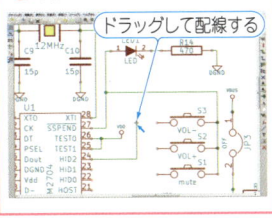
③ 電気的エラーをチェック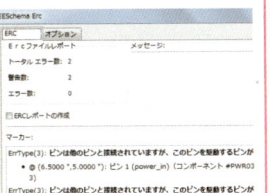
④ ネットリストを出力

```
# EESchema Netlist Version
1.1 created  2013/03/04
18:14:44
(
 ( /50DBD4DC my_SM0603 C1
0.22u
  ( 1 N-000009 )
  ( 2 DGND )
```

図2 回路図を入力する流れ

ここでは，トランジスタ技術2013年2月号の第2章(p.56-p.61)「お手軽PCオーディオUSB DACヘッドホン・アンプ」の回路図(図1)を元に，回路を入力する方法(図2)を説明します．

この回路は，USBインターフェースを持つD-AコンバータIC PCM2704を使って，USBバス・パワー(5V)でヘッドホンを駆動できます．

なお，この作成した基板データは，付属CD-ROMに収録されています．

（1）回路図ファイルを作成する

● 手順1：KiCadを起動する

デスクトップにあるKiCadのアイコンをダブルクリックするとKiCadが起動し，図3に示すような小さな画面が現れます．これがKiCadの初期画面です．KiCadは，

① Eeschema：回路図エディタ
② CvPcb：コンポーネントのモジュール割り付け
③ Pcbnew：基板エディタ
④ GerbView：ガーバー・ビューア
⑤ Bitmap2Component：画像ファイルからロゴを作成するツール
⑥ Pcb calculator：基板関連の計算をするツール

という六つの機能を持っており，アイコンをクリックすることで，それぞれを起動できます．

画面の左側は，作業中のファイルが表示されるビューです．プロジェクトを新規に作成したときは，プロジェクトを管理するファイル(.pro)しかありませんが，作業を進めるにつれてファイルはどんどん増えます．

● 手順2：作業フォルダを作る

作業ファイルを置く場所を指定します．

「ファイル」→「新規」を選んで，好みの場所にフォルダを作成し，ファイル名を指定してプロジェクト・ファイルを「保存」します．このとき，書き込み権限がないフォルダへ場所を指定していると「保存」できません．そのような場合は，「C:¥Users¥ユーザ名¥」以下などの，書き込み可能なフォルダへ場所を変更してください．今回は，「USBDAC」というプロジェクト名でプロジェクト・ファイルを作成しました．

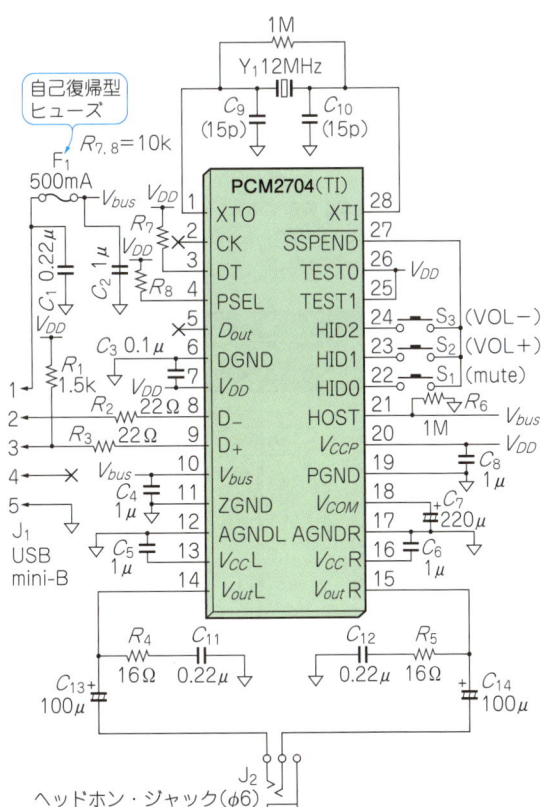

図1(1) 例題…製作するUSB DACヘッドホン・アンプ基板の回路図

図3 KiCadの初期画面
回路図エディタや基板エディタなどの使いたいツールを選択する．

● 手順3：回路図エディタを起動する
　図3のKiCadランチャーで右側に六つ並んでいるアイコンの中から，一番左側のものをクリックしてEeSchema（回路図エディタ）を起動します．初回起動時は，「ファイル～が見つかりません．」という情報画面が表示されますが，これは無視して「OK」を押します．回路図ファイル（.sch）を作成すると，この表示は出なくなります．

　図4のように空の図面が表示されます．起動したら，まず「ファイル」→「回路図プロジェクト全体を保存」の手順で回路図ファイルをディスクに保存しましょう．保存の操作は，［Ctrl］＋［s］でも可能です．

　また，これは筆者の好みなのですが，図面の背景を白色にします．「設定」→「カラー」を選択すると表示される図 EeSchema_ex1.png「EeSchemaカラー」のダイアログで，「背景色」を「白」にして，「OK」をクリックして設定します．

● 手順4：図面を設定する
　これから作成する図面の大きさとタイトルを設定します．図4の上側の左から四つ目「ページの設定」のアイコンをクリックしてください．図5のページ設定画面では，図面の大きさやタイトルなどを設定します．残念ながら，現在のバージョンではタイトルなどに日

　このプロジェクト作成時にエラーが出て，新規にプロジェクト・ファイルを作成できない場合があるというバグが報告されています．もし，そのような事態に直面した場合は，二つの矢印が回転している「プロジェクト ツリーの再読み込み」のアイコンをクリックした後，もう一度，プロジェクト・ファイルの作成を試してください．

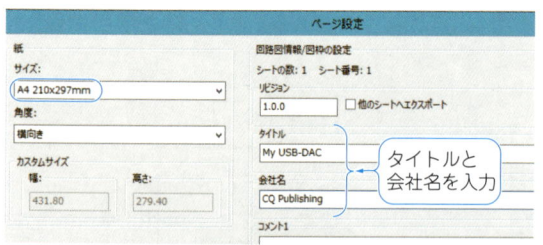

図5　画面の下のタイトルを設定する
今回は，タイトルに「My USB-DAC」を，会社名に「CQ Publishing」を入力．日本語は使えないので注意．

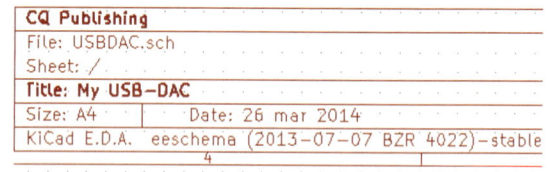

図6　タイトルなどが設定されたことを，図面の右下を拡大して確かめる

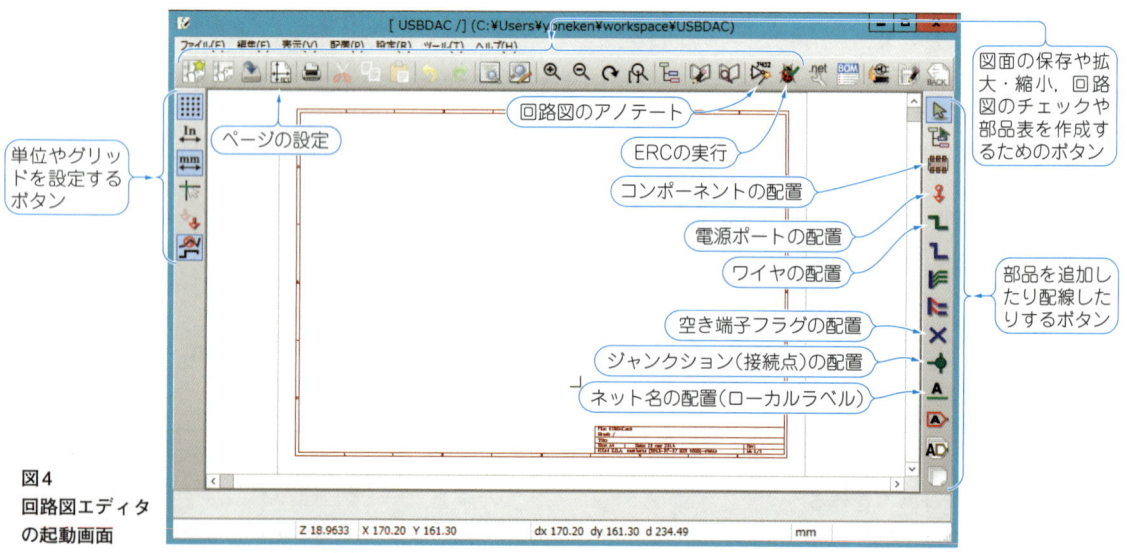

図4
回路図エディタ
の起動画面

12　STEP2　回路図を書く

本語は使えません．設定して「OK」を押すと，図6のように図面の右下に，入力したタイトルが表示されます．

（2）部品を配置する

● 手順1：部品ライブラリを読み込む

今回の基板を作成するのに必要な部品ライブラリは，付属CD-ROMのKiCad¥設計データ¥USBヘッドホン・アンプ基板のフォルダ内に"mycomp.lib"という名前で収録されています．「設定」→「ライブラリ」を選択し，図7のライブラリ選択画面を表示させます．この状態で右上にある「追加」をクリックし「mycomp.lib」を選択して，「コンポーネントライブラリファイル」のリストに追加します．

KiCadでは，回路図を入力するときに使用する回路記号（シンボル）をコンポーネントと呼びます．

● 手順2：部品を配置する

今回使用する部品を表1に示します．まずは必要な部品を全画面に配置しましょう．

図4の右側のツール・バーの上から三つ目の「コンポーネントの配置」をクリックします．アイコンが鉛筆の形に変わったら，その状態で図面をクリックします．すると図8のコンポーネントを選択する画面が現れます．

この画面の「全てのリスト」をクリックすると，図7のライブラリの選択画面が現れます．ここで，先ほど追加した「mycomp.lib」の中の「PCM2704」を選択します．

図7　付属CD-ROMに収録されているライブラリを読み込む

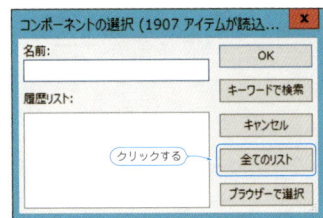

図8　コンポーネントを選択する画面
…全てのリストをクリックする

表1　USB DACヘッドホン・アンプ基板の部品表

部品番号	定数など	メーカ名	型名	数量
C_1, C_{11}, C_{12}	0.22 μF	TDK	C1608X7R1C224K080AC	3
C_2, C_4, C_5, C_6, C_8	1 μF	TDK	C1608X5R1C105K080AA	5
C_3	0.1 μF	TDK	C1608X7R1E104K080AA	1
C_7	220 μF	Nichicon	RSL0J221MCN1GB	1
C_9, C_{10}	15 pF	TDK	C1608C0G1H150J080AA	2
C_{13}, C_{14}	100 μF	TDK	RSL0J101MCN1GB	2
F_1	最大350 mA	Littelfuse	1206L035YR	1
J_1	USB mini-B	Hirose	UX60SC-MB-5ST	1
J_2	STEREO-MINIJ	CUI Inc	SJ-43515RS-SMT-TR	1
LED_1	LED	Vishay	TLHR4405	1
R_1	1.5 kΩ	Panasonic	ERJ-3GEYJ152V	1
R_2, R_3	22 Ω	Panasonic	ERJ-3GEYJ220V	2
R_4, R_5	16 Ω	Panasonic	ERJ-3EKF16R0V	2
R_6, R_9	1 MΩ	Panasonic	ERJ-3GEYJ105V	2
R_7, R_8	10 kΩ	Panasonic	ERJ-3GEYJ103V	2
R_{10}, R_{11}, R_{12}, R_{13}	3.3 kΩ	Panasonic	ERJ-3GEYJ332V	4
R_{14}	470 Ω	Panasonic	ERJ-3GEYJ471V	1
S_1, S_2, S_3	mute	TE	FSM6JH	3
U_1	PCM2704	TI	**PCM2704CDBR**	1
Y_1	12 MHz	NDK	NX5032GA-12MHZ-STD-CSK-8	1

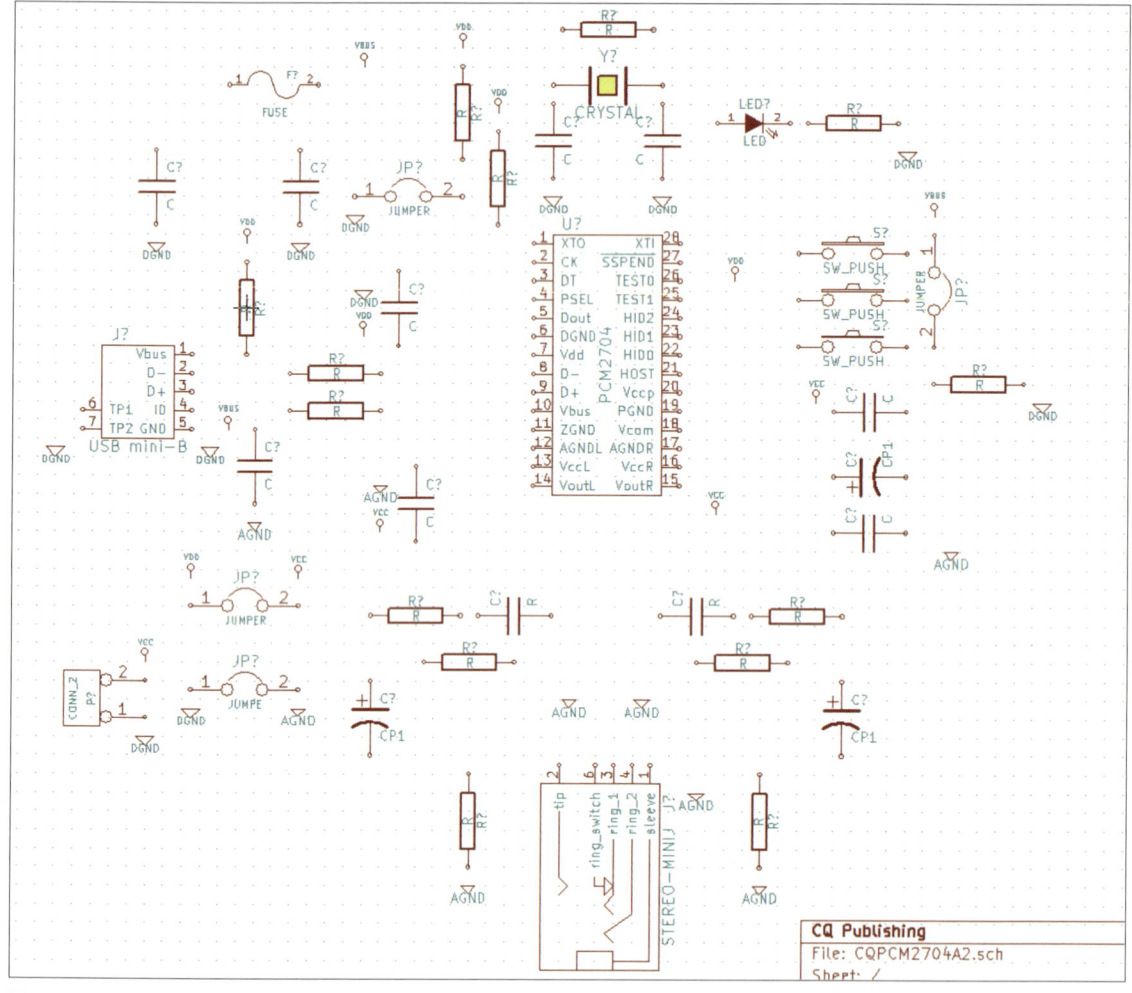

図9 回路図の描きはじめ…全ての部品をざっくり配置する

マウスに先ほど作成したPCM2704のコンポーネントが張り付き，左クリックで図面に配置できます．中央付近に配置します．他のコンポーネントも同じ手順で配置していきましょう．「R（抵抗器）」や「C（コンデンサ）」，「CP1（電解コンデンサ）」，「FUSE（ヒューズ）」，「CRYSTAL（水晶）」，「SW_PUSH」（プッシュ・スイッチ）といったコンポーネントは，「device」ライブラリの中にあります．回路でよく使う部品は「device」ライブラリに入っていると覚えておいてください．

マウスにコンポーネントが張り付いているときは，キーボードの「R」キーを押すと，コンポーネントを回転できます．マウスのドラッグで範囲を指定すると，その範囲内の全てのコンポーネントを一度に移動できます．

● **手順3：電源を配置する**

図4の右側のツール・バーの上から四つ目の「電源ポートの配置」をクリックすると，先ほどのコンポーネント選択画面とよく似た画面が現れます．ここで「全てのリスト」をクリックすると，「＋5V」や「GND」などの電源コンポーネントを回路図に追加できます．

これらの電源コンポーネントは特別な存在で，同じ電源コンポーネント同士は，接続していると見なします．これも，図1の回路図に倣って配置しましょう．

ざっと配置した回路図を図9に示します．コンポーネントは配線時に動かすので奇麗に配置する必要はありません．モデルとする回路図が確定している場合は，モデルと同じ配置で図面を組み立てると，モデルと図面が見比べやすくなります．

● **手順4：コンポーネントの諸値を設定する**

配置したコンポーネント上で右クリックをすると，図10のようにコンポーネントに対してさまざまな操作ができるメニューが表示されます．この中から，「コンポーネントの編集」→「リファレンス」を選択してください．すると，リファレンス（部品番号）を変更す

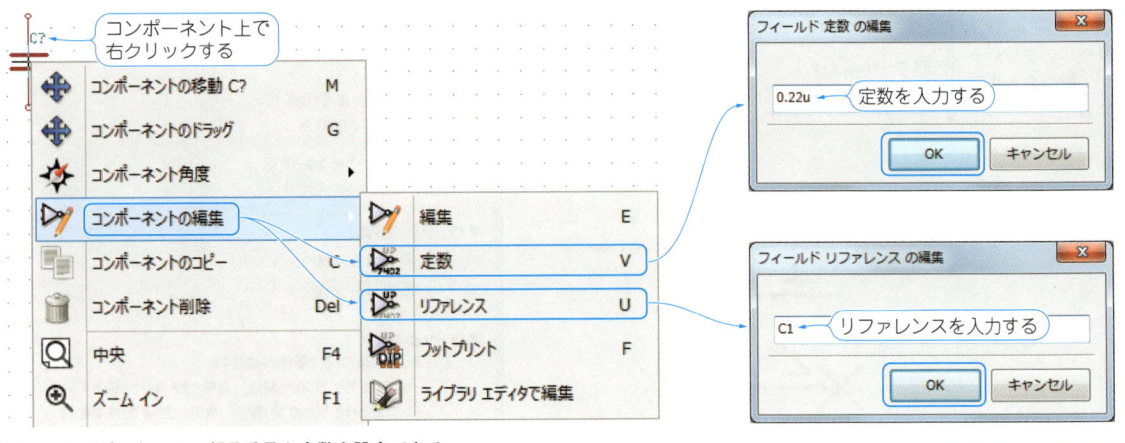

図10 コンポーネントの部品番号や定数を設定できる

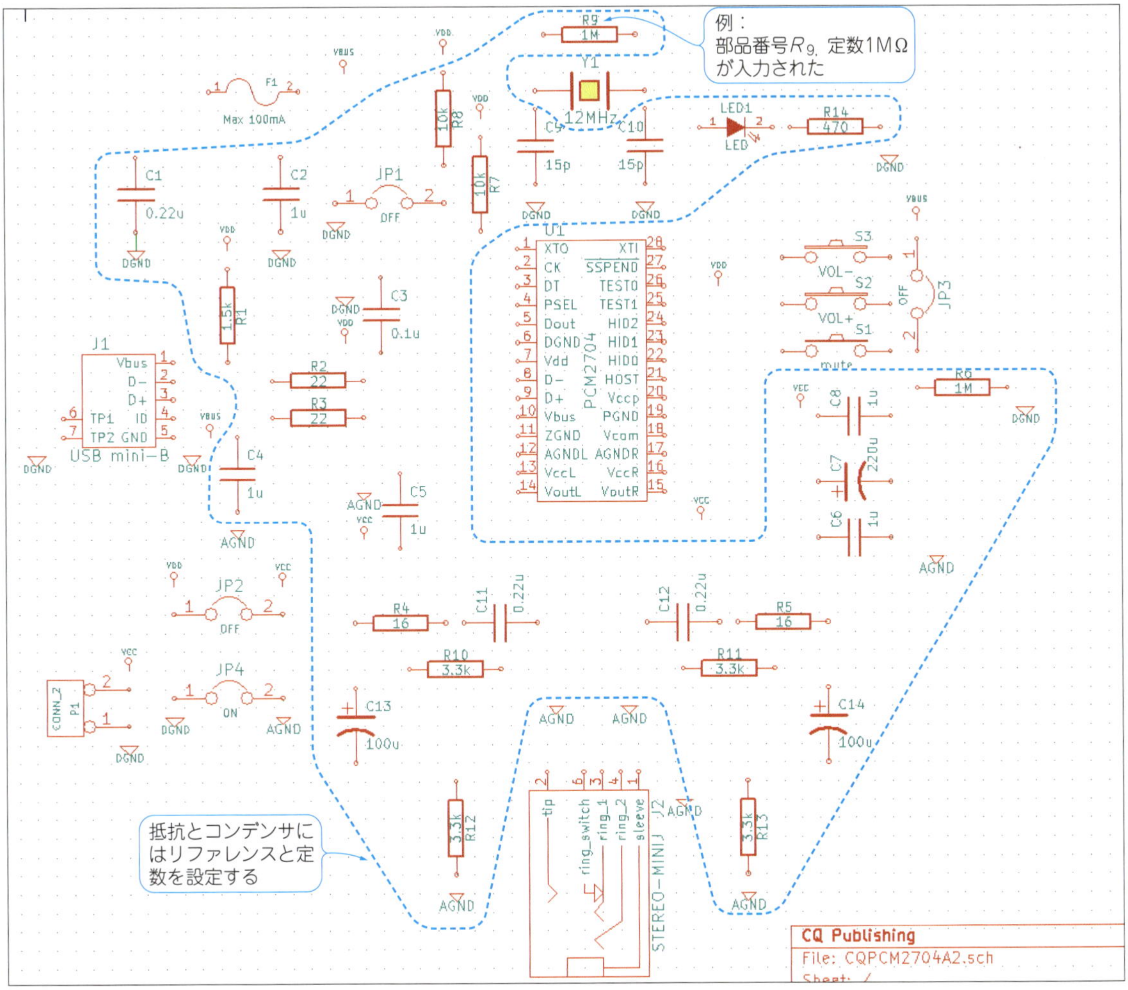

図11 全ての部品番号と定数の入力が完了した

る画面が表示されます．モデル図面と見比べながら同じ値（C_1やR_1など）を入力して「OK」を押します．同様に「定数」を選択すると，定数を設定する画面が表示されます．抵抗やコンデンサの定数を入力します．この手順で全ての部品のリファレンスと定数を入力します．完成した図を**図11**に示します．

(2) 部品を配置する　15

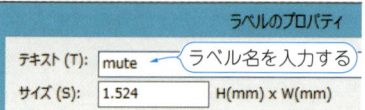

図12
ラベルのプロパティで配線名を設定する

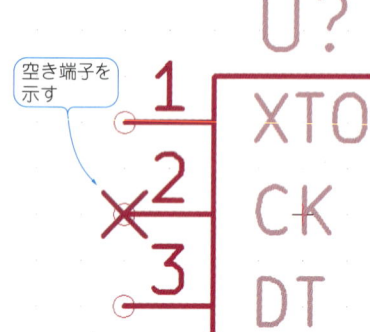

図13
空き端子フラグが設定されたところ

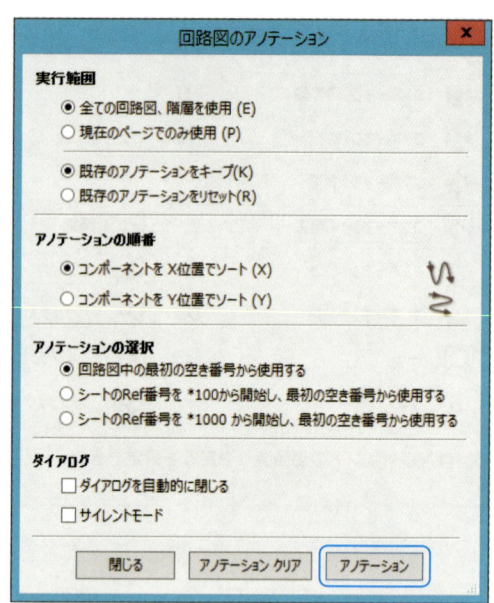

図15 部品番号（リファレンス）を自動で割り付けする機能を利用する
この画面で自動的にリファレンスを振り分ける際の各種設定ができる．

（3）部品同士を配線する

● 手順1：配線する

部品の配置が完了したら，次は配線です．図4の右側ツール・バーの上から五つ目の「ワイヤの配線」を選択します．その状態で，回路図上のコンポーネントの端にある小さな円を左クリックすると，配線が開始されます．そのままマウスを移動させ，別のコンポーネントの端の小さな円をクリックすることで配線完了です．図1の回路図を見ながら配線を入力します．

配線は途中で左クリックすることで，折れ曲がる位置をコントロールできます．また，ワイヤの途中からでも配線を開始できます．配線上でキーボードの［Delete］キーを押すことで削除できます．

● 手順2：接続点を入力する

複数の配線が図面上で分岐したり交差したりしている場合，配線同士が接続していたら，緑色の丸印でジャンクション（接続点）を配置します．ジャンクションは，配線しているうちに自動的に配置されますが，もし接続しているのに配置されていなければ，右側ツール・バーの上から12番目の「ジャンクション（接続点）の配置」を選択し，接続したい箇所の上でクリックします．ジャンクションがない配線同士は，交差していても接続されません．

逆に，接続したくない箇所にジャンクションしてしまったら，不要なジャンクションを右クリックで選択し，「ジャンクションの削除」をクリックして削除します．

● 手順3：ネット名を付ける

配線に名前を付けることができます．この名前は，後述する基板エディタ上の配線の名前に対応します．回路図が複雑になってくると，1本1本の配線を見分けることが難しくなるので，特に重要な配線には名前を付けます．

この名前は，基板エディタ上で指定する配線の太さを区別するためにも使用されます．また，同じ名前の配線は，回路図上でつながっていなくても，接続されていると見なされます．右側ツール・バーの上から10番目の「ネット名の配置（ローカルラベル）」をクリックしてください．その状態で，名前を付けたい配線をクリックすると，配線に付けるラベルのプロパティを編集する画面が開きます．図12の画面で，「テキスト」の部分に名前（ここでは「mute」とした）を入れて「OK」ボタンを押します．すると配線のラベルが作成されるので，対応する配線の上に配置してください．

● 手順4：未接続ピンの処理

コネクタやICの未使用ピンには使用していないことを明示するマークを付けます．これはERC（Electric Rule Check：電気的エラー・チェッカ）に対して，回路設計者の意図によりピンが接続されていないことを伝えるためです．

右側ツール・バーの上から9番目の「空き端子フラグを配置」を選択し，使用しないピンの端の小さな円の部分をクリックすると，図13のように空き端子フラグ"×"が配置されます．

*

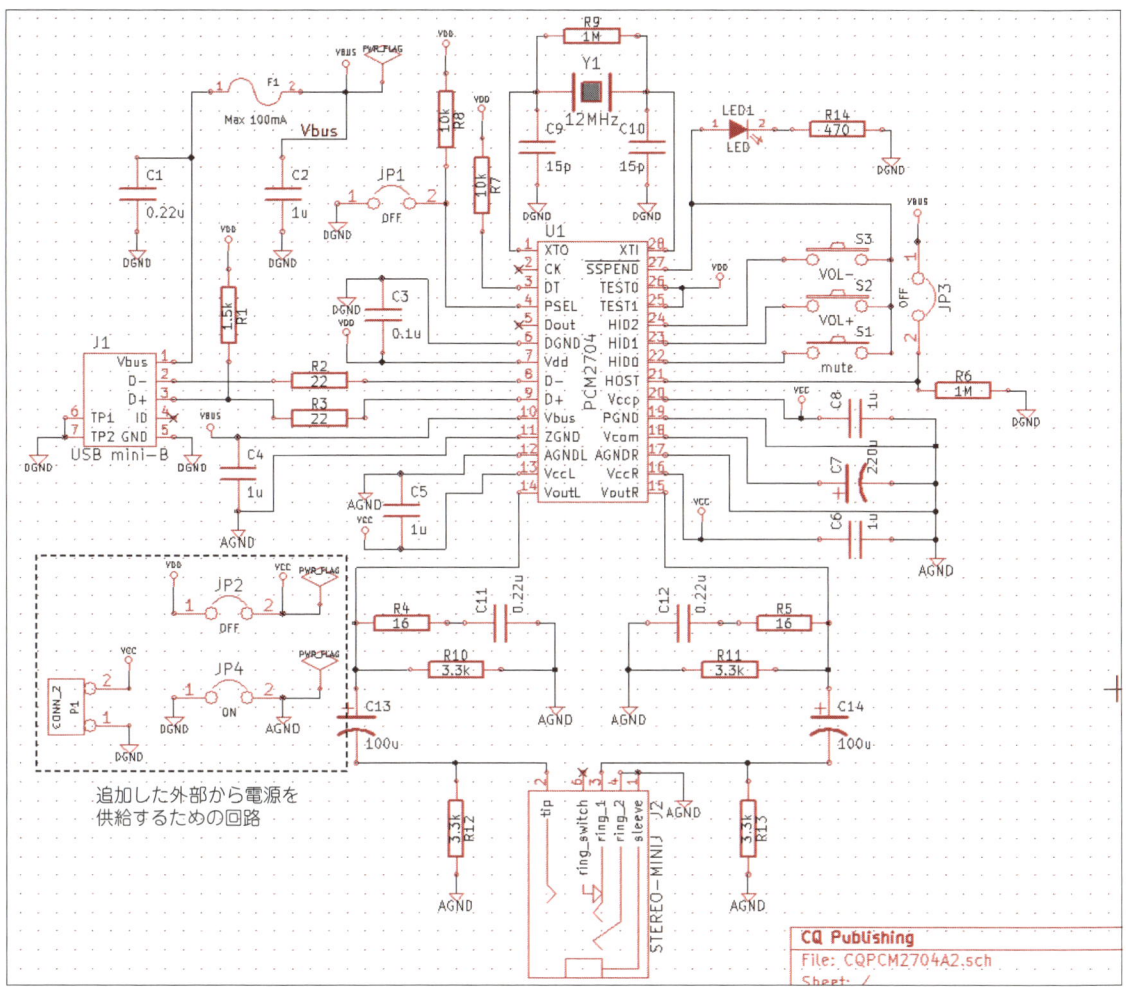

図14 全ての入力が終わった回路図

● 手順5：全ての部品を接続する

前項までで説明した方法を繰り返して，図14のように回路図を完成させてください．

元となったモデルの回路図に，外部から電源を供給できるようジャンパとコネクタを追加しました．ジャンパ(JUMPER)は「device」ライブラリに，2ピンのコネクタ(CONN_2)は「conn」ライブラリの中にあります．

テクニック1：部品番号の自動振り分け

回路図中の全てのコンポーネントにリファレンスを振る必要があります．今回は手入力で全ての部品に対してリファレンスを設定しましたが，自動でリファレンスを振る機能もあります．上側のツール・バーの右から2番目「回路図のアノテート」をクリックします．すると，図15の画面が開きます．この画面で「アノテーション」をクリックすると，回路図中で「C？」や「R？」となっているリファレンスに，自動的に数字が振り分けられます．

（4）配線ミスを修正する

● 手順1：回路図が電気的に正しく接続されているかどうかを確認する

上側ツール・バーの右端にある「ERCの実行」アイコンをクリックしてください．すると，「EeSchema Erc」の画面が開きます．ERCはElectric Rule Checkの略語で，回路図が電気的に正しく接続されているかどうかをチェックできます．では，「Ercの実行(T)」をクリックしてみましょう．

● 手順2：ERCでエラーが出たら…

今回は図16のように二つのエラーが見つかりました．リスト表示されたエラーをダブルクリックすると，回路図中の該当箇所へ移動します．これによると，V_{cc}とAGNDの部分にエラーが出ているようです．この「ピンは他のピンと接続されていますが，このピン

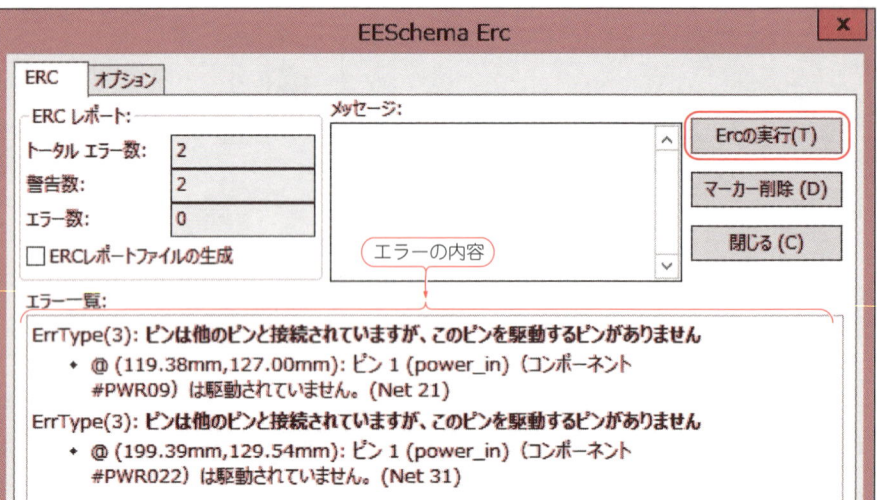

図16 回路図が電気的に正しく接続されているかチェックする…今回はエラーが出た！
見つかったエラーは下の領域にリストになって表示され，回路図中にも矢印のマーカが表示される．表示されたエラーをクリックすると，回路図中の該当箇所にフォーカスが移動する．

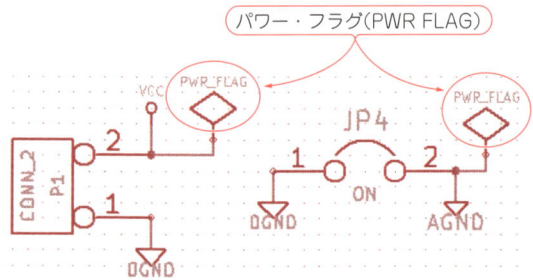

図17 ネットに電源が供給されていることを ERC に伝える「PWR FLAG」を付けるとエラーを回避できる

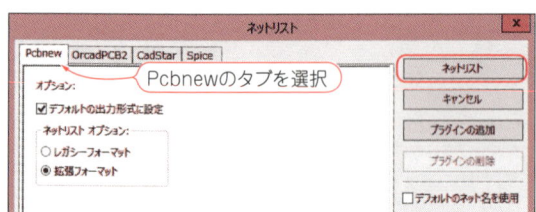

図18 基板エディタ用のネットリストを作成する

ていない」などが挙げられます．

テクニック2：エラー表示をなくす方法

上記のように，設計者が意図したものがエラーとして検出された場合，無視しても問題はありません．しかし，今回のエラーについては修正する方法もあるので紹介します．

電源コンポーネントの中には，ネットに電源が供給されていることをERCに伝える，「PWR FLAG（パワー・フラグ）」という特別なコンポーネントがあります．これを，電源が供給されているネットに接続することで，今回のエラーを回避できます．図17のように電源を供給している部分のネットに接続してください．この状態で再度ERCをかけると全てのエラーがなくなります．

＊

ここまでの作業で，回路図の作成が完了しました．

（5）ネットリストを出力する

回路図からコンポーネント間の接続関係を記述した「ネットリスト」を作成しましょう．まず，回路図エディタの画面の上側ツール・バーの左から5番目にある「ネットリストの生成」をクリックします．すると，図18のネットリストの生成を行う画面が表示されます．これから，「PcbNew」という基板エディタで基板の作成を行うので，そのタブが選択されていることを確認して「ネットリスト」のボタンを押します．

すると，プロジェクト名.netという名前のファイルを保存するダイアログが開くので，プロジェクトのファイルが置いてある場所（通常，設定し直す必要はない）を指定して保存します．ネットリストの生成画面は自動的に閉じられます．

を駆動するピンがありません」というエラーは，電源入力となっているピンが接続しているネットの中に，電源出力となっているピンが1本も接続していないことを示しています．

今回の回路では，V_{CC}にはJ_1から電源を供給するのですが，コネクタには「電源出力」の属性がないため，エラーになっています．また，AGNDも，今回はJP$_4$の短絡ジャンパを通してDGNDと接続するのですが，これについてもエラーとなっています．

この他のエラーが発見された場合は，エラーが検出された部分をもう一度よく見直してみてください．よくありがちなミスとして，「ジャンクション（接続点）が抜けている」，「未使用ピンに空き端子フラグが付い

STEP3 作画前の下準備
回路図の読み込みと設計ルールの設定

米倉 健太

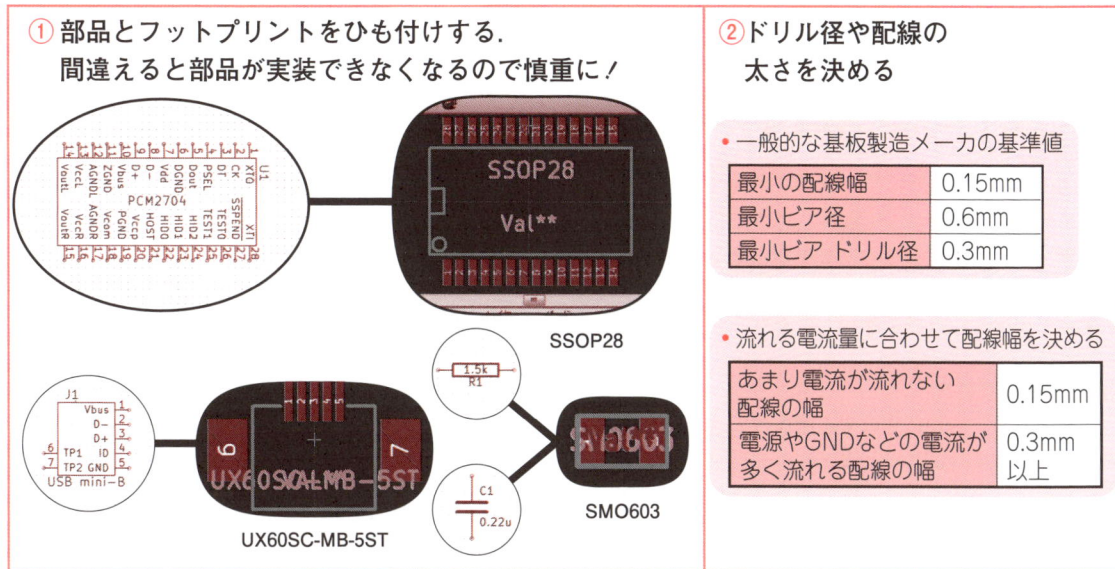

図1 配線前の準備… ①部品のフットプリントを決める，②ドリル径や配線の太さを設定する

　KiCadは，回路図のシンボルと実際のフットプリントを後から自由に結び付けることができます．ここは，EAGLEと大きく違うところです．

　このしくみのおかげで，同じ回路図から異なる部品を使用した基板を作るのが簡単です．一つの回路図から，耐電圧や出力容量を変えたボードを作成するときに便利です．

（1）基板エディタで新規のページを作り保存

● 基板エディタを開く

　KiCadのランチャー画面で，右側に並んでいるアイ

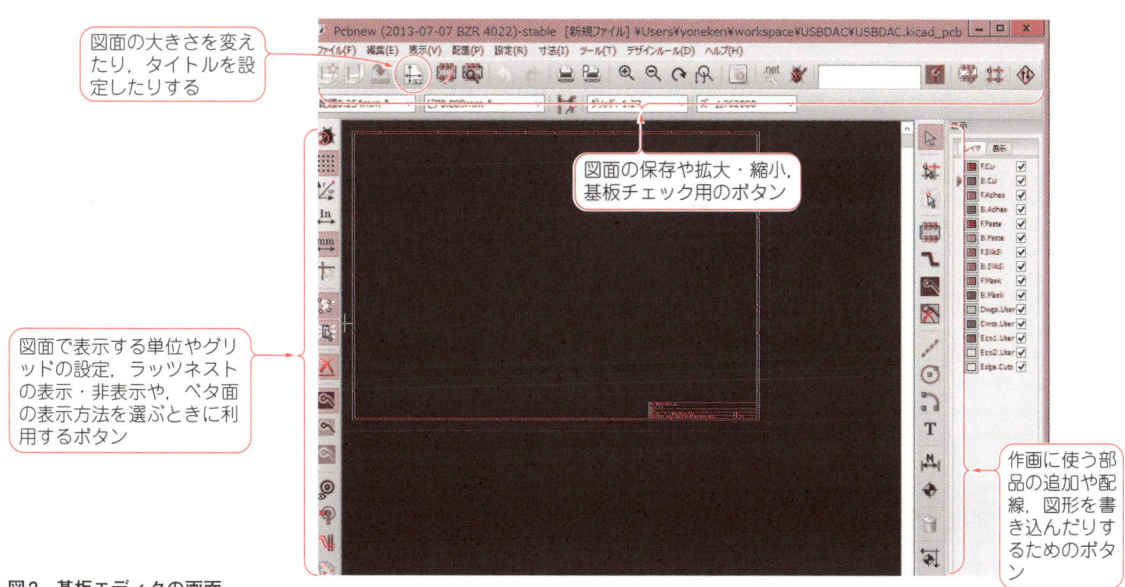

図2 基板エディタの画面
上段，右側，左側には各機能を実行するボタンが配置されている．

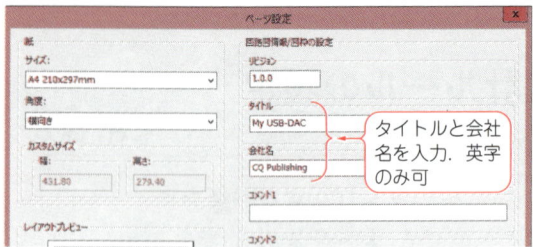

図3 ページ設定の画面では，ページ・サイズの設定や図面下の表示されるタイトルや会社名などが設定できる

コンの中の左から3番目「PcbNew」をクリックすると，基板エディタが開きます（図2）．最初に起動したときは，ファイルが存在しないことを知らせるメッセージ画面が開きますが，これは基板データのファイルを作成すると出なくなるので無視してください．

● 図面を設定する

回路図と同じように作成する図面の大きさとタイトルを設定します．図2の上側ツール・バーの「ページ設定」をクリックすると，図面の大きさやタイトルを設定する画面が開きます．図3のように設定し「OK」をクリックすると，図面の右下の表示が更新されます．

● 部品ライブラリを読み込む

回路エディタのときと同じように，部品ライブラリを読み込みます．ライブラリは，付属CD-ROMのKiCad￥設計データ￥USBヘッドホン・アンプ基板のフォルダ内に"mymod.mod"という名前で収録されています．「設定」→「ライブラリ」を選択し，ライブラリ選択画面を表示させます．この状態で右上にある「追加」をクリックし「mymod.mod」を選択して，「コンポーネントライブラリファイル」のリストに追加します．

一度，基板エディタを閉じます．

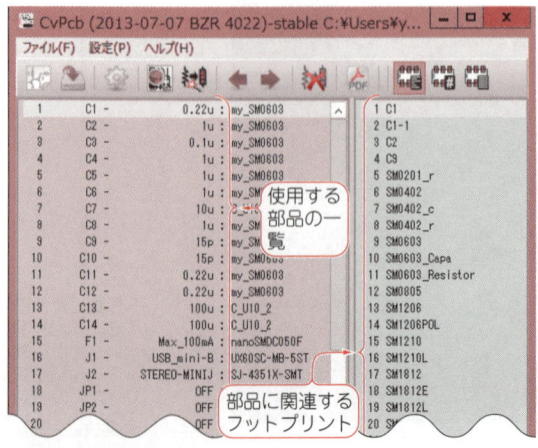

図4 回路図の部品にフットプリントをひも付けする

（2）ネットリストとフットプリントを関連付けする

回路図エディタで生成したネットリストを使って，回路図のコンポーネントと部品のフットプリントを関連付けします．

KiCadでは，回路記号（シンボル）のことをコンポーネント，基板上に部品を実装するフットプリントのことをモジュールと呼びます．

● ネットリストとフットプリントの関連付けツールを起動する

KiCadのランチャーで右側に並んでいるアイコンの左から2番目「CvPcb」をクリックしてください．図4の画面が開きます．

画面の左側が回路図エディタで使用したコンポーネントの表で，右側が関連付けが可能なモジュールの表

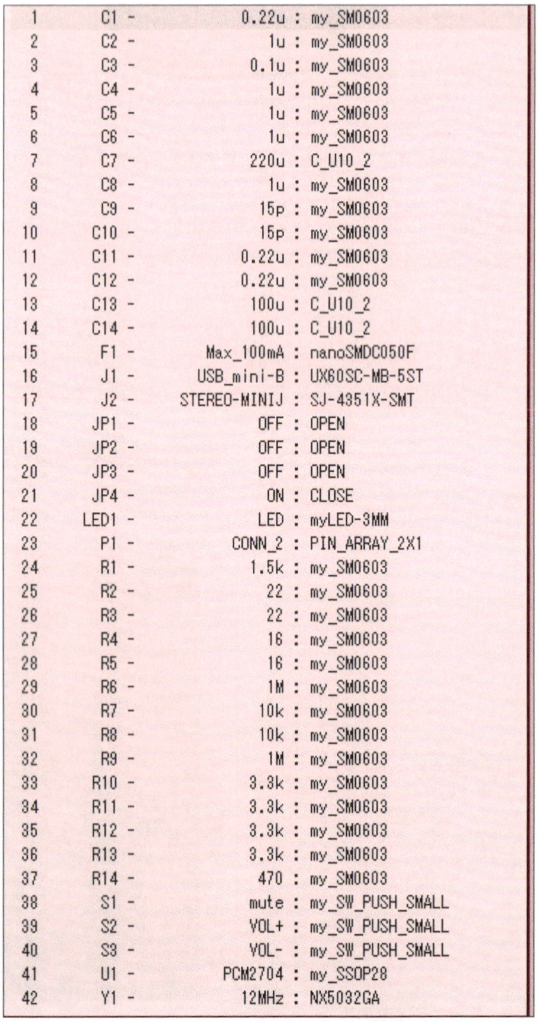

1	C1 -	0.22u : my_SM0603
2	C2 -	1u : my_SM0603
3	C3 -	0.1u : my_SM0603
4	C4 -	1u : my_SM0603
5	C5 -	1u : my_SM0603
6	C6 -	1u : my_SM0603
7	C7 -	220u : C_U10_2
8	C8 -	1u : my_SM0603
9	C9 -	15p : my_SM0603
10	C10 -	15p : my_SM0603
11	C11 -	0.22u : my_SM0603
12	C12 -	0.22u : my_SM0603
13	C13 -	100u : C_U10_2
14	C14 -	100u : C_U10_2
15	F1 -	Max_100mA : nanoSMDC050F
16	J1 -	USB_mini-B : UX60SC-MB-5ST
17	J2 -	STEREO-MINIJ : SJ-4351X-SMT
18	JP1 -	OFF : OPEN
19	JP2 -	OFF : OPEN
20	JP3 -	OFF : OPEN
21	JP4 -	ON : CLOSE
22	LED1 -	LED : myLED-3MM
23	P1 -	CONN_2 : PIN_ARRAY_2X1
24	R1 -	1.5k : my_SM0603
25	R2 -	22 : my_SM0603
26	R3 -	22 : my_SM0603
27	R4 -	16 : my_SM0603
28	R5 -	16 : my_SM0603
29	R6 -	1M : my_SM0603
30	R7 -	10k : my_SM0603
31	R8 -	10k : my_SM0603
32	R9 -	1M : my_SM0603
33	R10 -	3.3k : my_SM0603
34	R11 -	3.3k : my_SM0603
35	R12 -	3.3k : my_SM0603
36	R13 -	3.3k : my_SM0603
37	R14 -	470 : my_SM0603
38	S1 -	mute : my_SW_PUSH_SMALL
39	S2 -	VOL+ : my_SW_PUSH_SMALL
40	S3 -	VOL- : my_SW_PUSH_SMALL
41	U1 -	PCM2704 : my_SSOP28
42	Y1 -	12MHz : NX5032GA

図5 部品とフットプリントを関連付けした結果

です．名前だけではモジュールの形が分からないので，この画面上側の左から四つ目「選択したフットプリントを見る」のアイコンをクリックします．すると別画面で，右側のリストで選択したモジュールの形を確認できます．形が正しいことを確認したら，モジュールをダブルクリックして，左側で選択中のコンポーネントにそのモジュールを関連付けます．

ツール・バーの右端付近に「現在のコンポーネント用のフィルタをかけたフットプリントリストの表示」というアイコンを選択すると，ピン数の情報から選択可能なモジュールの候補が自動的に絞られるので選ぶのが楽になります．全体から選びたい場合は，その右隣の「全てのフットプリントの表示」を選択します．

全てのコンポーネントを関連付けたら，ツール・バーの左から2番目「ネットリストとフットプリントファイルの保存」をクリックして，更新したネットリストを保存しましょう．最終的に図5のように関連付けられました．

（3）ネットリストを読み込む

もう一度，基板エディタを起動します．画面上側のツール・バーの「ネットリストの読込み」をクリックしてください．図6のネットリスト画面が開きます．

最初は，この設定のまま「現在のネットリストを読み込む」をクリックしてください．ネットリスト・ファイルが選択されていない場合は，「ネットリスト・ファイルを参照する」から，読み込むネットリストを選択し，「現在のネットリストを読み込む」をクリックします．そのほかの設定の部分は，削除したコンポーネントを再配置する場合などに使用します．ネットリストを読み込んだら，「閉じる」で画面を閉じます．

最初にネットリストを読み込むと，図7のように，全てのモジュールが図面の左上隅に重なって配置されます．このままでは見にくいので，ばらばらに離して配置しましょう．

基板エディタの上側ツール・バーの右端あたりにある，「フットプリントモード」を選択してください．次に，読み込まれたモジュールの上で右クリックし，ポップアップ・メニューから「移動配置」→「全てのモジュールを移動」をクリックします．すると図8のようにモジュールがばらばらに配置されます．

（4）デザイン・ルールを設定する

ネットリストを読み込んだら，基板のデータを作っていく上で重要な，線の太さやクリアランスといった，自己判定基準，つまり「デザイン・ルール」を設定します．

基板エディタの左ツールバーで，単位系をインチ単位に設定してください．その次に，メニューの「デザインルール」→「デザインルール」を選んでクリックしてください．これでデザイン・ルール・エディタが起動します．

はじめに，基板全体で適用される配線パターンやビアの最小値を設定します．これは「グローバルデザインルール」のタブから行います．

今回は，一般的な基板製造メーカの製造基準内に収まるように，図9のように，

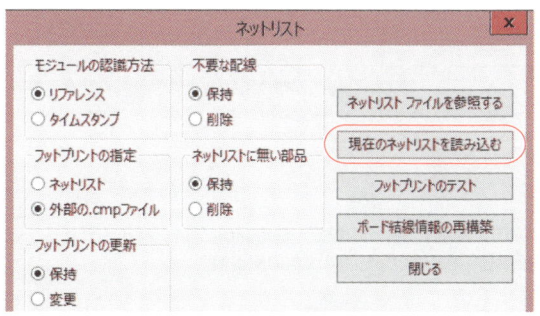

図6　ネットリストを基板エディタに読み込む

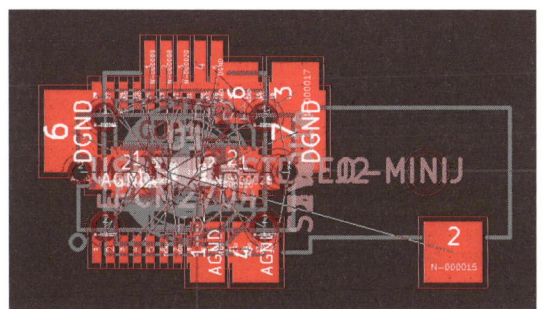

図7　ネットリストから読み込まれたばかりのモジュールは，最初は全て重なって配置される

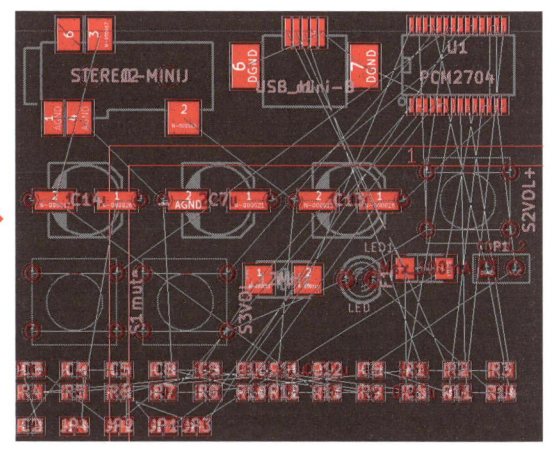

図8　ばらばらに配置されたモジュール

（4）デザイン・ルールを設定する　21

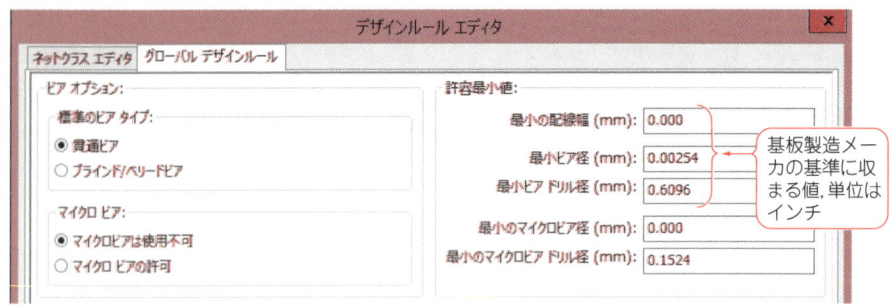

図9 図面全域における配線の最小幅やビアの最小径などを設定する

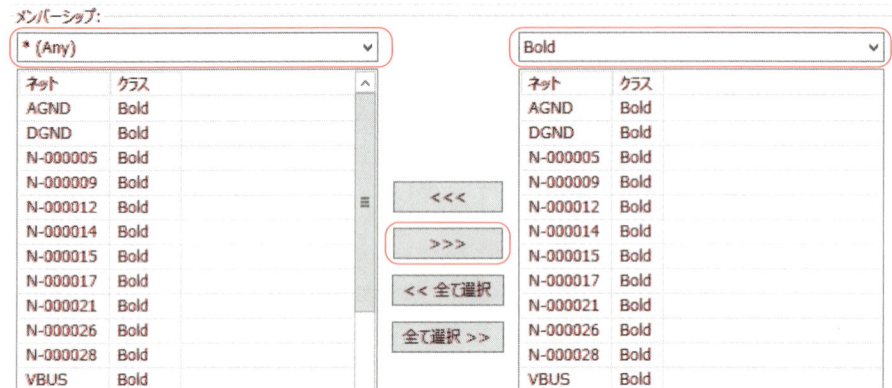

図11 GNDや電源などの電流を多く流したい配線を「Bold」に設定．それ以外はDefaultの設定
1本1本の配線について，クリアランスや配線幅などを設定できる．

ネットクラス:	クリアランス	配線幅	ビア径	ビア ドリル	マイクロビア径	マイクロビア ドリル
Default	0.0080	0.0080	0.0350	0.0250	0.0300	0.0060
Bold	0.0080	0.0160	0.0350	0.0250	0.0300	0.0060

（Defaultの2倍に設定）

図10 使用する配線の設定…Defaultはグローバル・デザインの最小値，BoldはDefaultの2倍の配線幅

- 最小の配線幅：0.008インチ
- 最小ビア径　：0.035インチ
- 最小ビア・ドリル径：0.024インチ

に設定してください．

　このデザイン・ルールで設計しておけば，国内外のたいていの基板製造メーカで製造できます．もしメーカを選定してより精密な基準で設計した場合は数値を変更してください．「マイクロビア径」と「マイクロビアドリル」は，今回は使用しないので特に値を設定する必要はありません．
　最小値の設定が終わったら，続いて「ネットクラスエディタ」にタブを切り換え，配線の幅を設定します．基板上の配線の1本1本は，必ずこのネットクラスのどれかに所属します．そして，このクラスに制約を設けることで，全ての配線の制約が管理されます．
　今回は図10のように「Default」と「Bold」の2種類のネットクラスを作成しました．Defaultの配線については，グローバル・デザインの最小値と同一にし，Boldについては配線幅を2倍太く設定しました．ネット・クラス・エディタの下にある「メンバーシップ」の部分で，1本1本の配線のクラスを分けることができます．
　ここの右上で「*(Any)」となっているプルダウン・メニューをクリックし，「Bold」を選択します．次に，左側の「*(Any)」となっているリストの中から「Bold」クラスに所属させたい配線を選択し，中央の「＞＞＞」のボタンをクリックします．このようにして，各配線をクラスに振り分けていきます．
　今回は，図11のように，GNDや電源といった特に電流を多く流したい配線を「Bold」クラスに振り分けました．設定が終わったら，「OK」ボタンをクリックして画面を閉じてください．
　ここまでできたら，一度データを保存しましょう．データの保存は，上側ツールバー左から三つ目の「ボードの保存」で行います．

STEP4 外形/部品配置から配線/チェックまで 作画する

米倉 健太

① 外形線を描く
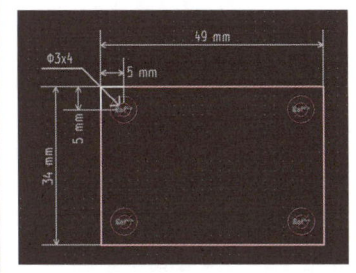

② 部品を置く
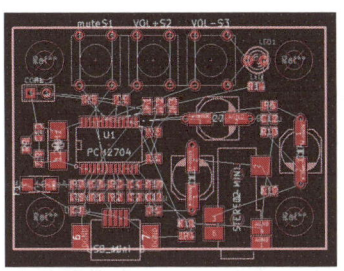

③ 配線する
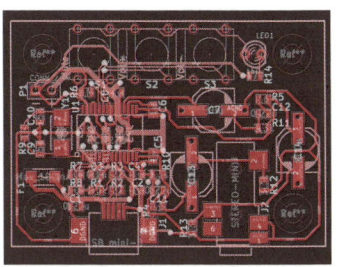

④ 最終チェック！DRC＆目視確認する

 ＋

図1 プリント・パターンを描く手順

（1）外形やねじ穴を描く

● 手順1：外形とその寸法を入力する

基板の外形を作成します．基板エディタの左側ツール・バーで，単位系をミリメートル系に変更してください．

基板エディタの上側メニューの右端付近にあるプルダウン・メニューで「基板外形」のレイヤを選び，右側メニューの上から7番目「図形ラインの入力」を選択します．

この状態で基板の外形線を引きます．実際の製造時は，外形線の中央部分で切断されるため，外形線の線幅に製造上の意味はありません．設計時に見やすい幅で引いてください．現在のカーソル位置のx，y座標はステータス・バーに表示されます．このx，y座標はスペース・バーを押すと原点を指定でき，図面上の位置の計算が少し楽になります．

今回は図2のように，横幅を49 mm，縦幅を34 mmの外形線を引きました．ちなみにこの寸法図は「Cmts.User」のレイヤに，「寸法線入力」ツールを利用して書き込みました．寸法線は，寸法を記述した箇所同士をクリックすることで追加できます．追加した寸法は，右クリックのメニューで「寸法線の編集」をクリックすれば，数値などを変更できます．基板製造メーカによっては，このような寸法線の提出を求められます．

● 手順2：ねじ穴を入力する

基板を筐体に固定するためのねじ穴を四つ追加します．これは，右側のツール・バー上から4番目「モジュールの追加」から，先にモジュール・エディタで作成しておいたねじ穴を追加します．

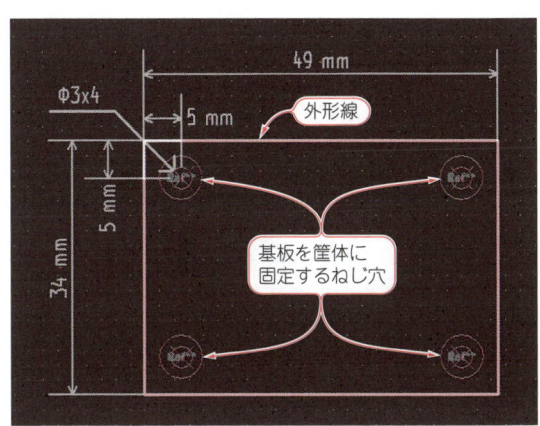

図2 外形線と寸法線，ねじ穴を入力する

（2）部品を配置する

● 手順1：外部と物理的に干渉するものからレイアウト

KiCadでは部品を実装するためのフットプリントに関するデータを「モジュール」と呼びます．モジュールの中でも特に，使用時にケーブルと接続するコネクタや操作のためにユーザが押すスイッチなどの外部と関係を持つものを優先的に基板上に配置します．今回の場合は，USBコネクタとオーディオ・ジャックとスイッチです．

基板の中でも，基板の「外」と干渉するモジュールは，基板を入れる筐体と同じ単位系で配置します．異なる単位系で設計してしまうと，小数点以下の細かな部分が合わなくなる恐れがあります．また，筐体の加工は小数点以下の精度が期待できないため，なるべく小数点が付かない精度で配置しましょう．

今回はミリメートル単位系で配置します．ネットリストから読み込まれたモジュールの上で右クリックし，「フットプリント」→「移動」を選択することでモジュールを移動できます．マウスのカーソルをモジュールの上に移動し，キーボードの［m］キーでも移動が可能です．また［f］キーを押すと，実装する面を裏面・表面と変更できます．

このとき，上側ツール・バーの右端あたりで「フットプリントモード」を選択していると，リファレンスや値を選択することなく，モジュールだけを選択できるので便利です．今回は，図3のように配置しました．

> **テクニック1：位置を固定したい部品は移動しないようにロックする**
>
> 外部と干渉するモジュールは，配置した後に間違えて移動してしまわないよう，ロックしておきます．「フットプリントモード」になっていることを確認して，モジュールの上で右クリックし，ポップアップ・メニューから「モジュールのロック」をクリックします．これで，そのモジュールの位置が固定されました．再度，移動する場合は，同様にフットプリント・モードにして，右クリック・メニューから「モジュールのアンロック」をクリックします．

● 手順2：その他のモジュールを配置する

その他のモジュールも配置していきましょう．

モジュールがお互いにどのモジュールと接続しているかを考えながら，それぞれが最短経路で結び付くように配置することが重要です．

未配線の端子同士をつないでいる黄色い線のことを「ラッツネスト」と呼びます．この線は配線が完了すると消えます．基板の配線作業では，このラッツネストの表示をひとつずつ消していきます．

どのモジュールと接続しているかは，ラッツネストで確認しながら配線します．表示されていない場合は，左側ツール・バーの上から7番目「ボードのラッツネストを表示」をクリックしてください．

▶ICなどの配線の多いものから配置する

ICなど，形状が大き目で，他の部品が多く接続されるものから先に配置します．

ICの位置が決まると，その最短距離に配置しなくてはならないパスコンとクリスタルの配置が決まります．その他のモジュールは，それらのモジュールの邪魔にならないよう配置します．

手はんだで実装する部品は，モジュールとモジュールの間にこて先が入るよう，十分な隙間を開けて配置する必要があります．

そのほか，モジュールを配置するときには次の点に注意が必要です．

- コイル同士は平行に配置しない
- パターン・カット可能なジャンパは，切り離す部分の横にパターンを配置しない
- Vカットで基板を分割する場合，長い部品は応力の加わりにくい方向に配置する
- スイッチなどの応力が加わる部品は，筐体との固定部分の近くに配置する
- 筐体と干渉しないよう，実装する部品の高さを気にしながら配置する

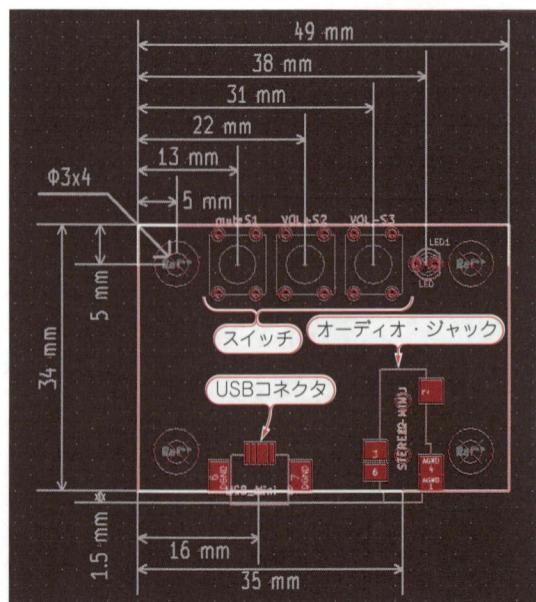

図3　USBコネクタとオーディオ・ジャック，スイッチを配置する

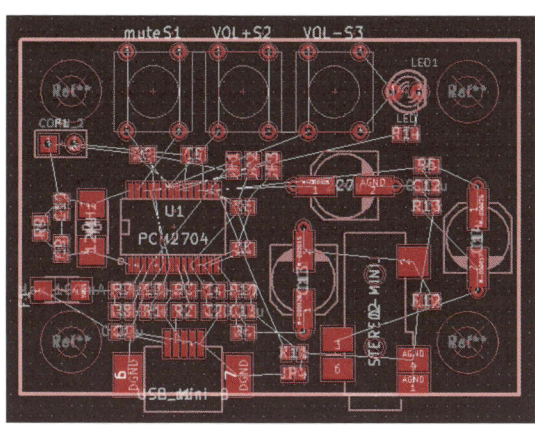

図4 全ての部品をバランス良く配置する
配線をしながら試行錯誤で位置を調整していく.

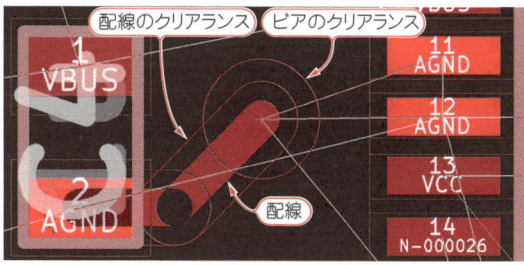

図5 C_4の2番ピンから配線を引き出しているようす
太い線が配線で,その周りの細い線の内側がクリアランスとなる.

- 熱が出る部品は,放熱の経路を考える
- 部品を片面にまとめると,1回のリフローで全ての部品を実装できる

詳細は参考文献を参照してください.
部品の配置を終えた図面を**図4**に示します.

(3) 信号線を配線する

● 配線モードに設定する

エディタの上側ツール・バーの右端あたりのプルダウン・メニューから,配線するレイヤを選択します.次に,右側ツール・バーで上から5番目の「配線とビアの追加」を選択します.

そのまま,配線を行いたいパッドをクリックすると,配線が開始されます.**図5**は配線しているようすです.中央の太い線は基板上の実際のプリント・パターンを,その外側の細い線はクリアランスを表しています.先端の円形の部分はビアのクリアランスです.

● 手順1:周波数が高いUSBの信号線は同じ長さで配線する(等長配線)

通過する信号の同期が必要な信号線のグループは「等長配線」します.今回は,USBの信号ラインが該当します.パターンの配線長を調べるには,一度右側ツール・バーで一番上の矢印アイコンを選択し,配線ツールを解除した後,調べたいパターンを左クリックします.画面の下部分に**図6**のように,選択中の配線に関する情報が表示されます.この「配線長」を見ながらパターンの長さを調整します.

● 手順2:全ての配線を完了させる

全ての部品を配線します.次のような点に注意します.

- クロックの配線はできるだけ短くする
- クロック回路の近傍と裏面には配線を通さない
- アナログ信号など周囲の電位に敏感な配線は,クロストークを避けるためにグラウンド・パターンで囲む
- ICに電源を供給する配線は,電源→パスコン→ICの電源ピンというように,必ず間にパスコンを挟む(電源→ICの電源ピン→パスコンの順番では意味がない)
- 高周波の信号線がパターンの曲がり角で反射するのを低減するため,パターンの曲線はなるべく滑らかにする
- 信号線がT字で結線されるパターンは作らない

配線作業中は小まめに保存作業を行ってください.
KiCadは安定しているので,作業中に動かなくなることは少ないと思いますが,念のためです.

テクニック2:リアルタイムDRCを使いこなす

KiCadには**リアルタイムDRC**という機能が実装されています.これは配線中も設計ルールに合っているかどうかを常時確認してくれる機能です.配線してはいけないクリアランスの内側に,パッドやパターンが入る配線は描くことができず,最初は戸惑うかもしれませんが,このおかげで無駄な配線の手戻り作業がなくなり,効率がアップします.

タイプ	ネット名	ネットコード	ステータス	レイヤー	幅	セグメント長	配線長
配線	N-000014	13.1	..	Front	0.0080インチ	0.1315インチ	0.3342インチ

図6 画面下の表示される配線長を確認しながら,同じ長さにそろえる

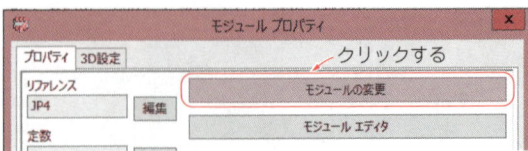

図7 モジュール プロパティ画面でモジュールの変更をクリックする

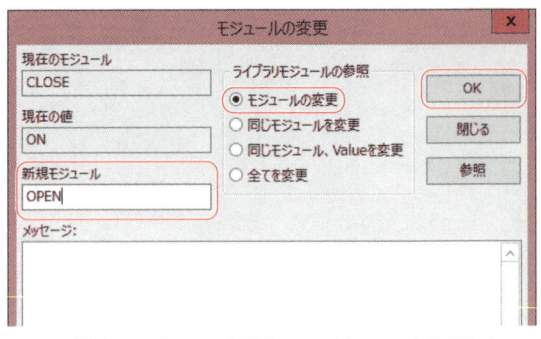

図8 変更後のモジュールを設定し，モジュールを変更する

● 配線の変曲点を固定する

配線している途中は，クリックすることで変曲点を固定できます．ここの挙動はEAGLEと全く異なるので，戸惑うかもしれません．キーボードの［v］キーを押すことで，現在の面にビアを打ち，逆の面で配線を始めることができます．その他，キーボードの［＋／－］キーでも，ビアを打ってレイヤを移動できます．このビアも，デザイン・ルールを満たしていないと打つことができません．

テクニック3：デザイン・ルールを満たしていないモジュールを使うには

今回，クローズ・ジャンパと，表面実装型コンデンサとスルーホール型コンデンサに対応させたフットプリントを使用しています．これは複数のパッド（基板上で部品をはんだ付けする銅箔）をくっつけた形をしています．

これはデザイン・ルールを満たしていません．このようなモジュールはリアルタイムDRCにより，配線ができません．

このような場合は，左側ツール・バーの一番上の「デザインルールチェックを無効化」を選択して一時的にリアルタイムDRCを止めても良いのですが，それよりも一時的にモジュールをデザイン・ルールを満たすものに変更する方が作業しやすいです．問題となるモジュールを右クリックし，「フットプリント」→「編集」から図7のモジュール プロパティの画面を開き，その中の「モジュールの変更」ボタンをクリックします．そして，モジュールの変更画面で「ブラウズ」をクリックし，問題のモジュールに近い形でデザイン・ルールを満たすモジュールを選択したら，図8のように「ライブラリモジュールの参照」から「モジュールの変更」を選択し，「OK」を押します．この画面は「閉じる」を押して閉じてください．

今回の例では，クローズ・ジャンパをオープン・ジャンパに，特殊なコンデンサのフットプリントを通常のものに変更しました．これらの変更は，基板の設計とデザイン・ルールのチェックが終わったら元に戻します．

（4）シルク位置を調整する

シルクとは，基板に白いインクで印刷される部品のリファレンス番号などのデータです．

配置を試行錯誤した部品やビアで，シルクが埋まっている部分があると，そのシルクは実装時に消えてしまいます．これを防ぐため，シルクの位置を移動します．

上側ツール・バーの右端あたりの「フットプリントモード」が解除されているのを確かめ，右側ツール・バーの一番上の矢印を選択したら，シルクの上で右クリックし，ポップアップ・メニューから「移動」を選択して，分かりやすい位置に移動します．

また裏面へのシルクは工程が増えて製造の値段が上がるため，印刷したくありません．

そのような場合は，「裏面レジスト」のレイヤを選択し，そのレイヤに「導体層または図形層にテキスト入力」から，表示させたいテキストを入力します．

こうすると，その文字の部分だけレジストが取れるので，裏面に文字が書けます．裏面になるので「表示」を「反転」にするのを忘れないようにしてください．

配線とシルクの調整を終えた図面を図9に示します．

クローズ・ジャンパとオープン・ジャンパ

ジャンパは，回路内の2点間を短絡させたり，あるいは開放させて，回路動作を切り替えるための部品です．

クローズ・ジャンパは，デフォルト（初期）状態が短絡しているジャンパです．短絡している部分をカッタなどで容易に切り離すことができます．

オープン・ジャンパとは，デフォルト状態が開放しているジャンパです．開放している部分がはんだなどで容易に接続できます．

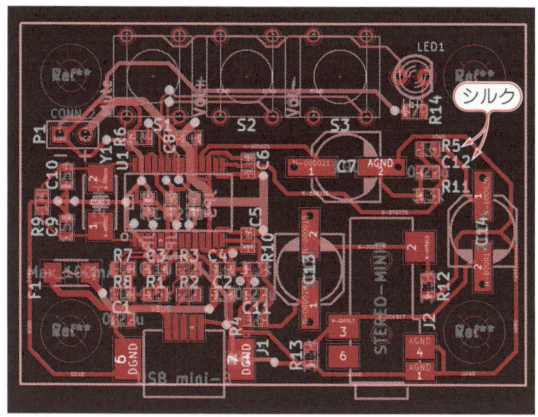

図9 配線とシルクの調整が終わったところ
シルクは部品の下やビアとかぶらない位置に移動する.

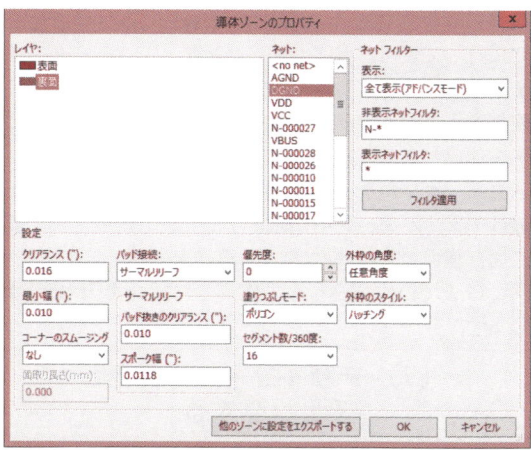

図10 ディジタル・グラウンド（DGND）のベタ・パターンの設定

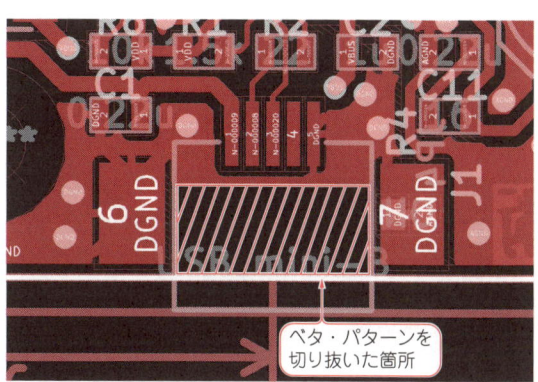

図11 USBコネクタの下のベタ・パターンを切り抜く

（5）ベタ・パターンを作る

ベタ・パターンとは，塗りつぶされたような形状の銅箔パターンのことです．ここではGNDのベタ・パターンを作成します．

基板エディタの右側ツール・バーの上から6番目「塗りつぶしゾーンの追加」を選択します．その状態で，塗りつぶす範囲を指定するポリゴンを作成します．一般的にベタ・パターンは，基板端面から1mmほど内側に作成します．

ポリゴンを開始したい点を基板上でクリックすると，「ゾーンのプロパティ」画面が開きます．ここでベタ・パターンを追加するレイヤとベタ・パターンにしたいネット，クリアランスといったベタ・パターンに関するプロパティを編集できます．

今回は図10のように設定しました．この状態でクリックすると，ポリゴンの頂点を指定できるので，ベタ・パターンにしたい部分を覆っていきます．ダブルクリックをすると，ポリゴンの作成が完了し，その領域がベタ・パターンになります．

ポリゴンを描画したら，最後に作成したポリゴンの中で右クリックし，「全てのゾーンを塗りつぶす」をクリックするとベタ・パターンが完成します．このとき，エディタ左側のツール・バーにある，ゾーンの表示状態を選択するツールの選択状態に注意してください．このツールの一番上「ゾーンの塗りつぶされた領域を表示」が選択されていないと，ベタ・パターンを作成しても表示されません．

その他の「ゾーンの塗りつぶし領域をアウトラインで表示」などは，配線チェック時などに便利です．

● ベタ・パターン内に切り抜きを作る

ベタ・パターンの中に切り抜き部分を追加することも可能です．この機能を使うには，「塗りつぶしゾーンの追加」ツールを選択して，切り抜きたいベタ・パターンの外枠を右クリックします．すると，「ゾーン」→「切り抜きの追加」から，ベタ・パターンを作成したときと同様に，ポリゴンで切り抜きのパターンを作成できます．

今回は図11のように，USBコネクタの下のベタ・パターンを切り抜きました．ベタ・パターンを作るときは次の点に気を付けてください．

- クロック回路の周囲と裏面は，ベタ・グラウンドで覆う
- 「浮き島」，「半島」パターンは作らない（切り抜き追加で回避する）
- ディジタルGNDとアナログGNDの接続点は1点でなるべく小さくする

（6）GNDビアを追加する

現在の基板は，表面と裏面にGNDのベタ・パターンがあります．グラウンド・インピーダンスが高いと

（6）GNDビアを追加する　27

回路の誤動作につながりやすいため，GNDビアを適切に打って表面と裏面のグラウンド・インピーダンスを下げます．適当なGNDのパッドから配線ツールで配線を引き出し，適当な位置で「v」キーを押してビアを作成します．両面をつなぐビアを十分な数だけ打ったら，ダブルクリックで配線を終了します．この配線はベタ・パターン中に埋まりますが，残ったビアは表面と裏面のGNDをつなげる役目を果たします．

ここまでの作業を行って作成した図面を図12に示します．

（7）デザイン・ルールをチェックする

近付きすぎている配線がないか，接続し忘れている配線はないかなどを見つけ出すデザイン・ルール・チェック(DRC)を行いましょう．基板エディタ上側のレイヤを選択するプルダウン・メニューの左横にある，てんとう虫にチェックが入ったアイコンをクリックすると，DRCコントロールの画面が表示されます．

ここで，オプションの「最小の配線幅」と「最小ビア径」が，グローバル・デザイン・ルールと一致していることを確かめたら(通常，一致している)，「DRCの起動」をクリックします．

図13のように，エラー・メッセージに何も表示されなければOKです．「問題/マーカー」と「未配線」の両方のタブをチェックしてください．もしエラーが発見されたら，リスト表示されたエラーをダブルクリックすると，基板上のエラーの位置に移動します．

KiCadは配線中に常にリアルタイムDRCを行っているので，この段階でエラーが新しく発見されることはほぼありません．

エラーを全部つぶしたら，最後に，DRCを回避するために入れ替えていたモジュールを元に戻します．

（8）目視確認

最後に，できあがった図面をプリンタで印刷し，目

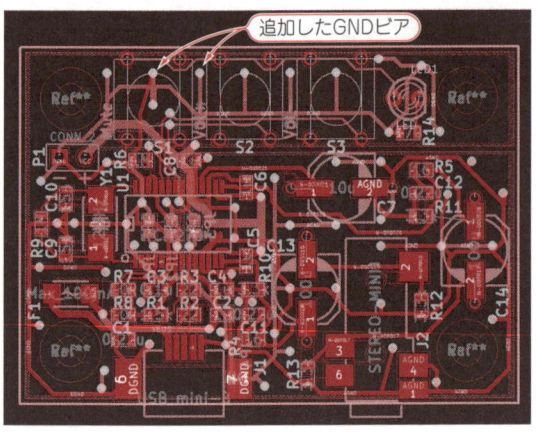

図12 GNDビアを追加した基板…基板設計は完了しており，あとはチェックするだけ
見やすいようにベタ・パターンの塗りつぶしを非表示にしている．

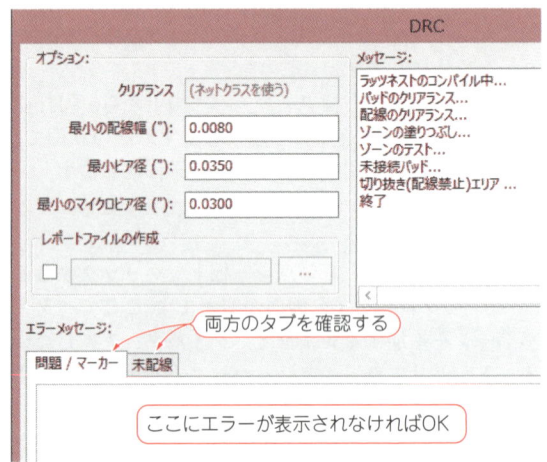

図13 DRCコントロールの画面
「問題/マーカー」と「未配線」の両方のタブで，何も表示されていないことを確認する．

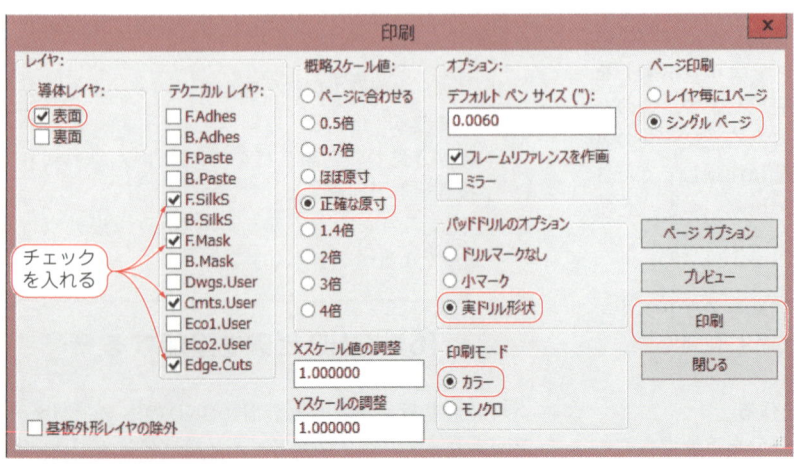

図14
基板図面の表面をチェックするときの設定

視でチェックします．基板エディタの上側ツール・バーのプリンタのアイコン「ボードの印刷」をクリックすると，印刷画面が開きます．表面を印刷する場合は**図14**のように，導体レイヤは「表面」を選択し，他のテクニカル・レイヤは「F.SilkS」，「F.Mask」，「Cmts.User」，「Edge.Cuts」を選択します．スケール値は「正確な原寸」に合わせましょう．裏面をチェックする場合は，導体レイヤは「裏面」を選択し，テクニカルレイヤは「B.Mask」，「Cmts.User」，「Edge.Cuts」をチェックします．裏面にシルクがある場合は，「B.SilkS」にもチェックを入れます．

パッド・ドリルのオプションは「実ドリル形状」に，印刷モードは「カラー」にします．ページ印刷で「シングルページ」を選び，関連するレイヤを一つの図面上でチェックするのが望ましいです．難しい場合はページ印刷を「レイヤ毎に1ページ」とすれば，レイヤごとに1枚ずつプリントしてチェックができます．

裏面の場合は，導体レイヤとシルクとレジストを裏面のものに入れ替えてください．手はんだで部品を実装する場合は，印刷された基板を見て，こて先が入るかどうかイメージするのもよいでしょう．

*

全てのチェックが完了したら，基板の図面は完成です．

◆参考文献◆
(1) 徹底図解 プリント基板作り基礎と実例集(トランジスタ技術SPECIAL for フレッシャーズ No.115)，CQ出版社．

使い慣れると高速作画が可能に！ショートカット・コマンド　　Column

基板エディタにも，キーボード・ショートカット・コマンドが用意されています(**表A**)．キーボード上でさまざまなコマンドを呼び出しながら配線をすると，作業が早くなります．LinuxやMac OSXの場合は「設定」→「ホットキー」→「現在のキー設定のリスト」から参照してください．

表A　KiCadの基板エディタのキーボード・ショートカット一覧(Windowsの場合)

キー	説明	キー	説明	キー	説明
?	ホットキー・リストの呼び出し	G	フットプリントをドラッグ	Alt + 1	グリッドを高速グリッド1にスイッチ
F1	ズームイン	T	フットプリントを検索して移動	Alt + 2	グリッドを高速グリッド2にスイッチ
F2	ズームアウト				
F3	再描画	L	フットプリントのロックと解除	.	グリッドを次にスイッチ
F4	カーソル位置を中心に描画				
Home	図面の大きさに合わせて描画	PgDn	裏面レイヤに移動する	Ctrl + 0	マクロ0を登録
		F5	内層1に移動する	0	マクロ0の呼び出し
Ctrl + U	単位系の変更	F6	内層2に移動する	Ctrl + 1	マクロ1を登録
Space	カーソル位置をローカル座標系の原点に設定(タスク・バーの「dx dy」表示の原点の設定)	F7	内層3に移動する	1	マクロ1の呼び出し
		F8	内層4に移動する	Ctrl + 2	マクロ2を登録
		F9	内層5に移動する	2	マクロ2の呼び出し
		F10	内層6に移動する	Ctrl + 3	マクロ3を登録
Ctrl + Z	元に戻す	PgUp	表面レイヤに移動する	3	マクロ3の呼び出し
Ctrl + Y	やり直し	+	次のレイヤに移動する	Ctrl + 4	マクロ4を登録
K	アウトライン・モードで配線を表示	−	前のレイヤに移動する	4	マクロ4の呼び出し
		Ctrl + S	ボードを保存	Ctrl + 5	マクロ5を登録
Delete	配線かフットプリントの削除	Ctrl + L/	ボードの読み込み	5	マクロ5の呼び出し
Backspace	配線セグメントの削除	Ctrl + F	アイテムの検索	Ctrl + 6	マクロ6を登録
D	角度を保ったまま配線をドラッグ	E	アイテムの編集	6	マクロ6の呼び出し
		X	新しい配線の追加	Ctrl + 7	マクロ7を登録
P	アイテムの追加	V	ビアの追加	7	マクロ7の呼び出し
End	配線の終了	Ctrl + V	マイクロビアの追加	Ctrl + 8	マクロ8を登録
M	アイテムの移動	O	モジュールの追加	8	マクロ8の呼び出し
F	フットプリントを裏返す	W	配線幅を次にスイッチ	Ctrl + 9	マクロ9を登録
R	アイテムを回転	Ctrl + W	配線幅を前にスイッチ	9	マクロ9の呼び出し

STEP5 基板製造に必要なデータを出力
発注データの作成と基板発注

米倉 健太

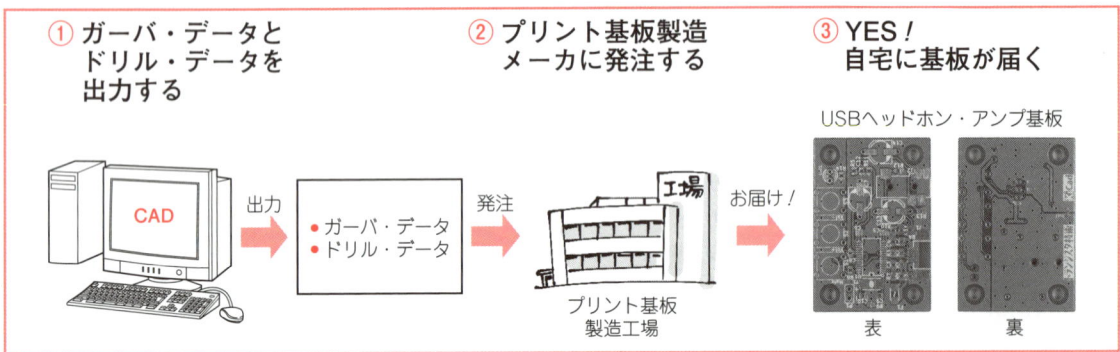

図1 基板製造メーカに発注してプリント基板を手に入れる

（1）発注用のデータを作る

基板を発注するためには，次に示す製造に必要な二つのデータが必要です．

- ガーバー・データ
- ドリル・データ

ここでは，この二つのデータを出力する手順を説明します．

● 手順1：ガーバー・ファイルの出力

基板の図面から，製造メーカに発注するためのガーバー・ファイルを出力します．基板エディタの上側ツール・バーでプリンタの左上に「P」のマークが付いているアイコン「プロット」をクリックします．すると，図2のプロット・ウィンドウが開きます．この画面で，「作画フォーマット」から「ガーバー」を選択し，「参照」ボタンを押して，ガーバー・ファイルを出力するフォルダを選びます．「相対パスを使用しますか？」と，相対パスを使うかを尋ねる画面が現れます

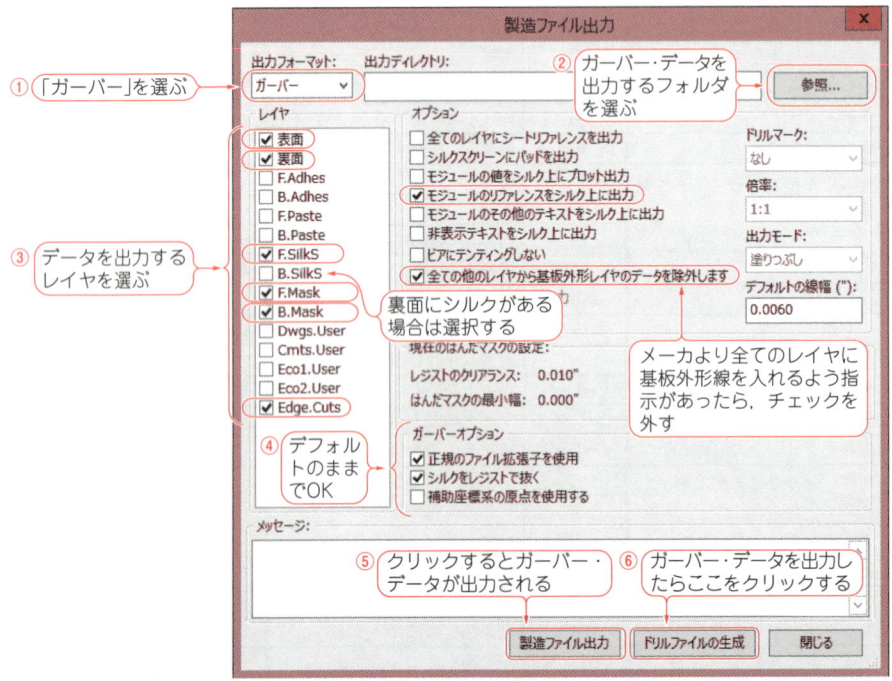

図2 手順1：発注に必要なデータの一つ「ガーバ・データ」を出力する「プロット画面」

が，これは「はい」と「いいえ」のどちらを選んでもかまいません．

次に「レイヤー」から出力するレイヤを選択します．最低限，図2のとおり，表面・裏面のパターンとレジスト，表面のシルクと基板外形のレイヤを選んでおけば良いでしょう．裏面のシルクも必要なときは，チェックを入れてください．

「オプション」では，「モジュールのリファレンスをシルク上に描画」を選んでおきます．「ガーバーオプション」はそのままで問題ありませんが，基板外形線を全てのレイヤに入れることを求める製造メーカもあるので，その場合は「全ての他のレイヤから基板外形レイヤのデータを除外します」のチェックを外してください．

全ての設定を終えたら，「製造ファイル出力」ボタンをクリックして，ガーバー・ファイルを出力します．ここで出力されたガーバー・データには，ファイル名に日本語が入っており，海外の製造メーカに依頼すると問題になることがあります．出力されたガーバー・ファイルの名前を以下のように変更しておきます．

- （プロジェクト名）-表面.gtl
  →（英字プロジェクト名）-Front.gtl
- （プロジェクト名）-裏面.gbl
  →（英字プロジェクト名）-Back.gbl
- （プロジェクト名）-F_Mask.gts
  →（英字プロジェクト名）-F_Mask.gts
- （プロジェクト名）-B_Mask.gbs
  →（英字プロジェクト名）-B_Mask.gbs
- （プロジェクト名）-F_SilkS.gto
  →（英字プロジェクト名）-F_SilkS.gto
- （プロジェクト名）-Edge_Cuts.gbr
  →（英字プロジェクト名）-Edge_Cuts.gbr
- （プロジェクト名）.dri→（英字プロジェクト名）.dri

● 手順2：ドリル・データの出力

次に，プロット画面の下にある「ドリルファイルの生成」のボタンをクリックします．すると，「ドリルファイル生成」の画面が開きます．

「ドリルユニット」の単位系は，メーカの製造基準書で使用されている単位と同じものを選びましょう．

「ドリルマップ・ファイルフォーマット」は「ガーバー」を選択してください．「オプション」の「y軸でミラー」のチェックは外してください．

全ての設定を終えると図3のようになります．この状態で「ドリルファイル」ボタンをクリックします．すると，ドリル・ファイルの保存場所を尋ねるダイアログが開くので，先ほどガーバー・ファイルを保存したフォルダと同じ場所に保存します．

● 手順3：ガーバー・ビューアによる出力データの確認

KiCadのメイン画面から，「GerbView」を起動します．

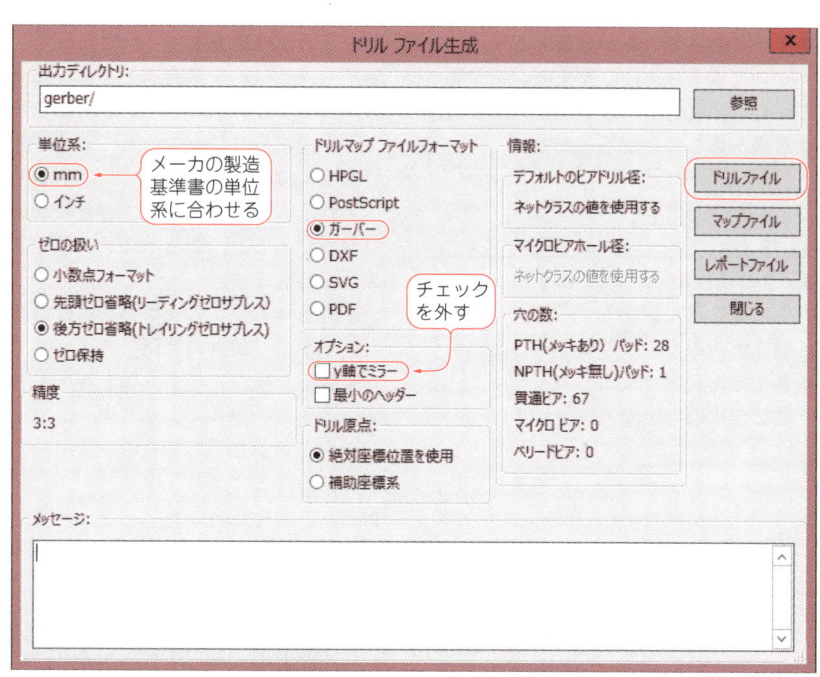

図3　手順2：ドリル・ファイル生成画面
製造に必要なドリル・ファイルを出力する．

（1）発注用のデータを作る

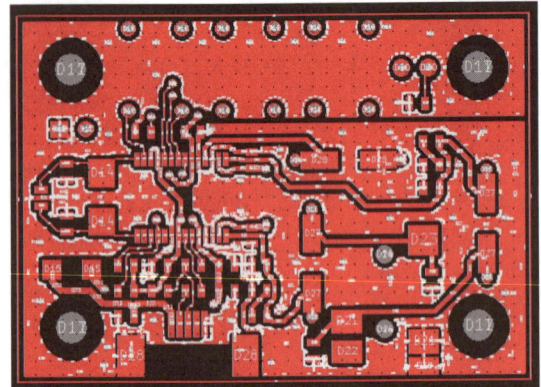

図4 ガーバー・ビューアで出力したガーバー・ファイルが正しいか確認する
画面上側にはガーバー・ファイルやドリル・データを読み込んだり，画面の拡大・縮小を行うボタンが，左側にはグリッドの単位系やドリルや配線の表示方法を変更するボタンがある．画面の右側では，表示するレイヤを選択する．

　画面上側ツール・バーの左から2番目「現在のレイヤに新規ガーバーファイルを読込み」のボタンをクリックします．すると，ガーバー・ファイルを選択するダイアログが現れるので，出力したガーバー・ファイルを選択します．
　表面の導体レイヤは，「プロジェクト名-表面.gtl」というファイル名になっています．これを読み込むと，図4のようにガーバーの形が表示されます．続けて，他のレイヤも読み込みましょう．画面の右側で表示するレイヤを選択し，一つ一つのレイヤが期待したとおりにガーバーファイルになっているか確認します．
　上側ツール・バーの左から3番目「現在のレイヤにexcellonドリルファイルを読込み」をクリックすると，ドリル・ファイルも読み込むことができます．

（2）発注

　p.35のAppendix 2の表のように，基板を作ってくれるメーカは国内外にたくさんあります．これらのメーカにはそれぞれ個性があるため，どこが一番お勧めかを示すことはできません．
　依頼する場合，気になるのは次の三つでしょう．

- 製造基準
- 納期
- 価格

次の点も気になります．

- 製造前チェックの有無
- 日本語対応が可能か
- 連携サービス

- 加工方法
- リピート製造割引

▶製造基準
　最近の基板メーカは，ウェブで「製造基準書」を公開しています．そこで，自分が作りたいサイズや層数で基板が作れるか，希望するドリル径があるか，面付けや異形基板など希望する加工方法が可能かなどを確認します．

▶納期
　海外のメーカに頼むと，納品までの日数が2週間くらい前後することがあります．いつまでに基板が欲しいという締切日があるときは，基板が手元に確実に届くように，納品までの期日をしっかり守ってくれるメーカを選びましょう．

▶価格
　基板の製造にはお金がかかります．複数のメーカで見積もりをとって比べてください．
　価格は，納期や作成された基板のクオリティと密接に関わっています．納品までの日数を選べるメーカもありますが，そういうところでは，納期が半分になると製造費用はだいたい2倍になります．急がない場合は，時間をかけて製造してもらうほうがコストを下げられます．
　最近は，中国などに小さな基板であれば1枚100円程度で製造してくれるメーカもあります．しかし，そのようなところは，そもそも製造基準書が公開されていなかったり，基板がちゃんと製造できているかのエラー・チェックをしてくれなかったりします．

▶製造前チェックの有無
　メーカでは基板のデータが納品されると，そのデータが実際に自社のシステムで製造可能かどうかのチェックをします．親切なメーカであれば，そのときに「あれ？このデータ，ちょっとおかしいぞ？」といった箇所があると，製造前にメールや電話で問い合わせをしてくれます．
　筆者自身も，このサポートには何度も助けられました．しかし，最近の低価格のメーカでは，コストダウンを図るため，このようなカスタマ・サービスを削っているところが多いようです．そのようなところでは，データがおかしくてもそのまま製造するので，届いてから泣くことになります．

▶日本語対応が可能か
　やはり日本語が通じるメーカだと何かと便利です．製造基準書などの長い文章も，英語より日本語のほうが読みやすいですし，日本語で交渉できるので，細かい注文もお願いしやすいでしょう．
　ファイル名に日本語が含まれていると，海外のOSだと，文字化けして正常に扱えず問題になることもあ

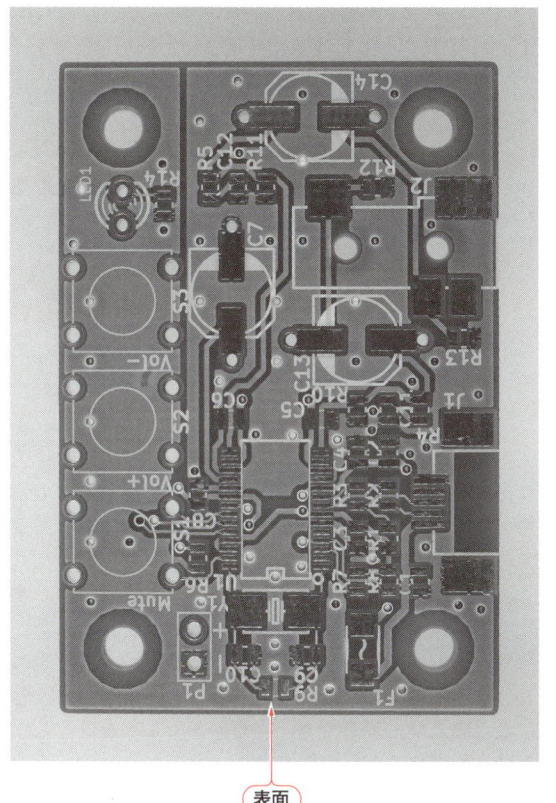
表面

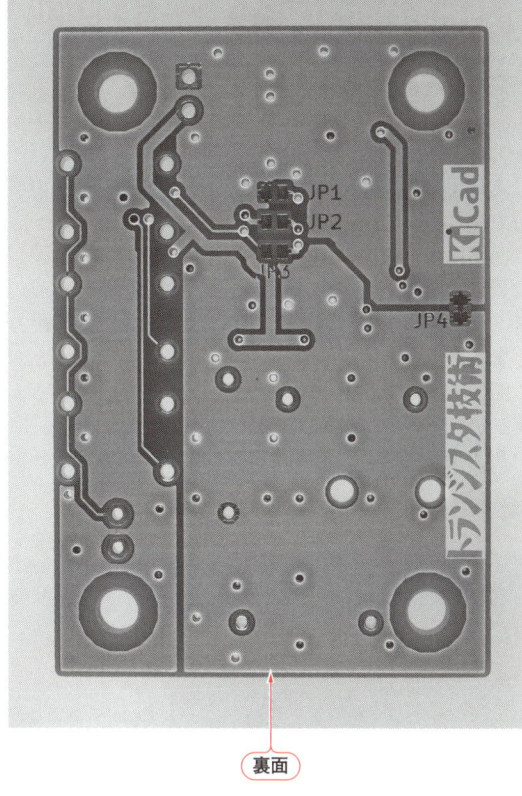
裏面

写真1　ついに完成！USB DACヘッドホン・アンプのプリント基板

ります．日本のメーカであればその点も問題ないでしょう．

　筆者が実際に経験した例なのですが，基板のシルクに画像データ化した日本語の文章を入れたのですが，海外のメーカでは製造を拒否されてしまいました．記載されている内容をメーカ側でチェックできないと製造できないそうです．

▶連携サービス

　基板の製造と一緒に，部品の実装サービスをやっているメーカも多くあります．そのようなところは，製造サービスで作成した基板をそのまま次の実装工程に送れるので，コストや納期を削減・短縮できます．

　実装する部品は，ユーザ側から実装工場に送ったり，実装メーカから購入したりもできます．抵抗やコンデンサといった標準部品を破格の値段で実装してくれるメーカもあるので，ぜひ探してみてください．

▶加工方法

　大量の基板を製造する場合は，製造コストを削減したり実装を楽にするために，「面付け」という作業を行って1枚の基板を縦横に並べた大きな基板データを作成し，基板と基板の間に「Vカット」というV字型の溝を入れる加工をして，後で分割できるようにしておきます．

　DCアダプタのジャックなどを実装するときは，基板に楕円形の「長穴」という特殊な穴をあける加工が必要になることがあります．基板に四角形の穴があいていたり，基板の外形が長方形でない場合（異形基板）には「ルータ（リュータ）加工」という加工が必要です．こういった特殊な加工ができるかどうかは，事前に製造基準書でチェックする必要があります．

▶リピート製造割引

　同じ基板を今後も繰り返し製造する予定がある場合は，リピート製造割引があるメーカがお勧めです．最初の発注時に値段にイニシャル費用が上乗せされますが，その次からの発注がとても安く済むようになります．

（3）プリント基板が届く

　作成したデータを基板製造メーカに発注すると，基板を製造してもらえます．今回作成した基板データを使用して，基板製造メーカを発注してできあがったプリント基板を**写真1**に示します．

（初出：「トランジスタ技術」2013年5月号　特集）

Appendix 1 ノーミス目指して！KiCadで出力したExcelでバッチリ管理！
部品表の作り方

米倉 健太

▶BOMシート（部品表）の出力方法

　実装する部品の発注管理に便利なBOMシートの出力方法について説明します．

　回路図エディタの上側ツール・バー右側の「BOM」と書かれたシートのアイコン「BOM（部品表）出力」をクリックします．図Aのように設定を変更して出力します．カンマ区切りで指定すると，Microsoft Excelで開いて編集できます．

▶BOMシートを編集して部品の選定をする

　出力したBOMシートは，リファレンス（ref）と値（value）のみが1行ごとに並んだ表です．これを編集して，使いやすいBOMシートを作成します．

　まずは，BOMシートに以下の列を付け足します．

- メーカ名
- 品名
- 発注先のURL
- 型名
- 数量
- 小計
- データシートのURL
- 単価

　まずは，リファレンスの中から同じ部品（例：C_1とC_{11}とC_{12}）を選び出し1行にまとめます．次に，仕入れ先のウェブ・ページなどを見ながら，品名などの情報を埋めていきます．各部品に対して，検索をし，確実に入手できる経路を記載します．

　全ての項目が埋まったBOMシートを表Aに示します．筆者はDigi-Keyを使って部品を発注しましたが，秋月電子通商やマルツパーツ館，千石電商，アールエスコンポーネンツなどからも部品を購入できます．どこから購入する場合でも，在庫があることを確認しながら，実装する部品を決めましょう．

（初出：「トランジスタ技術」2013年5月号　特集）

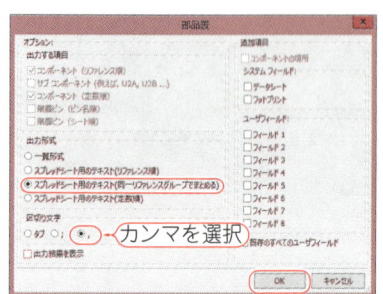

図A Excelで編集しやすい部品リストを出力する

表A　筆者が発注時に使用したExcel表（基板2枚分，金額は実際と異なる場合がある）

部品番号 (ref)	値 (value)	メーカ名	型　名	品　名	数量	単価 [円]	小計 [円]
C1, C11, C12	0.22 u	TDK	C1608X7R1C224K080AC	445-1318-1-ND	6	9	54
C2, C4, C5, C6, C8	1 u	TDK	C1608X5R1C105K080AA	445-1416-1-ND	10	9	90
C3	0.1 u	TDK	C1608X7R1E104K080AA	445-1316-1-ND	2	9	18
C7	220 u	Nichicon	RSL0J221MCN1GB	493-3821-1-ND	2	94	188
C9, C10	15 p	TDK	C1608C0G1H150J080AA	445-1271-1-ND	4	9	36
C13, C14	100 u	Nichicon	RSL0J101MCN1GB	493-3819-1-ND	4	97	388
F1	Max 350 mA	Littelfuse	1206L035YR	F2111CT-ND	2	45	90
J1	USB mini-B	Hirose	UX60SC-MB-5ST	H11671CT-ND	2	98	196
J2	STEREO-MINIJ	CUI Inc	SJ-43515RS-SMT-TR	CP-43515RSSJCT-ND	2	138	276
LED1	LED	Vishay	TLHR4405	751-1129-ND	2	40	80
R1	1.5k	Panasonic	ERJ-3GEYJ152V	P1.5KGCT-ND	2	9	18
R2, R3	22	Panasonic	ERJ-3GEYJ220V	P22GCT-ND	4	9	36
R4, R5	16	Panasonic	ERJ-3EKF16R0V	P16.0HCT-ND	4	9	36
R6, R9	1 M	Panasonic	ERJ-3GEYJ105V	P1.0MGCT-ND	4	9	36
R7, R8	10 k	Panasonic	ERJ-3GEYJ103V	P10KGCT-ND	4	9	36
R10, R11, R12, R13	3.3 k	Panasonic	ERJ-3GEYJ332V	P3.3KGCT-ND	8	9	72
R14	470	Panasonic	ERJ-3GEYJ471V	P470GCT-ND	2	9	18
S1, S2, S3	mute	TE	FSM6JH	450-1652-ND	6	11	66
U1	PCM2704	TI	PCM2704CDBR	296-29561-1-ND	2	617	1,234
Y1	12 MHz	NDK	NX5032GA-12MHZ-STD-CSK-8	644-1186-1-ND	2	94	188
						合計 [円]	3,156

Appendix 2　CADデータが完成したら発注！
プリント基板製造メーカ一覧

武田 洋一

会社名	ウェブサイト	web見積	短納期	備考	設計データの作成					基板の製造（穴あけ，エッチング，仕上げ）					部品の実装					製造工場		
					作成業務	片面	両面	多層	フレキシブル/片面	製造業務	片面	両面	多層	フレキシブル/片面	実装業務	DIP部品	表面実装部品	BGA・CSP	両面実装	自社工場	国内製造委託	海外製造委託
アートニクス	http://www.artnics.com/	-	●		●	●	●	●	●	●	●	●	●	-	-	-	-	-	-	●	-	-
アイケーピー(有)	http://www.i-k-p.com/	-	-		●	●	●	●	-	●	●	●	●	-	-	-	-	-	-	●	-	-
㈱相信	http://www.aishin.co.jp/	-	-		●	-	-	-	-	●	●	●	●	-	-	-	-	-	-	●	-	-
㈱アズマ	http://www.azumagrp.co.jp/	-	-		●	-	-	-	-	●	●	●	●	-	●	●	●	●	●	●	-	-
㈱アドバンスドサーキット	http://www.advc.jp/	-	-		●	-	-	-	-	●	●	●	●	-	-	-	-	-	-	●	-	-
アポロ技研㈱	http://www.apollo-g.co.jp/	-	-		●	●	●	-	-	●	●	●	-	-	-	-	-	-	-	●	-	-
㈱アルニック	http://www.alnic.co.jp/	-	-		●	-	-	-	-	●	●	●	●	-	-	-	-	-	-	●	-	-
㈱インフロー	http://www.p-ban.com/	●	●		●	-	-	-	-	●	●	●	●	-	●	●	●	●	●	-	●	●
GAIA㈱	http://www.gai-a.com/	-	-		●	-	-	-	-	●	●	●	●	-	-	-	-	-	-	-	●	●
㈱工房やまだ	http://studio-yamada.jimdo.com/	-	-		-	-	-	-	-	-	-	-	-	-	●	●	●	●	●	●	-	-
㈱港北電子工業	http://www.kouhokud.jp/	-	-		●	-	-	-	-	●	●	●	●	-	●	●	●	●	●	●	-	-
山幸電機㈱	http://homepage3.nifty.com/sankodenki/	-	-		●	-	-	-	-	●	●	●	●	-	-	-	-	-	-	●	-	-
㈱サンヨー工業	http://www.nagano.sanyo-pwb.co.jp/	-	●		-	-	-	-	-	●	●	●	●	-	-	-	-	-	-	●	-	-
㈱システム・プロダクツ	http://www.sys-pro.co.jp/	-	●		●	-	-	-	-	●	●	●	●	-	-	-	-	-	-	●	-	-
㈱真成電子産業	http://www.shinseidenshisangyo.co.jp/	-	-		●	-	-	-	-	●	●	●	●	-	-	-	-	-	-	●	-	-
㈱大昌電子	http://www.daisho-denshi.co.jp/	-	-		●	-	-	-	-	●	●	●	●	-	-	-	-	-	-	●	-	-
㈱タイシン	http://www.taishin-pcb.co.jp/	●	●	プリント基板ノアを開業した(http://www.pcb-noah.com/)	●	-	-	-	-	●	●	●	●	-	-	-	-	-	-	●	-	-
㈱デュアル電子工業	http://www.e-dual.co.jp/	-	-		●	-	-	-	-	●	●	●	●	-	-	-	-	-	-	●	-	-
東芝ディーエムエス㈱	http://www3.toshiba.co.jp/tdms/	-	-		●	-	●	●	●	●	●	●	●	-	●	●	●	●	●	●	-	-
㈱東和テック	http://pcb-center.com/	●	●		●	●	●	●	●	●	●	●	●	-	●	●	●	●	●	●	-	●
㈱東和電子	http://www.twa.co.jp/	-	-		●	-	-	-	-	●	●	●	●	-	-	-	-	-	-	●	-	-
(有)ネクステック	http://www.nextec.co.jp/	-	-		-	-	-	-	-	●	●	●	●	-	-	-	-	-	-	●	-	-
V・TEC㈱	http://www.e-vtec.co.jp/	-	-		●	-	-	-	-	●	●	●	●	-	-	-	-	-	-	●	-	-
富士プリント工業㈱	http://www.fujiprint.com/	-	-		●	-	-	-	-	●	●	●	●	-	-	-	-	-	-	●	-	-
㈱マツオ	http://www.s-matsuo.co.jp/	-	-		●	-	-	-	-	●	●	●	●	-	-	-	-	-	-	●	-	-
マルツエレック㈱	http://www.marutsu.co.jp/	●	-		●	-	-	-	-	●	●	●	●	-	-	-	-	-	-	-	●	-
㈱ミクロ・テック	http://www.micro-tech.co.jp/	-	-		●	●	●	●	-	●	●	●	●	-	-	-	-	-	-	●	-	-
リンクサーキット㈱	http://www.link-circuit.co.jp/	-	●		●	-	-	-	-	●	●	●	●	-	-	-	-	-	-	●	-	-
MyroPCB	http://www.myropcb.com/	●	●（週末サービス）		●	-	-	-	-	●	●	●	●	-	-	-	-	-	-	-	-	●
FusiionPCB	http://www.seeedstudio.com/depot/Services-c-70_71/?ref=side	●	-	サイズ既定	-	-	-	-	-	●	●	●	-	-	-	-	-	-	-	-	-	●
PCBカート	http://www.pcbcart.com/	●	-		-	-	-	-	-	●	●	●	●	-	-	-	-	-	-	-	-	●

Appendix 3
（ピーバンドットコム）
P板.comによる基板の発注

米倉 健太

ユーザ登録

　作成した基板データを基板製造メーカへ発注しましょう．今回はP板.comにお願いすることにしました．同社は，Webで見積もりが取れるため初心者にも優しく，納期遵守率が高く，国内の製造業からの信頼もあつい優良な基板製造メーカです（筆者はP板.comの回し者ではないですヨ．念の為）．

　まず，製造を依頼するためには，最初にP板.comのサイトでユーザ登録をする必要があります．同社のトップページ（http://www.p-ban.com/）の右側にある，図1の「ユーザー登録」をクリックしてください．

　すると図2のように利用規約の確認画面が出るので，同意できたら「同意する」をクリックして続行します．

　次の画面では，図3のように，個人か法人といった，ユーザの登録方法を選択します．今回は個人の登録を選択しました（画面は2013年3月現在）．

図1　P板.comのトップページ（http://www.p-ban.com/）でまずユーザ登録する

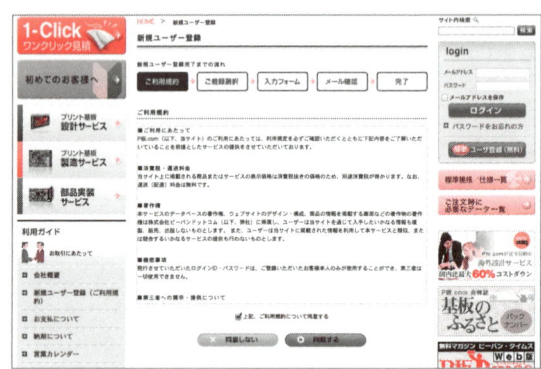

図2　利用規約の確認画面が出る

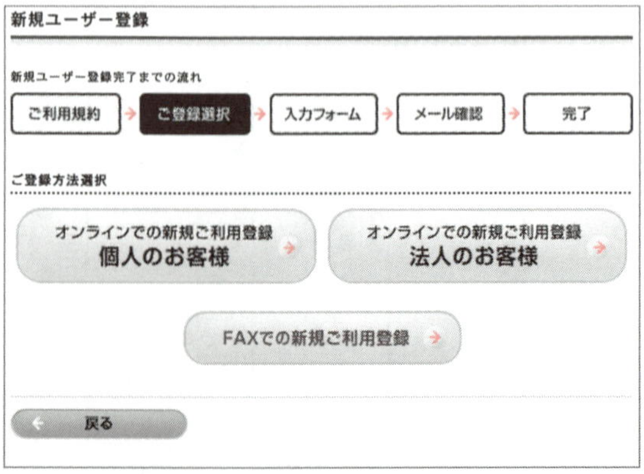

図3　ユーザ登録方法の選択

図4　ユーザ情報の登録画面

図5　入力した内容の確認と登録完了方法の表示

　その次は，ユーザ情報の登録画面です．図4のように，名前とアドレスとパスワードを登録しましょう．個人情報の取り扱いについての説明もあるので，よく読んで納得できたら「同意する」をチェックして，「次へ」を押してください．

　この後は，入力した内容の確認画面が出るので，内容に間違いがないことを確認して登録してください（図5）．

　登録が完了してしばらくすると，登録したメール・アドレスへ「【P板.com】ユーザ情報 仮登録完了のお知らせ」というタイトルのメールが届きます．それに記載されたURLをクリックすると，図6のページが開くので先ほど登録したパスワードを入力すると，本登録が完了します．

基板製造見積もり

　それでは，早速見積もりを開始しましょう．P板.comのサイトの図1から，登録したメール・アドレスとパスワードでログインします．

　ログインした先の画面の下側に，図7の見積もりや注文を選択することができる画面が表示されていると思います．ここで，中央の「新規に基板製造したい」をクリックします．

　すると，見積り条件の入力画面が現れます．ここに，製造を依頼したい基板の情報を入力します．今回は図8のように入力しました．製造の見積もりは，メーカの標準条件から外れるごとに，どんどん高くなっていきます．ここのプルダウンメニューは，なるべく【標準】のままにしておきたいものです．

　見積もり条件の入力画面の下側を図9に示します．今回はデフォルトのまま，特に変更したところはありません．しかし，ただ一点，設計CADの選択項目で，「KiCad」はなく，「その他」を選ばざるをえませんでした．この項目にKiCadを加えていただくことを切に

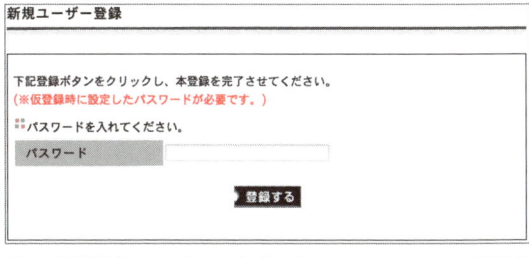

図6　「仮登録完了のお知らせ」というタイトルのメールに記載されたURLをクリックしたパスワードを入力して登録を完了する

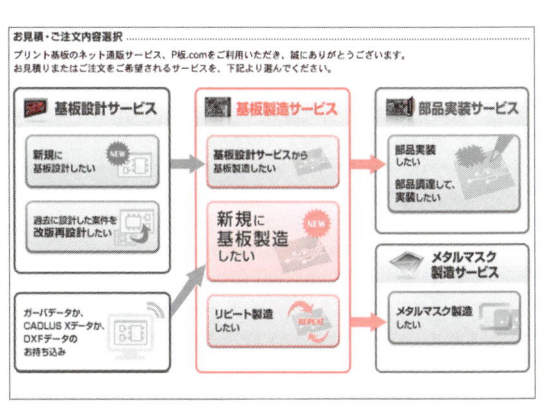

図7　登録が終わったら，図1のWebページから登録したメール・アドレスとパスワードでログイン

図8　見積り条件の入力画面

願う次第であります．

　たったこれだけの入力で，図10のようにすぐに見積もり計算ができました．

Appendix 3　P板.comによる基板の発注

製造コースで日数を変更すると劇的に値段が変わりますが、枚数や基板の大きさは多少変更してもそれほど値段は変わりません。いろいろな数値を入力して試してみてください。今回は、「ノーマル5日」コースで依頼することにしました。

コースを決めたら、「選択」をクリックします。その後は、見積もり内容の確認画面が出てくるので、内容を確認しながら続行します。すると、図11のよう

図9　見積もり条件の入力画面の下側

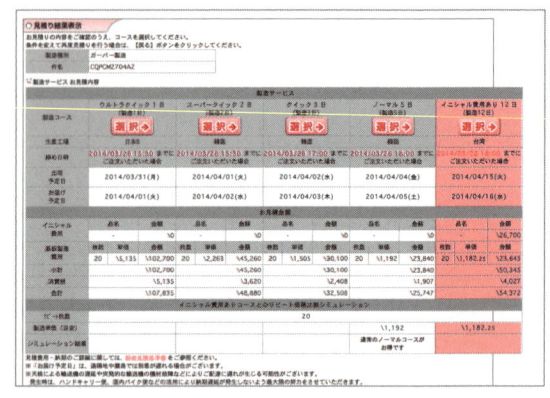

図10　見積もりの計算結果(価格は変動する)

格安基板製造メーカの利用法

格安基板製造メーカ事情

ここ最近、海外では格安で基板製造を請け負うメーカが増えています。この中には、10[cm]×10[cm]の大きさの基板を10枚 $13！という驚異的な値段(送料は別)で製造を請け負うところもあり、筆者も趣味の基板では何度も利用しています。

格安基板メーカで製造にかかる値段は、国内のメーカの1/10以下になることもあり、学生や趣味で基板を製作している人にとっては、とても魅力的です。しかし、以下に示すように欠点も多く、積極的におすすめはできません。品質のバラつき、サポートの未熟さが許容できる余裕がある場合にのみ、検討してみてください。

● 利点
・安い
・Web上で見積もりから発注までできる(電話やFaxなどで、メーカの業務時間に合わせる必要がない)
・クレジット・カードで支払いできる
・10枚発注すると、たいてい11枚以上納品される(製造品質のバラつきを数で補っている)

表A　Elecrowの製造基準

・数量：5ピース, 10ピース, 50ピース, 100ピース, 200ピース, 300ピースから選択.	・外層の銅箔厚さ：1 oz(35μm)
・層数：片面か両面.	・内層の銅箔厚さ：17μm
・基板材質：FR-4.	・ドリル穴(メカニカル)：0.3 mm ～ 6.35 mm
・基板の色：緑, 赤, 黄色, 青, 白, 黒の中から選択.	・仕上げ穴(メカニカル)：0.8 mm ～ 6.35 mm
・シルクの色：白, 黒(白色の基板の場合のみ).	・穴径公差(メカニカル)：0.08 mm
・最大サイズ：45 cm × 120 cm	・外形公差(メカニカル)：±0.20 mm
・基板の厚さ：0.6 mm, 0.8 mm, 1.0 mm, 1.2 mm, 1.6 mm, 2.0 mmから選択.	・アスペクト比：8：1
・基板の厚さの公差(厚さ1.0 mm以上)：±10%	・ソルダ・レジスト：感光性インク
・基板の厚さの公差(厚さ1.0 mm未満)：±0.1 mm	・ソルダ・レジストの最小幅：0.2 mm
・絶縁層の厚さ：0.075 mm ～ 5.00 mm	・ソルダ・レジストの最小隙間：0.2 mm
・配線の最小幅：6 mil (8 mil以上を推奨)	・ソルダ・レジスト厚さ：15μm
・配線やビア間の最小隙間：6 mil (8 mil以上を推奨)	・表面仕上げ：HASL, HASL (Lead Free), ENIG
・パッドとの最小隙間：8 mil	・電気的接続のチェック：全体の半分をチェック, 全てチェックを選択.
・シルク文字の最小サイズ：32 mil	・入稿できるガーバーファイルのフォーマット：RS-274x

に見積もりの保存完了画面が出ました．今回は完了ではなく「注文手続きに進む」を押して，手続きを続行します．

続行すると図12の見積もり内容の確認画面が表示されました．指示された資料の中では，ガーバーデータとドリルデータ，ドリルリストがKiCadから出力されています．画面中ほどの「製造指示書（Excel形式）」

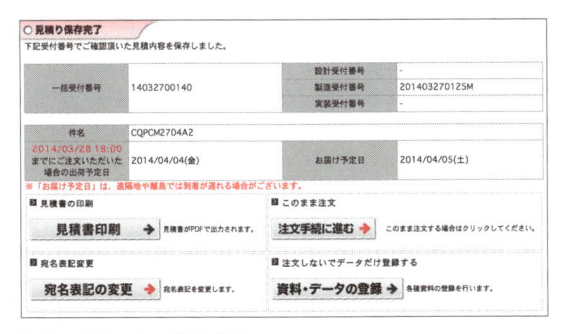

図11 見積もりの保存完了画面

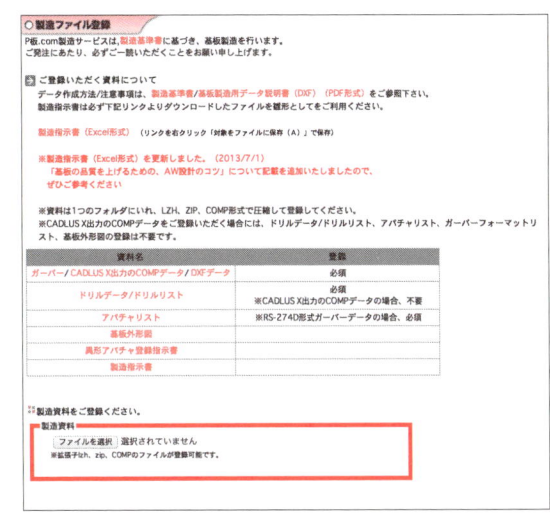

図12 見積もり内容の確認画面が表示される

Column

製造基準の例

格安で基板の製造を請け負うメーカとしては，Elecrowやseeed，iMall，MyroPCBが最近の有名どころです．これらのメーカの中には，製造にかかる値段は微妙に異なるものの製造基準がほとんど同じ，中には製造基準書に同じ画像が使い回されているところもあることから，同じ工場で製造していると思われます．

● Elecrowの場合

ここでは，一例としてElecrowの製造基準を表Aに示します．この基準は，2014年3月28日時点で，
・ElecrowのWebサイト（http://www.elecrow.com/blog/elecrow-fusion-pcb-service-overview/）から読み取れたものです．

● 格安基板業者のURL

表Bに格安と思われる業者を示します．p.35の表もあわせて参照してください． 〈米倉 健太〉

● 注意点（欠点）
・レジストがはがれていたり，製造品質が悪い基板が納品される場合がある（ただし，1枚ごとの品質にバラつきがあるので，納品された基板全てがNGだった例は聞かない）
・複数基板の面付けを許可してくれないメーカがある
・基板のシルクに勝手に製造番号を入れられるメーカがある
・手続きが全て英語
・基板に傷がある場合がある
（商品の扱いがぞんざい？）
・梱包の箱が潰れている場合がある
（海外の劣悪な郵便事情？）
・届くまで，早くて10日，遅いと1ヶ月以上と，納品までの時間が読みにくい
・日本語の入った基板を製造してくれない場合がある（英語・中国語なら可）
・代金はクレジット・カードによる前払いなので，トラブルになった場合，返金が難しい場合がある

表B 格安と思われる業者

Elecrow	http://www.elecrow.com/services-c-73/seeed：http://www.seeedstudio.com/service/index.php?r=site/pcbService
iMall	http://imall.iteadstudio.com/open-pcb/pcb-prototyping.html
MyroPCB	http://www.myropcb.com/

Appendix 3 P板.comによる基板の発注

ガーバー形式をお選びください	
● RS-274X（拡張ガーバー形式）	
○ RS-274D（標準ガーバー形式）	

データ内容	ファイル名
ドリルデータ	CQPCM2704A2.drl
ドリルリスト	CQPCM2704A2-drl.rpt
ドリルデータ（分かれている場合）	
ドリルリスト（分かれている場合）	
部品面パターン	CQPCM2704A2-Front.gtl
半田面パターン	CQPCM2704A2-Back.gbl
部品面レジスト	CQPCM2704A2-Mask_Front.gts
半田面レジスト	CQPCM2704A2-Mask_Back.gbs
部品面シルク	CQPCM2704A2-SilkS_Front.gto
半田面シルク	
外形線図	CQPCM2704A2-PCB_Edges.gbr
L2内層パターン（4, 6, 8層板のみ要）	
L3内層パターン（4, 6, 8層板のみ要）	
L4内層パターン（6, 8層板のみ要）	
L5内層パターン（6, 8層板のみ要）	
L6内層パターン（8層板のみ要）	
L7内層パターン（8層板のみ要）	

図13
ダウンロードした製造指示書を記入して保存

のリンクを右クリックして，「対象をファイルに保存」からコンピュータにダウンロードしてください．

ダウンロードした製造指示書を開き，出力されたガーバー・データの名前に合わせて，図13のように記入します．

製造指示書を記入して保存したら，これらのガーバー・ファイルと製造指示書を一つのフォルダに入れ，LZHかZIP，COMPのいずれかの形式で圧縮し，図12の画面の下にある「製造資料」から登録してください．

この後，納品書送付先の登録をし，確認を済ませれば，基板の製造依頼が完了です！

登録したガーバーデータに不備がある場合，ほぼその日のうちに，P板のサポートセンターから質問のメールか電話が来ます．なので，基板の製造依頼をした日は，メールボックスや電話の確認を頻繁に行いましょう．今回の基板を依頼したときは，「裏面の一部にレジストが剥がれているところがあるが，そのまま製造して問題ないか？」という問い合わせのメールが来ました．むろんこれは，裏面に意図的にレジスト抜きで文字を書いているためなので，問題ないのでそのまま製造する旨お願いしました．このあたりのやり取りが日本語でできるのが，国内メーカのありがた味です．

また，このように，あらかじめ確認のメールが来そうなことが分かっている場合は，依頼時にコメント欄へ「裏面にレジスト抜きで文字を入れていますが，問題ないのでそのまま製造してください．」のように，問題となりそうな箇所の説明を入れておくと，問い合わせを回避することができます．

Appendix 4
Digi-Key による部品の発注

米倉 健太

BOMシートの編集(部品の選定)

KiCadから出力されたBOMシートは,リファレンス(ref)と値(value)が一行ごとに並んだ表でしかありません.これを編集して,使いやすいBOMシートを作成しましょう.

BOMシートに,以下の列を付け足します.

- メーカ
- 型番
- データシートのURL
- 仕入れ先
- 品番
- 数量
- 単価
- 小計

これらの情報を,順次埋めていきます.

まず,リファレンスの中から同じ部品を使用するもの(例,C1とC11とC12)を選び出し,一行にまとめましょう.

次に,仕入れ先のカタログやWebページを見ながら,品番等の情報を埋めていきます.例えば,Digi-Keyでタクタイルスイッチ部品を選ぶ場合は,同社のトップページ(図1)から,「製品索引」をクリックし,表示されたページを,キーボードの"Ctrl+Fボタン"で現れるブラウザの検索ツールに「タクタイルスイッチ」と入れて検索し,タクタイルスイッチのリンクを見つけ出します(図2).そのリンクの先のページ(図3)では,多くの種類のタクタイルスイッチが表示されるので,その中から欲しいものを絞り込みます.この基板で使用するタクタイルスイッチの場合は,実装タイプに"スルーホール"を選択し,PCBからのアクチュエータの高さを"7.00 mm"を選択して「フィルタの適用」ボタンを押すことで,絞り込みました.

この方法の他に,ICなど型番が分かっているものは,Digi-Keyのページでいつも右上に表示されている商品検索のテキスト・ボックスに型番を入力して検

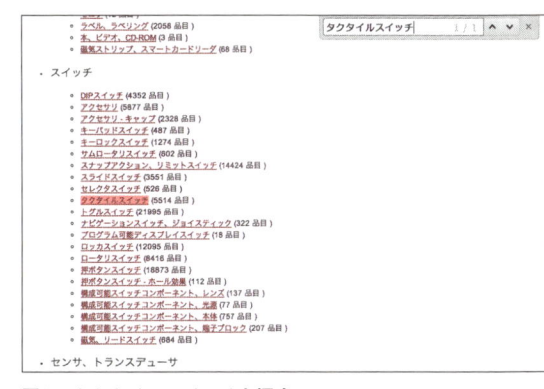

図1 Digi-Keyのトップページ

図2 タクタイルスイッチを探す

図3 タクタイルスイッチを選ぶ

索することもできます.

さて,こうして絞り込まれた商品の中から,希望のものを選択するわけですが,このときに仕様や単価の項目と一緒に注意したいのが「最小発注数量」と「在庫数量」の項目です.前者の項目は,その名の通り,その商品を購入するために一度に購入しなければならない最小の数量を示しています.この項目で,自分が必要な数量が選べることを確認してください.また,後者の項目では,「即時」の記載があるかどうかを注意して見てください.「即時」になっている場合は,その商品がDigi-Keyに在庫があるということなので,迅速な納品が期待できますが,「メーカ在庫」などになっている場合は同社に在庫がないということなので,納品がかなり遅れる可能性が高いです.基本的に,「即時」となっている商品を選ぶのが無難です.

一つ一つの部品に対して,こうした検索を繰り返し,確実に入手できる経路をBOMシートに記載していきます.全ての項目が埋まったBOMシートの例を図4に示します.

発注書の作成

BOMシートが全て埋まったら,発注書の作成に入ります.Digi-Keyの場合は,トップページ(図1)から「オンライン発注」をクリックし,図5の画面で数

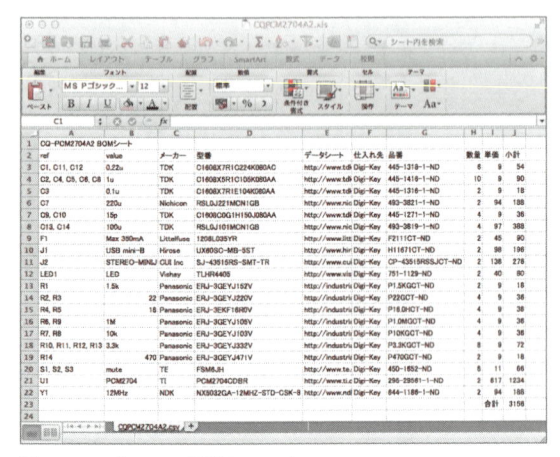

図4 BOMシートに記載していく

図5 発注書の作成

図6 部品個別ページの表示

図7 完成した発注書の表示画面①

図8 完成した発注書の表示画面②

量と品番を次々に入力していきます．ここで入力する数字は半角英数字しか使えないので注意してください．

発注数量を変更したり，入力した部品を削除したりした場合は，同じ画面の下方で作成される表で，入力した部品の品番をクリックし，現れる商品個別ページ（図6）から，数量の更新や削除が可能です．

発注書の中に同じ部品がある際は，インデックスの番号が赤く表示されるので，その場合は発注書をもう一度見直してみてください．

完成した発注書の画面を図7，図8に示します．

発注

発注書が出来上がったら，発注書の画面で「次へ」をクリックし，納品先住所や支払い方法を登録する手続きに入ります．日本語で指示されたとおりに入力してください．ただし，フォームが日本語とはいえ，発注処理自体は米国で行われるので，住所などは半角英数字のローマ字で入力する必要があります．

この手続きの中には，部品の使用目的などを問われるフォームもあります．昔は英語で記載する必要があったのですが，ここ数年は日本語でも処理してもらえるようです．ただし，英語で入力した場合に比べると，納品までの時間がかなり違うという噂もあるので，なるべく英語で記載したほうがよいでしょう．

発注が完了すると，発注書をPDFでダウンロードできます．また，登録した連絡先のメール・アドレスにメールが届きます．

第1部 入門編
第2部 実践編
第3部 資料編

Appendix 4 Digi-Keyによる部品の発注

最低限知っておきたい
プリント基板 CAD 用語のまとめ

つちや 裕詞

本書や付属CD-ROMを活用する上で最低限知っておきたい用語を以下にまとめます．

● ネット（リスト）

回路図CAD上の配線や，基板CAD上で「R1の1ピンとIC1の1ピンが接続されている」などといった接続を示す情報をネットと言います．このリストと使用する部品の情報を基板CADに送り，設計を開始します．

● ピン

回路図CAD上では回路シンボルに配線を繋ぐ部分で，ピン番号や極性の有無のほかに，オープンコレクタや電源，NC（ノンコネクション，未接続）など，電気的属性を持たせる場合もあります．基板CAD上では部品の足を接続する「パッド」（下記参照）にピン番号を振り，回路図との整合性を保ちます．

● リファレンス番号

R1，IC1などそれぞれの部品を識別する番号のことです．

● コンポーネント

KiCadは「2SC1815」などの一つの部品単位で，回路図記号に部品名などの情報を付与して「コンポーネント」という単位で扱います．

● パッド（ランド）

基板上で部品の足をハンダ付けする部分です．パッドと穴，レジストなどをセットにしたものを「パッドスタック」と呼びます．

● スルーホール

「貫通穴」の意味ですが，穴の内壁が銅メッキされているメッキ穴「PTH（Plated Through Hole）」とメッキしていない「NPTH（Non Plated Through Hole）」があります．PTHのパッドは部品のハンダ付け，NPTHは基板固定用の穴などに使用されます．

● ビア

部品を挿入せず，層間の信号を銅通させるためだけの銅メッキ穴をスルーホールと区別して「ビア」と呼びます．

● サーマル（パッド）

広いGNDなどに部品をはんだ付けする際に銅箔面から熱が逃げてしまい，はんだ付け不良を起こすことがあります．部品のパッドの周囲の銅箔に切り欠きを入れて熱が逃げないようにする事で，はんだ付け性を改善できます．このようなパッドをサーマル（パッド），サーマルランドと呼びます．

● フットプリント

基板CAD上での一つの部品の単位で，部品のパッド，レジスト，シルク情報などをまとめたものです．同じ部品でも，基板仕様や目的の違いにより，複数のフットプリントを作成することがあります．

● グリッド

回路図，基板CAD上で部品配置や配線を引く際の基準になる「格子」で，0.254 mm，0.5 mmなど決まったピッチで配置配線を行うための設定です．よく使用するものを複数用意して，状況により使い分けます．

● クリアランス

部品や配線同士の「間隔」のことを言います．配線クリアランスといった場合には，配線のセンターピッチではなく，配線の輪郭同士の距離を表します．

● ラッツネスト

基板CAD上で未結線のネットを示す蜘蛛の糸のような細い線のことで，このラッツネストが絡まないように配置配線をしていきます．

● ガーバー・データ／ドリルデータ

パターン，レジスト，シルクなどの基板製造用のデータで，もともとはGerber社のプロッタ用フォーマットとデータの事を言いましたが，フォトプロッタ用のデータをガーバー・データと呼ぶようになりました．現在はRS-274X形式のフォーマットが一般的です．ドリルデータは文字通り穴あけ用のデータで，どれもtxtデータです．その他にもODB++など新しい製造データの規格も生まれています．

第2部　実践編　プロに学ぶプリント基板製作

Prologue・2
プリント基板CADを使いこなそう

つちや 裕詞

　第1部ではUSB-DACを事例に，KiCadによるプリント基板設計の一連の流れを体験しました．

　プリント基板設計をマスタするには，回路の知識だけではなく幅広いジャンルの知識と経験が必要になりますが，ポイントさえおさえれば，誰でも必ず習得は可能です．大別すると，

　①基板CADソフトに慣れる
　②部品配置や配線のノウハウ
　③効率良く設計するためのツールの使いこなし
　④トラブルを起こさないための基礎知識

と言えます．第2部では②〜④にスポットを当てて，それぞれ解説をしていきます．

● 第1章　自宅でプリント基板が作れる時代がキタ！

　この章ではプリント基板CADや製造方法の進化の歴史，そして本書で採用したオープンソースのプリント基板CAD「KiCad」の概要と，KiCadをお薦めする理由を解説します．

● 第2章　オートルータでチョッパヤ配線

　この章では，「オートルータ」という自動配線機能を紹介します．KiCad付属のオートルータの他に，Web上で動作するオートルータ「Freerouting.net」を活用し，液晶表示モジュールを例に自動配線のノウハウを解説します．

● 第3章　OPアンプをとっかえひっかえ！電池1個のポータブル・ヘッドホン・アンプ

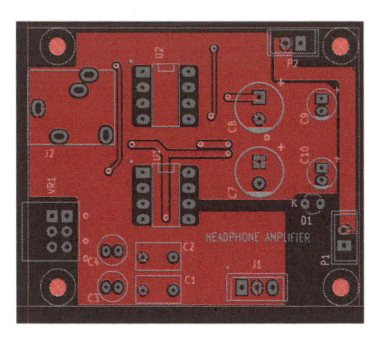

　この章では，ヘッドフォンアンプを事例に，アナログ回路のプリント基板設計について，部品配置，パターン設計の手順とポイントを解説します．

● Appendix 5　ノイズの出にくいスイッチング・アンプの基板づくり

　この章では，ロジックICで作るD級アンプを事例に，ディジタル／アナログ混在基板の設計のポイントと，商用の基板CADには必ず搭載されている「ゲート・スワップ」機能を使った配置／配線の簡素化について解説します．

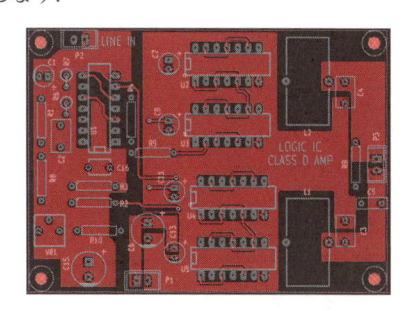

● 第4章　仕上げの配線テクニック20

　この章では，失敗のない基板を設計するために必要なノウハウを，電気的，機構的，そして製造品質の面からいくつかピックアップしてご紹介します．

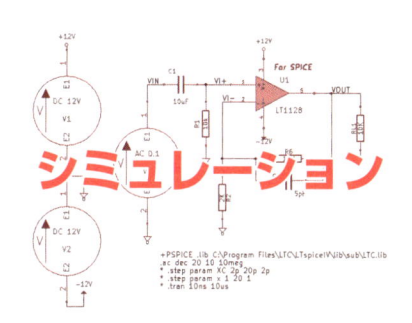

● 第5章　回路シミュレータ「LTspice」と基板設計CAD「KiCad」の連携

　この章では，現時点ではKiCadに搭載されていない回路シミュレータを基板設計に活用するため，KiCadとLinear Technology社のLTSpiceを連携させる方法について解説します．

● 第6章　KiCadの回路記号＆フットプリントを作る方法

　この章では，プリント基板CADの命とも言える部品ライブラリ（回路シンボルと基板のフットプリント）の作成手順をKiCadを例にとって解説します．

● Appendix 6　基板がピッタリ収まるケースを作る

　ここでは，KiCadのDXF出図機能を活用し，第1部で設計したUSB-DACのデータを2Dの汎用CAD Jw-cadに渡して，ケース加工図面の作成と加工手順を解説します．

第1章 自宅でプリント基板が作れる時代がキタ！

タダのツールでプロっぽく！
宅配ピザみたいにネット注文

つちや 裕詞，米倉 健太

> プリント基板CADは高価でプロしか使えないのは昔の話．今はタダで使えて，ホビー用途でも気軽に使える基板CADが登場しています．タダでも本格的な基板が作れるCAD「KiCad」を使って，プリント基板作りにチャレンジしませんか？ 〈編集部〉

図1 昔はプロの世界で職人の技だった基板作りも，今は自宅で宅配ピザ感覚！

■ プリント基板設計の今と昔

　ほんの一昔前まで，個人がオリジナル基板を手に入れる方法といえば，ユニバーサル基板で組み上げるか，フィルムにプリント・パターンを描き，エッチングするしかありませんでした．基板1枚作るだけでもたくさんの工具や薬品が必要で，中には回路図を書いただけで現物にならなかった，という方もいるかもしれません．

　しかし，現在ではプリント基板CADを使って簡単に基板製造メーカに発注して，きれいな仕上がりのプリント基板を手に入れることができます．

　ここで，プリント基板設計と製造の昔と今を簡単におさらいしてみましょう．

● 基板CADの登場前は全て手作りだった

　プリント基板CADが登場する前は，メーカの量産品といえども，倍寸フィルムの上にランドやプリント・パターンのテープを張り込んでいく「手張り」という方法でフィルムを作成していました．さらに縮小機で原寸に縮小して感光フィルムを作成し，露光とエッチングを行っていました．

　回路図CADも存在しなかったため，配線のミスも起きやすく，回路図と手張りフィルムのコピーを並べ，回路図の接続先を読み上げながらマーカ・ペンでなぞって確認するような作業もありました．

　感光用のフィルムも現物管理で，吸湿などによる寸法精度劣化を防ぐため，一定期間が過ぎると廃棄して再作成していました．

● プリント基板設計CADの登場で一気に進化

　70～80年代に，多くの大手CADベンダから，回路図CADや，プリント基板設計用のCADシステム（写真1），また製造用のCAMシステムが生まれました．ミニコンやワークステーション，大型プロッタを組み合わせた数千万円もする大掛かりなシステムではありましたが，たくさんのメリットが生まれました．

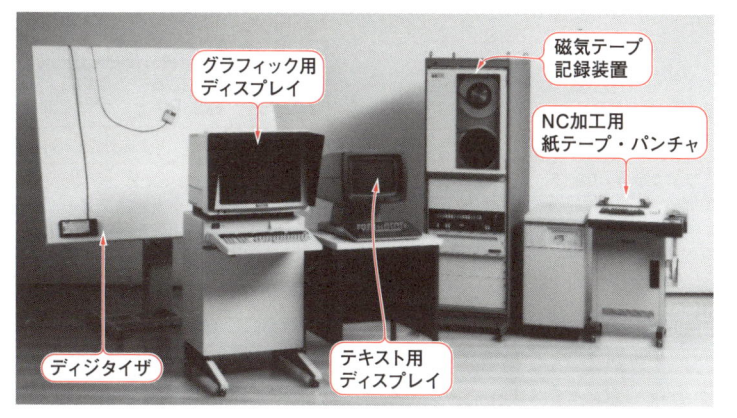

写真1　1980年代に利用されたミニコンによるプリント基板設計CADシステム
（写真提供　図研）
ディスプレイがテキスト用とグラフィック用に各1台，キーボードも各1台，MT（磁気テープ）記録装置やディジタイザなどを組み合わせた大掛かりなシステムだった．

▶手張りからフォトプロッタによる作画に移行

「手張りによるフィルム作成」から「フォト・データ（いわゆるガーバー・データ）出力→フォトプロッタによるフィルム作成」に移行し，精度のよい美しいプリント・パターンが描けるようになりました．

▶目視によるチェックから自動チェックへ

回路図CADからは，回路部品の結線の状態を示す「ネットリスト」が出力されるようになりました．プリント基板CADから同様に出力したネットリストを比較することで，結線ミスが大幅に減りました．

プリント基板CAD上でパターン間隔の近い箇所や部品同士の近い箇所をチェックするDRC（Design Rule Check；デザイン・ルール・チェック）を行うことで，基板製造や部品実装のトラブルを未然に防げるようになりました．

他にも，基板を電子データとして保存できるのでフィルムの保管管理から解放される，部品実装用のデータを作成できるなど，多くのメリットがありました．

しかし，まだまだコンピュータの処理速度は遅く，規模の大きな基板では表面，裏面の表示切り替えに数分かかったり，基板の設計ルールや結線のチェックに一晩かかったりしていました．

● 表面実装部品の普及

時を同じくして表面実装部品も広く普及しはじめ，プリント基板の小型・高密度化が進みました．

部品にリードがないことによりリード・インダクタンスの影響が少なくなり，通信機器など高周波回路では性能を出しやすくなりました．逆に高密度化とリードがないことにより，放熱の条件は厳しくなりました．

今も小型・高密度化とともに省電力化は進んでいます．

● 部品を実装する技術も進化！

部品実装技術も進化しました．

従来の溶融したはんだが川のように流れ，その上に基板を滑らせてはんだ付けする「フローはんだ付け」の他に，プリント基板の上にクリームはんだを印刷し，部品を乗せた後に温度制御した炉の中を通過させる，「リフロー・ソルダリング」技術の登場です．

クリームはんだの組成やメタルマスク（基板にはんだを印刷するための版）の材質，加工方法，はんだの印刷条件やリフロ炉中の温度勾配（温度プロファイル）の管理など，実装会社はさまざまなリフロはんだのノウハウを持っています．そのため，推奨される部品形状のCADライブラリを作成し，販売する会社も生まれました．

● 基板CADは高機能化の道を

90年代の基板CADソフトは処理の高速化とともにさまざまな機能が付加されました．基板上での論理ゲートやピンの入れ換え（ピン・スワップやゲート・スワップ）やDRCの高度化，自動配線機能，機構系CADとのデータのやり取りなどが可能になりました．

Windowsの登場により，CADソフトもワークステーションからパソコン・ベースに移行し，さらに低価格化が進みました．基板作成用のデータも，パソコン通信やインターネットで送付するようになり，磁気テープやフロッピーディスクに保存して送付することはなくなりました．

● 現在では趣味でプリント基板が作れるまでに

現在では，VHDLやSpiceシミュレーション，SI（Signal Integrity）解析機能を追加した高機能な統合型CADが登場するとともに，低価格，シンプルな基板CADも生まれています．

回路図CAD

① **回路構成を練る**
温めていたアイデアを回路におこし，部品なども具体的に検討する

② **回路図記号（ライブラリ）の確認**
使用する回路エディタに回路図記号が登録されているのか確認して，なければ作成する

③ **回路図を入力する**
考えた回路図をCADに入力する

④ **電気的エラーがないか確認する**
（ERC：エレクトリカル・ルール・チェック）

⑤ **資材構成表，部品表（BOM）を出力する**

⑥ **ネットリストを出力する**
プリント基板設計をする際に必要となる回路の接続情報を出力する

基板設計CAD

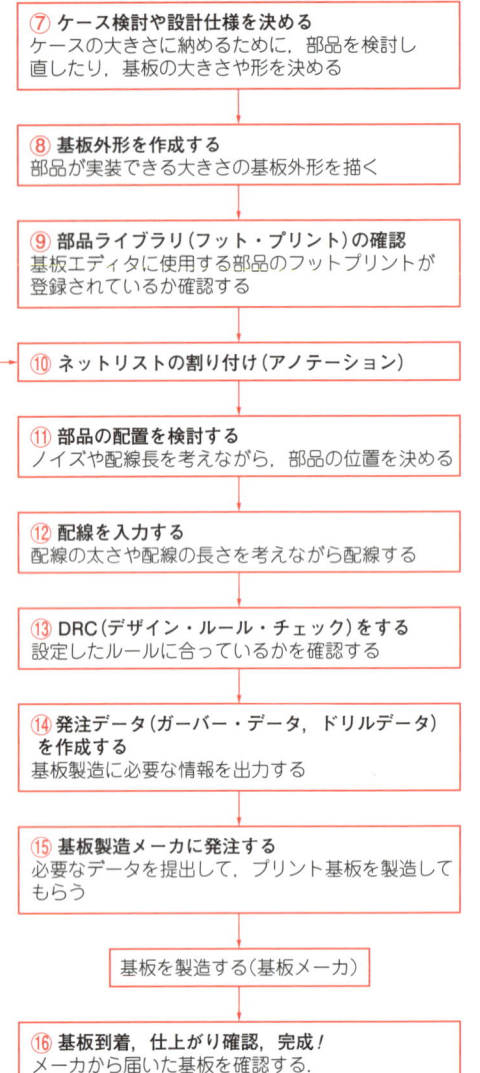

⑦ **ケース検討や設計仕様を決める**
ケースの大きさに納めるために，部品を検討し直したり，基板の大きさや形を決める

⑧ **基板外形を作成する**
部品が実装できる大きさの基板外形を描く

⑨ **部品ライブラリ（フット・プリント）の確認**
基板エディタに使用する部品のフットプリントが登録されているか確認する

⑩ **ネットリストの割り付け（アノテーション）**

⑪ **部品の配置を検討する**
ノイズや配線長を考えながら，部品の位置を決める

⑫ **配線を入力する**
配線の太さや配線の長さを考えながら配線する

⑬ **DRC（デザイン・ルール・チェック）をする**
設定したルールに合っているかを確認する

⑭ **発注データ（ガーバー・データ，ドリルデータ）を作成する**
基板製造に必要な情報を出力する

⑮ **基板製造メーカに発注する**
必要なデータを提出して，プリント基板を製造してもらう

基板を製造する（基板メーカ）

⑯ **基板到着，仕上がり確認，完成！**
メーカから届いた基板を確認する．
プリント基板に部品を実装すると完成！

図2　プリント基板ができるまでの流れ

さらに，

(1) インターネット上で1枚からでも安く基板発注ができる
(2) 低価格，無料の基板設計CAD登場
(3) 実装する部品もインターネットで入手OK

といった環境がそろい，個人でもネット環境とプリント基板CADとやる気！さえあれば，オリジナルの基板を作ることができます．

■ **プリント基板ができるまでの流れ**

オリジナルのプリント基板を作るには，初めに回路図CADを使って回路を描きます．描いた回路図の情報を，基板設計CADで読み込み，基板の配線などを作図して，プリント基板を製造するためのデータを作成します．その一連の流れを図2に示します．

回路図を書くCADと基板の配線などを行うCADは，別々のツールとして分かれているものと，二つのCAD機能がまとまったものとが存在しますが，作業を行う流れは変わりません．回路図CADと基板CADが統合されているものは操作方法が統一されており，部品情報の連携も取りやすいです．電子工作やちょっとした試作を行う場合は，回路を考えた人が基板の配線などを行うため，回路図CADと基板CADが統合されているほうが使いやすいでしょう．

■ **個人で使用できる基板設計CAD**

現在では，無料または低価格で使用できるプリント基板CADが多数あります．Supplement（p.239）で紹介するプリント基板CADを参照して，自分の用途に合ったものを選ぶとよいでしょう．

仕事で使用する場合には使い勝手のほかに，価格や取引先，社内の既存システムとの親和性などの多くの検討項目がありますが，個人で使う分にはあまり難しく考える必要はありません．そうは言っても「一体どれを選んだらよいの？」という声も聞こえてきそうです．

本書で使用している「KiCad」もオープンソースのプリント基板設計CADで無償で利用でき，おススメです．また，ホビー向けの定番プリント基板CADとして，Cadsoft社の「EAGLE」が有名です．Webサイト上での情報も多く，書籍も何冊か出版されています．

表1 一番のおすすめ！無償なのに多くの機能を備えるKiCadの仕様(2013-07-07-jaBZR4022)

ライセンス	・GPLv2ライセンスのオープンソース ・無償で商用を含めた利用が可能
プラットホーム	Windows(XP, Vista, 7, 8), Linux, Mac OS X
GUI多言語対応	英語，日本語をはじめ19ヶ国語
回路図エディタ (Eeschema)	・階層構造（ブロック）を持つ複数枚にわたる回路図作成が可能 ・ERC（電気的ルール・チェック）機能 ・BOM(Bill of Material:部品表)作成機能 ・OrCad, Pads, Spiceなどのネットリスト出力可能 ・プラグインにより他基板設計CAD用のネットリストも出力可能
CvPCB(回路図と基板のフット・ プリント割り付けプログラム)	・自動または手動で回路図のリファレンス番号と基板フットプリントの関連付け
基板エディタ(Pcbnew)	・基板サイズ無制限（導体層16，技術レイヤ12） ・部品自動配置，簡易自動配線機能（全配線または1ネットごと） ・Web自動配線ツール"freerouting.net"にも対応 ・リアルタイムDRC（デザイン・ルール・チェック）機能 ・ネット・クラスの定義が可能 ・実装部品の部品座標リスト出力 ・RS-274X拡張ガーバ，Exellonドリル，HPGL，Postscript，DXFでの出図機能 ・基板の3Dビューワ機能，VRML形式での3Dデータ出力機能 ・基板の複数面付けに対応
ガーバ・ビューア (GerbView)	・RS-274-D, RS-274-X, Exellon形式に対応 ・エクスポート機能(Pcbnewにガーバ入力)
Pcb Calculator （基板設計支援アクセサリ）	・レギュレータ分圧抵抗比計算 ・電流値によるパターン幅，温度上昇，電圧ドロップの計算(IPC2221より) ・電圧による導体間隔(IPC2221より) ・マイクロストリップ・ライン，同軸線路などの伝送線路計算 ・アッテネータ計算（T型，パイ型など） ・抵抗カラーコード表
Bitmap2Component	・各種画像ファイルから回路図コンポーネントや基板フットプリントを作成

● おススメ！オープンソースの基板CAD「KiCad」

KiCadとは，無償のプリント基板CADツールです．

オープンソースのソフトウェアと聞いて，完成度に不安を持たれる方もいるかもしれません．現在の開発は，操作をより良くするための機能追加やバグ・フィックスが主で，プリント基板の図面を作成するための基本機能は実装済みです．

日本語の情報も得られ，安心して使えます．しかし，MacOS X版についてのみ，開発陣にユーザがいないため，バグへの対応が後手に回りがちです．Mac OS X版は，その点で割り切って使用する必要があります．

操作方法などについて日本語で質問ができる，

kicad-users@kicad.jp

というメーリング・リストがあります．また，Twitter上で気軽に質問ができるアカウント(@kicad_jp)があったり，秋葉原で勉強会が開催されたりもしています．

EAGLEのライブラリを，KiCadのものに変換するコンバータを自作する人もいます．また2013年からCERN（欧州原子核研究機構）がKiCadの開発サポートに乗り出し，そのロードマップも公開されています（http://www.ohwr.org/projects/cern-kicad/wiki/WorkPackages）．このようにオープンソースはそれに関するユーザの行動をほとんど制限しません．ユーザ自身が「こうしたい」と思う方向にプロジェクトを引っ張ることができます．これこそが，オープンソース・ソフトウェアの醍醐味です．

▶ 仕様・機能

KiCad BZR4022版の仕様と機能を表1に示します．高額な商用のCADには及びませんが，多言語対応，簡易自動配置，配線ツールや基板の3D表示，さらにガーバー・ビューアやガーバー・インポートなど，無料とは思えないほど機能を備えており，小規模の基板や個人での使用には十分対応できます．

まだまだ粗削りな部分もありますが，KiCadは年に数回のバージョンアップがあり，機能はどんどん進化しており，2013年のBZR4022版からは配線などの禁止領域の設定や，Eagleの基板データがインポートできるようになりました．

伝送線路やアッテネータの計算，またパターン形状による温度上昇と電圧ドロップの計算などができる「PcbCalculator」といった，ほかのCADにはあまりないユニークな機能も追加されています．

さらに最新版の4.0.x系列では，Pythonによるプラグイン対応や既存の配線を押し退けながら配線する機能，DXFデータのインポート機能も実装され，今後が一層期待されます．

> **KiCadのライセンスについて** **Column**
>
> 　KiCadはオープンソースで開発されており，そのライセンスはGPL（GNU General Public License）です．オープンソース・ソフトウェアを使用する上で一番大切であり，逆に，これだけ守ればあとは何をしてもよいという自由が与えられます．
>
> 　GPLのソフトウェアはユーザに，実行，改変し，配布する自由を与えます．ただし，ユーザがそのソフトウェアやその派生品を配布する際，その孫ユーザも同様にその自由を享受できるよう配慮しなければなりません．有名なものは，ユーザのソフトウェアの改変の権利を保証するための，ソース・コードの開示義務などです．そのため，本書の付属CD-ROMにも，KiCadのソース・コード一式が含まれています．ただし，このライセンスは，ソフトウェアを使用して作成したものには及びません．
>
> 　つまり，KiCadを使用して作成した回路図やプリント基板について，そのデータを開示する義務は生じません．その点はご安心ください．

● **KiCadを勧める七つの理由**

▶ **その1　商用利用を含めて無料で使用制限なく使える**

　KiCadはGPLv2ライセンスで配布されており，有料版，無料版といったライセンスの区分けがありません．アマチュアもプロも自由に使用でき，作成した基板を販売できます．また低価格，あるいは無料CADには最大基板サイズに制限がある場合がありますが，KiCadには制限はありません．サイズ制限を気にせず使用できます．

▶ **その2　回路図データも基板データもテキスト・データだから編集が簡単**

　回路図と基板のデータ・フォーマットが公開されているので，テキスト・エディタやマクロなどで一括編集できます．何よりクラッシュした時の精神的なダメージが低いです．

▶ **その3　SPICE，PADSなど各種ネットリスト出力に対応する**

　さまざまな形式のネットリスト（回路部品の接続情報）を出力できるので，簡単な検討基板は自分で設計して，規模の大きなものは外注設計用に他の形式でネットを出力するといった使い方もできます．また，回路シミュレータSPICE用のネットリストを出力してLTspiceで回路シミュレーションも実行できます（第2部　第5章参照）．

▶ **その4　階層構造の回路図に対応する**

　親回路図の中に子回路図を埋め込む，階層構造の回路図を作成できます．実績のある回路ブロックを1枚の回路図として保存しておけば，類似の製品に使い回すこともできますし，各ブロックごとに回路シミュレーションもできます．

▶ **その5　基板の3D出力（vrml）ができる**

　使用する部品の3Dデータを登録しておけば，基板に部品の乗った状態を3D表示できます．部品配置の状態をより感覚的につかめるので，3D表示は便利です．商用の基板CADでは，3D表示だけでなく3Dの中間データをエクスポートして機構設計用の3DCADに取り込んで筐体との干渉やリード線の引き回しなどを検討するので，3D出力は必須の機能といえます．

▶ **その6　ガーバー・ビューアで発注データが確認できる**

　プリント基板を発注する際には，ガーバー・データやドリル・データを作成し，基板メーカに送付します．別のCADで設計した基板でも，ガーバー・データとドリル・データがあればKiCadの「Gerbview」で確認できます．

　確認したガーバー・データを基板データとして取り込むこともできます．過去のガーバー・データを取り込んで，基板データに変換してから修正を行うことも可能です．

▶ **その7　伝送線路などの計算ができる**

　PcbCalculatorという簡易計算ツールが付属していて，レギュレータの抵抗分圧比の計算やマイクロストリップ・ラインや導波管，アッテネータなどを設計できます．

（初出：「トランジスタ技術」2013年5月号　特集　第1章）

製作例 1

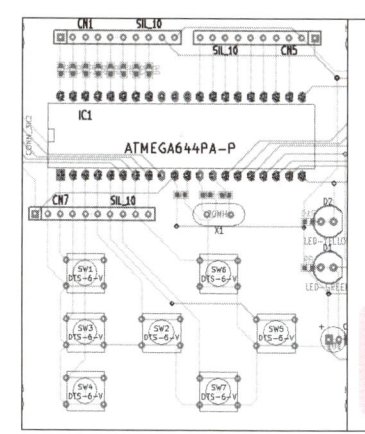

第2章 グラフィック液晶ディスプレイ制御基板を例に

オートルータでチョッパヤ配線

つちや 裕詞

> プリント基板の配線を自動でやってくれたら，どんなに楽だろう…と考える人に朗報です．重要な配線だけ手配線して，配線してはいけない領域をちゃんと設定すれば，自動配線機能が使えます． 〈編集部〉

最近のプリント基板CADは低価格にもかかわらず，プロが利用するオートルータ（自動配線機能）を備えています．オートルータとは配線パターンをパソコンが自動で描いてくれる機能です．

この章ではAVRマイコンによるグラフィック液晶モジュール用のインターフェース基板プリント・パターンを，オートルータを使って描いてみます．

よし ひろし氏の協力を得て，書籍「グラフィック表示モジュール応用製作集」（CQ出版社）のpp.65-69で製作しているグラフィック液晶ディスプレイ制御基板の回路図を使用させていただきました．

図1がKiCadに入力したグラフィック液晶モジュール用のインターフェース基板の回路図です．オリジナルの回路には空きポートがたくさんあり，そのまま基板を製作するにはちょっともったいない感じがしました．そこで空いているポートを外部に引き出し，拡張

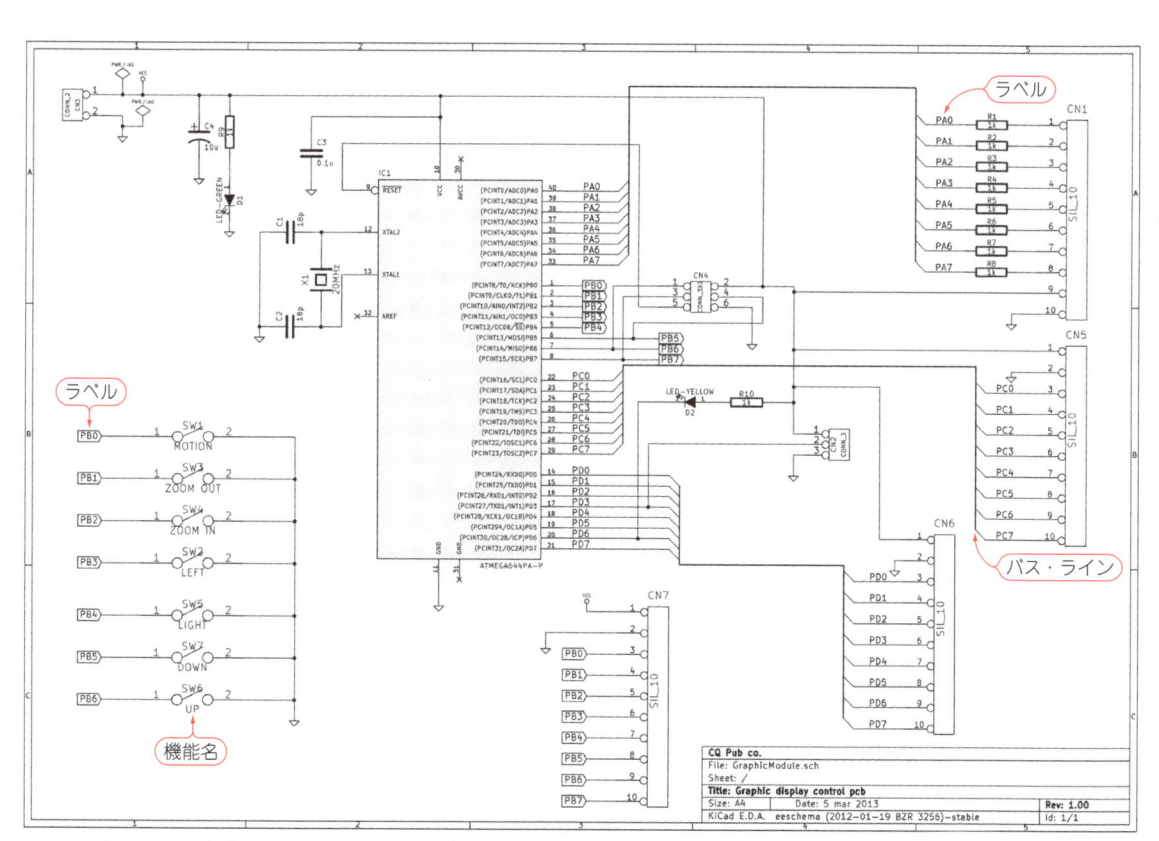

図1 例題…KiCadで作成したグラフィック液晶モジュール用インターフェース基板の回路図
マイコンのポートからコネクタまでの接続にはバス・ラインを使っている．信号線に付けた名前が同じものは接続されている．KiCadの場合，ラベルが付いていればバスを描かなくても信号はつながる．また，スイッチの定数項には機能名を入力した．ここで入力した値はフットプリント情報に引き継がれ，基板上でシルク文字として表示される．

はじめてのオートルータ 51

性を持たせています．

はじめてのオートルータ

● 基板ファイルの作成
回路図を作成したらERC（Electrical Rule Check）とネットリスト出力，シンボルとフットプリントの割り付けを行い，プリント基板を設計するためのデータを作成します（第1部を参照）．基板の大きさはマイコンとコネクタが余裕を持って配置できる大きさ（60 mm×80 mm）にします．

● レイアウトが悪いとオートルータは形無し
オートルータを使う場合も，部品のレイアウト検討は大事です．「CADソフトが自動的に配線してくれるから」と適当な配置をすると，オートルータは配線のために延々と悩み続けます．ラッツネストができるだけ絡まないよう，また配線の通りそうな領域と重ならないように部品を配置していきます．

今回はマイコンを中心に，素直にコネクタを引き出し，下側にスイッチを配置します．スイッチは分かりやすく十字キーの配置にしました（図2）．

● 重要なパターンはあらかじめ配線しておく
オートルータによる配線は，どこをどう通るか分かりません．「ここだけは本当に大事」という配線はあらかじめ手作業で描いておきましょう．

今回の回路では，水晶発振部（図3）に注意が必要です．あらかじめ接近させて配置しておけば遠回りするプリント・パターンにはならないと思いますが，念のため手作業で描いておきます．

● オートルータON！
ここまでの準備が終わったらいよいよ自動配線です．
今回は0.127 mmグリッドを使用しました．KiCadのオートルータは，配線時のグリッド（配置，配線のピッチ）の値を参照しています．グリッドが粗いと実行時間は短くなりますが未結線数が増えたりして，仕

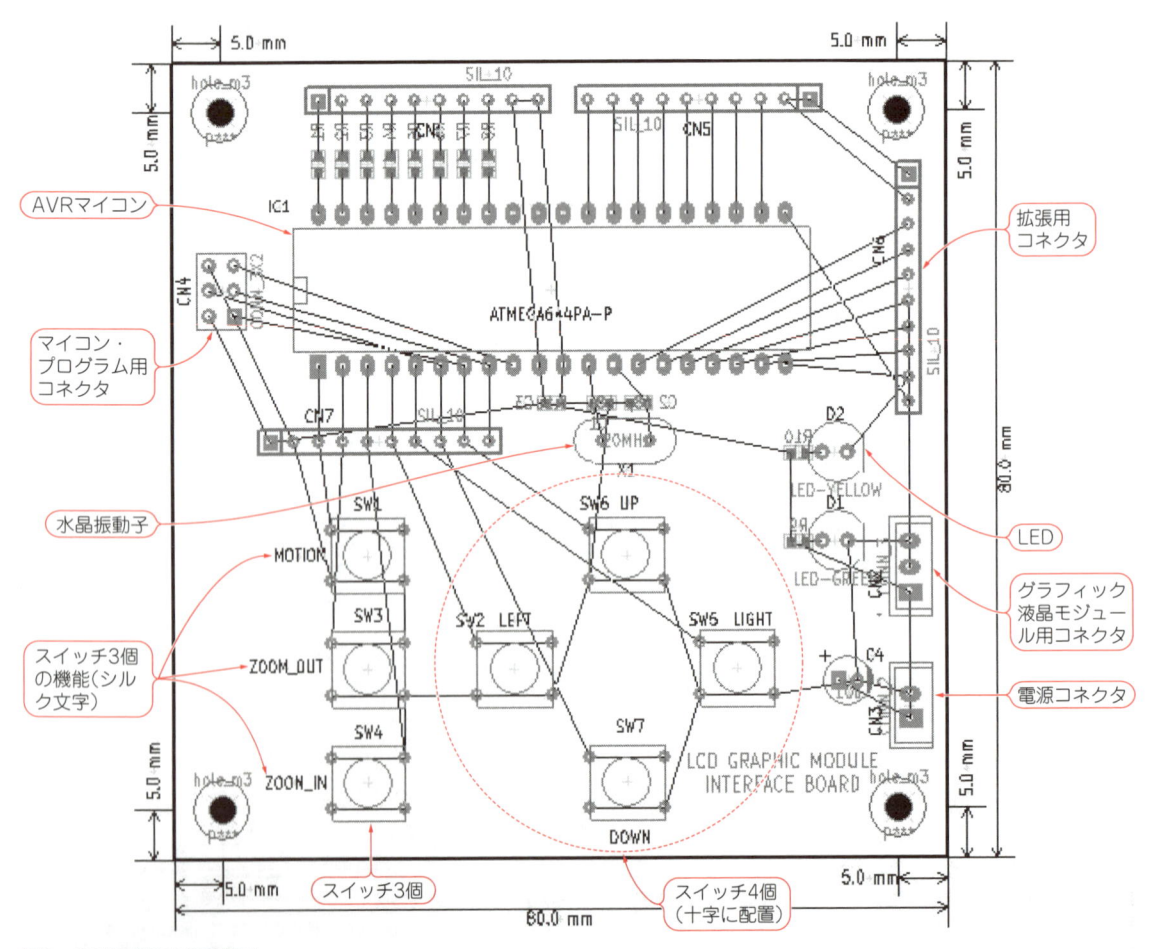

図2　自動配線前の部品配置
ラッツネスト同士が絡まないように配置していく．回路図に入力したスイッチの機能がシルク文字として表示されている．

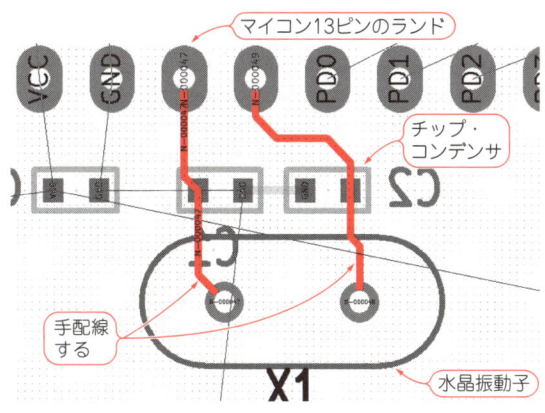

図3 オートルータは勝手に配線をするので大切なプリント・パターンはあらかじめ手で配線しておく
KiCadのオートルータでは配線の優先順位を指定できない．ほかの配線がこの部分を通らないようあらかじめ描いておく．

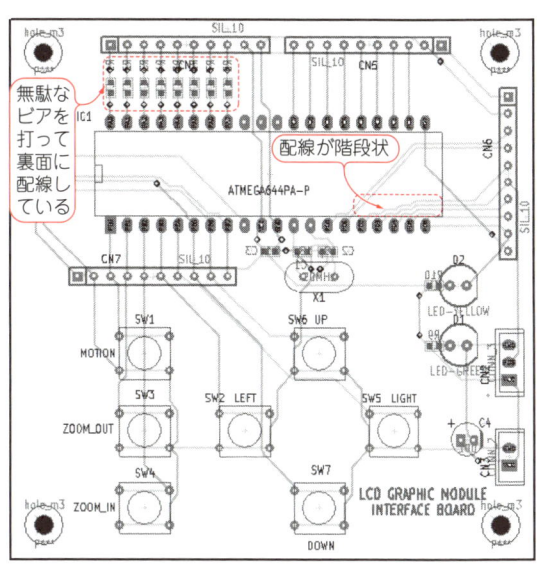

図4 オートルータ完了後の状態
表面のパターンは縦方向，裏面は横方向となるように配線されている．配線の交差がないのにビアを打って配線をしていたり，パターンが階段状になっている個所がある．

上がりが雑になります．

オートルータを実行するには，基板エディタ（**Pcbnew**）の画面の右上にある「トラックモード」アイコンをクリックして描画エリア内で右クリックして表示されるメニューから「自動配線」→「全てのモジュールを自動配線」を選択します．

1分弱の実行時間で**図4**の配線が仕上がりました．ラッツネストが残らず，配線が完了しています．

図4の配線結果を見ると，左上のチップ部品部分では配線の交差がないのにビアを打って配線をしていたり，階段状になっている個所があります．オートルータは非常に複雑なアルゴリズムなので，オープンソース・ソフトウェアの機能の一部としては仕方ないところです．

より高性能なオートルータとKiCadのコラボ

オートルータを持つパターン設計専用ツールにFreeRouting（https://github.com/freerouting/freerouting）（以降，FreeRoute）があります[注]．FreeRoutingでは，基板CADが出力する中間ファイルを利用して，自動配線や，既存の配線を避けながら配線する押しのけ配線（Push & Shove）による基板設計ができます．KiCad以外にもEAGLE，FreeCadなどがFreeRouteに対応します．実行に当たってはJavaのランタイムJRE（http://java.com/ja/）をインストールしておく必要があります．

● **FreeRouteに渡すファイルを作成する**
KiCadではFreeRoute用のファイルを作成できます．

注：freerouting.netはサイトの都合により，使用できないことがあります．

オートルータの機能と付き合い方 Column

KiCadのオートルータは，配線の優先順位指定やリップアップ＆リルート（配線の引き剥がしと再配線），押しのけ配線などの高度な制御ができません．一般的なオートルータは上記の機能に加え，配線が通りにくいところで自動的に配線幅を細くする「ネックダウン」処理やビアをできるだけ使わないように制限する機能などがあります．オートルータの機能と癖をつかみ，手配線との違いが分かるようになると便利に使えます．

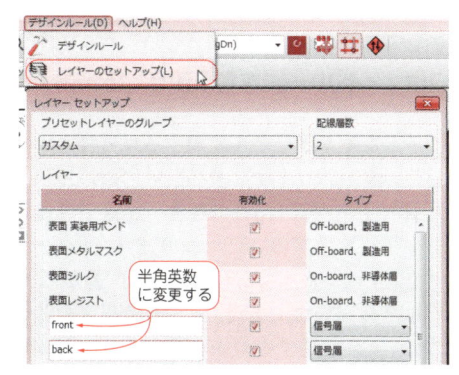

図5 FreeRouteは日本語に対応していないので，配線層の名前を半角英字に変更する

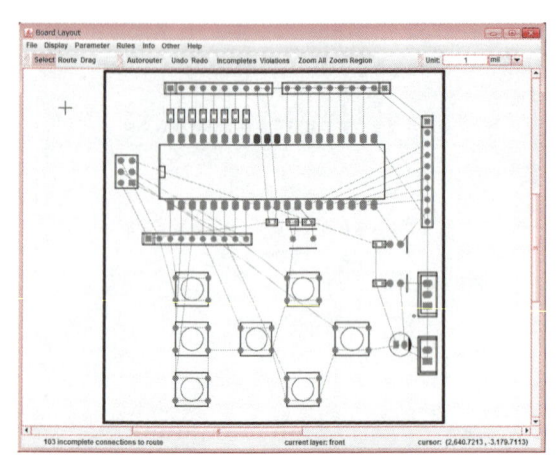

図6　FreeRoute用のファイルを読み込んだ状態
部品と結線情報が読み込まれ，ラッツネストが表示されている．

図8　配線のクリアランス（間隔）の設定
通常の配線を「KiCad_default」，電源ラインを「Power」クラスに割り当てる．電源ラインと通常ラインは間隔を変えたいときには，KiCad_defaultのPowerの欄を変更する．

図7　配線の間隔はあらかじめ決めてあるネット・クラスごとに指定する

またFreeRouteによる配線結果を取り込んで，編集することもできます．

FreeRouteは日本語に対応していません．FreeRouteで使用するファイルに，層情報などの日本語表記が含まれる場合は，英語表記に直しておきます．基板エディタのメニューより「デザインルール」→「レイヤーのセットアップ」と進むと基板の層の名前を変更できます（**図5**）．デフォルトでは「表面」，「裏面」となっていますが，これを半角英字の「Front」，「Back」などに変更して保存します．レイヤ名はいつでも変更できます．

FreeRouteに配線データを引き継ぐためのファイルは，**Pcbnew**のメニューより「ツール」→「FreeRoute」を選択して表示される画面で「現在のボードを"Spectra DSN"ファイルへエクスポート」をクリックしてファイルを保存します．

● **FreeRoutingのダウンロードと実行**

FreeRoutingのサイト（https://github.com/freerouting/freerouting）にて，[Clone or download]から[Download Zip]をクリックし，任意のフォルダにファイルを解凍します．解凍したFreeRoutingフォルダ内のbinaries\FreeRouting.exeをダブルクリックするとFreeRoutingが起動します．WebバージョンのFreeRoutingは使用できなくなっているため，現在のところKiCadからは直接FreeRoutingを起動できません．

KiCadで出力したFreeRoute用のファイルを取り込むには「Open Your Own Design」をクリックしてファイルを選択します．ファイルが読み込まれると，配線仕様の確認を促すダイアログが表示された後に，図6のようなウィンドウが表示されます．

● **配線の仕様を設定する**

配線の幅や間隔などは，「Rules」→「NetClass」で設定します（**図7**）．配線の間隔は，KiCad側のデザイン・ルール設定［p.21，（4）項参照］であらかじめ決めてあるネット・クラスごとに指定します．

ネット・クラスごとの具体的な配線間隔は，「Rules」

Column　プロはオートルータをこう使う！

オートルータは一から配線する以外にもいろいろな使い方があります．製品設計の際には決められた基板寸法内に100％の配置/配線が可能かをオートルータで探ることもあります．「オートルータで未配線が何本であれば全ての配線ができる」といった具合です．また，4～6層程度の基板設計では，4層で納まるのか6層でないと引けないのかなどの目安を探ることもあります．

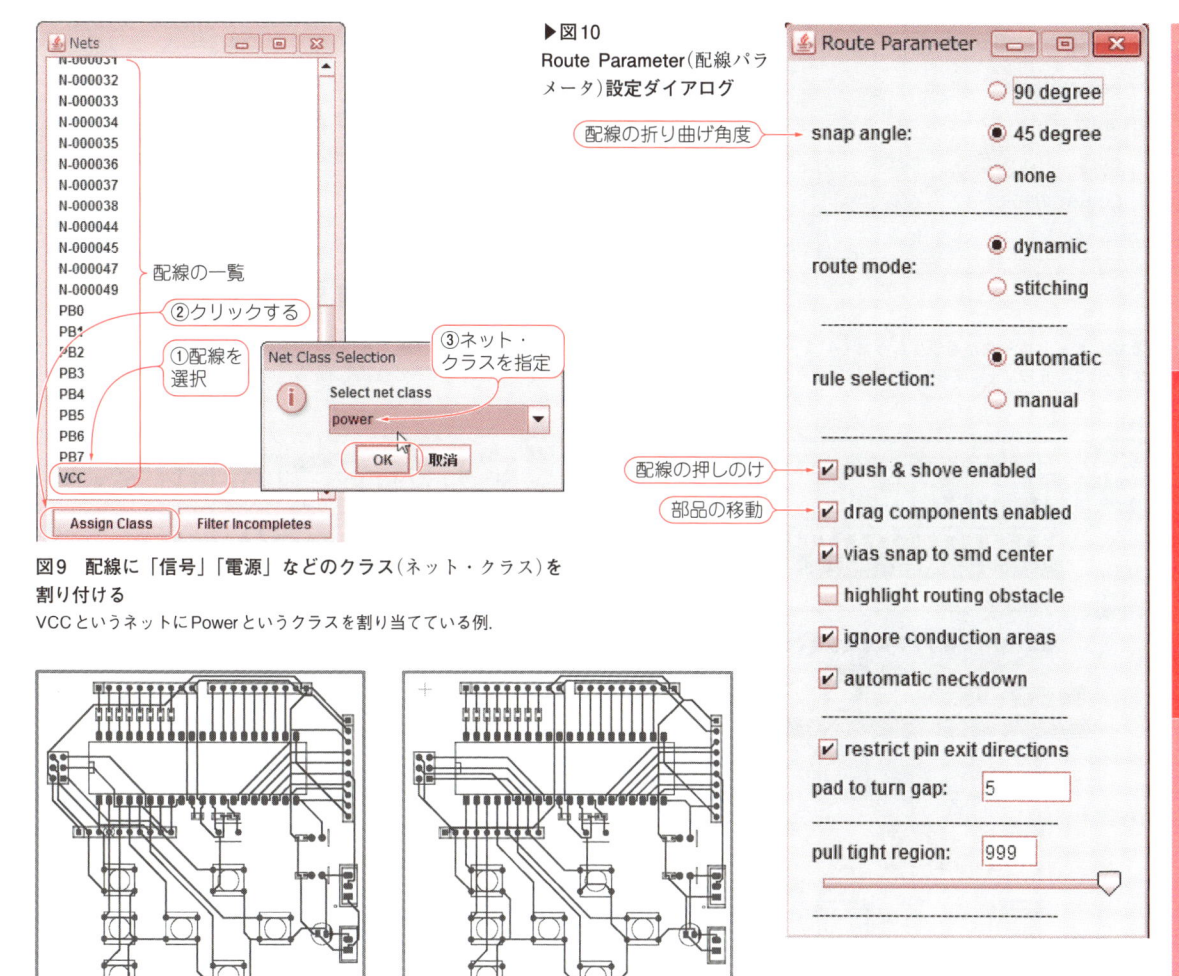

▶図10
Route Parameter（配線パラメータ）設定ダイアログ

図9 配線に「信号」「電源」などのクラス（ネット・クラス）を割り付ける
VCCというネットにPowerというクラスを割り当てている例．

(a) 自動配線されたパターン　(b) 自動配線を繰り返した後のパターン

図11 FreeRautingのオートルータ機能で配線したところ
一度描いた配線をはがしては描き直していく「リルート」を行うので，パターンが洗練されてくる．
マイコン左側のコネクタへのパターンやLED，電解コンデンサ周りのパターンが変わっていく．

→「Clearance Matrix」で設定します（図8）．例えば，「通常の配線同士は10.2 milのクリアランスだが，電源ラインと通常の配線は広げる」というようなきめ細かい設定ができます．

ネット・クラスは「Rules」→「Nets」で割り当てます．ネットの一覧からネットを選択して「Assign Class」をクリックするとクラスを割り当て画面が表示されます．ネット・クラスを選択してOKをクリックします（図9）．

● 配線機能を設定する

配線と自動配線は，「Parameter」→「Route」で，配線の折り曲げ角度や押しのけ，部品移動の有効/無効，各層ごとの配線方向などを設定します（図10）．画面の色は，「Display」→「Colors」で変更できます．

● オートルータON！

オートルータを実行してみましょう．メニュー上の「Autorouter」ボタンをクリックすると，自動配線処理が始まります．

FreeRouteのオートルータは，一度描いた配線をはがしては描き直していく「リルート」を何度も行います．描き直すうちにパターンがだんだんと洗練されていきます．間違い探しのようですが，マイコン左側のコネクタへのパターンや，LEDや電解コンデンサ周りのプリント・パターンが変化しているのが分かります（図11）．

図4のKiCadのオートルータが描くプリント・パターンより無駄なビアも少なく，スッキリしています．しかしよく見ると，マイコンのランドの間を配線が通り抜けたりしています．

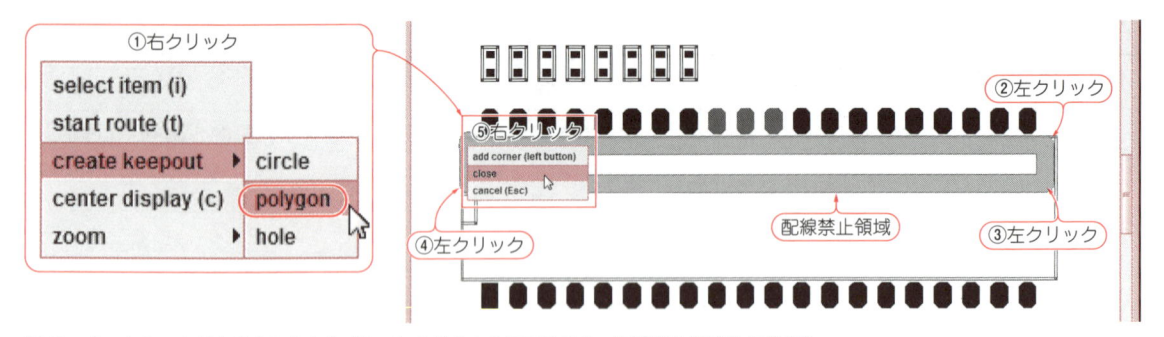

図12 オートルータがもう少しうまくパターンを描くように工夫する…配線禁止領域を作成する
クリックして配線禁止領域の外枠を描いていく．Keepout は「中に入れない，締め出す」の意味で，このエリアからパターンを締め出すという意味．

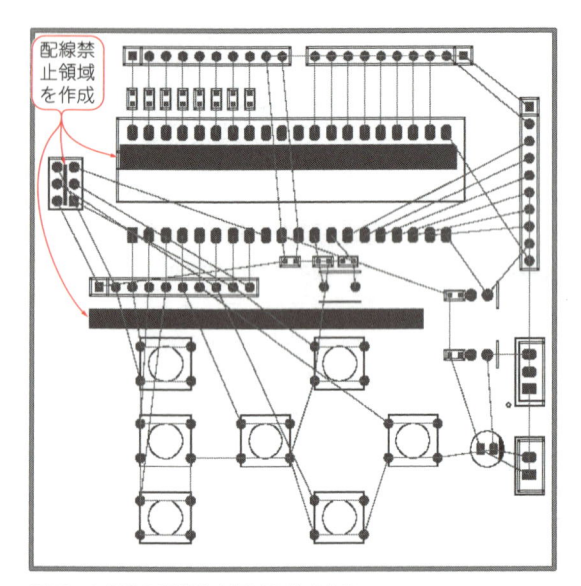

図13 3カ所の配線禁止領域を作成する
スイッチ上部の表面に大きく横長の配線禁止領域を置いて，スイッチへの配線は裏面になるようにした．6ピン・コネクタの下にも細い配線禁止領域を追加した．

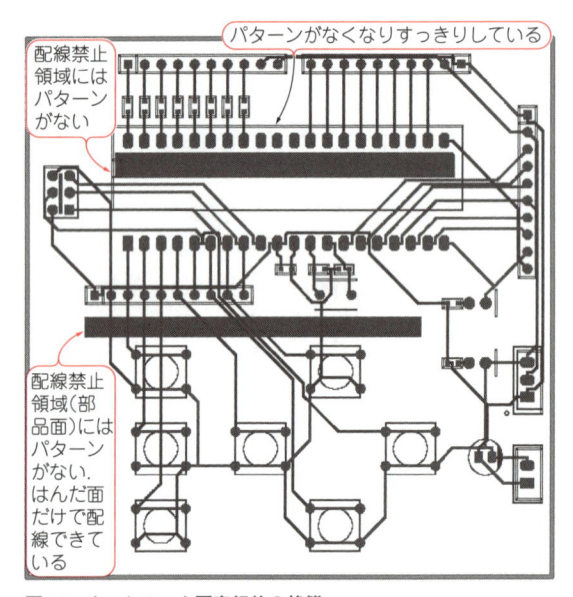

図14 オートルータ再実行後の状態
マイコンの下を大きく横切っていたパターンは迂回できた．6ピン・コネクタの下やスイッチへの配線も期待した通り．

● 配線をコントロール！配線禁止領域の設定

　FreeRouteのオートルータは，配線を最短距離で引こうとするため，きれいに迂回させたりすることが苦手です．そこで，配線禁止領域の設定を使用します．

　画面全体をマウスの左ドラッグで囲い，「Del」キーを押して全ての配線を削除します．そして，配線禁止領域を設定します．

　配線禁止領域は多角形や円形で作成します．まず作成したい配線禁止領域（四角形の場合）の角で右クリックをして，「create keepout」→「polygon」を選びます．マウスの動きに合わせて線が延びるので，角の地点を順に左クリックして四角形を作成します．最後の角では，右クリックから「close」を選択すると部品面（Front，表面）に配線禁止領域が作成されます（図12）．

　はんだ面（Back，裏面）に作成したい場合は入力する層を変更します．メニューの「Parameter」→「Select」で選択画面を開き，「Current Layer」（現在の層）をFrontからBack面に切り替えます．

　自動配線完了後のパターン［図11（b）］をよく見ると，スイッチ周りのパターンは両面を使って描いており，6ピン・コネクタのランド間の狭いところにもパターンがあります．そこで図13のようにスイッチの上部，Front面に配線禁止領域を作成します．これでスイッチへの配線はBack面だけになります．また，6ピン・コネクタの下のBack面にも配線禁止領域を設けます．この状態で，再度オートルータを実行します．今度は意図した通りにいくでしょうか．

　自動配線されたプリント・パターンは図14のようになりました．マイコンの中心を大胆に横切っていた配線はなくなり，スイッチ群への配線も良くなりました．また，マイコンの下に配線禁止領域を置いたおかげで，両側コネクタへの配線が圧縮され，スッキリし

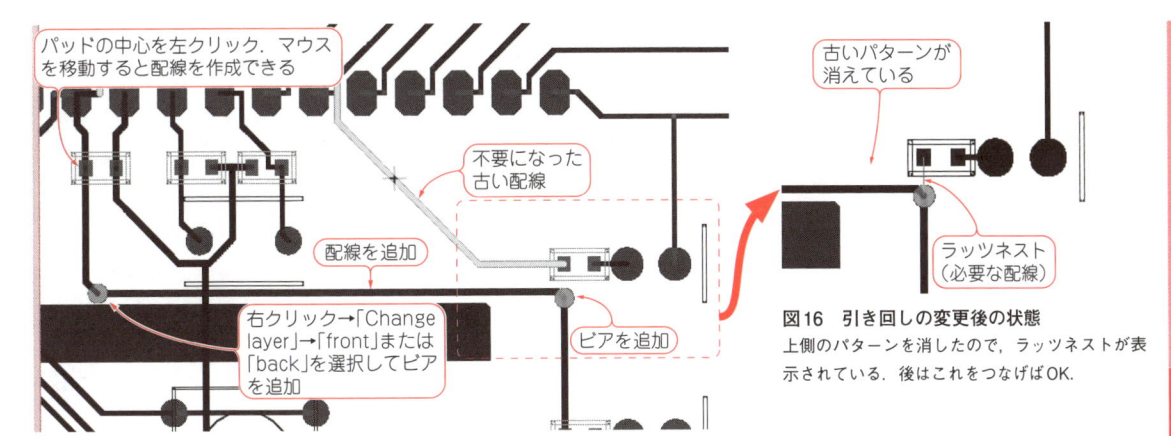

図15 引き回し変更と古いパターンの削除
電源ラインを変更した．AVRのランド上部のパターンが不要になるので削除する．

図16 引き回しの変更後の状態
上側のパターンを消したので，ラッツネストが表示されている．後はこれをつなげばOK．

ています．マイコンの下側のランドからの引き出しがカクカクと90°配線になったり，細かい改善ポイントはありますが，まずまずの出来栄えです．

● 手作業で仕上げる…ビアやパターンの作成

FreeRouteには自動ではなく，手動で配線する機能も持っています．残りの細かいところは，手作業で修正していきましょう．

まず，マイコンの下に三つ並んだチップ部品のうち一番左の電源のパスコンへの引き回しが「マイコン」→「パスコン」の流れになっています．これではパスコンの働きが低下するので，引き回しを変えます．メニューで「Route」ボタンをクリックすると手動配線のモードに入ります．

パッドの上で左クリックしてからマウスを動かすと，自動的に配線が伸びてきます．配線を曲げる場合もマウスの移動に合わせて自動的にコーナが作成されます．目的地になる相手方のパッドまでそのまま引っ張り，左クリックすると，その時点で配線が終了します．付属CD-ROMのデータを使ってぜひ試してください．

途中でビアを打つには，ビアを打ちたい場所で右クリックをして「change layer」からレイヤを切り替えます．今回は2個のビアを作り，抵抗の下のパターンに接続先を変更しました．

図15でクロス・カーソルの出ているパターンは古いパターンです．メニューで「select」ボタンを選択し，削除したいパターンをクリックしてから「Delete」キーを押します．古いパターンが消えて，電源ラインとチップ抵抗を結ぶラッツネストが表示されます（図16）．

● 手作業で仕上げる…配線の移動

図14の右上にあるコネクタ同士をつないでいるパターンは，ビス穴を設ける部分を通っているので移動します．

メニューより「Drag」ボタンを選択すると，配線を引きずるようにして移動できます．パターンの移動の際，信号の接続や配線のクリアランスは保たれます．右上の空きスペース上で左クリックしたままマウスを動かすと，二つの配線を同時に移動できます（図17）．

実は，先ほどの手動による配線入力のときにも押しのけ機能は有効で，ほかのパターンを押しのけながら配線できます．

この要領で配線の引き回しを修正していきます．修正が終わったら，「File」→「Export Specctra Session File」でKiCadに配線データを引き継ぐためのファイルを出力します．

● KiCadへの配線データの読み込みと修正

FreeRouteによる作業が終わったら，KiCadへデータを戻します．Pcbnewの「ツール」→「FreeRoute」

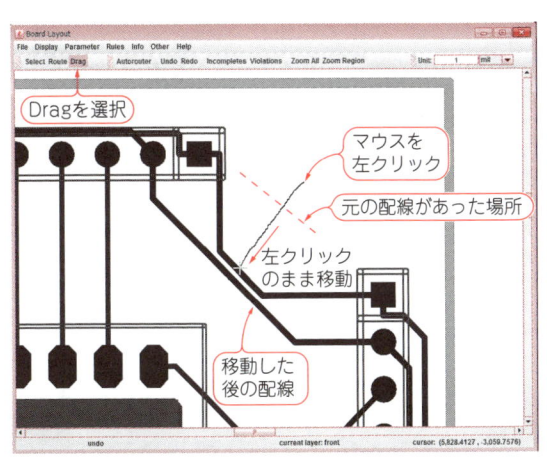

図17 配線の移動
マウス左ボタンを押したままドラッグすると，配線角度とクリアランスをキープしつつ配線を移動できる．配線を引き直すよりも早く修正できる．

より高性能なオートルータとKiCadのコラボ

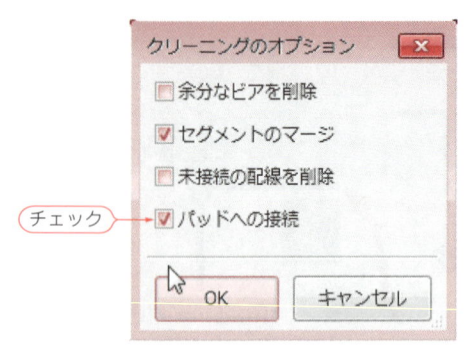

図18 配線とビアのクリーンアップ
「パッドへの接続」はパッドに触れているがパッド中心まで届いていないパターンを引き込んでくれる．

（チェック）

より「スペクトラ・セッション ファイル（*.ses）のバックインポート」で先ほど作成したファイルを読み込みます．正しく読み込みが終わると，画面下部に「セッションファイルはインポートされ，正常にマージできました」とメッセージが現れます．

FreeRouteで引いた配線がKiCadでのパッド原点に届いていない場合，まれに未結線として表示されることがあります．これを修復するには，**Pcbnew**のメニューより「編集」→「配線とビアのクリーンアップ」を実行します．**図18**のようにオプションが表示されますので，「パッドへの接続」にチェックを入れ，［OK］をクリックします．

FreeRouteで自動配線と修正を行い，KiCadに読み込んだ状態が**図19**です．これに電源ラインとグラウンドをベタ面で太らせた最終の状態が**図20**です．

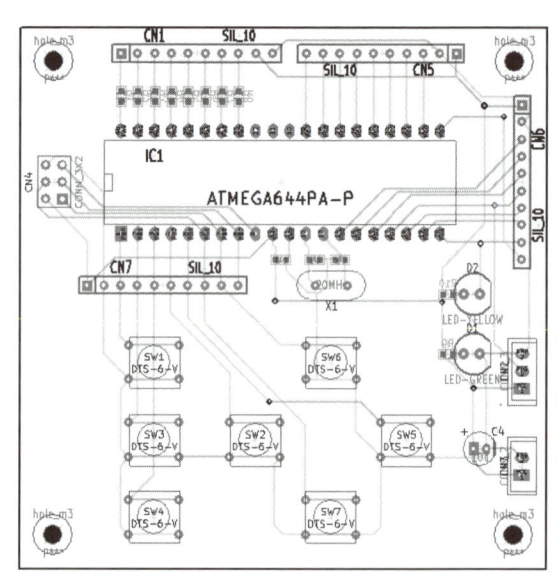

図19 FreeRouteの結果をKiCadに読み込んだ状態
図7と比べると非常にスッキリした．

KiCadの自動配線の結果（**図4**）と比較すると非常にスッキリしています．二つのツールを行き来しますが，手配線とうまく使い分けることで，奇麗な基板を早く作れます．

◆参考文献◆
(1) よし ひろし，グラフィック表示モジュール応用製作集，pp.65-69，CQ出版社．

（初出：「トランジスタ技術」2013年5月号　特集　第2章）

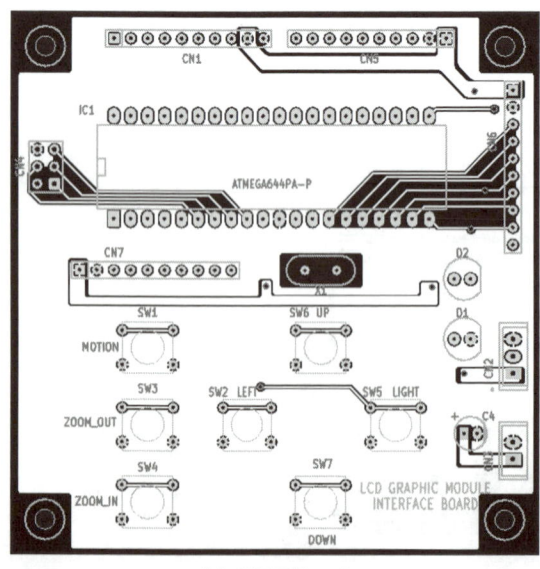

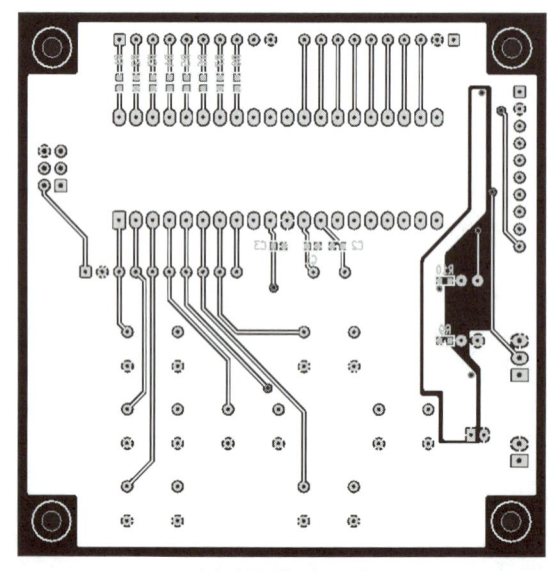

（a）部品面（front）

（b）はんだ面（back）

図20 完成したグラフィック液晶モジュール用のインターフェース基板のパターン
電源とグラウンドを太くした．

製作例 2

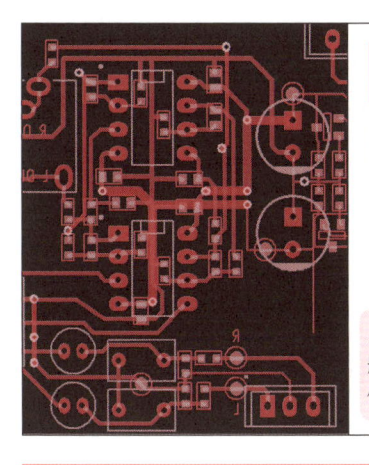

第3章 部品配置や電流ルートにこだわった
OPアンプをとっかえひっかえ！電池1個のポータブル・ヘッドホン・アンプ

つちや 裕詞

本章では，アナログ回路を搭載したプリント基板を作る過程をお見せします．題材は，トランジスタ技術2007年10月号に掲載された記事「OPアンプ1個で作るヘッドホン・アンプ」です． 〈編集部〉

STEP1：作りたいものの構想を練る

　トランジスタ技術2007年10月号に掲載された「OPアンプ1個で作るヘッドホン・アンプ（図1）」は，1個の006P乾電池で駆動する，シンプルなOPアンプ回路なので，基板データ作成の手順を示すのに最適と考えました．今回は，回路設計者の川田 章弘氏の協力を得ながら次の改良を加えたヘッドホン・アンプの基板を作ります．

- FET入力型のOPアンプだけでなくバイポーラOPアンプも使えるようにする
- 中点電位発生を追加して直流の安定度を高める
- ケースを選ばない基板レイアウトにする

● 構想1：そのままじゃ芸がない…オリジナリティを加える

(1) バイポーラOPアンプも使えるようにする

　好みのOPアンプに交換ができるように，OPアンプのランドはDIPタイプとし，DIPコネクタを実装します．また，オリジナル回路ではFET入力のOPアンプを使用していますが，バイポーラ入力のOPアンプを使用できるように，OPアンプによるDCサーボ回路（図2）を追加します．バイポーラOPアンプは，FET入力型OPアンプより入力バイアス電流が大きいので，DCサーボ回路がないと大きなDCオフセット

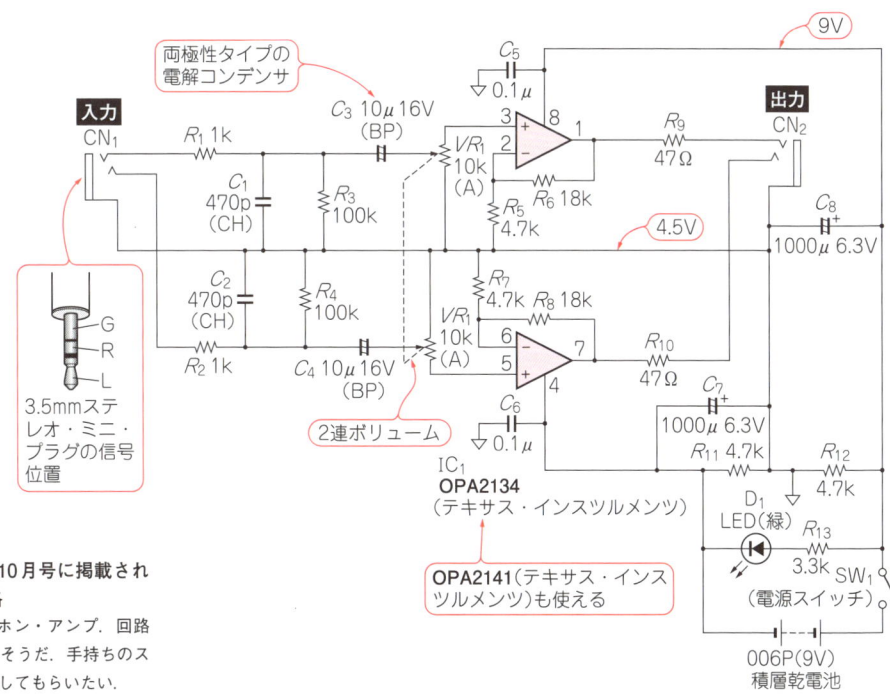

図1(1)
トランジスタ技術2007年10月号に掲載されたヘッドホン・アンプ回路
OPアンプ1個で作るヘッドホン・アンプ．回路サイズも小さく，確実に作れそうだ．手持ちのスマートフォンにつないで鳴らしてもらいたい．

STEP1：作りたいものの構想を練る　59

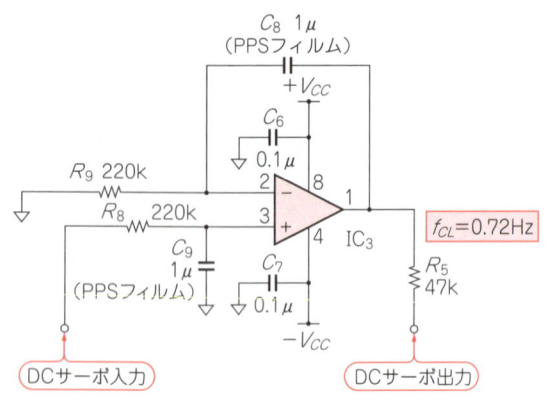

図2 改良その1…DCサーボ回路を追加する
バイポーラ入力OPアンプを使うと生じるDCオフセットをキャンセルしてくれる．

$f_{CL}=0.72Hz$

図3(1) 改良その2…ダイオードとトランジスタによる中点電位生成回路を追加する
中点の4.5 Vラインは，この回路の基準電位，つまりグラウンドである．このグラウンドを抵抗とコンデンサの簡易的な回路からトランジスタを使った回路に変更して低インピーダンス化する．

が出て，ヘッドホンを抜き差しするたびに「ボツッ！」という嫌な音が出たり，ヘッドホンが壊れたりする可能性があります．

(2) 仮想グラウンドの安定度を高めたい

図1の回路ではR_{11}とR_{12}，C_7とC_8によって中点電位を生成しますが，ここに図3の中点電位生成回路を追加します．

図2，図3の回路はプリント基板上にパターンを用意しておいて，必要に応じて部品を実装できるようにします．どちらの回路も，元の回路に対して並列に付加するだけなので，パターンのカットや変更は必要ありません．

● **構想2：自分好みの組み立てやすいケースを使えるようにする**

基板を作るなら，しっかりケースに収めたいものです．今回はヘッドホン・アンプなので，ヘッドホン入力ジャックと出力ジャック，ボリューム，電源スイッチ，電源ONのインジケータ(LED)がケースに付きます(図4)．

ボリュームは基板に直付けするタイプにして，ケーブルを介さずにケース・パネルへ組み付けます．入出力のジャックは，両方とも前面にもってくるとケーブルが取り回しにくいので，入力ジャックはパネル取り付けタイプを使用してケースの背面にケーブル接続し，出力ジャックは基板直付けタイプを使用してケースの前面に付けます．

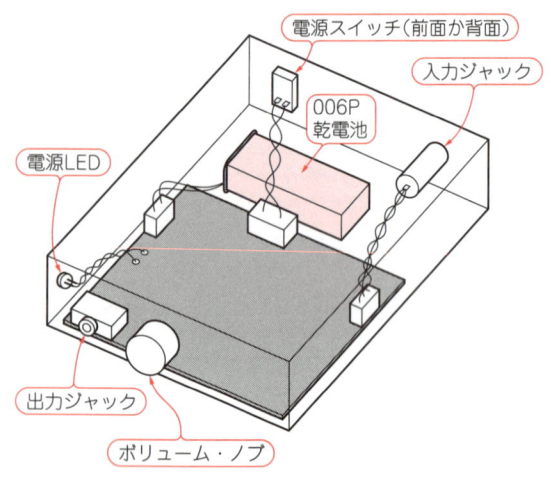

図4 ヘッドホン・アンプの部品レイアウト

表1 製作するヘッドホン・アンプの基板と製造の仕様を表にまとめておく

基板の層数	片面，**2(両面)**，4層，その他(　層，層構成：　　)
基板の材質	FR-4(ガラス・エポキシ)，CEM-3(コンポジット)，FR-1(紙フェノール)，その他(　)
板厚	0.8 mm，1.0 mm，1.2 mm，**1.6 mm**，その他(　)
銅箔厚	外層：**18 μm**，35 μm，その他(　μm)，内層：18 μm，35 μm，その他(　μm)
表面処理	はんだレベラ，フラックス処理，金フラッシュ，錫めっき　ほか
サイズ	60 mm × 45 mm (目標)
最小パターン幅/間隔	0.2 mm/0.2 mm
最小穴径	0.5 mm
レジスト	片面　**両面**　色：**緑**　赤　その他(　)
シルク印刷	片面　**両面**　色：**白**　その他(　)
多面付け	**なし**　あり(　種　面付け)

STEP2：基板の仕様を決める

● 最初が肝心！作業のやり直しが起きないように仕様を文書化

　基板データを作成する前に決めておく「約束事」がいくつかあります．これを後回しにすると，設計の途中で何度も修正をかけたり，基板メーカに発注する段階になってメーカで対応できないことが分かったりで，作業のやり直しになるので，最初にきちんと決めておきます．表1のようにまとめておくと，基板の発注作業の効率も上がります．ここでは重要な項目だけ簡単に説明します．

● 仕様決定①：基板のサイズと層数

　100 mm角位のケースを想定して，そこから006P電池とケースの外形を引いた，60 mm×45 mm位の基板サイズを目標にします．

　基板のコストは，層数が増えるほど上がります．決められた基板サイズに全ての部品を収めるため，部品配置（フロア・プラン）と同時に層構成を検討します．今回は回路規模が小さいので，特別な検討はせずに2層（両面）基板で設計します．

● 仕様決定②：最小パターン幅と間隔（L/S，ライン＆スペース）

　使用する配線幅，配線の間隔（クリアランス）は，主に次の二つで決まります．

(1) 電気的な理由
(2) 基板製造メーカの基準

　電気的な理由としては「大電流を流すのでパターンを太くしたい」，「高速信号なのでインピーダンス・マッチングが必要」，「電源トランス周辺など，絶縁のための距離が必要」などがあります．

　製造メーカの基準は一般的に歩留りと製造の限界で決まりますが，「パターン幅／間隔ともに0.15 mm」程度あれば，ほとんどの基板メーカで対応可能です．

　今回は最小パターン幅，最小間隔ともに0.2 mm，信号ライン幅は0.3 mm，電源ライン幅は0.5 mmとし，必要に応じて太くします．

● 仕様決定③：ビアの仕様

　各層の信号を接続する内壁がめっきされた穴を「ビア（via）」と言います．今回はビアのドリル径を0.5 mm，ランド径を1.0 mmとします．

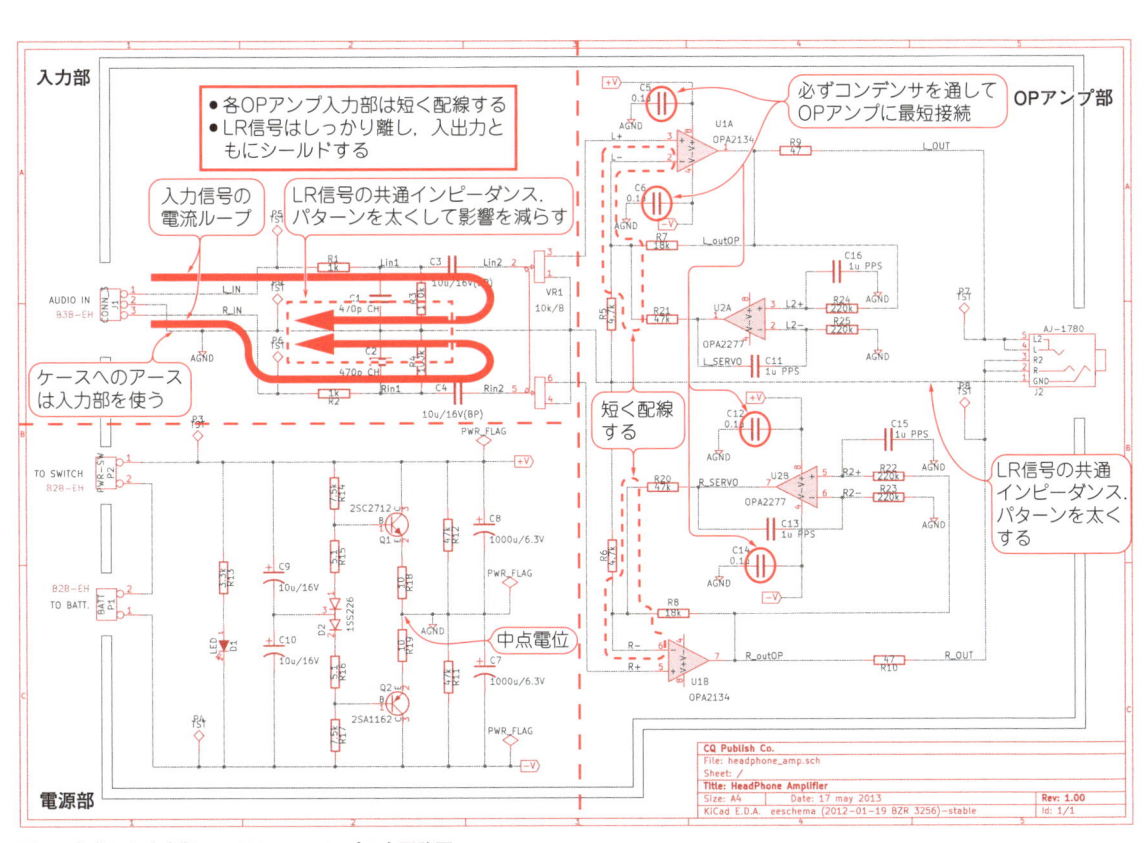

図5　完成した改良版ヘッドホン・アンプの全回路図

STEP2：基板の仕様を決める

STEP3：回路図を描く

● 回路図は神様…成功のかぎを握る

追加回路も含めた最終の回路図は図5のとおりです．本章でも引き続きKiCadを使用して回路図入力と基板設計をしていきます．

回路図を描く際には以下のようなポイントに気を付けておくと，スムーズに基板の設計作業に入ることができます．

● ポイント1：信号の流れをイメージして描く

原則として，信号が左から右に流れるように回路記号を配置していきます．

コネクタやスイッチなど基板の外部に接続する部品は，回路図の中央ではなく外側に配置しておくと，探さずにすみます．

● ポイント2：回路ブロックの境目が分かるように配置する

基板を描く際には，回路図CADと基板CADの画面を行ったり来たりしながら配置，配線していきます．

回路図をブロックごとに近づけておくと，基板設計時はもちろん，そのあとの部品実装や動作確認が効率良く，そして確実に進みます．

● ポイント3：部品情報の入力

CADによって入力方法は違いますが，最低でもR_1，C_2などのリファレンス番号や10kΩ，0.1μFといった部品の定数は記載しましょう．抵抗であれば1/4Wなどの定格電力やJ級，F級などの誤差等級，コンデンサであれば耐圧や温度特性，トランジスタのh_{FE}ランク（電流増幅率）やパッケージ情報なども必要があれば記載します．

基板設計者は基板設計仕様書や回路図上の定数，部品の特性，回路設計者のコメントも確認しながら設計していきますので，重要なポイントになります．

● ポイント4：基板に載らない部品の処理

ケースの穴に取り付ける電源スイッチのように，回路図に存在していても，プリント基板上には存在しない部品もあります．そのような場合，回路図上にはんだ付け用端子，あるいはコネクタを配置して，プリント基板上ではそれらの部品を配置し注釈を付けておきます．

図5の回路図左端のP_1は乾電池への接続コネクタ，P_2は電源スイッチへの接続コネクタです．電源ONインジケータのLED D_1は，LEDのランドを，リード線の引き出し用とLED直付け用で共用します．

● ポイント5：重要な信号には名前を付ける

各チャネルの入力部や出力部を分かりやすくするため，信号には名前を付けておきます．回路図CADは各ネット名と結線情報を含む「ネットリスト」を出力して，プリント基板CADに渡します．

● ポイント6：テスト・ポイントの追加

電子部品以外に，特性の測定や動作チェックに使う「テスト・ポイント」を回路図上に配置します．図5ではP_3からP_9が相当します．

● ポイント7：注意書きを記入する

部品を配置したりプリント基板にパターンを描いたりするうえでの注釈も記入しておきます．また，回路図の修正，改版が発生した場合は変更履歴，バージョン情報を忘れずに更新します．

● ポイント8：自動チェック機能を利用して配線ミスを見つける

回路図の入力が終ったら「ERC（Electrical Rule Check）」を実行します．ERCのチェック項目はCADによってさまざまですが，未接続ピンのチェックや各部品の端子のI/O属性の干渉，ネット名の干渉，ファンアウト数の超過などをチェックできます．

KiCadでは，図6に示す項目のマトリクス・チェックが可能です．また，各チェック項目について「エラーの表示をする」，「ウォーニング（警告）の表示をする」，「エラー，警告の表示をしない」の切り替えがで

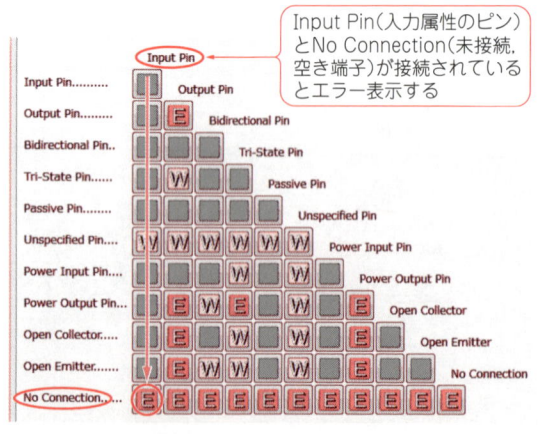

図6　回路図の電気的なエラーを自動的にチェックするルール（判定基準）を設定する
一番下の行では「No Connection（未接続ピン）」に何か他のピンがつながれているような接続ミスをチェックできる．各マスをクリックすることで「E：エラー表示をする」，「W：ウォーニング（警告）表示をする」，「空欄：エラー，ウォーニング表示をしない」の設定が可能．ルールは設計者自身が設定する．

きます．
　　　　　　　　　　＊
　ERCで回路図に問題ないことを確認できたら，「ネットリストの出力」，「フットプリントの割り付け」を実行し，基板設計に入ります．

STEP4：部品配置を検討する（フロア・プラン）

■ STEP4-1：仕上がりをイメージする

● ポイント1：外形作成/機構パーツから配置する

　最初に基板外形を作成し，次に機構パーツを配置します．今回のヘッドホン・アンプの機構パーツは，電源とスイッチ，入力用ジャック・コネクタ，出力用ヘッドホン・ジャック，2連ボリューム，基板の取り付け穴です．

　出力用ヘッドホン・ジャックはプリント基板上に実装するので，ジャックを実装した状態でケースとの干渉がなく，またジャックがケースより引っ込まない位置に配置します．

　ボリュームもパネル前面に接する部分に回転防止の凸部があるので，パネル側に座繰りを入れます．

　基板をケースに固定するためにφ2.3ネジ用スタッド（スペーサ）を使うので，基板の四隅に固定穴を設けます．スタッドのエリアはシルクで囲ってスタッドと部品が干渉しないようにします．フロント側のスタッドはケース内側の凹凸と干渉しないように，少し内側に取り付けます．

　基板とコネクタ，ケースの状態は図7のとおりです．部品配置の結果，基板寸法は55 mm×45 mmとしました．

● ポイント2：回路図を見ながら注意点を確認

　ケース周りの検討が終わったら，改めて回路図を確認しながら配置，パターン引き回しのツボを考えます．

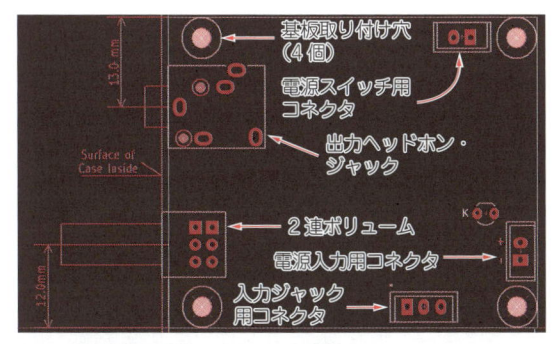

図7　基板外形と機構がらみの部品配置
ボリュームとヘッドホン・ジャックはケースと基板がぶつからず，かつジャックが引っ込まないよう前後位置を調整している．入力ジャック，電源，スイッチのコネクタは背面側に配置しておく．

　今回の回路図での注意ポイントは以下のとおりです．
▶左チャネル（L信号）と右チャネル（R信号）が干渉しないように配線する

　隣り合う二つの信号ラインが干渉し合う現象をクロストーク（closs-talk）と呼びます．寄り添って並走するパターンは，コンデンサの電極のように働いたり，トランスのように磁気的に結合して，互いの信号に影響を与えます．その結果，左右のチャネルの音が漏れ出て干渉し，音質が低下します．

　左右の信号ラインは距離を離した上でグラウンドを間に入れて信号干渉を起こさないようにします．

　今回のようなヘッドホン・アンプの場合，左右のグラウンド端子が共通でL信号とR信号の共通インピーダンスがあるため，信号の干渉がゼロというわけにはいきませんが，グラウンド・パターンを広く取ることで影響を小さくすることが可能です．
▶OPアンプの入力ピンに接続するパターンは短く（部品を近づける）

　OPアンプの電圧入力端子はインピーダンスが高いので，長く引き回すと周辺回路の信号や小さな雑音をすぐに拾います．入力端子につながるパターンは極力短くし，シールドします．
▶入力部と出力部も干渉しないようにする

　入出力の配線は一筆書きのようにループを作らないように配線します．

● ポイント3：部品レイアウトで決まる

　プリント基板のパターンの良し悪しは，部品の配置の仕方でほとんど決まります．まさに「部品配置が命」ですが，設計者の個性によりできあがる基板は千差万別です．ここでは考え方の一例を紹介します．
▶回路図の仕分けをする

　回路図を機能ブロックごとに仕分けして，部品のグループとして配置していくと「ブロック内部の信号」と「ブロック同士を接続する信号」の見通しが良くなります．今回の回路図では電源部とOPアンプ回路部

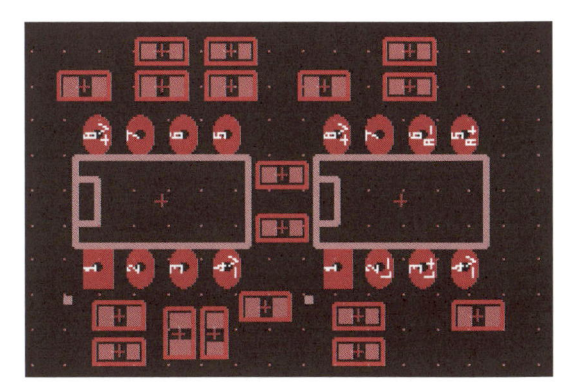

図8　OPアンプ・ブロックを配置したところ

STEP4：部品配置を検討する（フロア・プラン）　63

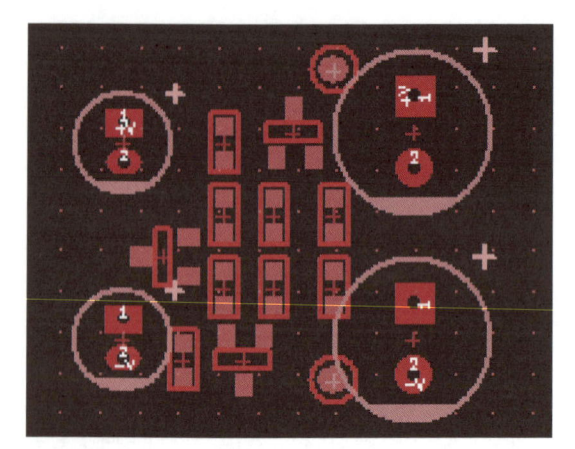

図9 電源ブロックを配置したところ

図10 配置と配線に使うフットプリント・モードとトラック・モード

に大きく分け，さらにOPアンプ回路部を2連ボリューム前とボリューム以降に分けて考えます．

仕分けのあとは，基板の外でブロックごとに大まかな配置を作ってから基板内に入れていきます（図8，図9）．ローカルの配線をまとめておいて，基板全体にわたる配線を見ながらブロックを置いていくイメージです．

KiCadでは画面右上のアイコンで，「フットプリント・モード（部品配置）」「トラック・モード（配線）」が選べます（図10）．部品配置，または配線時に必要なコマンドだけが，マウスの右ボタンに割り当てられるので，うまく設定を切り替えるとスムーズに作業できます．

▶ブロックごとに信号の流れに沿って配置

次に，ラッツ・ネストを見ながらオーディオ信号と電源の流れに沿って配置していきます．基板CAD上で部品のパッド上にたくさん見えるクモの糸のような線が「ラッツネスト（rats nest）」です．

配置の際には，このラッツネストの交差（クロス）をできるだけ減らして，間延びしないように配置します．見た目が奇麗な配置/配線は，実際にもトラブルを起こしにくいものです．

▶部品を配置する

今回は，OPアンプ，電解コンデンサ，ジャックとコネクタ類は挿入部品，その他の抵抗やコンデンサはチップ部品を使用しています．

挿入部品のリード側の面（裏面）にチップ部品を置くと，はんだ付けは裏面だけで済みますし，裏面だけで配線すれば表面にシールドを広く取れます．

■ STEP4-2：CAD上で部品を配置する

● ステップ1：入力部の配置

入力部（図11）から順に見ていきましょう．

右チャネルと左チャネルの信号は，入力ジャックからボリュームまでの間にグラウンド・パターンを挟んでクロストークを低減させます．配置の際にはパターンやベタ・グラウンドの幅をイメージしながら余裕をもって配置します．

入力ジャックからの電流のほとんどは，ボリュームを通過して元の入力ジャックのグラウンドに戻っていきます．ここまでがループの一区切りです．

入力コネクタは，抜き差しの際に指やピンセットが入るよう，また周囲の部品を傷つけないよう，周りの部品から少し離して配置しています．その他のコネクタも同様です．

● ステップ2：OPアンプ部

OPアンプU_1の入力端子への配線ができるだけ短くなるよう，また他の信号と交差しないよう，特にフィードバック側の端子の接続が最短になるように配置します．

フィードバック抵抗（R_5とR_7，R_6とR_8）はOPアンプの真下も使って最短で配置します．電源のバイパス・コンデンサは，OPアンプの電源端子直近に配置

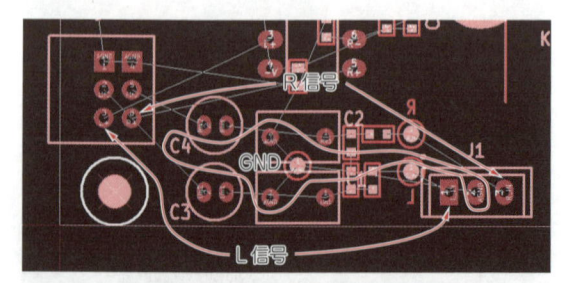

図11 入力部の右チャネルと左チャネルの信号はグラウンドを挟んで配置する

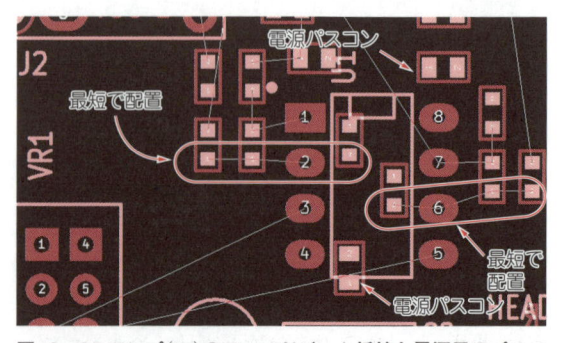

図12 OPアンプ（U_1）のフィードバック抵抗と電源用のパスコンは最短になるように配置する

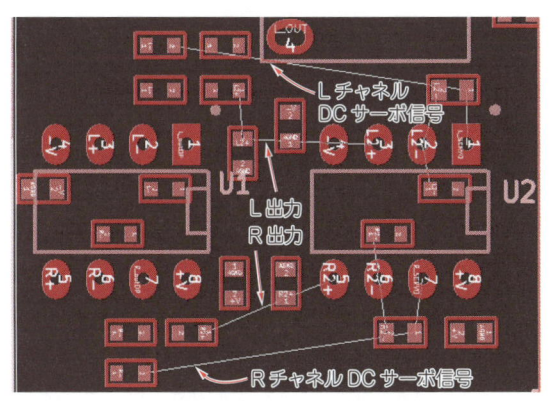

図13 OPアンプとDCサーボ・アンプ周りの配置

します（図12）．複数のパスコンを接続するときには，容量の小さいほうを部品に近づけます．

● ステップ3：DCサーボ・アンプ部

今回は，DCサーボ用のアンプU_2がオプション装備になっています．U_1の後ろに配置して，L/Rそれぞれの信号をそのまま真っ直ぐに受け取ります（図13）．

サーボ・アンプ周りの抵抗やコンデンサも，入力端子に直に繋がる部分が短くなるように配置します．

● ステップ4：電源部

今回の回路では，ラッツネストが絡まないように置いていくと配置も大体決まってしまいます．

電解コンデンサは好みのものを使えるように，若干間隔を空け，開いた空間にチップ部品を置きます．チップ部品がコンデンサのランドに近づきすぎるとはんだ付けしにくいので，こて先が入る程度の空間を空けておきます（図14）．R_{11}，R_{12}，R_{18}，R_{19}の接続ポイントは，回路全体の中点電位を決める場所なので，まとめておきます．

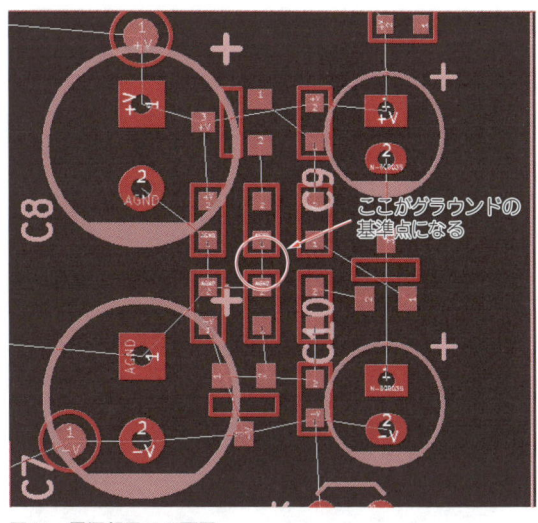

図14 電源部周りの配置
ラッツ・ネストが絡まないように素直に置いていけばOK！

● ポイント：電源/グラウンド・ラインの流れ

電源からの信号のルートは，次の二つです．

(1) 電源回路→OPアンプ出力部→ヘッドホンおよびNFB抵抗→グラウンド・ライン→電源回路
(2) 電源回路→OPアンプ内部→電源回路

入力部は出力部に比べてインピーダンスが高く電流の小さい「静かなライン」ですが，電源回路はヘッドホンをドライブする信号が流れる「アクティブなライン」です．電源の供給がOPアンプの入力ラインにかぶらないように，電源部は入力部から離して配置します．ケースのサイズや電解コンデンサの変更を考えな

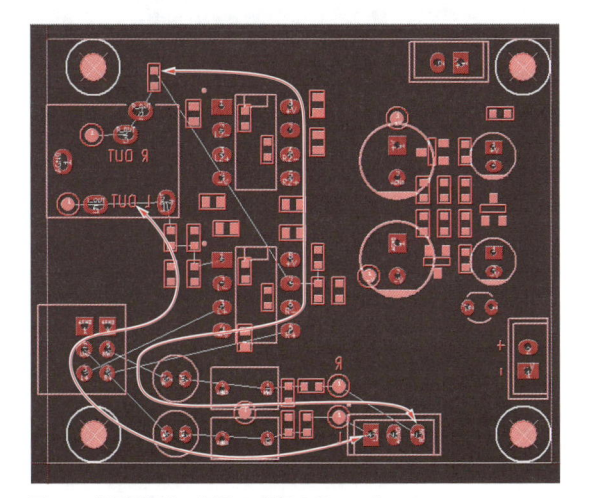

図15 部品配置とL信号/R信号のラッツネスト
互いの信号がクロスしないように配置している．

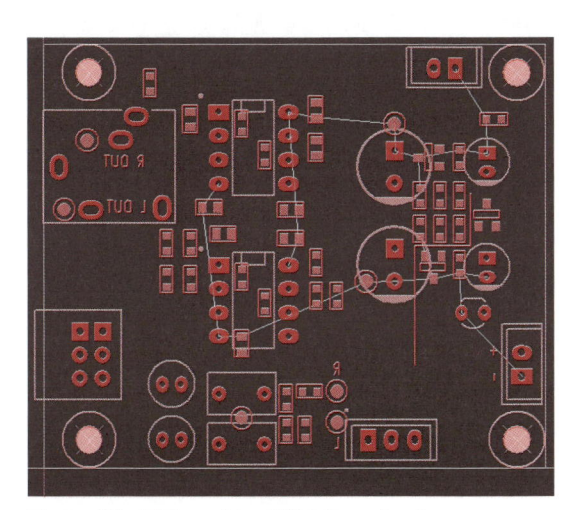

図16 プラス電源/マイナス電源のラッツネスト

STEP4：部品配置を検討する（フロア・プラン）

ければ，電池用のコネクタはもっと上のほうに配置させるのがよいのですが，今回は電池仕様で低ノイズのためOKとしました．
　　　　　　＊　　　　　　＊
　部品配置が終わった時点での信号ライン，電源ライン，グラウンドそれぞれの信号を表示させると図15，図16，図17のようになります．基板エディタの右サイド・バーの上から三つ目，「ローカル・ラッツ・ネストの表示」をクリックし，信号の流れを見たいパッドをクリックすると，選択したパッドに接続されるパッドの結線だけを確認できます．

● 部品配置が終われば配線は終わったも同然！
　部品配置が終われば，配線はほとんど終わったようなものです．ラッツ・ネストを確かめるように配線していきます．表面（OPアンプを実装する面）をグラウンドのシールドで固めるため，信号ライン，電源ラインはできるだけ裏面を通します．
　電源やグラウンドのプリント・パターンはベタ面（広い銅箔）を張ってパターン抵抗を下げるので，周りを空けておきます．配線が終わった状態は図18，図19のようになります．これはパターンの骨組みだけの状態です．これから電源やベタ・グラウンドを作成します．

● ステップ1：ベタ面の作成
　あとは電源ラインを補強し，ベタ・グラウンドを作

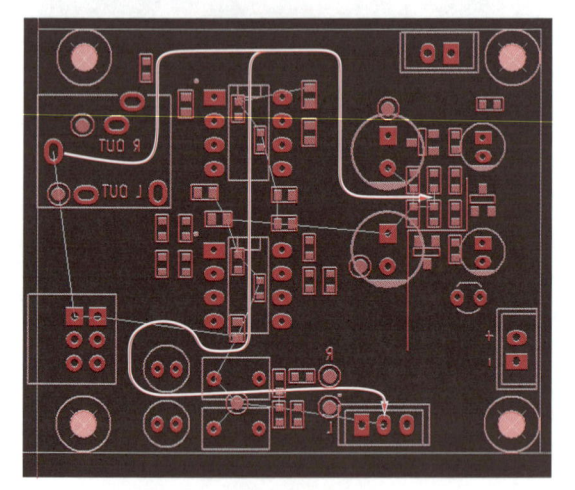

図17 グラウンド・ラインのラッツネスト
ラッツ・ネストは一番近いパッド同士を結んでしまうが，実際のグラウンド・ラインは曲線の流れを想定している．

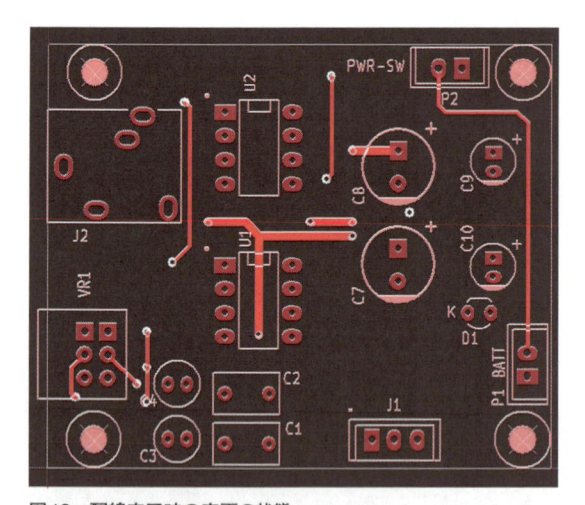

図18 配線完了時の表面の状態
ほとんどの信号を裏面に回しているので広いベタ面が取れそうだ．

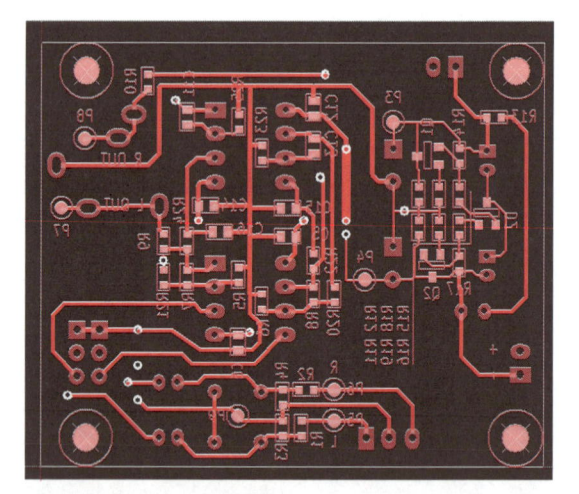

図19 配線完了時の裏面の状態

Column
チップ部品が起き上がる「マンハッタン現象」

　チップ部品をリフローで実装するときには，両端のランドの熱のバランスが狂うと，先に溶けたはんだの表面張力で部品が引っ張られ，最悪の場合は立ち上がってしまう「マンハッタン現象」が発生します．
　そのほかにも，はんだが溶けきらない「未はんだ」や，チップ横に「はんだボール」が発生するなど，リフローに固有のはんだ不良があります．量産メーカでははんだ付け不良を出さず，かつ電気的，機械的性能に影響を与えないよう，会社ごとにCAD部品ライブラリや基板設計基準を設けています．

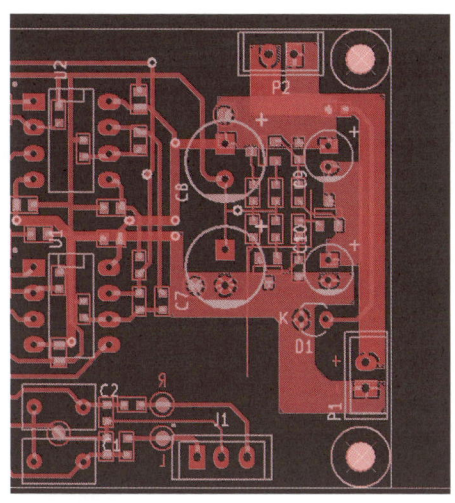

図20　電源部のベタ作成
正負電源と入力部D2部のパターンを太らせた．電池コネクタとスイッチ用コネクタのベタ接続は表面を使っている．

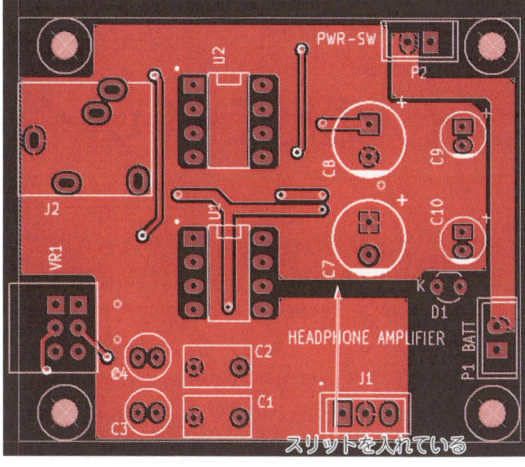

図21　表面のベタの状態
ほとんどがベタ面だがグラウンドのループができないようにスリットを入れている．

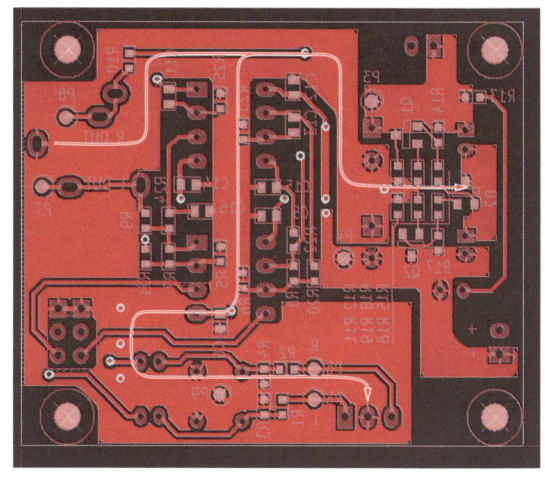

図22　裏面のベタの状態
OPアンプ直下をグラウンドが川のように流れている．OPアンプ周辺部品のグラウンド・ピンは全てこの川に落とし込んでいる．

成します．この作業は配置/配線と並行して行います．今回は大体のスペースをとっておいて，最後にまとめて行いました．

グラウンドを作成する前に電源ラインを太くします（図20）．ランドをベタ面にじかに接続すると，はんだ付けの際にベタ面に熱が逃げてしまうので切り欠きを設けます（サーマル接続）．OPアンプ周辺への分岐のパターンは1 mm幅のままにしています．

● ステップ2：グラウンド

最後にグラウンドを太くします．「最後」といいましたが，実際のところはベタ・グラウンドの取り回しをイメージしながら配置/配線をします．

図21，図22が各面のグラウンドを張った状態です．入力部と出力部のグラウンドが干渉しないよう，スリットを設けています．また，ビス穴やボリューム部などの金属部が近い箇所は避けています．電源電圧が高い場合には電解コンデンサ直下のベタやパターンは逃がしたほうが良いでしょう．

裏面のグラウンドはOPアンプ直下をメインの電流経路として考え，パスコンや抵抗，コンデンサのグラウンド側もここに落としています．今回は手はんだを想定してボリューム間にはパターンを通していないので，ボリューム周辺のグラウンドが細くなるところをビアで補強します．

● ステップ3：DRC実行，シルクとロゴを書き込んで完成！

最後にパターンのショートや未接続，パターン間隔が狭いところがないかなどをDRC（Design Rule Check）で確認します．

KiCadの場合，配線を引いているときには自動的にDRCが働いて，クリアランス・エラーを防いでくれますが，部品を配線ごと動かした場合にはDRCが掛かっていないので，再確認をします．

問題がなければ，シルク文字で製品名，ロゴなどを書き込んで完成です．

◆参考文献◆
(1) 川田 章弘；定番回路集55，トランジスタ技術，2010年12月号，別冊付録，CQ出版社．
(2) 川田 章弘；OPアンプ1個で作るヘッドホン・アンプ，トランジスタ技術，2007年10月号，CQ出版社．

（初出：「トランジスタ技術」2013年5月号　特集　第5章）

Appendix 5 電源や信号の電流の流れを追いかけて描く
ノイズの出にくいスイッチング・アンプの基板作り

つちや 裕詞

製作例3

　トランジスタ技術2003年8月号に掲載された出力1WのD級アンプ基板を作ります．当時の記事では片面基板でのパターンが紹介されていましたが，今回はオリジナルのテイストを損なわないよう考慮しつつ，設計者の黒田 徹氏の協力を得て両面基板に変更しました．図1に同氏設計のオリジナル回路を示します．

■ 回路図を入力する

● 不要なエラーを防ぐテクニック

　図2にKiCadで作成した回路図を示します．
　74HCU04はゲートごとに六つにシンボルが分かれています．74AC04は部品の形状の通り，1パッケージ（6個のゲート）で一つのシンボルにしています．74AC04を一つのシンボルにした理由は，ゲートをたくさん並べると見づらくなることと，KiCadのERCの仕様にあります．
　KiCadの回路図エディタのERCでは，一つのネットに複数の出力ポートが接続されていると，ポートの干渉（コンフリクト）が起きていると判断してエラーを出力します．この回路は74AC04を並列接続して出力インピーダンスを下げていますが，これは意図した接続なのでエラーではありません．手動でERC設定を変更してエラーを非表示にできますが，毎回の設定になることと，設計者が意図していない「本物のエラー」まで表示されなくなります．
　そこで，出力ピンを通常のパッシブ・ピンとしたコンポーネントを作成し，ゲートの並列接続によるエラー表示を防ぎ，その他のエラーは検出できるようにしました．

● 回路の動作を追ってみよう
▶ ロジックICでパワー・アンプを作る

　この回路ではCMOSインバータ74HCU04と74AC04を使い，PWM信号の生成と，スピーカへの電力供給を行います．74HCU04は個々のゲートをリニアアンプやコンパレータとして用いるアナログ回路に，74AC04はPWM信号をスピーカに向けて供給するスイッチング出力段に使用されます．

▶ アナログ部へのノイズの回り込みを防ぐ

　ロジックICで構成されていますが，ロジックICをアナログ的に利用しているディジタル・アナログ混在の回路と考えられます．オリジナル回路にも，

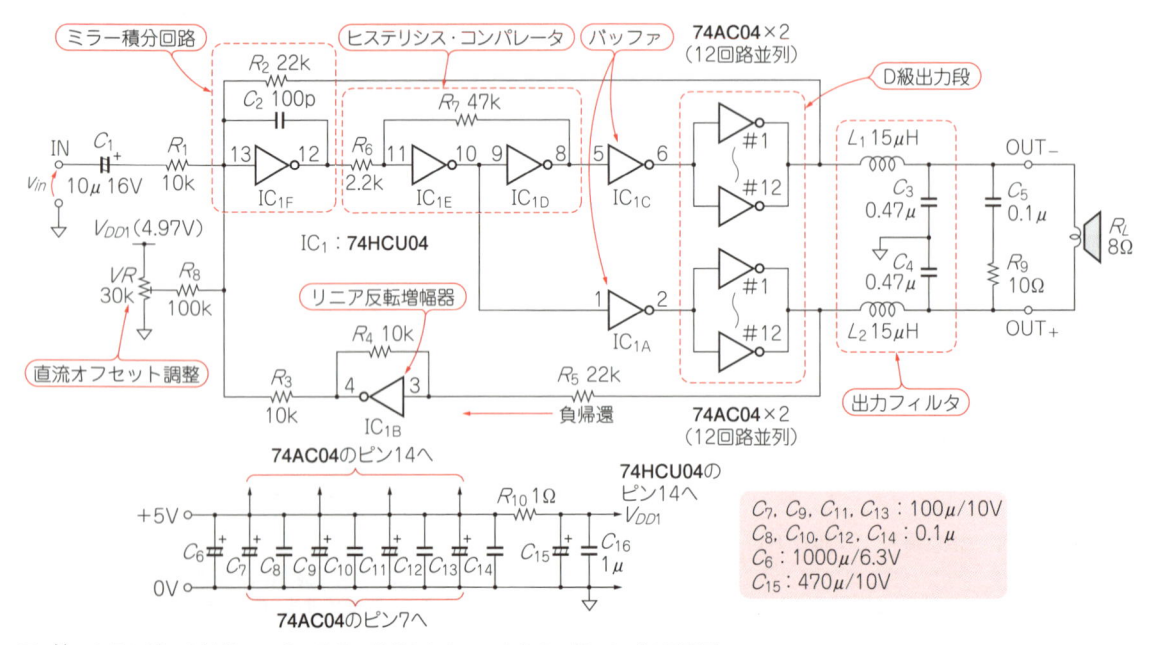

図1[(1)]　トランジスタ技術2003年8月号に掲載された1W出力のD級アンプの回路図
ディジタル・アナログ混載回路の例として採り上げた．

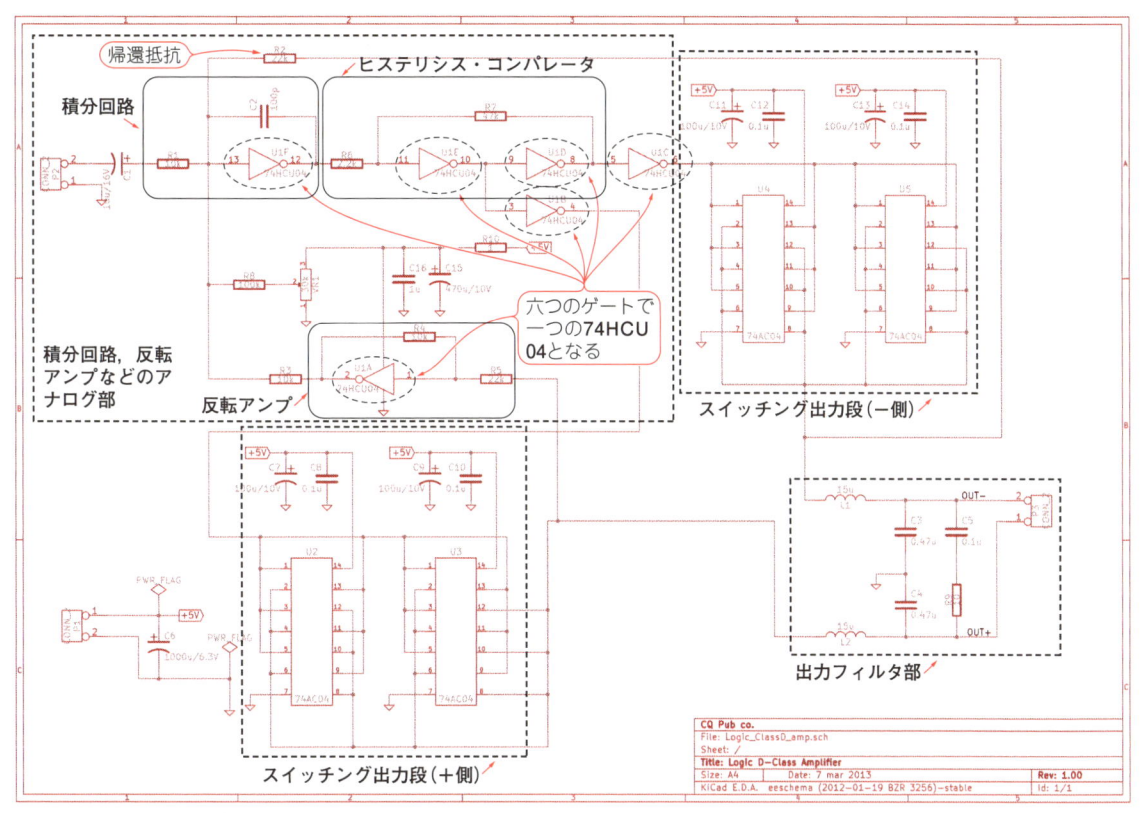

図2 KiCadの回路図エディタに入力したD級アンプの回路図

74HCU04への電源供給にノイズが回らないようフィルタが入っています．ここは，アナログ部へのノイズの回り込みを防ぐ引き回しが必要です．

回路図をブロックごとに仕分けすると，

- 入力部から74HCU04による積分回路，反転アンプなどのアナログ部
- ヒステリシス・コンパレータ
- 74AC04によるスイッチング出力段
- 出力フィルタ部
- 電源部

と考えられます．具体的には，**PWM生成部とスイッチング部のグラウンドは別々に引き回し，電解コンデンサC_6の根元で接続します．**

回路図の確認とERCが終わったら，これまでと同様にネットリスト出力，**CvPcb**によるフットプリントの割り付けをして，基板設計に入ります．

■ 基板を設計する

● 部品配置を検討する

▶ テクニック：ゲート・スワップを使用する

回路の主役はロジックICです．74HCU04と74AC04ともに，一つのパッケージの中に六つのインバータが入っていますが，この接続を入れ替えることでパターンを奇麗に引けます．試しに図3のように回路図の左から右に順番に「U1A」，「U1B」となるようにして，ネットリストを出力し，部品の仮配置をしてみましょう．

回路図エディタのコンポーネント上で「E」キーを押すとコンポーネントの編集画面が開きます．図4のように左上の「ユニット」の数値を変えると，74HCU04内部のどのユニットを使用するかを選択できます．

ここでユニットを変更したらネットを出力し，もう

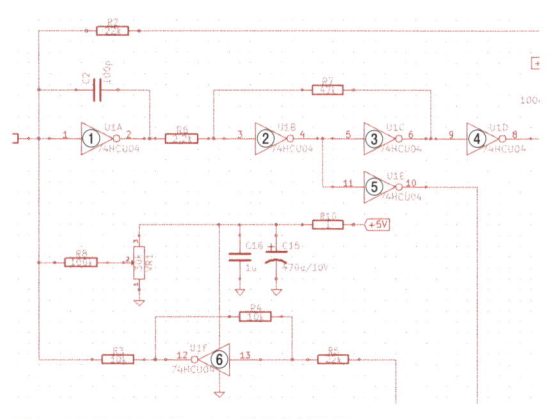

図3 74HCU04のゲートに番号を付ける

Appendix 5 ノイズの出にくいスイッチング・アンプの基板作り

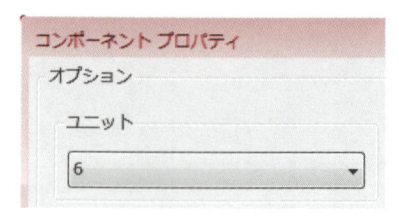

図4 KiCadでのゲート・スワップ(入れ替え)方法
コンポーネント上で「E」キーを押し,「コンポーネントのプロパティ」画面内の「ユニット」の番号を変更するとゲートを変更できる.

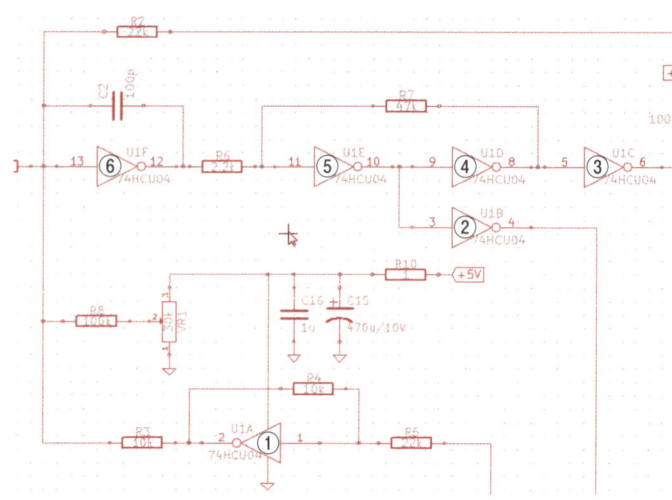

▶**図6**
ゲートを入れ替えると配置と配線がスッキリする

一度部品配置とラッツネストの状態を確認し,引き回しが奇麗になるように変更します.

作成したネットリストを基板に読み込み,U_1周辺を仮配置したのが図5です.ラッツネストの交差が多く,配線の引き出しに苦労しそうです.また,積分回路の入力部のラッツネストがあちこちに飛んでいます.敏感な部分ですので,この部分が短くなるように,ゲートの入れ替えと配置を見直します.

ゲートの入れ替えをCAD上で行うことを「ゲート・スワップ」といいます.

図6のようにゲートを入れ替えて配置をすると,図7のようにラッツネストの交差がなくなり,スッキリします.積分回路入り口の信号も直近でまとまっているので,この配置で進めます.

▶**出力段の部品配置を検討する**

図8のように出力段はIC一つごとにパスコンを使っているので,それぞれを近づけて配置します.また0.1μFは裏面実装として最短で配置します.

出力段のフィルタ部にはPWMのキャリア成分が流れるため,出力段の各74AC04への電流のループが短くなるよう,L1,L2,C3,C4を74AC04群のグラウンド・ピン側の直近に配置します.

フィルタのコイルには空芯コイルが使われています.空芯コイルは周辺への磁束の漏れが大きいため,近くにある別のコイルも影響を受けます.今回は同一信号のコイルなので,二つのコイルの距離を基板端ぎりぎ

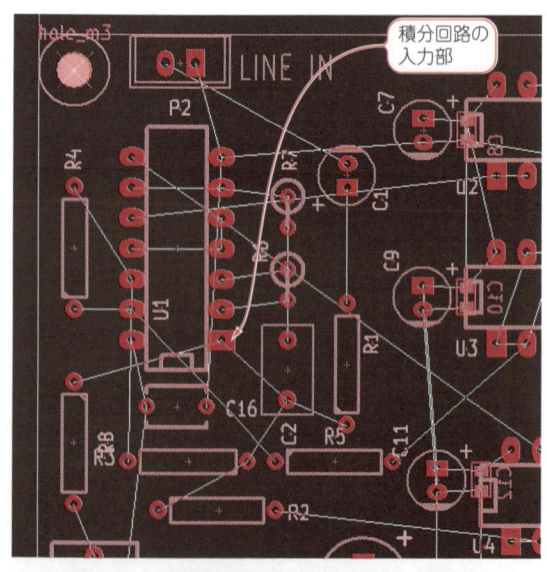

図5 図3のゲートの順番でU1周辺を仮配置した状態(NG)
ラッツネストの交差が多く配線を引き出しにくいので,この配置はNG.

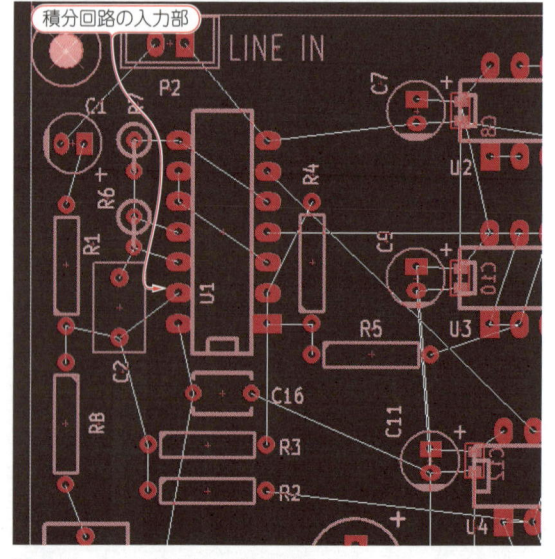

図7 ゲート入れ替え後の仮配置状態(OK)
ラッツネストの交差がなくなり配線も簡単になり,積分回路入り口のパターンも直近でまとまっている.

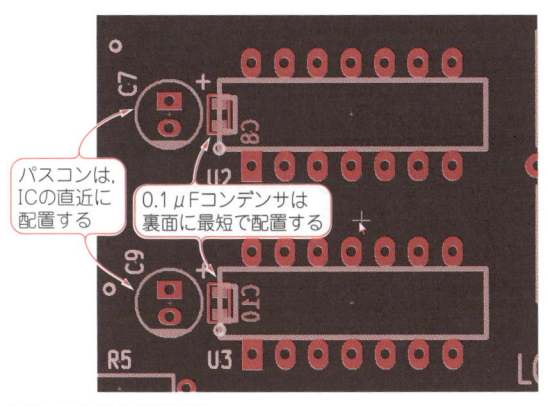

図8 出力段の部品配置
パスコン(0.1 μF)をICの直近に配置して裏面で最短配線する.

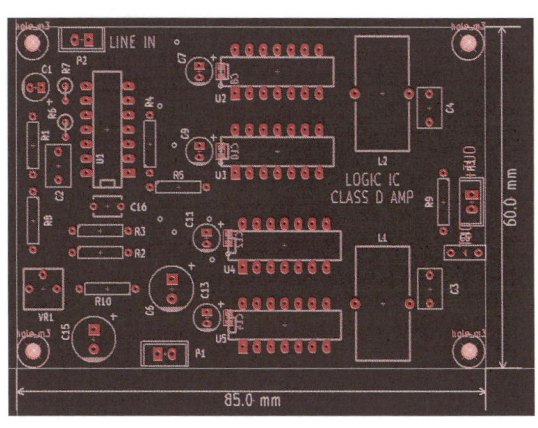

（図中注記）
- パスコンは，ICの直近に配置する
- 0.1 μFコンデンサは裏面に最短で配置する

図9 部品を配置し終えたところ

りまで離す配置としました．もし別々の信号であれば，漏れ磁束の向きが直交するようにコイルをT字型に配置して相互干渉を防ぐ必要があります．コア使用のコイルで外部への磁束漏れが小さいタイプを使えば間隔を詰めることが可能ですが，全体のレイアウトも大きく変わるでしょう．

最終的に，図9の部品配置としました．

● **パターンを配線する**

▶ **アナログ部（74HCU04部）のプリント・パターン**

今回のアンプの発振周波数は約1 MHzなので，信号ラインはできるだけはんだ面（裏面）で引いて，表面にはグラウンドを持ってきます．U_1の直下は表裏ともにできるだけベタ・グラウンドにして広く取ります．入力コネクタからの信号は，他の信号ラインやスイッチング・ノイズの影響を受けないよう，グラウンドを挟んでおきます．また，アナログ部のベタ・グラウンドと出力段のベタ・グラウンドはきっちり離しておきます．

▶ **電源部のプリント・パターン**

電源部は1000 μFのコンデンサからスイッチング部（74AC04群）に直に供給される部分と，RCのフィルタを通してアナログ部（74HCU04）へ供給する部分の二つに分かれています．それぞれのグラウンドに電流の共通ループを持たせないよう，グラウンドはC_6（1000 μF）の根元で接続します．

▶ **出力段とフィルタ部のパターン**

出力段の74AC04からは裏面の部品直下を広く使ってプリント・パターンを引き出します．グラウンド・ラインは表裏両面を使って広く取ります．出力段への電源供給は，各IC近くまで2 mm幅のパターンを設け，そこから個別に引き出しました．

出力フィルタの空芯コイルの下にはパターンを設けないようにします．出力フィルタ部のグラウンドも両面を使い広く取って，74AC04のグラウンドへ戻るループを極力短くします．

最終的なパターンは図10のようになりました．

◆引用文献◆
(1) 黒田 徹；汎用ロジックICで作る1W出力のディジタル・アンプ，トランジスタ技術，2003年8月号，CQ出版社．

（初出：「トランジスタ技術」2013年5月号 特集 Appendix 5）

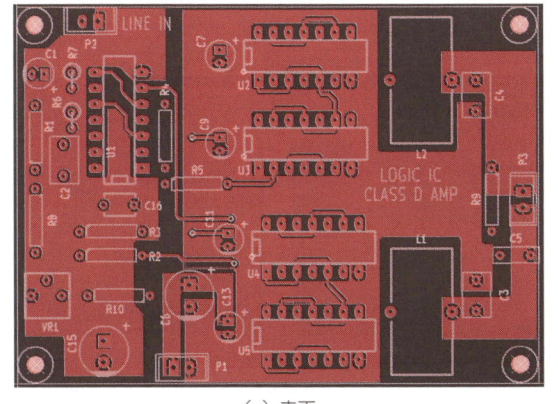

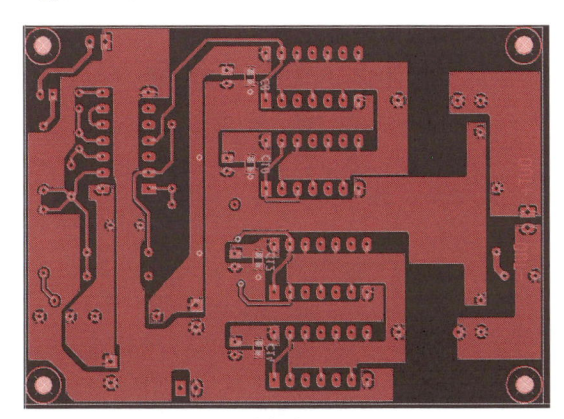

(a) 表面 (b) 裏面

図10 完成したプリント・パターン図

第4章 プロはこういうところで手を抜かない
仕上げの配線テクニック20

つちや 裕詞

部品は置ければイイ！ 配線は接続が間違ってなければOK！ なんて考えていたら… 動かない基板が完成するかもしれません．多くの基板を設計した百戦練磨の筆者・つちや氏に，経験により培われた部品配置や配線の技を伝授してもらい，必ず動く基板を設計しましょう． 〈編集部〉

本章ではパターン，部品配置，基板製造のノウハウを紹介します．

パターン編

● ノウハウ1：信号と電源/グラウンドの層の割り当て

使用する部品や基板の層数によって，層構成（どの層にどの信号を配線するか）が変わります．

図1のように両面基板に挿入部品を実装する場合は，はんだ面（部品リードをはんだ付けする側の面）に信号線，部品実装面にはグラウンドを配置します．

図2のように4層基板の場合，表層は信号層，上から2番目の層にグラウンド，3層目に電源を設けるのが一般的ですが，ノイズの影響を受けやすいラインを内層に埋め込むこともあります．

● ノウハウ2：層間のパターンは直交させる
…隣り合う層のパターンは平行に引かない

基板の1層目と2層目など，隣り合う層で同じ向きに配線を引くと，ほかのパターンの引き回しの邪魔になることがあります．1層目を縦方向にしたら，2層目を横方向にするなど，層ごとに引き回しの方向を変えると，ビアを使ってパターンをまたぐことができますし，信号の干渉も抑えることができます（図3）．

● ノウハウ3：微小な電圧や電流を測るときは「4端子法」

基板上にテスト・ポイントを置いて，低抵抗による電流検出をする場合に，図4(a)のような配線では電流が流れるとパターンによる電圧ドロップが発生する

図1 両面基板での層（パターン）の例
部品面（表面）にはグラウンドを広く取って，はんだ面（裏面）に信号ラインを引き回している．

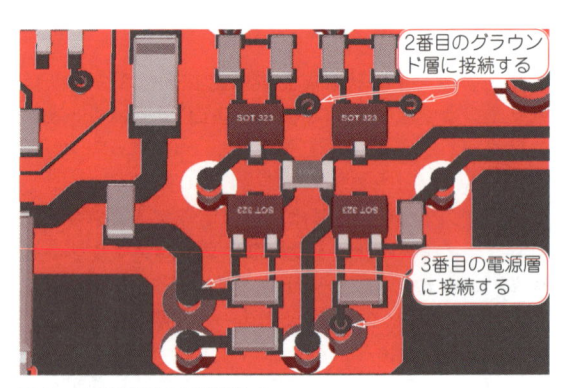

図2 4層基板の層の割り当て
1層目（表面）を信号ライン，2層目をグラウンド層，3層目を電源層，4層目を信号ラインとしている．外部からのノイズに弱い信号ラインは，2層目や3層目に通してシールド効果を狙うことがある．

図3 隣り合う層同士のパターンは平行に引かない
5番ピンを出てビアを打って裏面に引き出したものの，その先はどうする？ 両面にパターンがあってはビアを打ってもパターンを引き出せない．太いパターンも表面に引いておけばパターンが通る．

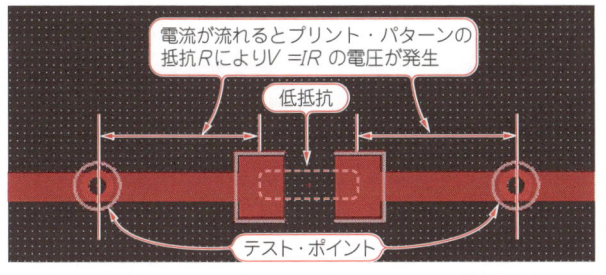

(a) 信号線とテスト・ポイントの間で電圧ドロップが発生する

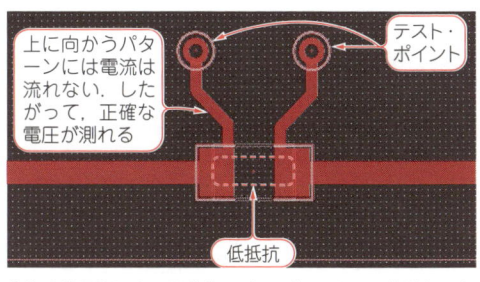

(b) 4端子法による配線(テスト・ポイントへの接続部には電圧降下が発生しない)

図4 低抵抗で電流を検出するときのパターン

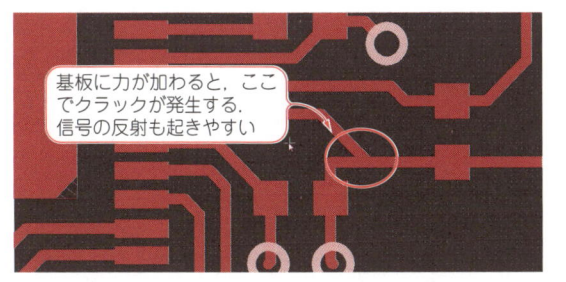

(a) パターンの90°曲げ，鋭角の分岐の例

(b) 45°曲げ，T分岐による配線の例

図5 配線パターンは滑らかに曲げるように描く

ため，正確な値を拾うことができません．

このような場合には，図4(b)のように部品の端子の根元から電圧検出用のパターンを引き出すことで，パターンによる電圧ドロップの影響を小さくできます．この結線方法を4端子法といいます．

● ノウハウ4：パターンは急カーブやとがりを避けて滑らかに描こう

パターンの引き回しの際には，鋭角や90°の折り曲げは避けて，45°折り曲げや円弧を使って滑らかに曲げるようにします．

図5(a)のような鋭角曲げのパターンは，基板に力が加わった際にはクラック(ひび)が入りやすくなります．特にフレキシブル基板では簡単に断線してしまいます．電気的にも信号の反射が起きやすくなります．図5(b)のように滑らかな配線を心がけましょう．

余談ですが，基板のエッチングの際には鋭角の部分にエッチング液が溜まります．この部分だけエッチングが速く進むため，パターンが細ります．パターンが細いほど，また周囲に他のパターンがないほどエッチングが進みやすく，細りの影響が大きくなるため，基板メーカではパターンが細らないようにCAMの編集機でチェックをして補正をかけています．

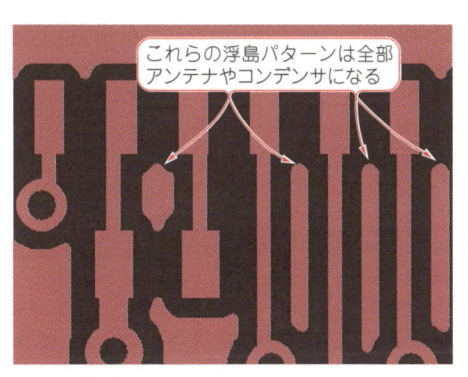

図6 浮島パターンはなくす
ノイズを放射するアンテナになるので削除する．

● ノウハウ5：一人ぼっちのパターン「浮島パターン」を作らない

基板CADでグラウンドや電源のベタ面を自動発生させた場合に，図6のようにどこにも接続していない「浮島パターン」ができることがあります．

この浮島パターンは周囲のパターンと浮遊容量を作ったり，それ自体がアンテナになりノイズの影響を受けやすくなるので，削除するのが鉄則です．浮島パターンを自動で削除できない場合には，目視でも確認をしましょう．

コネクタのNC(ノン・コネクション；未接続)ピンや固定用のランドなどの処理を忘れて，浮いた島のようになることがあります．

パターン編 73

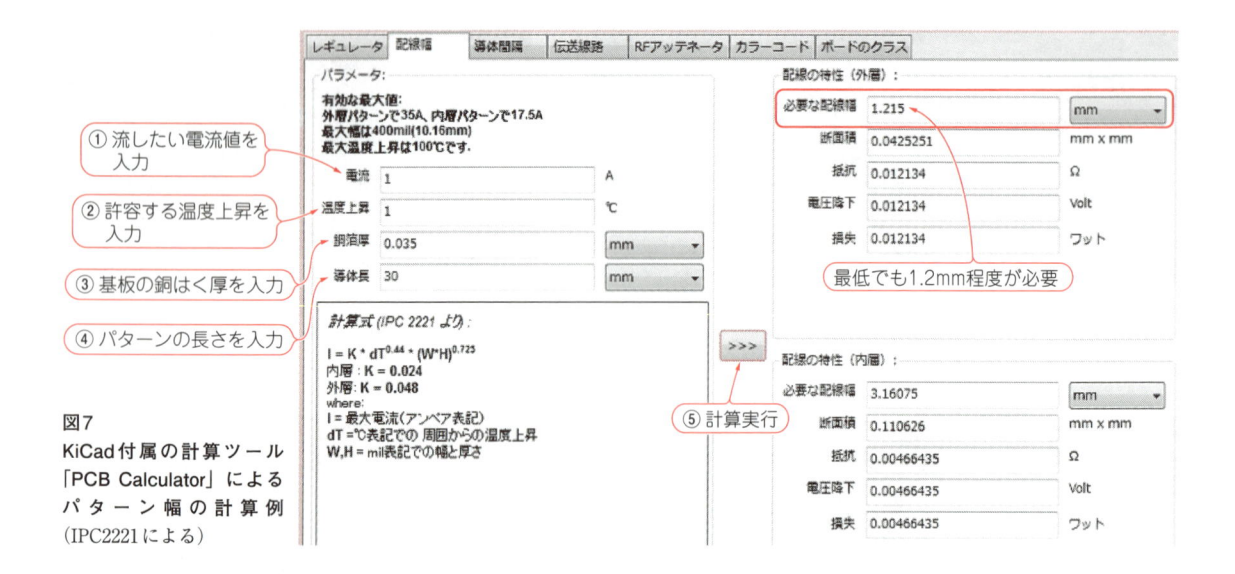

図7
KiCad付属の計算ツール「PCB Calculator」によるパターン幅の計算例
（IPC2221による）

① 流したい電流値を入力
② 許容する温度上昇を入力
③ 基板の銅はく厚を入力
④ パターンの長さを入力
⑤ 計算実行

最低でも1.2mm程度が必要

● ノウハウ6：電流の行きと帰りのパターンを近づける

LVDSなどの差動信号や，大電流の流れる電源ラインとグラウンドなど，対になるパターン同士は近づけて配線します．電流の行きと帰りが対になる信号は，ループ面積が広くなるほど，外部に放出する（あるいは外部から受ける）磁束が増加するため，ノイズを放射しやすく（または拾いやすく）なります．

ループ面積を極力小さくすることで，ノイズの飛び込みや放射を減らすことができます．

● ノウハウ7：1Aが流れるパターン幅は1mm以上にする

10Aの電流が流れる電源回路のパターンを0.1mm幅で長々と引き回したらどうなるでしょう．電源を入れた瞬間に発泡スチロール・カッタのように，パターンの温度が上昇して溶断してしまいます．

このようなことがないように，大電流のパターンは太く短く配線します．一般的に，銅箔厚が35μm（1オンス銅）の基板では，「1mm幅@1A」が基本といわれています．これはパターンの抵抗値による電圧の低下や高温環境での放熱，断線のマージンを取った値といわれています．

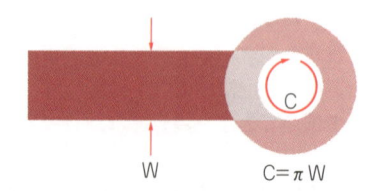

図8 スルー・ホール（ビア）の電流容量
スルー・ホール内壁は穴径の約3倍のパターン幅と考えられる．めっき厚が10μmと見積もっても，銅箔厚35μmの基板のパターンとほぼ同等．

W
C
C＝πW

試しにKiCad付属の「Pcbcalculator」で計算してみましょう．電流値1.0A，許容される温度上昇を1.0℃，銅箔厚35μm，導体長20mmとすると，図7のように表層ではパターン幅は約1.2mm，電圧ドロップは約8mVと算出されます．ただし，この値はDCにおける値なので，スイッチング電源など電流の波高値が大きいものや，インダクタンス分が影響する周波数では，さらにマージンを取る必要があります．

● ノウハウ8：ビア径≒許容電流

1mm幅@1Aと言われるように，スルー・ホール（ビア）径にも一般的な値がありそうなものですが，宣言している値はあまり聞きません．筆者の周りでは，穴径φ0.5mmの場合で0.5Aを目安にしています（図8）．スルー・ホール内壁のめっき厚さは，基板製造メーカによってまちまちですが，おおむね十数μm～二十数μmです．マージンを見て35μm銅箔基材の3分の1程度のめっき厚さと見積もっても，

ビア内壁の銅箔面積＝ビア径×3.14

なので，こちらもビア径≒許容電流と考えることができます．ただし，周波数が上がるにつれ，ビアのインダクタンス分が無視できなくなってきます．そのような場合は0.3mmビアは避けて，より大きなビアを使用するか，回路ブロックと信号ラインを同一面に構成してビアを使用せずに配線します．

● ノウハウ9：スイッチング部のインダクタ部の配線は最短で引こう

リレーやスイッチング電源のようなスイッチング部のインダクタは，大きな逆起電圧が発生します．インダクタとダイオード間の接続が細く長い配線だとパターンそのものがインダクタとなり，ダイオードの動作

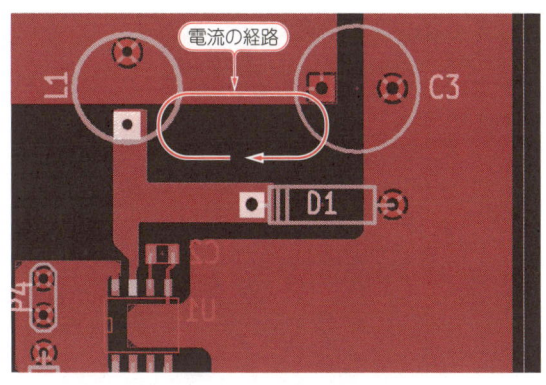

(a) スイッチング用トランジスタU1がOFFした際には L_1→C_3→D_1のループで電流が流れる．D_1→L_1の配線が長いとL_1のループ面積が大きいと放射ノイズが増える

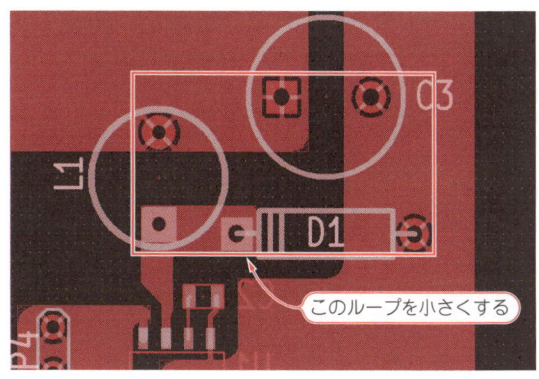

(b) ループ面積を最小にすると放射ノイズを低減できる．表面実装部品を使い，同一面に配置できるとさらに良い

図9 スイッチング部のインダクタとダイオードのパターンは最短で描こう

を阻害するうえにループ面積が増えてノイズを発生します．図9(a)のように，インダクタとダイオードが間近に接続されているパターンを見たら，電流のループが最小になるように，この部分の配線は十分に太く短くします［図9(b)］．

● **ノウハウ10：ヒートシンク直下にはパターンを描かない**

3端子レギュレータなどのヒートシンクを基板に実装する際には，短絡防止のためにヒートシンク直下にはパターンを設けないようにします（図10）．

また，プリント基板のソルダ・レジストの膜厚は数μm程度と非常に薄いため，電気的に絶縁が必要な場合はレジストに頼らず，パターンそのものを離して空間距離や沿面距離を確保したり，絶縁テープなどを使用します．

● **ノウハウ11：外形ぎりぎりにパターンを置かない**

基板の外形ぎりぎりまでパターンを設けると，外形加工後にバリや剥がれが発生することがあります．

外形を加工するルータや金型の寿命にも影響があるので，特殊な場合を除き，パターンは基板外形から0.3～0.5 mm程度のクリアランスをもたせます（図11）．

部品配置編

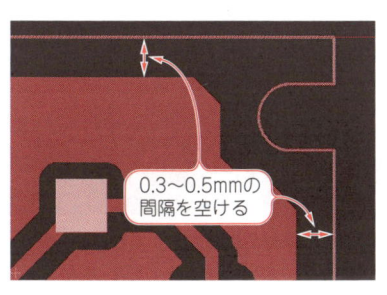

● **ノウハウ12：発熱部と電解コンデンサ**

一般に，電解コンデンサは温度が10℃上がると寿命が半減します（アレニウスの法則）．

3端子レギュレータなど発熱の大きい箇所では，発熱部品と電解コンデンサをできるだけ離し，かつ熱がこもらないよう通気の経路を確保します（図12）．どうしても難しい場合は遮熱用シートをかませます．

● **ノウハウ13：Vカット，ミシン目の近くには部品を置かない**

Vカットやミシン目で基板を分割する場合，基板上の部品にも曲げ応力が加わるので，部品の破損を防ぐためにVカット・ラインやミシン目からは部品を離して配置します（図13）．

Vカットやミシン目に対して垂直に配置すると基板のたわみの影響を受けやすいため，部品やはんだ付け部品が壊れやすくなります．特にチップ・タイプのセラミック・コンデンサは割れやすいです．

◀図10 ヒートシンクなど金属部直下にはパターンを設けない

▶図11 パターンを描けるのは基板端から0.3～0.5 mm内側まで

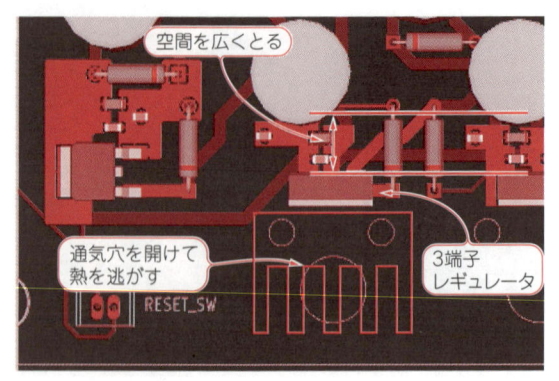

図12 発熱部と電解コンデンサは接近させない
図ではヒートシンク部に通気の穴を空けている．

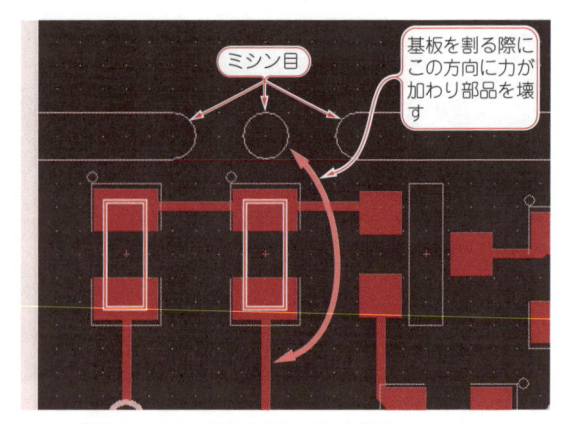

図13 基板カット時に部品を壊してしまう例
ミシン目に部品が近くミシン目に垂直に配置しているので，簡単に壊れてしまう．

● ノウハウ14：力の加わる場所は基板を固定する

　トランスや大型コンデンサなど，自重の大きな挿入部品は基板のたわみを防ぐため，ビス止めなどで基板を固定します（図14）．頻繁に抜き差しのあるコネクタの付近も同様です．

　薄物基板にタクト・スイッチを実装する場合などはスイッチを押した際のクリック感にも影響するので，基板が沈み込まないようしっかり固定します．

● ノウハウ15：はんだごてが部品にぶつかって入らない！ 部品クリアランス

　電源回路やD-Aコンバータなどの周辺では表面実装タイプの電解コンデンサが密集すると，リフローではんだ付けはできても手はんだができない，というケースがあります（図15）．手はんだをする可能性のある場所は，はんだごての入るスペースをあらかじめ確保しておきましょう．

　リフローはんだの場合でも背丈の高い部品が密集すると，リフロー炉の熱風が回らずはんだ不良を起こすことがあります．はんだ付け部が部品の谷間に埋もれないように配置します．

● ノウハウ16：はんだ付けでパターンが剥がれた！ 片面基板のランド

　片面基板では，はんだ付け時に使用する銅箔と基材の熱膨張率の差により，ランドが剥がれやすくなります．また，穴の内壁にめっきがないため，力が加わると剥がれやすくなります．そのため，片面基板では両面基板よりもランド面積を大きくして，剥離強度を上げます（図16）．

● ノウハウ17：部品が載らない！ 面付け時の注意

　同じ基板を複数枚面付けする際に，コネクタやボリュームのように基板の外に飛び出す部品を配置するときには，捨て基板や基板外形に切り欠きを設け，面付けした際に部品が干渉しないようにします（図17）．

　基板を割ったあとに手付けするのであれば問題ないですが，機械実装の場合には干渉して部品が実装できなかったり，基板を割る際に部品を傷つけることになります．

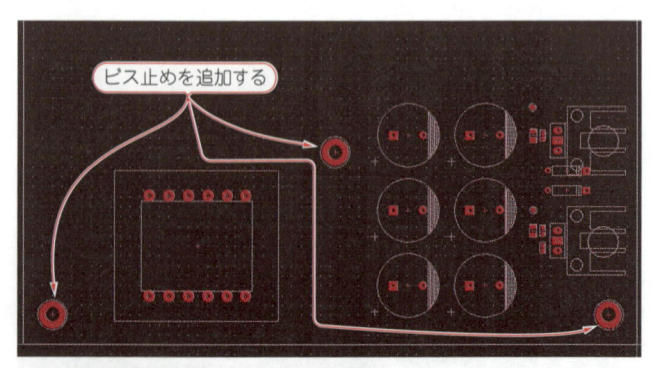

図14 重量部品を配置するときには基板がたわまないようにビス止め補強する

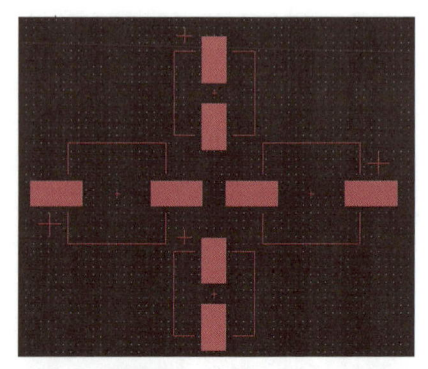

図15 チップ電解コンデンサが四つ並んだ場合
三つまでは何とか手はんだが可能だが，四つ目は絶対無理．あり得ないと思う配置だが，実装密度が混み合ってくるとウッカリ似たような配置になることがある．

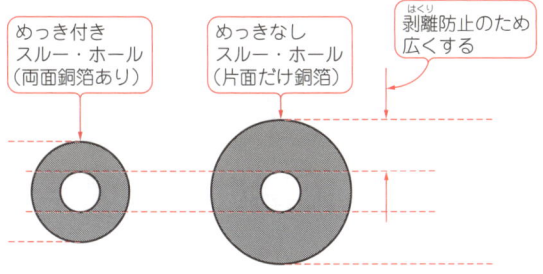

図16 片面基板の部品パッドは両面基板よりも大きくする
穴壁より片側1〜1.5 mmは欲しいところ．

- めっき付きスルー・ホール（両面銅箔あり）
- めっきなしスルー・ホール（片面だけ銅箔）
- 剥離(はくり)防止のため広くする

● ノウハウ18：手付けランド周辺はスペースを十分にとろう

　基板に直接リード線をはんだ付けするような場合，ランド付近に他の部品のランドがあると，基板から突き出たリード線が他の部分に接触して，ショートすることがあります．

　リード線が突き出ても周りのランドに接触しないよう，十分な間隔を空けましょう（**図18**）．自分で1枚だけ基板を作る場合は注意すれば済むことですが，量産品は初めからうっかりミスを起こさないような配慮が必要です．

基板製造編

● ノウハウ19：異型穴のコーナにはRを設ける

　ガラス・エポキシ基板の外形の加工方法には「ルータ加工」，「金型による抜き加工」があり，試作基板や中〜小量生産の場合はルータ加工，大量生産の場合には金型加工と使い分けます．

　ルータ加工の場合は，ドリルのように回転する刃で基板を切削していくため，図19のようにルータの半径に相当するR（アール）が発生します．また，金型加工の場合も金型の強度確保や基板のクラック防止のため，コーナにはRを付けます．

　Rの値は基板メーカによって異なりますが，ルータの場合はR0.75〜R0.5，金型の場合はR0.3程度取っておけば，たいていの基板メーカで製造できます．

● ノウハウ20：シルクはパッドや穴から十分離す

　部品のリファレンス番号などのシルク印刷が部品のパッドに近かったり，部品外形のシルクがパッドに重なっていたりすると，基板メーカではパッドにシルクが掛からないように印刷ずれを考慮したうえで，自動的にカットしてくれます．

　基板設計者も「どうせメーカがシルク・カットしてくれる」と修正しないこともあるようですが，必要なシルクがカットされると実装時に困ることになります（**図20**）．シルクの配置はあらかじめパッドや穴から0.2 mm程度のマージンをとっておくと，印刷がずれてもパッドや穴に掛からないため，発注側もメーカ側も無駄な手間を省くことができます．

（初出：「トランジスタ技術」2013年5月号　特集　第5章）

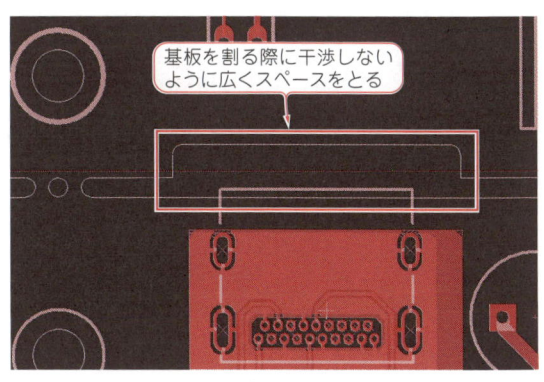

図17 基板の面付けの際には部品の干渉に注意
コネクタなどの，外部に飛び出す部品があると，基板を割る際に部品を破損したり，最悪の場合実装できないこともある．
（基板を割る際に干渉しないように広くスペースをとる）

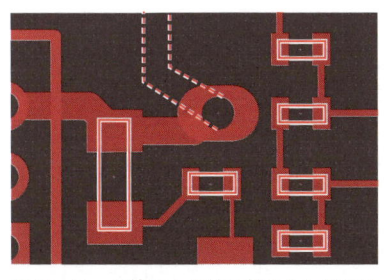

図18 リード線はんだ付け部のランドは周辺部品から十分に離す
リード線の剥きしろが長い場合，図では隣のチップ部品とショートしそうだ．

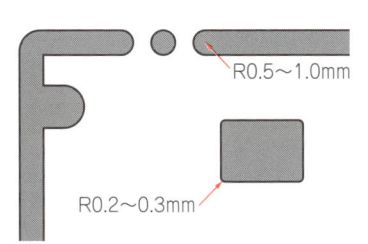

図19 基板外形，ミシン目，各穴のコーナにはRを設ける
基板メーカごとに製造基準が異なるため，各基板メーカの製造仕様書を確認する．ウェブ・サイトからダウンロードできるメーカも多い．
R0.5〜1.0mm
R0.2〜0.3mm

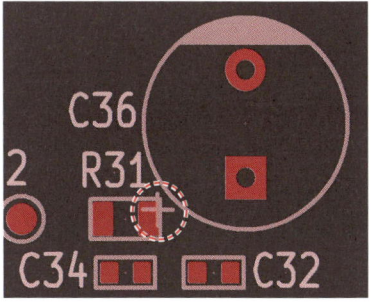

図20 シルク配置のマージンがない例
R31のパッドとチップ外形シルクが接している．基板メーカではDFM（Design For Manufacturing）ツールを使い，シルクが近いところは自動でカットしてくれる．しかし，図の場合には「＋」記号も消されてしまう．リファレンス文字が消えてしまったら実装後に判別がつかない．

第1部　入門編
第2部　実践編
第3部　資料編

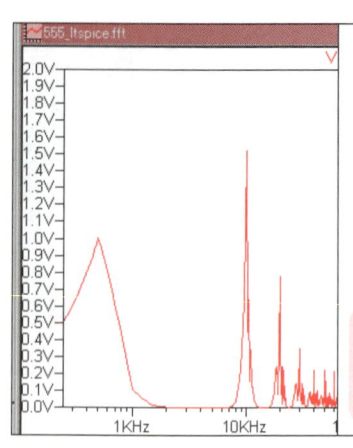

第5章 回路の動作チェック，作画，発注までを一つのツール上で完結！
回路シミュレータ「LTspice」と基板設計CAD「KiCad」の連携

つちや 裕詞

基板が出来上がって電源を入れたら動かない…というのは実はよくある話です．KiCadで描いた回路図をそのまま同じパソコン上でシミュレーションして，つまらないミスを未然に防ぎましょう． 〈編集部〉

「KiCad」は市販のCADに匹敵する機能を着々と装備しはじめている

KiCadの仕様と機能については，本書の第2部 第1章に解説があるので参照してください．機能はバージョンアップごとに充実してきており，オープン・ソースであるがゆえ，ほかのソフトウェアとの連携が検討されています．今後がますます楽しみです．

● KiCadは標準でSPICEネットリストを出力できる

KiCadに付属している回路図エディタ Eeschemaは，標準でSPICE用のネットリストを出力できます．また，KiCadにはあらかじめ多くのデモ・ファイルがあり，SPICEシミュレーション用のものも含まれています．

従って，KiCadと各種SPICEソフトウェアのコンビネーションで，回路シミュレーションから基板設計，発注まで行うことができます．

● SPICEネットリストでシミュレーションする

SPICE系のシミュレーション・ソフトウェアはそれぞれ独自のGUI回路図エディタを備えていますが，もともとは回路図の結線情報をテキスト・データで表す「ネットリスト」（表1）が土台で，これに各種の制御構文を与えて解析する仕組みになっています．

回路図CADで作成した回路図からSPICE用のネットリストを生成し，SPICE側で読み込んでシミュレーションできれば，基板設計用に回路図を一から打ち直す手間が省けます．

図1のように，KiCadは，階層構造による回路図の管理ができるので，1枚の基板を回路ブロックごとに分けて階層構造とし，それぞれのブロックのネットリストを出力することで，必要とする部分のシミュレーションが可能です．例えば，電源ブロックやアナログ回路の部分を一つの回路ブロックとし，個別にSPICEネットリストを作成し，シミュレーションでき，また，新規に追加した回路のみ別ブロックにしておき，チェックすることも可能です．

● LTspiceの入手先

LTspiceは，Linear Technology 社のサイト，

http://www.linear-tech.co.jp/
　　　designtools/software/

からダウンロードできます．執筆時の最新バージョンはLTspice IVです．

表1 SPICEネットリストの例

```
XU1  /VI +  /VI -  + 12V  - 12V  /VOUT  LT1208
C2   /VI -  /VOUT  22pF
V2   0  - 12V  DC 12V
R1   /VI +  0  10k
V3   /VIN  0  AC 0.1
C1   /VI +  /VIN  10uF
V1   + 12V  0  DC 12V
R2   /VI -  0  2K
R6   /VI -  /VOUT  18K
R5   /VOUT  0  10k
```

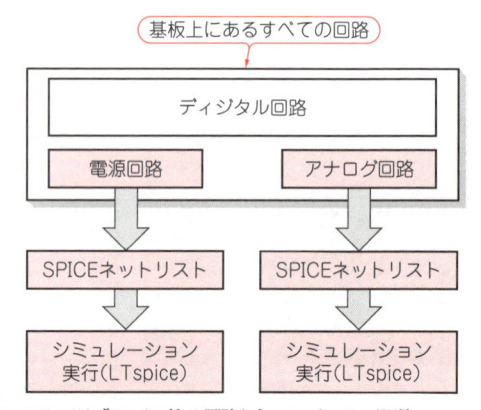

図1 KiCadはブロックごとの回路シミュレーションが可能
KiCadなら階層構造の回路図からブロックごとのSPICEネットリストを出力できる．これぞと思う部分だけの動作検証が可能．

SPICE用回路図デモ・ファイルを利用して慣れよう

いきなり回路図入力を始める前に，KiCadに付属しているPSpice用のデモ・ファイルを例にして設定方法を確認します．

KiCadを起動し，メニューから「ファイル」→「開く」をクリックし，KiCadインストール・ディレクトリ内の，

`/share/demos/pspice/pspice.pro`

を選択します．

ファイル拡張子.proというのが，回路図ファイルや基板ファイルをトータルに管理しているプロジェクト・ファイルです．左サイド・メニューのpspice.schをダブルクリック，または回路図エディタ**Eeschema**のアイコンをクリックすると，図2の回路図が表示されます．

丸い電圧源が二つとエミッタ・フォロアのバッファ付き差動増幅回路があり，その下には四角で囲まれたコメント文字があります．

シミュレーションを行うために必要な設定のポイント

回路図エディタでシミュレーション用の回路図を入力する際のポイントは五つです．

(1) 解析するネットにラベル(ネット名)を付ける
(2) コンポーネント・ライブラリの設定
(3) シミュレーション用の電源，各種信号源の設定
(4) コンポーネントのピン番号の設定
(5) SPICE用制御構文の記述

以下，順に確認していきます．

▶(1) 解析するネットにラベル(ネット名)を付ける

KiCadからネットリストを出力すると，各ネットに「N-000001」のように名前が付与されますが，このままではどのネットが入力でどのネットが出力なのか分かりません．そこで，解析結果を見たい信号には名前を付けておきます．回路図上で[L]キーを押すとラベルのプロパティが表示されるので，任意の名前を入力し，配線上に配置します．

図2では，回路の入力に"Vin"，OPアンプの非反転入力に"V+"，反転入力に"V-"，OPアンプ出力に"Vout"とネット名を付けています．

▶(2) コンポーネント・ライブラリの設定

次に，回路に加える信号と電源の種類を指定します．KiCadには，あらかじめこれらを指定するためのシンボルが備わっています．

回路図エディタでは回路図中の回路記号，電源のシ

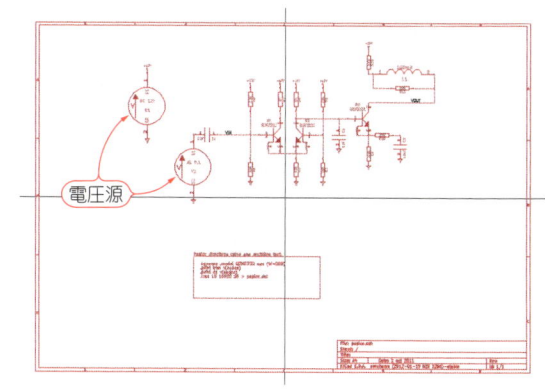

図2 回路図エディタEeschemaでシミュレーション用デモ・ファイルpspice.schを開いたところ

ンボルなどを「コンポーネント」と呼び，複数のコンポーネントをまとめた「コンポーネントライブラリファイル」で管理します．SPICE用の定電圧源，定電流源のコンポーネントが入ったライブラリpspice.libが用意されているので，このライブラリ・ファイルを回路図に関連付けて，シミュレーション可能な状態にします．

回路図にライブラリを関連付ける方法は，回路図エディタのメニューから「設定」→「ライブラリ」をクリックして，「コンポーネント ライブラリ ファイル」の画面で「追加」ボタンをクリックします(図3)．

コンポーネント・ライブラリは，デフォルトの状態ではインストール・ディレクトリ以下の¥share¥libraryの中にあります．

▶(3) シミュレーション用の電源，各種信号源の設定

定電圧源(定電流源)は，pspice.lib内のコンポーネント"VSOURCE"または"ISOURCE"を使用します．具体的には，ショートカット[a]キーまたは画面の右側のツールバーの上から3番目のアイコンをクリックし，「ブラウザーから選択」で「pspice」内から選択をします．

定電圧源(定電流源)の種類と電圧値を設定するには，コンポーネント上でダブルクリックをします．ここでは，回路図左上にある電圧源V1の設定を確認してみます．もし，右クリックで「明示的な選択」というウィンドウが出たら，「コンポーネント VSOURCE, V1」の項を選択してください(図4)．

図3 コンポーネント・ライブラリの選択
使用するコンポーネント(回路図シンボル)を回路図に関連付ける．

シミュレーションを行うために必要な設定のポイント 79

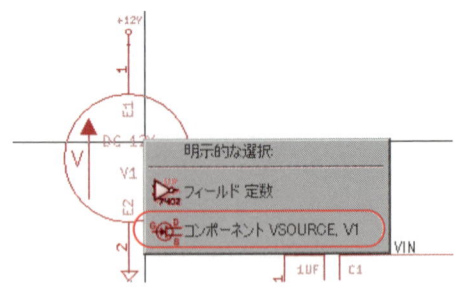

図4 コンポーネントの選択画面
図3の回路図で，定電圧源V1にマウスをもっていき，右クリックでサブメニューを出す．

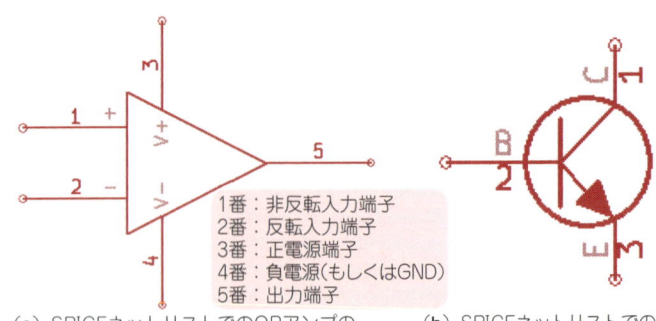

(a) SPICEネットリストでのOPアンプのピン番号
1番：非反転入力端子
2番：反転入力端子
3番：正電源端子
4番：負電源（もしくはGND）
5番：出力端子

(b) SPICEネットリストでのトランジスタのピン番号

図6 実際の部品のピン番号はネットリストとで異なるため一致させる必要がある

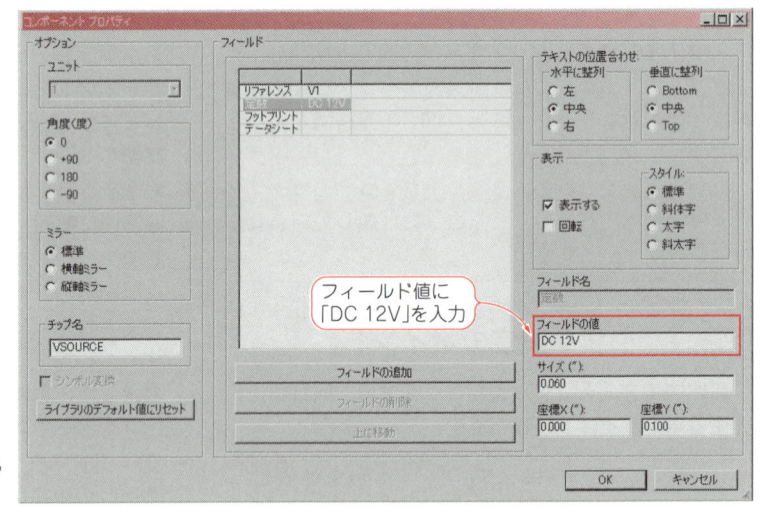

図5 コンポーネントのプロパティ画面
定数の項（フィールド）にSPICEで必要とする設定項目の値を記入する．

すると，コンポーネント・プロパティの画面が開きます（**図5**）．

DC出力12 Vを設定するには，画面下「フィールドの値」に［DC12 V］と入力します．

AC電圧の場合，正弦波やパルス波などの信号の種類や，AC解析（周波数特性，位相特性など）とトランジェント解析（過渡応答）など，解析の方法により設定が異なります．よく使うAC電圧源の設定詳細は後述します．

GNDは，通常のKiCadのGNDではなく，ライブラリ・ファイル pspice.lib 内の'0'というコンポーネントを使用します．この「定数（Value）」には"GND"ではなく'0'が設定されています．これはSPICEで基準電

位（0 V）の記述が「0」となるためです．

▶ **(4) コンポーネントのピン番号の設定**

通常，回路図CAD上の各部品のピンには，部品のデータシートに記載されている番号，またトランジスタなどでは「E」「C」「B」などの端子記号を割り当てます．しかし，SPICEネットリストでは，OPアンプやトランジスタのピン番号は**図6(a)**，**図6(b)**のように決まっているため，実際の部品のピン番号と一致させる必要があります．

本章では簡便のために，SPICE用にOPアンプとトランジスタのみコンポーネントを作成しています．ここでは説明していませんが，KiCadはプラグインの追加によりネットリストのカスタマイズ出力が可能な構造です．コンポーネント・ライブラリの運用方法さえしっかり定めれば，SPICE専用のコンポーネントを作成しなくても，SPICEネットリストの作成が可能です．

▶ **(5) SPICEの制御構文の記述**

図2の回路図下部の枠内のコメントを**図7**に拡大しました．KiCad側でSPICEを出力するためのコメン

```
Pspice directives using one multiline text:

 +gnucap .model Q2N2222 npn (bf=200)
 .print tran v(nodes)
 .print dc v(nodes)
 .tran 10 10000 10 > pspice.dat
```

図7 SPICE制御構文を出力するためのコメント
＋gnucap（または＋PSPICE）から始まる．

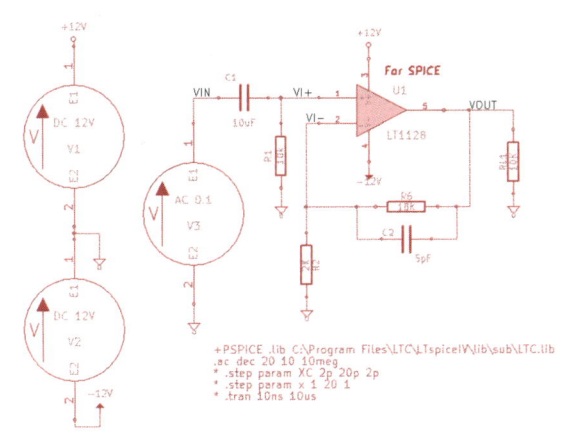

図8 OPアンプLT1128で構成した非反転増幅回路のAC解析用の回路図
解析したい回路に電圧源(電源と信号源)，SPICE制御構文を追加してネットリストを出力する．

```
+PSPICE .lib C:\Program Files\LTC\LTspiceIV\lib\sub\LTC.lib
.ac dec 20 10 10meg
* .step param XC 2p 20p 2p
* .step param x 1 20 1
* .tran 10ns 10us
```
コマンド

図9 AC解析用の制御構文の記述
宣言文"＋PSPICE"の後にSPICEモデルのライブラリ・パスを関連付け，.acコマンドで解析条件を与える．コマンドに関してはSPICEのヘルプを参照のこと．

トです．

　+gnucap(または+PSPICE)以降に続くテキストがSPICE用の制御構文であることを宣言しています．空白を作って構文を記述します．後に続く.model，.print，.tranが本来のSPICEの制御構文です．この部分は解析の内容によって変わるので後述します．

AC解析用の回路図を作成する

　回路の周波数特性や位相特性を解析するときはSPICEのAC解析を利用します．例として，OPアンプLT1128(LTspiceにデバイス・データが登録されている)による非反転増幅回路のAC解析用回路図をKiCadで作成しました(図8)．付属CD-ROMに収録されているので，本文の設定方法を読みながら操作してみてください．

　収録データには，後半に説明している555のPWM回路や，本文中では使用していないバイポーラ・トランジスタ，FETなどのSPICE用コンポーネントも追加しています．さらに，エミッタ・フォロワでの解析用ファイルも添付しているので，バイポーラ・トランジスタの使い方の参考にしてください．

▶電源，AC解析用入力信号の設定

　まず正負の電源電圧を与えるためコンポーネントVSOURCEを二つ配置し，それぞれの定数フィールドをDC12Vに設定します．入力信号もVSOURCEにて定数フィールドをAC0.1とします．

▶OPアンプの品番を指定する

　今回作成した，SPICE用のコンポーネントOPAMP_SPICEの「定数」フィールドにLT1128と入力し，品番を指定します．

▶制御構文の記述

　今回の解析用の制御構文は図9のとおりです．

　始まりの+PSPICE(または+gnucap)は固定なので，空白を1文字空けて制御構文を記述します．その後の「.」(ドット)で始まるコマンドは，それぞれ改行で区切っておきます．

▶使用するSPICEライブラリの指定….libコマンド

[記述方法] .libファイル・パス

　LTspiceには，多くのSPICEモデルがあらかじめ登録されています．OPアンプについては.subという形式または.libという形式でインストール・フォルダ内の¥LTspiceIV¥lib¥sub[注]フォルダ以下に収められています．LT1128は¥lib¥sub¥LTC.libというライブラリ・ファイル内にあるので，これを.libコマンドで読み込んでいます．

　今回は使用していませんが，バイポーラ・トランジスタやMOSFET，ダイオードなどは¥LTspiceIV¥lib¥cmp¥に収められているので(図10)，使用する際にはこれらのパスを関連付けます．

　これらのファイルは，ダブルクリックすることでLTspiceが起動して内容を確認できます．また，ライブラリ・ファイル自体はテキストで記述されているので，入手したSPICEのデバイス・モデルを，テキスト・

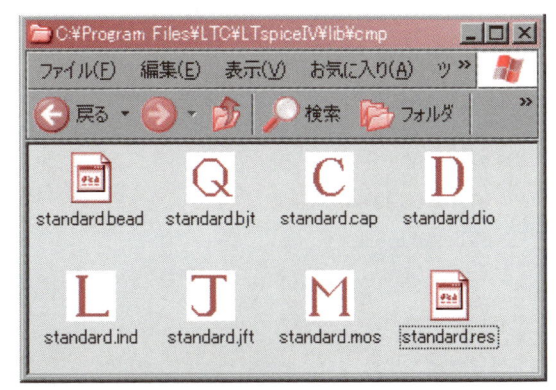

図10 LTspcieにあるその他のデバイス・モデル一覧
ダブルクリックで内容の一覧を確認できる．例えば，.bjtはトランジスタ，.dioはダイオードが登録されている．

注：インストール・フォルダは64ビット版，32ビット版で異なります．LTSpiceXVII(17)からは，マイドキュメント・フォルダ内のLibファイルを使用します．

表2 SPICEネットリストで有効な接頭辞

接頭辞	LTspiceの表記
p(ピコ)	p
n(ナノ)	n
μ(マイクロ)	u(小文字のユー)
m(ミリ)	m
k(キロ)	k
M(メガ)	Meg
G(ギガ)	g

エディタで追加することもできます．

▶ AC解析条件の指定….acコマンド

[記述方法]
.ac 分割方法 分割数 開始周波数 終了周波数

分割方法と分割数は，lin（リニア），dec（ディケード：10のn乗），oct（オクターブ：2のn乗）のいずれかを指定します．例えば"dec5"とした場合は1ディケード（周波数の比で1：10）の範囲で五つの解析ポイントをもつことになります．

解析範囲（開始周波数と終了周波数）の記述の仕方について注意点があります．接頭辞の m を 1 文字と書くと 1/1000 を表します．1000 倍は Meg と記述します．例えば1 kHzから10 MHzの範囲は"1k 10Meg"と記述します．表2に接頭辞の例を示します．μは小文字のuと書きます．

接頭辞を含めたLTspiceの全般的な説明は「Help」メニューより「LTspiceIV→LTspice→Introduction→General Structure and Conventions」を，また.acコマンドを含むドット・コマンド制御構文については「LTspiceIV→LTspice→Dot Commands」をご覧ください．

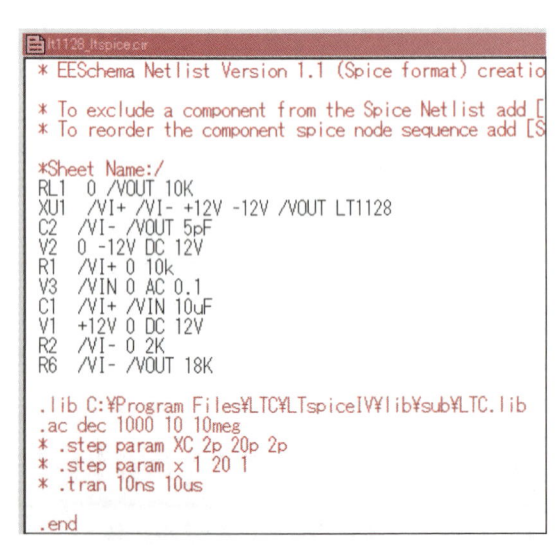

```
* EESchema Netlist Version 1.1 (Spice format) creatio
* To exclude a component from the Spice Netlist add [
* To reorder the component spice node sequence add [S

*Sheet Name:/
RL1  0 /VOUT 10K
XU1  /VI+ /VI- +12V -12V /VOUT LT1128
C2   /VI- /VOUT 5pF
V2   0 -12V DC 12V
R1   /VI+ 0 10k
V3   /VIN 0 AC 0.1
C1   /VI+ /VIN 10uF
V1   +12V 0 DC 12V
R2   /VI- 0 2K
R6   /VI- /VOUT 18K

.lib C:\Program Files\LTC\LTspiceIV\lib\sub\LTC.lib
.ac dec 1000 10 10meg
* .step param XC 2p 20p 2p
* .step param x 1 20 1
* .tran 10ns 10us
.end
```

図12 読み込んだSPICEネットリストが表示される
ウィンドウ内の値を変更して解析をなんども実行できる．

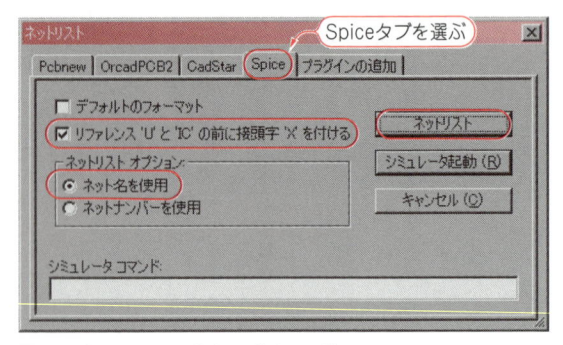

図11 ネットリスト出力のダイアログ

▶ コメント・アウト

制御構文は行頭に＊（アスタリスク）を付けることでコメント・アウトできます．毎回制御構文を記述するのは面倒ですので，よく使う.libや.ac，.tranなどはまとめて記述しておき，不要な部分はコメント・アウトすれば，コピー＆ペーストで使い回しできます．

SPICEネットリストの出力

ここまでで，ネットリストを出力する準備が整いました．具体的に，回路図からSPICEネットリストを出力するには，メニューより「ツール」→「ネットリストの生成」をクリックするか，画面の上側のツール・バーの右から5番目のアイコンをクリックします．

ネットリスト出力のダイアログ（図11）が開くので，SPICEタブを選び，「リファレンス'U'と'C'の前に接頭字'X'を付ける」にチェックを入れ，「ネットリストオプション」で「ネット名を使用」を選び，「ネットリスト」ボタンをクリックします．「ファイル名.cir」というSPICEネットリストを作成するので，任意の場所に保存します．

ネットリストの読み込みとAC解析の実行

ここからはLTspiceで作業します．LTspiceを起動し，メニューより「File」→「Open」で作成したネットリストを読み込むと，図12のネットリストのウィンドウが表示されます．

画面上部の左から5番目のRUNアイコンをクリックし，解析を実行するとグラフ・ウィンドウが表示されます．デフォルトの背景は黒色なので，見づらい場合は，上部メニューより［Tools］→［Color Preferences］で色を変更します（図13）．

このままでは何も表示されていないので，上部メニューのグラフのアイコンを，クリックまたはグラフ・ウィンドウ上で右クリックしてVisible Tracesを選択します（図14）．すると，表示波形を選択するウィンドウが開きます（図15）．

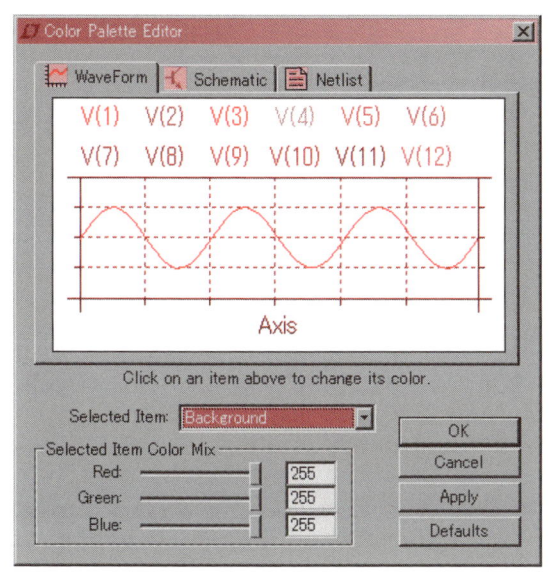

図13 画面の表示色設定
Selected Itemが変更できる．画面ではBackground(背景)が選ばれている．

　SPICEでは解析する各々のポイントをノード(Node：節，節点)といいます．図中のV(/vin)であればノードvinの電圧，I(R1)であればR1に入る(または出る)電流を表すので，表示したい項目を選択します．アスタリスクによるワイルド・カード選択も可能です．ここでは回路の入出力の電圧V(/vin)とV(vout)を選択します．

　左下のAuto Rangeのチェックを入れておくとY軸の自動補正をしてくれます．OKをクリックすると，実線で振幅特性，破線で位相特性が表示されます(**図16**)．

　ここで，**図12**のネットリスト・ウィンドウ内のC_2の容量値を22 pFに変更し，再度解析実行のアイコンをクリックすると，ファイル保存をしなくても即座に解析結果が更新されます．**図17**のように振幅，位相特性ともに変化していることが分かります．

　部品の品番や入力信号の大きさなどもネットリストのウィンドウで修正し，すぐに実行できます．

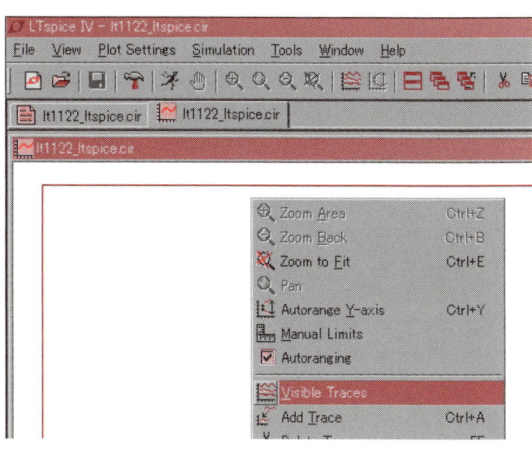

図14 解析グラフのウィンドウを表示させる

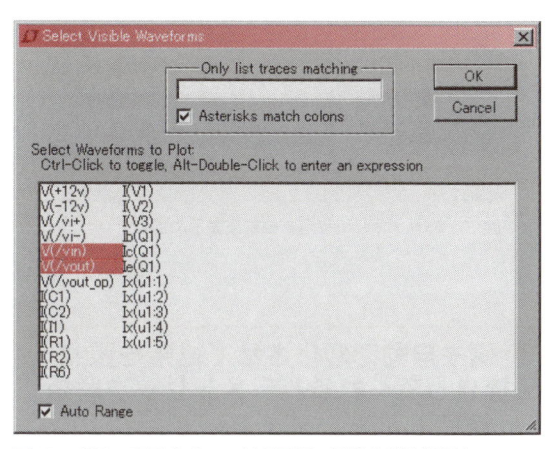

図15 グラフ表示するノードの電圧，電流などを選択する

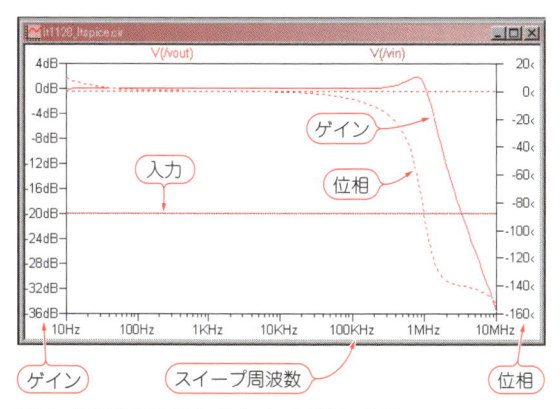

図16 周波数特性を調べられるAC解析を実行！
振幅(実線)と位相(破線)特性が表示される．まるで，ネットワーク・アナライザみたい．

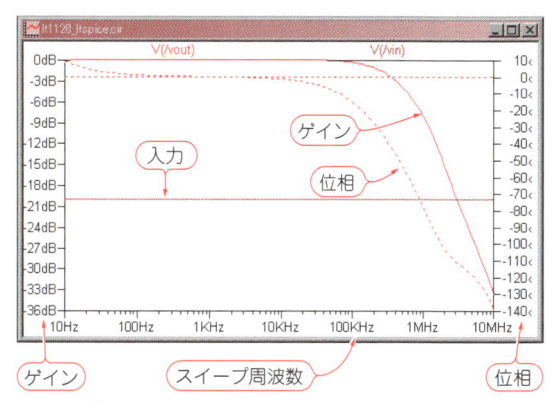

図17 C_2の容量を変更すると周波数特性が変化することを確認できた！

ネットリストの読み込みとAC解析の実行　83

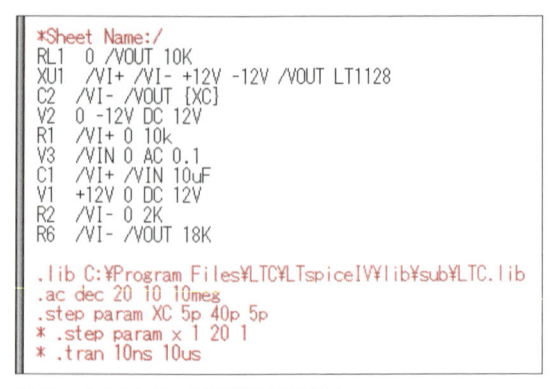

```
*Sheet Name:/
RL1  0 /VOUT 10K
XU1  /VI+ /VI- +12V -12V /VOUT LT1128
C2   /VI- /VOUT {XC}
V2   0 -12V DC 12V
R1   /VI+ 0 10k
V3   /VIN 0 AC 0.1
C1   /VI+ /VIN 10uF
V1   +12V 0 DC 12V
R2   /VI- 0 2K
R6   /VI- /VOUT 18K

.lib C:\Program Files\LTC\LTspiceIV\lib\sub\LTC.lib
.ac dec 20 10 10meg
.step param XC 5p 40p 5p
* .step param x 1 20 1
* .tran 10ns 10us
```

図18 パラメトリック解析用の制御構文
変数とする値を{}でくくり,.step pram コマンドで値を指定する.

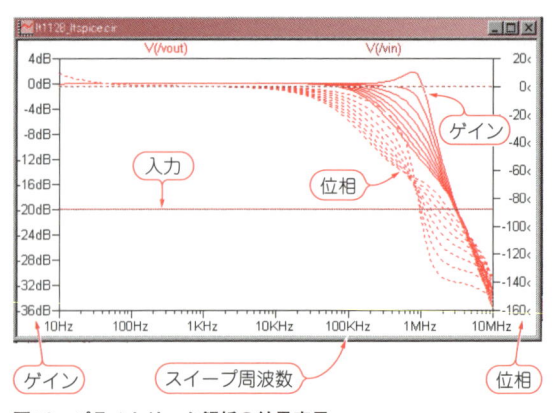

図19 パラメトリック解析の結果表示
値を変えながら周波数特性を何度か解析して表示.

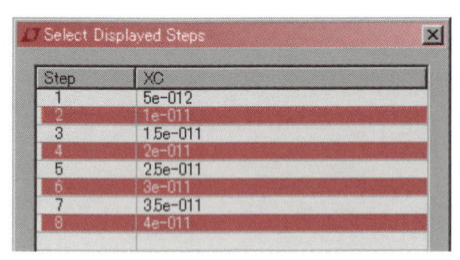

図20 パラメトリック解析の結果表示の選択

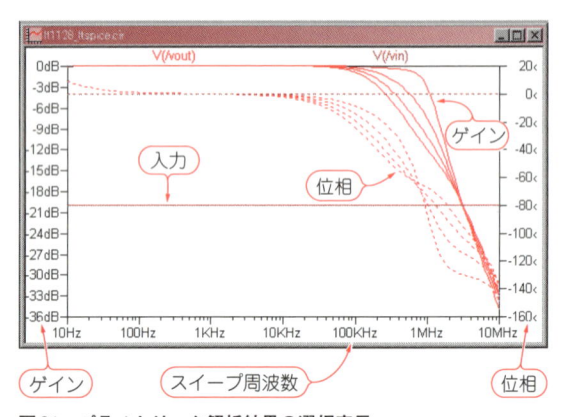

図21 パラメトリック解析結果の選択表示
気になるところだけを表示できる.

値を自動で変化させて結果を重ね描きしてくれるパラメトリック解析

前項では位相補償コンデンサC_2の値を手修正で変更しましたが,いくつかの値を試して最適値を探りたいときには「パラメトリック解析」が便利です.

▶ C_2の定数を変数にする

C_2の定数を変えながら解析するには,定数の欄を変数にしておいて,そこにパラメータを読み込むという方法が用意されています.LTspiceでlt1128_LTspice.cirファイルを開き,C_2の定数5 pFのところを図18のように{XC}と変更します.{}でくくったことで,C_2の値は"XC"という名前の変数になります.KiCad側で変更してもかまいませんが,その際には再度ネットリストを出力してください.

▶ 変数の範囲を指定する….stepコマンド

変更する範囲を指定します.記述方法は,

　・step param 変数名 開始値 終了値 ステップ値

または,

　・step param 変数名 list 値1 値2 値3…

です.上は一定の刻み幅で値を変更する方法,下は任意の値を入力する方法です.ここでは,図18のように5 pFから40 pFまでを,5 pF刻みで変化させます.

▶ パラメトリック解析の実行

変更が終了したら[RUN]のボタンを押すと,図19のように一つのグラフ上に全ての解析結果が表示されます.

グラフが混み入って見づらいときは,グラフ上で右クリックしSelect Stepsをクリックします.すると,グラフの選択画面(図20)が現れます.表示させたい値を選択すると,選択した解析Stepのところだけの結果が表示されます(図21).

波形を表示してくれるトランジェント解析

● NE555によるPWM回路の挙動を追ってみる

アナログ回路の過渡的な応答や,PWM回路などパルス波形の質を見たい場合には,トランジェント解析を用います.図22はタイマIC NE555によるPWM生成回路です.

トランジェント解析モード(過度解析モード)を使ってトリガ電圧とACサイン波入力,ディスチャージ端子そして出力波形を調べてみます.

これも,KiCad用プロジェクト・ファイルとSPICE

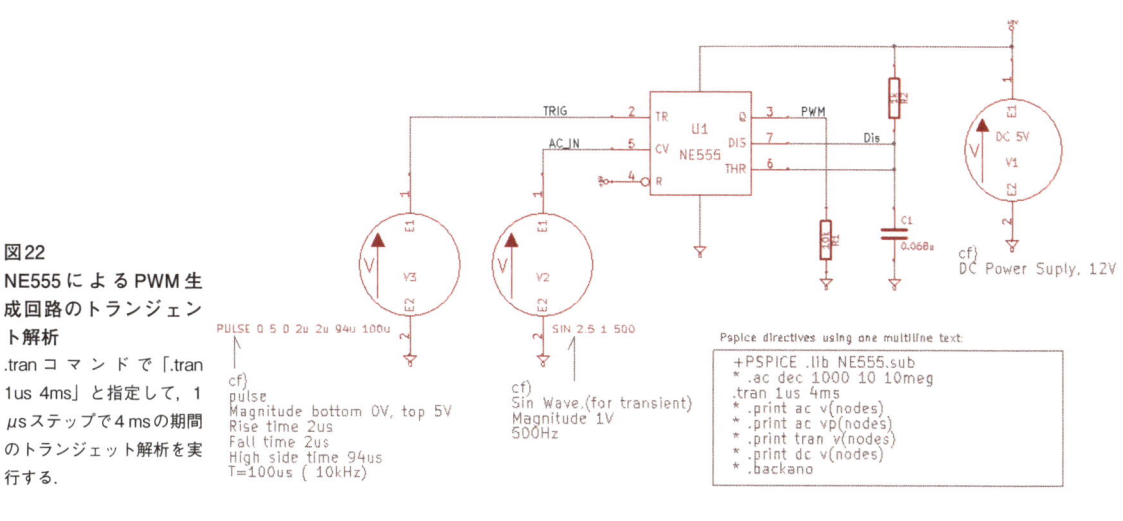

図22
NE555によるPWM生成回路のトランジェント解析

.tranコマンドで「.tran 1us 4ms」と指定して、1μsステップで4msの期間のトランジェット解析を実行する。

```
cf)
pulse
Magnitude bottom 0V, top 5V
Rise time 2us
Fall time 2us
High side time 94us
T=100us ( 10kHz)
```

```
cf)
Sin Wave.(for transient)
Magnitude 1V
500Hz
```

```
Pspice directives using one multiline text:
+PSPICE .lib NE555.sub
* .ac dec 1000 10 10meg
.tran 1us 4ms
* .print ac v(nodes)
* .print ac vp(nodes)
* .print tran v(nodes)
* .print dc v(nodes)
* .backano
```

ネットリストを作成したのを付属CD-ROMに収録しているので実行してみてください。

タイマIC 555は、LTspiceのライブラリのフォルダ内に¥lib¥sub¥NE555.subとして登録されているので、これを使用します。KiCad側はEeschemaにあるライブラリ・ファイルlinear内のLM555Nを使用し、定数の項をNE555としました。

▶電源, 信号源の設定

回路図中の電圧源は、「電源」と「トリガ電圧(パルス波)」、「モジュレーション電圧(sin波)」の三つです。電源の設定はAC解析時と同様です。

▶トリガ電圧(パルス電圧源)の設定

パルス電圧源の設定方法は次のとおりです。

　　PULSE 初期電圧 パルス電圧 開始遅延時間 立ち上がり時間 立ち下がり時間 パルスON期間 パルス周期

ここでは"PULSE 0 5 0 2u 2u 94u 100u"としています。

▶モジュレーション電圧(正弦波電圧源)の設定

変調を受ける正弦波電圧源の設定は、

　　SIN オフセット電圧 振幅(V_{P-P}) 周波数

となります。この例では"SIN 2.5 1 500"とし、500Hz、1 V_{P-P}の正弦波に2.5Vのオフセット電圧を与えています。

● SPICEネットリストを作ってLTspiceで読み込む

AC解析のときと同様の手順でネットリスト出力を行い、作成された.cirファイルをLTspiceで開いて、解析を実行します。

グラフ・ウィンドウ内で右クリックして、Visible Tracesでac_in, dis, pwmのノード電圧を選択すると、図23のように結果が表示されます。

少し見づらいので、右クリック→[Manual Limits]でグラフの最大値を6Vにし、トリガ電圧も非表示にしてみます。グラフ・ウィンドウ内で[Del]キーを押すとマウス・カーソルがはさみの形になります。このときにウィンドウ内の赤い文字V(/trig)をクリックすると、図24のようにトリガ電圧の波形が消えます。これで、入力電圧とディスチャージ端子電圧そして出力波形の関係がよく分かります。

表示項目をたくさん指定してグラフが見づらい場合

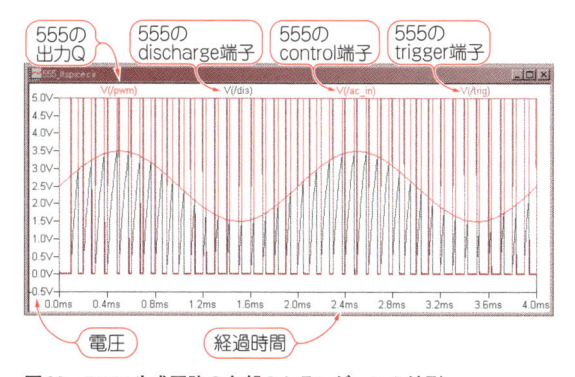

図23 PWM生成回路の各部のトランジェント波形
オシロスコープのような波形観測も可能。

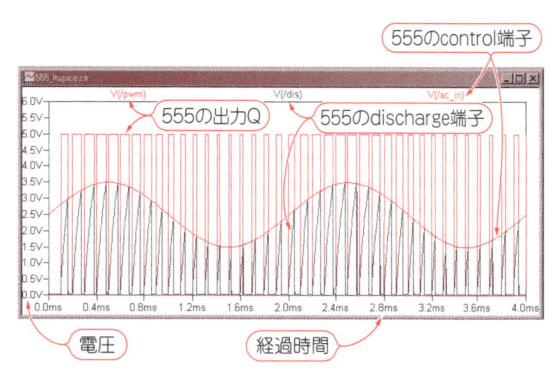

図24 表示部分を減らすとトランジェント波形が見やすくなる

波形を表示してくれるトランジェント解析

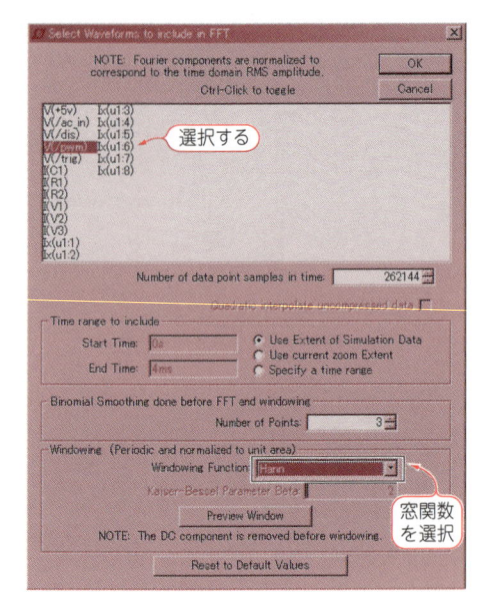

図25 FFT解析の設定ダイアログ

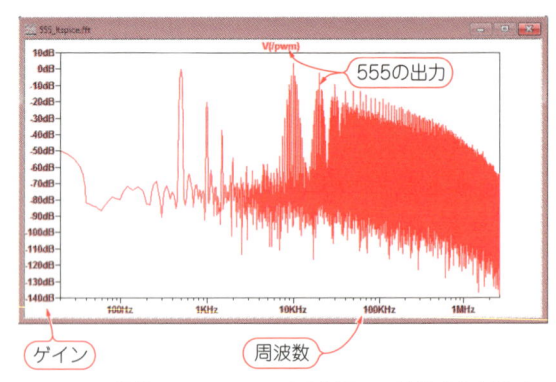

図26 FFT解析モードでPWM出力信号の周波数成分を調べてみた

図27 グラフの電圧軸の設定変更

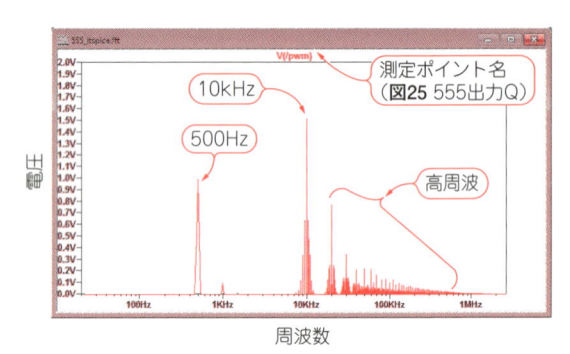

図28 PWM出力波形のFFT表示
y軸リニアにすると高調波が見やすくなる．

には，メニュー・バーから[Plot Settings]→[Add Plot pane]をクリックして，グラフ・エリアを複数作成することもできます．

周波数成分を表示してくれるFFT解析

● こんなことを調べられる

ロー・パス・フィルタの遮断特性の切れのよさや，電源ラインのリプル・ノイズのスペクトルを確認するときにFFT解析を利用します．例えば，解析結果に高調波が多い部分は，ノイズをまき散らさないようにパターンの電流ループ面積を小さくしたり，ノイズに敏感なブロックを近づけないなど，基板設計に活かすことができます．ここでは，前項のPWM出力波形の成分をFFT解析によって確認します．

● やってみよう

.cirファイルの.tran 1us 4mを，.tran 1us 50mと書き換えてシミュレーションを再実行します．その後，.cirファイルを開いたまま，上部メニュー「View」から「FFT」を選択します．設定ダイアログの図25が開くので，PWM出力波形のv(/pwm)を選択します．
ほかにもサンプル数，解析にかける時間の区間，窓関数などが選択できます．ここでは「ハニング窓」を選択しています．窓関数については専門書を参照してください．

[OK]をクリックすると，図26のように結果が表示されます．

グラフ上で右クリックしManual Limitsで電圧軸の設定を最大値2V，目盛り間隔0.1Vとし，リニア表示に変更します（図27）．

図28のように500Hzの信号波形と10kHzのキャリア，およびその高調波がよく分かります．

＊

今回はKiCadの回路図エディタとLTspiceを組み合わせて使う方法を解説しました．ほかにもKiCadのコンポーネントに誤差を指定して，特性のばらつき具合を調べるモンテカルロ解析も可能です．

◆参考文献◆
(1) オープンCAD研究所，http://opencadken.com/
(2) 遠坂 俊昭，電子回路シミュレータLTspicce入門，CQ出版社．
(3) 森下 勇，電子回路シミュレータPSpice リファレンス・ブック，CQ出版社．

（初出:「トランジスタ技術」2013年5月号 特集 第5章）

Appendix 6 KiCadと相性バッチリ！定番＆フリーの2D機構CAD"Jw-cad"で穴あけ
基板がピッタリ収まるケースを作る

今関 雅敬

　ケースに空ける穴の位置を決めるときはまず，基板上のスイッチやLCDなどパネルに空ける穴と，基板をケースに止めるためのねじ穴との相対位置を計算します．これは人為的なミスの入り込みやすい作業です．

　KiCadが出力するDXFファイルは，機械設計CADに読み込むと実寸に変換できます．実寸の基板の図形が機械設計CAD上に得られるので，その後コピー＆ペーストの感覚で基板や穴の配置ができるようになります．

オススメ！2D機構CAD Jw-cad

● 入手先とインストール

　ケースの加工図を描けるおすすめのCADツールはJw-cadです．国産のフリーウェアです．もともとは建築図面を対象にした2D-CADで，日本の建築業界ではかなり普及しているようです．解説書などの書籍も多く出版されており，ウェブ・サイト上でも多くの情報が得られます．

　今回は，KiCadから2D-CADの標準的な互換図面データであるDXFファイルを生成して，それをもとにJw-cadでケースの加工寸法図を作ります．

　Jw-cadの本家は，以下になります
　http://www.jwcad.net/
「窓の杜」，「Vector」などでもダウンロードできます．対応OSはWindows 2000/XP/Vista/7で，今回使用しているものはJw-cad V7.11です．

　インストールは，ダウンロードしたJW711.exeを実行するだけです．インストールについては特に難しいこともないので省略します．

● まずは基本設定

　Jw-cadは，デフォルトでは矢印キーやマウス・ホイールでの視点の操作がOFFなので，使用できるようにします．

　設定方法は，メニュー・バーの［設定］から［基本設定］を選びます．図1のような設定メニューが表示されたら，「一般(2)」のタブを選び，［矢印キーで画面移動］と［マウスホイール］にチェックを入れて，［OK］で設定メニューから抜けます．

　ほかにも多くの項目がありますが，今回はこれで基本設定は完了とします．

▶図面縮尺と単位の設定

　Jw-cadには図面作成時の縮尺の設定があります．

表1　よく使うJw-cadのコマンド

コマンド	操作
アンドゥ	Esc（エスケープ・キー）
リドゥ	Shift + Esc
消去	［消去］を選んで図形上にカーソルを置いて右クリック．また，範囲を選んで［消去］をセレクトして一括消去もできる
直線	直線を引く．始点と終点をクリックすることで直線が引ける．［垂直/水平］にチェックを入れると，水平または垂直にしか線が引けなくなる．チェックを外すと斜めに線が引ける
範囲	線や図形を選択する．範囲を大ざっぱに指定したあとに，漏れた図形を個々に追加指定したり，指定を解除したりできる．範囲を決定すると必ず適当な図形の適当な点に一つ基準点ができる．移動や複写はこの基準点をもとに行うので，正確な位置に移動する場合は特定な端点に基準点を移動する必要がある．そのような場合は［基準点変更］ボタンをクリックして，端点スナップ機能を使って選択図形の中の適切な端点に基準点を移動する
複写	選択された図形を複写する．同じ図面内の図形だけ複写できる．これに対して［編集］-［ペースト］は他の図面からのコピー＆ペーストができる．複写では複写の際に倍率（x, y 個々に）を指定したり，指定した直線を軸にした反転などができる
移動	選択された図形を移動する．移動の際に倍率（x, y 個々に）を指定したり，指定した直線を軸にした反転などができる
複線	ある直線や曲線に指定した寸法の間隔をもった平行線を引くことができる．単に平行線を引くだけではなく，例えば長方形の辺の端から10 mmなどの位置をこの機能で正確に作り出すことができる
端点や交点に合わせる	線を引いたり図形移動をする場合に，右クリックで図形の端点（端の点）や交点に線の端点や図形の基準点を正確に合わせることができる
円の中心を得る	中心を得ようとする円周上で右クリックして，そのままどちらかにドラッグするとクロック・メニューが現れる．そのままドラッグして［中心点，点A］メニューでマウス・ボタンを開放すると円の中心点を端点とすることができる．例えば［直線］を選択した状態でこの機能を使うと，直線の一方の端点が円の中心にスナップされる

注▶反転は，あらかじめ反転のための軸線を用意して，反転したい図形を範囲などで選択して「移動」または「複写」するときに，反転にチェックをして軸線を指定するとその軸線を軸にして反転した図形が得られる．

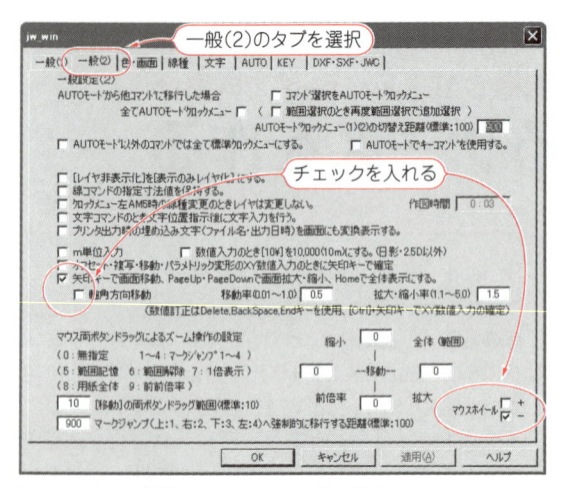

図1 フリーの機構CAD Jw-cadの基本設定
「矢印キー…」をチェックして，必要に応じて「マウスホイール」のチェックを入れる．

作図途中で縮尺を変更すると文字とのバランスなどが崩れることがあるので，図面を作成する前に縮尺を1/1に設定しておきます．

縮尺設定は，メニュー・バーの［設定］-［縮尺・読取］で**図2(a)** のように縮尺・読取設定の画面を表示させて，［全レイヤーグループ］のチェックを入れて［縮尺］を1/1に設定します．

単位設定は，［設定］-［寸法設定］で**図2(b)** のように寸法設定の画面を表示させて，単位の「mm」にチェックを入れます．

▶ **コマンドのいろいろ**

今回の作図に使う主なコマンドを**表1**(p.87)に示します．この他にも多くのコマンドがあります．詳しくはヘルプやウェブの情報などを参考にしてください．

バシッと決める！　穴の位置出し

● **KiCadから基板の図形データを出力してJw-cadに入力**

第1部で製作したUSBヘッドホン・アンプの基板データより，KiCadでDXFファイルを生成し，Jw-cadに読み込んで実寸の図形にします．KiCadの基板エディタのPlotメニューで，**図3**のようにDXF出力に設定し，基板の表面シルクのDXFファイルを生成します．

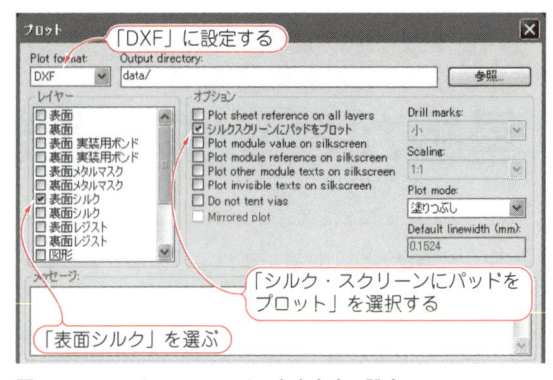

生成したファイルはJw-cadで［ファイル］-［DXFファイルを開く］で，DXFファイル名を指定して読み込みます．【ファイルを読み込んだだけではJw-cadは何も表示しません．これは，KiCadのDXFファイルの1単位が1 mil(0.00254 mm)なのに対して，Jw-cadのDXFファイルの1単位は1 mmであり，Jw-cad上では非常に巨大な図形になっているためです．

そこで，**図4**のような手順で読み込んだ図形を全てセレクトして，移動コマンドの倍率パラメータを0.00254倍とすることで基板の1/1の図形を得ます．

ここまでできたらマウスを左クリックして，図形を図面上の適当な場所へ固定します．】←2014年3月現

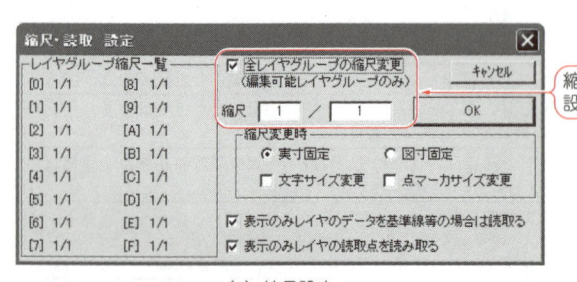

図3　KiCadからDXFファイルを出力する設定

(a) 縮尺設定 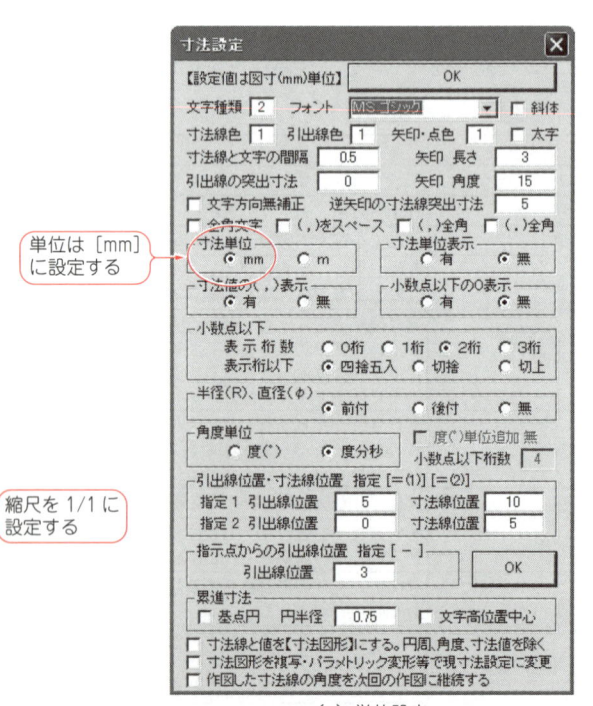　　(b) 単位設定

図2　単位と縮尺の設定

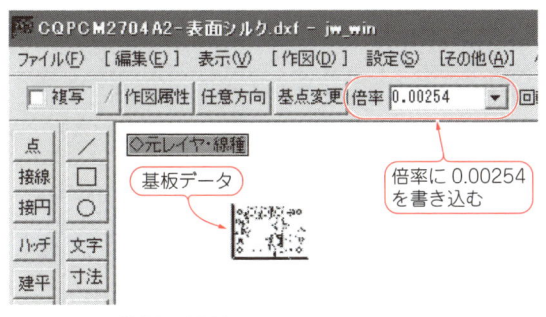

図4 DXFで基板図形を読み込む
［ファイル］－［DXFファイルを開く］で基板データを読み込み，［範囲］－［全選択］－［移動］．KiCadの新バージョンではこの操作は不要になった．

在の最新KiCadバージョン（2013-07-07 BZR4022）で生成したDXFファイルはそのままJW-CADに1：1の寸法で読み込めるので，以上の【】内の作業は不要になりました．

● Jw-cad上で基板に加工用のセンタを書き込む

ここで，図5のような手順で基板上の加工すべき点のセンタを書き込みます．

円の中心から線を引くためのクロック・メニューは，慣れるまではちょっと戸惑います．ねじ穴などの円は，この方法で中心点を端点とした水平線と垂直線を引いたあとに，伸縮機能を使って中心を交点とするクロスラインにします．

側方に向いた丸穴や角穴は，中心線を引いて穴の中心位置が分かるようにします．

ここまでで基板外形はできあがりなので，名前を付けて保存しておきます．この基板外形図をそのままケースの図面に貼り付けることで，穴の加工位置を特定できるようになります．

基板取り付け用の穴あけ加工にTRY …アクリルの保護板

● アクリルの保護板を作る

加工のサンプルとして，アクリルの保護板を作ってみます．

まず，Jw-cadを立ち上げて，図6の左のようなアクリル板の外形を作図しておきます．そして，もう一つJw-cadを立ち上げ，先ほどの基板外形図を開きます．そして［範囲］で基板外形図をセレクトして［編集］－［コピー］します．

次に，アクリル板の外形を描いたJw-cadへ［編集］－［貼り付け］で基板外形図を適当な位置に貼り付けます．そして，図6のように反転のための軸になる直線を1本引きます．［範囲］で基板外形図をセレクトして［複写］－［反転］します．このときに，反転の軸線は先ほど引いたものを指定します．

ここまでで，図6の下側のように反転図形ができま

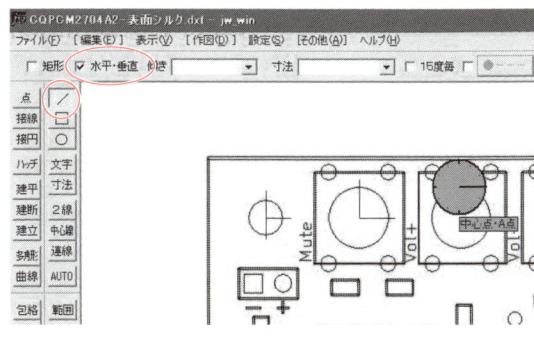

図5 円の中心点を作図する
［直線］－［水平・垂直］にチェックを入れ，中心を得たい円周上にマウス・カーソルを合わせ，右クリック→ドラッグでクロック・メニューの中心点を選択し，マウス・ボタンを開放する．

す．この基板外形図を，それぞれ図7（a）のように上面板と下面板の中央に移動します．この状態でまだ基板上のシルクの図形があるので，実装時の部品の干渉などを検討します．そして，余計な線を消すと，図7（b）の加工図ができあがります．

● アクリル板の加工

できた加工図をプリントアウトして「はがせるタイプ」の両面テープを裏側に貼ります．そして，それを切り抜いてアクリル板に貼り付けます．板材は厚み2mmの集光アクリル板を使用しました．

写真1は加工に使用した主な道具類です．アクリル板は「Pカッタ」で必要な大きさに切り分けます．アクリル板は衝撃で割れやすいので，ドリル位置決めのためのセンタ・ポンチは使わず，ピン・バイスに付けたφ1mm程度の小径ドリルでセンタ・クロス上に穴をあけます．ドリルが細いので手でも簡単に穴が貫通します．

今回のねじ穴径はφ3mm，スイッチ穴径はφ3.2mm

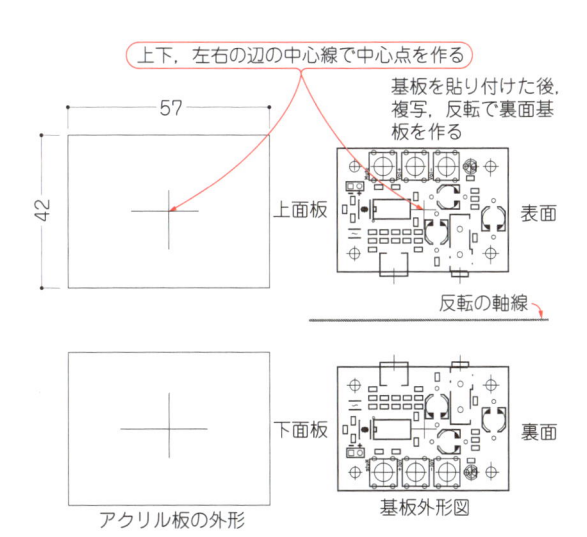

図6 アクリル板と基板外形図

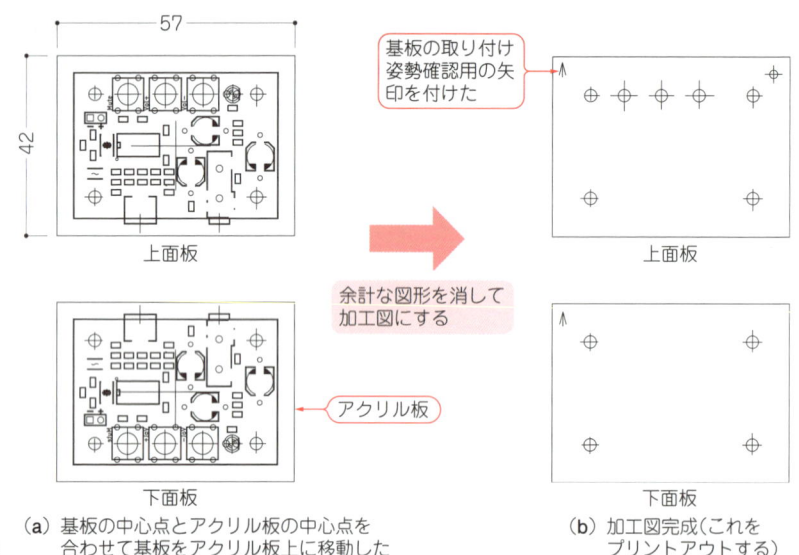

図7 加工図を作成する
(a) 基板の中心点とアクリル板の中心点を合わせて基板をアクリル板上に移動した
(b) 加工図完成（これをプリントアウトする）

余計な図形を消して加工図にする

基板の取り付け姿勢確認用の矢印を付けた

アクリル板

写真1 ケース加工に使用した工具など

写真2 アクリル保護板を組み立てたようす

です．アクリル板は一気に大きな穴をあけようとすると割れてしまうことがあるので，φ2mm，φ3mmと段階的に穴を広げたほうがよいでしょう．最後に，皿ねじカッタで皿もみをしてできあがりです．

ストラップ穴は現物合わせでφ2mmの穴をあけました．全ての穴があいたら，**写真2**のようにM2.6×10mmスペーサとM2.6×5mm継ぎ手，M2.6皿ねじを使って組み立てます．

基板取り付け用の穴あけ加工にTRY…タカチのモールド・ケース

● 図面のデータを用意する

次は，タカチの「SW-55」というモールド・ケースを使った図面を書きます．**図8**はタカチのホーム・ページからダウンロードしたSW-55のDXF図面を整理して，基板外形の裏表を配置したものです．今回は蓋の加工はないので，蓋を除いて書きやすいように展開整理しました．

通常，加工図は加工用の正面を中央に置きますが，この図面は側面の位置関係が分かりやすいようにケース裏面の図を中央にしてあります．使用する基板は側面にコネクタがあるので，基板のコネクタの付いたエッジをケース壁面に近づけて基板を配置します．そして，アクリル板のときと同様に，基板外形を複写反転して基板裏表の図を作ります．作った表裏の基板の図はケースの裏表の同じ位置になるように，それぞれ配置します．

次に，基板を取り付ける高さを決めます．高さを決める一番重要な要素は，押しボタン・スイッチの高さです．そのため，押しボタンの仕様を調べて，ほぼ等価な形を図面上に作ります．そして，図面上の基板の上に乗せて高さの確認をします．

そのようにして配置したのが**図8**です．側面の穴はUSBコネクタが8×4.5mm，イヤホン・ジャックの

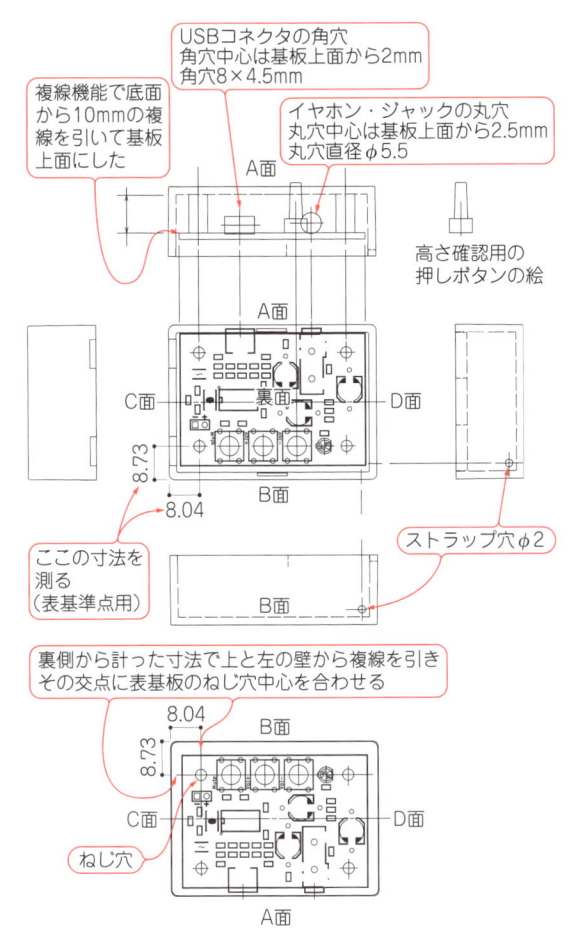

図8 基板配置と側面の作図

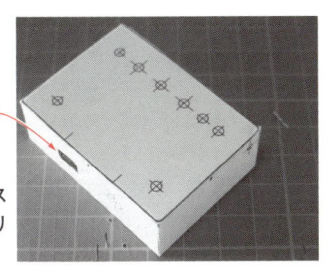

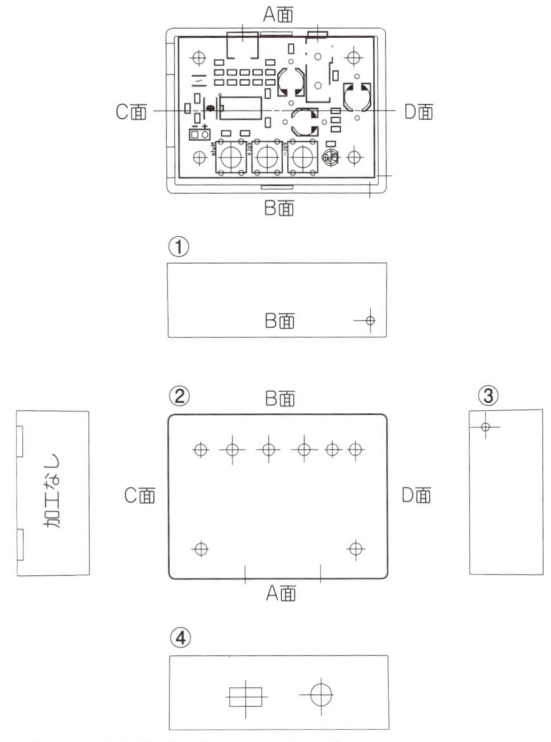

図中ラベル:
- 複線機能で底面から10mmの複線を引いて基板上面にした
- USBコネクタの角穴 角穴中心は基板上面から2mm 角穴8×4.5mm
- イヤホン・ジャックの丸穴 丸穴中心は基板上面から2.5mm 丸穴直径φ5.5
- 高さ確認用の押しボタンの絵
- ここの寸法を測る（表基準点用）
- ストラップ穴φ2
- 裏側から計った寸法で上と左の壁から複線を引きその交点に表基板のねじ穴中心を合わせる
- ねじ穴

図9 加工図が完成！（SW-55，タカチ）
余分な図形を消して並べ直した．穴あけに使う図は①〜④の4枚．

穴はφ5.5mmとしました．それぞれの穴の位置は，先ほど基板外形図のコネクタに書いた中心線から補助線を引いて，基板の上の高さの中心線との交点を中心として丸穴や角穴を描きます．

全体の配置が決まったらあけるべき穴の図形を残して余計な図形を消します．図9は完成した図面です．ここで作る図面は直接ケースに貼り付けて穴をあけるためのものなので，寸法を入れる必要はありません．

● ケースの加工

図9の①から④を「はがせるタイプの両面テープ」で貼ってカッタなどで切り抜きます．側面にあるコネクタの角穴は四角く切り抜きます．切り抜いた図面は互いの位置関係をよく確認して，ケースのそれぞれの位置に辺をよく合わせて写真3のように貼り付けます．

加工はアクリルのときと同様に，センタ・ポンチは使わずピン・バイスと小径のドリルでセンタ・クロスの上に穴をあけてガイドにします．ケースの材質はABS樹脂なので，φ4mm以下の穴ならいきなりあけてもOKです．φ5mm以上の穴は，φ3mm程度のドリルで下穴をあけておいたほうが奇麗に仕上がります．

コネクタの四角い穴は，図面を切り抜いた穴をフェルト・ペンで塗りつぶします．そして，角穴の中央付近にいくつかドリル穴をあけたあとに，小さめのヤスリでフェルト・ペンが見えなくなるまで四角く削ります．そして，実際に基板を収めたときに干渉するよう

写真3 切り抜いた図面をケースのそれぞれの位置に貼り付ける
- 切り抜いた部分を油性マジックで塗りつぶす

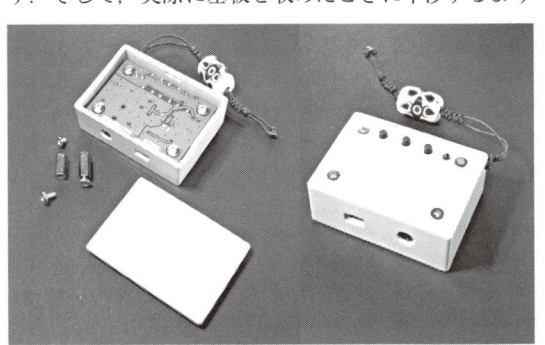

写真4 ケースが完成！（ストラップ作：高水 順子氏）

ならさらに削り込みます．**写真4**が，このようにして完成したものです．

（初出：「トランジスタ技術」2013年5月号　特集Appendix 6）

製品レベルの見事な仕上がり！機械加工専門の工場に外注　Column

　同じケースをいくつか作る場合は，多少費用がかかるものの，機械加工を工場に依頼すると，奇麗なケースができます．その場合は，寸法を入れた図面を作る必要があります．

　モールドやダイキャストなどのいわゆる「型」を使って作られたケースは，単純な立方体のように見えても型から抜くために必ず開口部が大きくできています．そのために図面上でどこかの端を基準に寸法を入れてしまうと，加工のときの基準をケースの開口部の近くで測るか，加工面の近くで測るかで加工する位置が全体的にずれてしまう可能性があります．それを防ぐために，**図A**のようにケースの中心に＋を入れ，それを基準にして寸法を入れた図面にします．

　加工にかかる費用は，一般的に加工する面の数が増えるほど高くなります．コネクタなどはなるべく同じ面に配置して，加工面数を減らすことでコストが抑えられます．

　Jw-cadの寸法記入機能を使って自動的に入れた寸法は，小数点以下の桁が増えることがあります．通常，ケースの加工では精度は0.1 mmもあれば十分なので，余計な桁は丸めて表示します．これをせず指示をしないまま加工依頼をすると，場合によっては小数点以下の桁の精度を満足するために高精度な加工を行って，加工費が高くなってしまうこともあるので注意が必要です．

　加工精度をしっかり指示するためには，加工公差を記入するのも良い方法です．**図A**はこうして書いた加工図の例です．**写真A**は，この図面を元に機械加工で作った製品です．工場では**写真B**のようなマシニング・センタという加工機を使って，加工面単位にプログラムしたとおりに自動加工します．

　加工工場などになじみがない場合は，ケース・メーカのタカチで加工サービスを行っています．個人の場合は代理店を通しての依頼になるようですが，タカチのカスタム営業部へ問い合わせれば代理店の紹介もしてくれるそうです．他にも，工場アパートなどに入っているような中小の加工業者でマシニング・センタ，フライス加工などを行っている会社では，個人での少量の加工依頼でも対応してくれるところも結構あると思います．

〈今関　雅敬〉

◀**写真A**
図10を元に機械加工で作った製品
（提供：関西電子）
専門の工場で作ると商品っぽい仕上がりになる．

▼**写真B**
マシニング・センタのようす
（提供：テクニー）

図A　ケースの中心に基準の＋印を描き，寸法を入れた加工図（IT-TBL2B，摂津金属）

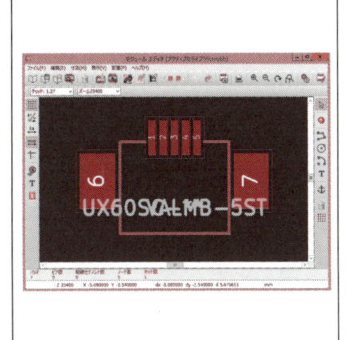

第6章 部品メーカのデータシートを読み取り，自分だけのライブラリを作成する

KiCadの回路記号＆フットプリントを作る方法

米倉 健太

KiCadに付属しているライブラリに存在しない部品を使う場合や，既存のライブラリの仕様で満足できないときは，ライブラリを自分で作ってしまいましょう．

　KiCadの回路図エディタで使用する回路記号と，基板エディタで使用するフットプリントを作成し，それらを結合する方法について説明します．
　USBのマイクロBコネクタUX60SCMB-5ST（ヒロセ電機）を例題にします．

回路記号を作成する

　まず，回路図を引く際には，使用する回路記号（KiCadではコンポーネントと呼ぶ）が必要です．
　抵抗やコンデンサなどよく使用する部品は，KiCadの標準ライブラリに含まれていますが，それ以外のコンポーネントを使用したくなった場合は，自分で作ってしまいましょう．

● 回路図記号を作るライブラリ・エディタを起動する
　回路図エディタで上側のツールバーの右から4番目の部分に表示されている「ライブラリ・エディタ」を

図3　図面上で重なっている部分を選択する場合，どちらを選択するのか確認するポップアップが表示される

クリックして，**図1**を起動します．
　初めに，左側のツールバーの単位系がインチ系になっていることを確認してください．KiCadの標準ライブラリは全てインチ系で作成されているため，これから作るライブラリもインチ系で設計しないと，標準ラ

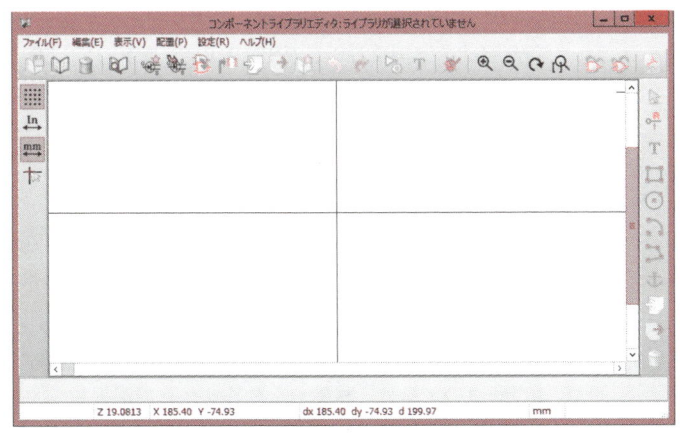

図1　回路記号を作る画面…ライブラリ・エディタ
実際に図面にピンを配置したり各種の図形を描くためのボタンが並んでいる．上側のツールバーには，ライブラリの読み込みや保存，コンポーネントの新規作成，拡大と縮小といった操作をするためのボタンがある．

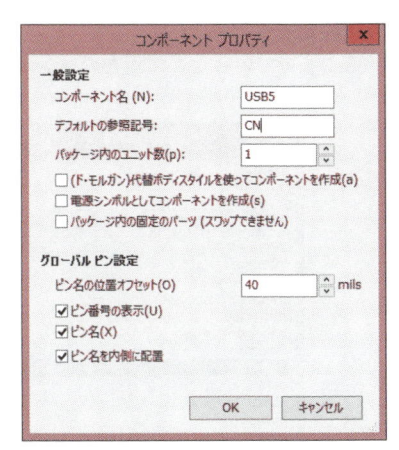

図2　コンポーネントプロパティ
リファレンスのデジグネータ（参照番号）を「CN」に設定し「OK」を押す．するとライブラリ・エディタの中央に文字が表示される．「F1」キーを押すか，マウスの上スクロールで拡大できる．

回路記号を作成する　93

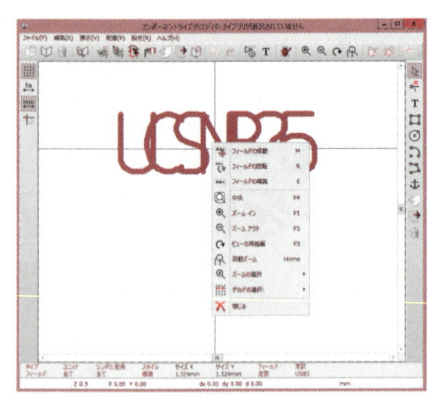

図4 右クリックで現れるポップアップ・メニュー

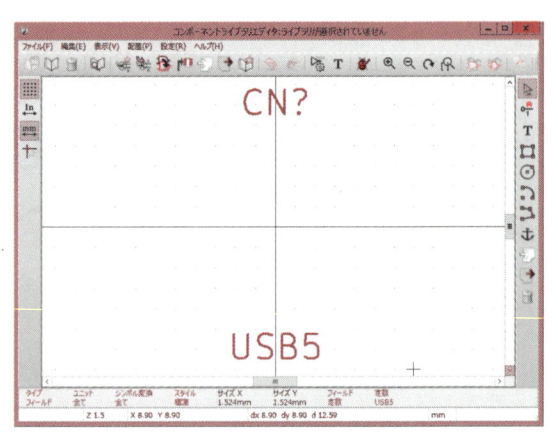

図5 「CN」の文字を「USB5」と重ならない位置に移動する

イブラリと接続できなくなってしまいます．

● 名前を入力して作成開始

上側のツールバーの左から5番目「新規コンポーネントの作成」をクリックすると，図2が表示されます．

文字が重なっているので，これを解決しましょう．文字の上で右クリックをすると，図3のようなポップアップが出現するので，「フィールドリファレンスCN」を選択します．

すると，図4のメニューが表示されます．重ならないように移動させたいので，「フィールドの移動」を選びます．

図5のように「CN」の文字を「USB5」と重ならない位置に移動します．中央にはコネクタの記号を描きたいので，同様に「USB5」の文字も下へ移動しておきます．

● 作業中のコンポーネントを保存/再開しやすいように設定する

ここまででいったん，現在のコンポーネントを新しいライブラリに保存しましょう．

上側のツールバー左から10番目の「新しいライブラリへ現在のコンポーネントを保存」をクリックします．ここではファイル名「mylib.lib」でプロジェクトと同じフォルダに保存しました．

保存すると「このライブラリはEeSchemaに読み込まれるまで使用できません」という画面が表示されます．ここでは「OK」を押して消します．ライブラリ・エディタの画面も閉じます．

回路図エディタの画面に戻り，「設定」→「ライブラリ」を選択し，ライブラリ選択画面を表示させます．この状態で，右上にある「追加」をクリックし，先ほど作ったばかりの「mylib.lib」を「コンポーネントライブラリファイル」のリストに追加しましょう．

その後，再度，回路図エディタの上側のツールバーの右から4番目のアイコンをクリックして，ライブラリ・エディタを開きます．

今度はライブラリ・エディタの上側のツールバーの左から2番目にある「作業ライブラリの選択」をクリックします．すると，図6のライブラリの選択画面で「mylib」を選択することができるので，選択して「OK」を押します．

これで次回の編集から，上側のツールバーの右から1番目の「ディスクに現在のライブラリを保存」のボタンが使用できるようになります．

図6 回路図エディタで使用するライブラリの選択

● 図面上の原点を決めるアンカの配置

コンポーネントの作成を続行しましょう．

図面の原点を決める「アンカ」を設定します．ライブラリ・エディタの右側のツールバー下から4番目の「パーツのアンカを移動」をクリックして選択します．その状態で，カーソルを図面の真ん中までもっていきクリックします．

これでアンカの配置が完了しました．図面上はあまり変化しませんが，アンカは図面上の原点を決めると

図7
ピンのプロパティ

いう非常に重要な役割を持っているので，忘れずに配置しましょう．

● 接続点を決めるピンの配置

右側のツールバー上から2番目の「コンポーネントにピンを追加」をクリックします．すると，カーソルが鉛筆の形に変化します．図面の中でクリックすると「ピンのプロパティ」画面が開きます．この画面では，コンポーネントで使用するピンを設定します．図7のようにUSBのVbus端子を作成する設定をします．

ここで電源出力などのエレクトリック・タイプの設定もできますが，この設定はERC（Electric Error Checker）の挙動に反映されるので，よく分からないうちは無難な「パッシブ」に設定しておきましょう．

この状態で「OK」を押すと，ピンを図面上に配置できます．好きな場所を選んでピンを配置します．全てのピンを配置すると図8のようになります．

● 外形のボディを作成して完成

次に右側のツールバー上から4番目の「コンポーネントのボディに矩形を入力」を選択し，左上から右下まで，ピンの文字を囲むように矩形を追加します．

6番のピンの右上で一度クリックし，そのままマウスを右下の5番のピンの左下まで移動し，ちょうどよい場所で再度クリックすると，図9のように矩形が追加されます．これで，USB5のコンポーネントが完成しました．

● 回路中の同種のピンは全て接続される電源コンポーネント

通常のコンポーネントは，一つ一つのピンが部品の一つ一つの足に対応します．しかし回路図上で［5V］などの電源を表すピンは，実物の部品と対応せず，回路図中の全ての同種のピンが接続されているものと見なされます．そのようなコンポーネントは，「電源コンポーネント」といわれ，他とは少し作成方法が違います．

例として「VBUS」という電源コンポーネントを作成してみましょう．

● 既存の電源コンポーネントのコピーから作成

電源コンポーネントを新規に作成する場合は，既存の電源コンポーネントのコピーから開始します．

まず，上側ツールバーの左から2番目，「作業ライ

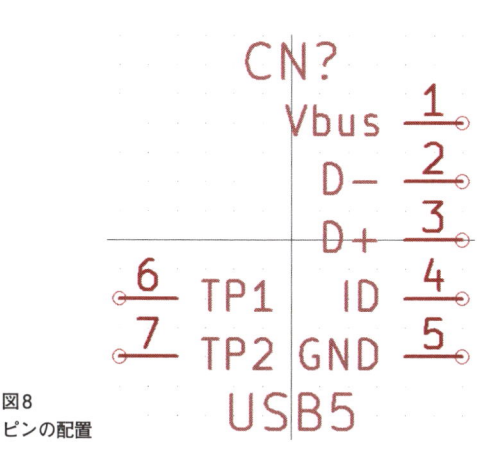

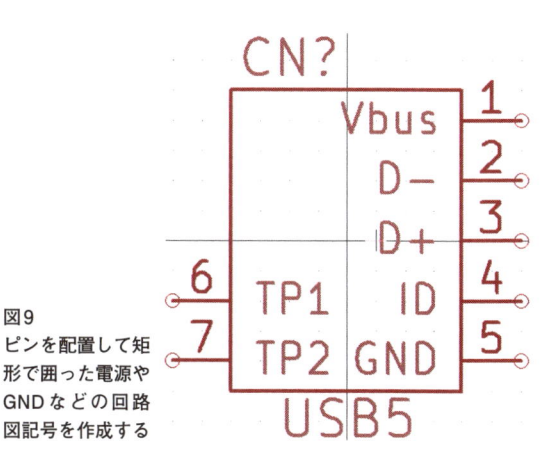

図8
ピンの配置

図9
ピンを配置して矩形で囲った電源やGNDなどの回路図記号を作成する

回路記号を作成する　95

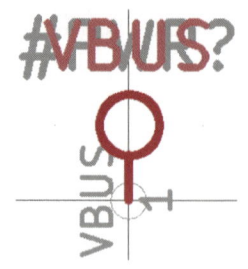

図10 既存の電源コンポーネントからコピーして作った，VBUSコンポーネント

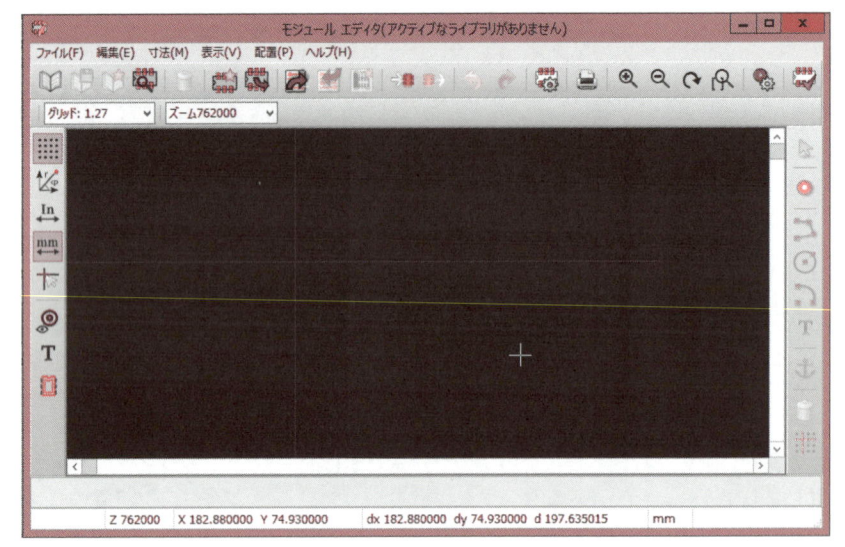

図11 モジュール・エディタ
左側に図面で表示する単位やグリッドを設定する表示に関わるボタンが並んでいる．右側には，部品をはんだ付けするパッドを配置したり，図形を書き込んだりするためのボタンが並んでいる．上側には，モジュールの保存や拡大・縮小をするためのボタンが並んでいる．

ブラリの選択」から「power」ライブラリを選択します．そして，上側ツールバーの左から5番目「現在のライブラリから編集するコンポーネントを読込み」をクリックします．電源コンポーネントの中から適当なものを選択して読み込みます．今回は「VCC」を選択しました．

次に，上側ツールバーの左から6番目「現在のものから新規コンポーネントを作成」をクリックします．すると，新しいコンポーネントの名前を入力する画面が開きます．「VBUS」という名前を入力します．

これだとピンの名前が「VCC」のままなので，ピンを右クリックして，ポップアップメニューから「ピンの編集」を選び，ピン名も「VBUS」に変更します．図10のようになります．

ここまでできたら，もう一度，上側ツールバー左から2番目の「作業ライブラリの選択」から「mylib」を選択してから，左から1番目の「ディスクに既存のライブラリを保存」をクリックします．ライブラリの修正について警告する画面が出ますが「OK」を押して続行します．これで，電源コンポーネントが作成できました．

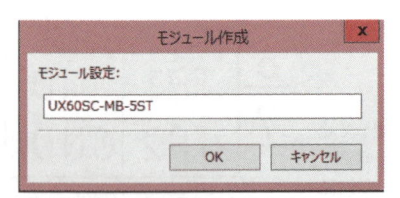

図12 モジュール作成

フットプリントを作成する

次は，プリント基板を作る際に欠かせないフットプリントのデータ作成方法を説明します．

● モジュール・エディタを起動する

基板エディタのメイン画面で，上側ツールバー左から5番目の「モジュールエディタを開く」をクリックしてください．図11のモジュール・エディタが開きます．

● モジュールの新規作成

上側のツールバーの左から5番目「新規モジュール」をクリックすると，モジュールの作成画面が開きます．

今回は，ヒロセ電機の「UX60SCMB-5ST」用のモジュールを作成してみます．図12のように名前を入力して「OK」を押します．いったん，このモジュールを保存しましょう．

● 作業中のモジュールを保存/再開しやすいように設定する

モジュール・エディタの上側ツールバー左から3番目の「新規ライブラリを作成して，現在のモジュールを保存」をクリックします．すると.modという拡張子のファイルを保存するダイアログが開きます．ここでは「mylib.mod」に名前を変更して，プロジェクトと同じフォルダに保存してください．モジュールを保存したら，ここでいったん，モジュール・エディタの

図13 アクティブなライブラリの選択

画面を閉じます．

　基板エディタで「設定」→「ライブラリ」を選択します．すると，現在の基板の図面で使用するフットプリントのライブラリを選択する画面が表示されるので，「追加」をクリックして「mylib.mod」ライブラリを選択します．再度モジュール・エディタを開き，上側ツールバーの左から1番目にある「アクティブなライブラリを選択」から，図13のように「mylib」を選択します．

　モジュール・エディタの上側ツールバーの左から6番目にある「ライブラリからモジュールを読込み」を選択して，図14の「モジュール配置」画面から「全てのリスト」を選択し，図15のリストから，先ほどの「UX60SC-MB5ST」を選択して「OK」をクリックします．こうすることで，編集中に上側ツールバーの左から2番目の「作業ライブラリ中にモジュールを保存」のボタンが使えます．

● 図面上の原点を決めるアンカの配置

　モジュールの作成においても，まずはじめに，図面の原点を決める「アンカ」を設定します．モジュール・エディタ右側のツールバーの下から3番目の「フットプリントモジュールのアンカ(基準点)入力」をクリックして選択します．その状態で，カーソルを図面の真ん中に移動してクリックします．これでアンカの配置が完了です．図面に表示されないので忘れがちですが，しっかり配置しておきましょう．

● 作成する部品のフットプリント図面を用意する

　モジュールを作る際には，使用する部品のデータシートが必須です．Webなどで検索して，手元に用意します．今回は，ヒロセ電機のWebページに掲載されていた「UX60SC-MB-5ST」を使用します．データシートによると，この部品の推奨ランド(部品が基板にランディングする部分のことをいう)は図16のよ

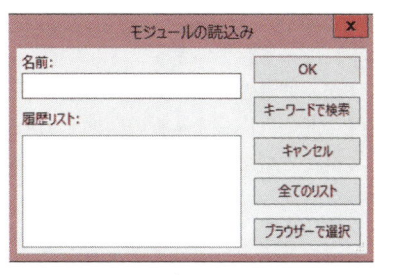

図14 配置するモジュールの選択画面

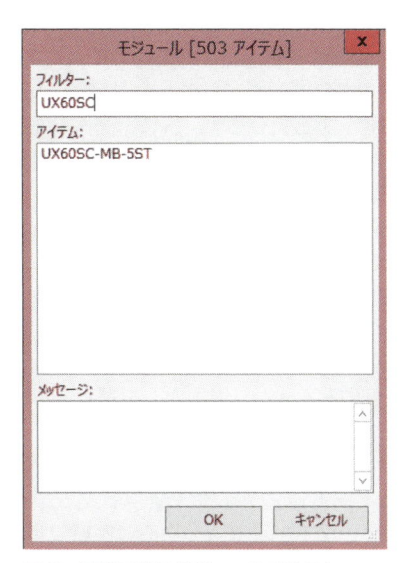

図15 配置できるモジュールのリスト

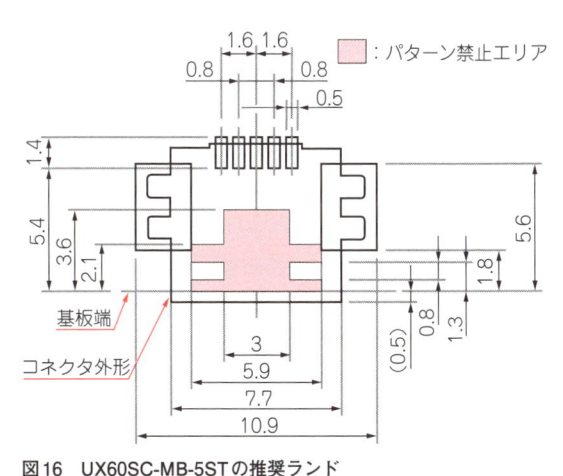

図16　UX60SC-MB-5STの推奨ランド
ヒロセ電機のカタログ
http://www.hirose.co.jp/catalogjhp/j24000153.pdf
より抜粋

うになります．

● 単位系とグリッドの設定

　手に入れた図面から，まず真っ先に指定するのが単位系の設定です．これを怠ってインチ系の座標系でミ

フットプリントを作成する　97

リ系の図面を書いてしまうと，実物の約2.5倍のフットプリントになってしまいます．

余談ですが，筆者もPCB CAD初心者の頃，全てのフットプリントを自作して基板の図面を引いて，さあ発注だ！と最終チェックのためにプリンタで図面を印刷してみたところ，巨大な図面が出力されてしまい驚いた経験があります．チェックしたら，全ての部品で単位系を間違っていました．全てのフットプリントが等しい倍率で間違っていると，ディスプレイ上では不自然に見えないので，注意してください．

図16の図面の単位系はミリ系なので，モジュール・エディタの左側ツールバーの上から4番目の「ミリメートル単位」を選択します．次に，図面の左上に表示されているグリッド単位をクリックして「グリッド0.100」に設定してください．

● はんだ付け部分となるパッドの配置

それでは，実際に基板へ部品をはんだ付けする部分である"パッド"を配置していきましょう．

まず1番のピンを配置します．右側ツールバーの上から2番目にある「パッド入力」を選択します．そして図面上で，モジュール・エディタの画面の一番下に表示されているX座標とY座標を見ながら，「X－1.6000 Y－6.100」の位置をクリックしてください．この座標は，図16の1ピンの中心の座標です．

このとき，F1/F2キーやマウスのスクロールなどで拡大と縮小をすると便利です．

最初に配置したパッドは図17のように，期待したものとは違う形になっています．

ここで，パッド上で右クリックし「パッドの編集」をクリックします．ここでパッドの形を「矩形」に，パッドのタイプを「SMD」に，ジオメトリのパッド幅Xを「0.5」mmに，Yを「1.4」mmに編集します．

X座標とY座標も編集できるので，ここも「－1.6」ミリメートルと「－6.1」mm付近になっていることを確認します．これが基本の操作です．

このフットプリントでは，部品を上に載せたとき，フットプリントとピンの間の隙間がほぼ"ない"状態です．これでは手ではんだ付けできないので，パッドのY座標を－0.5 mm移動して「－6.6」に，幅もYは1 mm拡大して「2.4」mmにします．こうすることで，フットプリントとピンの間に1 mmの間があき，こて先を入れられます．全ての編集が完了すると，図18のようになります．1番ピンの配置は完了です．

パッドの編集が完了すると，モジュール・エディタの画面でもパッドの形状が変化します．このまま，5番のパッドまで配置します．2番目のパッドは「X－0.8000 Y－6.6000」，3番目のパッドは「X 0.000 Y－6.6000」，4番目のパッドは「X 0.8000 Y－6.6000」，5番目のパッドは「X 1.6000 Y－6.6000」の位置に配置します．

また，USBの端子を固定するためのパッドも配置しましょう．「X－4.2000 Y－3.7000」と「X 4.2000 Y－3.7000」の位置に，パッド幅Xが「2.5」ミリメートル，Yが「3.8」ミリメートルを配置しましょう．なお，バージョンの古いKiCadを使っている場合には，正確に「X－1.6000」の部分に配置しようとしても，プロパティで確認すると「－1.60002」の位置に配置されているかもしれません．

これは，KiCad内部でミリメートル単位をインチ単位に変換して計算しているためで，実用上，このズレが問題になることはありません．パッドの配置が完了すると，図19になります．

● 部品の外形線を引いて完成

次に，部品の外形線を引きましょう．この線は，実

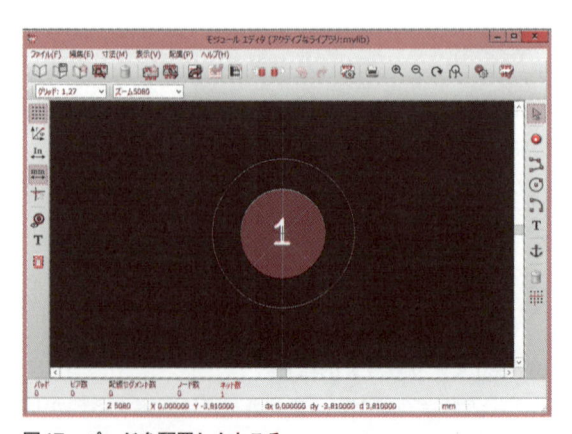

図17　パッドを配置したところ

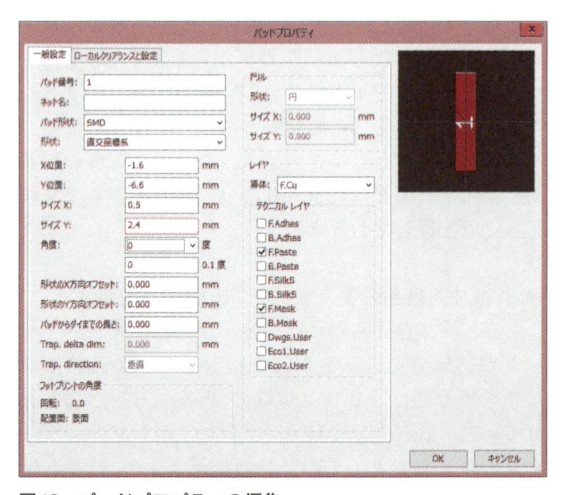

図18　パッドプロパティの編集

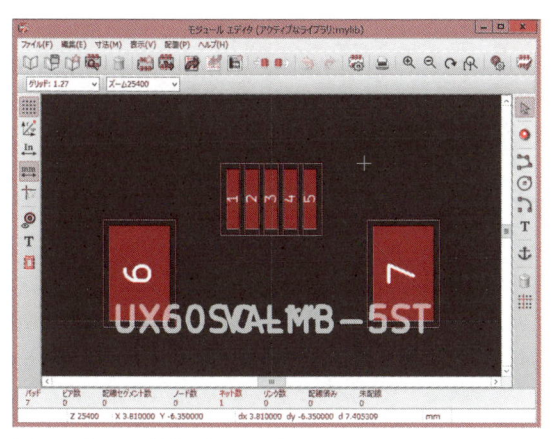

図19 パッドの配置が完了したところ

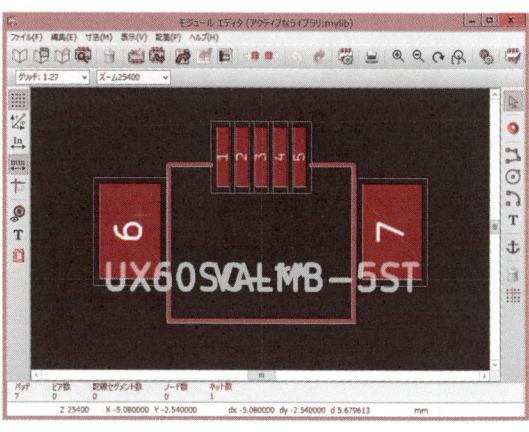

図20 外形線を引いたところ

際の基板上でも白い線(シルク印刷という)で描画されます．モジュール・エディタの右側ツールバーの上から3番目「図形ライン(またはポリゴン)を入力」を選択します．クリックで描画を開始し，ダブルクリックで終了します．このとき，図面のグリッドをうまく調整してください．0.05単位にグリッドを合わせないと，3.85といった位置には，カーソルが合いません．

この線はパッドの上にも引けてしまいますが，実際の基板でそのようなシルク印刷を製造することはできません．最近の基板製造メーカでは，そのようなシルクは自動的に削除してくれますが，本来なら図面上でもパッドの上にシルクを載せないほうがよいです．

描画した線を右クリックして，「幅の設定」をクリックすることで，線の幅を編集できます．今回は，全ての線を「0.2」mmにしました．できあがったモジュールを図20に示します．

ここまでできたら，モジュール・エディタ上側の左から2番目の「作業ライブラリ中にモジュールを保存」をクリックして，モジュールを保存します．以上で完成です．

(初出：CQ出版社「トランジスタ技術2013年5月号」Webページより)

Appendix 7 KiCadのライセンスおよび開発と日本のユーザ・コミュニティについて

ライセンスを理解し，安心してKiCadを使おう

米倉 健太

「OSS？ ライセンス？なんだか難しそう…」
いえいえ，そんなことはありません．ササッと簡単に解説してみましょう．
OSSのライセンスは，ユーザであるあなたの権利を守るためにあります．

KiCadとは

　KiCadは，無償で使用することができるプリント基板の設計ソフトウェアです．ユーザは一切の制限なくKiCadを使用することができ，設計したプリント基板は商用を含む，あらゆる用途に使用することができます．これは，作成できる基板のサイズや層数に制限があったり，特定の製造メーカへの発注ファイルしか出力できなかったり，設計した基板を商用利用することができなかったりする他の無償ソフトウェアとは異なる，大きな利点です．このようなことが可能なのは，KiCadがオープンソース・ソフトウェア（OSS）だからです．OSSとは，そのソフトウェアを作成するのに必要な設計図である"ソース・コード"が公開されており，誰でもそのソース・コードを使って自分用のソフトウェアを作ることが許されているソフトウェアのことをいいます．

● KiCadの開発

　KiCadは，フランスのGIPSA研究所の研究者でありIUT de Saint Martin d'Hèresの教師でもあるJean-Pierre Charras氏によって開発が開始されたOSSであり，現在は同氏をはじめ，Dick Hollenbeck氏，Wayne Stambaugh氏，Marco Serantoni氏といった，それぞれ所属が異なるメンバを中心として，その他の多くの開発者とともに開発されています．KiCadの開発がどれほど活発なのかというと，2014年の1月，2月，3月は，それぞれ開発中のソース・コードが50回（87,960行），81回（115,485行），50回（27,719行）アップデートされており，開発者メーリング・リストでは，152通，501通，256通（システムによる自動送信のものを含まない）ものメールが飛び交っているほどです．このようにしてKiCadでは，毎日，バグフィクスや新機能の追加が行われています．特に最近は，欧州原子核研究機構（CERN）がKiCadの支援に乗り出し，実際のKiCadの開発者にフルタイムのエンジニアを従事させ，押しのけ配線や組み込みの回路シミュレータ等の商用CADにはおなじみの機能の実装を進めており，開発スピードはさらに高速になっています．非常に将来が楽しみなソフトウェアだと言えるでしょう．

● KiCadの商用利用について

　KiCadはOSSということから，これを利用して作成した自分のプリント基板にも，何らかの制約が加わるのではないか？ということを心配される方もおられますが，それは誤解です．KiCadが採用しているGPLというライセンスは，開発者がユーザに対して無制限の利用を許可しています．そのため，ユーザはKiCadを利用して商用・非商用を問わず自由にあらゆるプリント基板を作成することができます．さらに，GPLは"それ"を利用して開発された生成物（KiCadの場合はプリント基板やその製造データ）には派生しないため，ユーザが作成したプリント基板の製造データを，ユーザ自身の判断で公開したり，あるいは秘匿したりすることができます．

　また，「KiCadは開発中である」といったことから，その完成度に不安を感じるかもしれません．しかし，プリント基板を設計するための基本的な機能については，もう数年前には完成しており，現在は新機能追加やバグ修正が活発に続いているということです．現時点においても，無償利用できるプリント基板CADの中では屈指の機能の多さを誇り，安定性にも定評があるので，安心してお使いください．

ライセンスに関すること

　KiCadはOSSです．これに対する言葉として，企業などが開発して販売している，ソース非公開（クローズド・ソース）のソフトウェアがあります．これらは，プロプライエタリ（独占された）なソフトウェアとOSS方面では呼ばれています．EAGLEは，おそらく

一番有名なプロプライエタリ・ソフトウェアのプリント基板設計CADでしょう．EAGLEのように，プロプライエタリ・ソフトウェアの中にも，無償での利用が許可されているものがあります．有料のプロフェッショナル版の評価版という位置づけだったり，生成物を特定のベンダ以外に発注しにくいように仕込まれて（ベンダ・ロックインと言う）いたり，個人開発のものであったり，その由来はさまざまです．こうしたソフトウェアとKiCadのようなOSSとの最も大きな違いは何でしょうか？

それは，ユーザに約束される権利だと筆者は考えています．

プロプライエタリ・ソフトウェアは，いつ方針が転換して無償利用が制限されるか分かりません．また，ユーザの利用方法についても，特定用途における使用の禁止などの条項がいつ加わるともしれません．

しかしOSSの場合，現在利用しているソフトウェアは，永遠に現在のライセンスの条項で自由に使用できることが保証されています．また，このような変化が起きなくとも，クローズド・ソースのソフトウェアが開発している企業や個人が時間や予算の都合で将来的に開発を継続できなくなる可能性がどうしても残ります．このとき，OSSであればソース・コードが公開されているため，第三者が開発を引き継いで継続することができます．このように，OSSは不滅なのです．

こうしたOSSの透明性や永続性は，車輪の再発明を防ぐことにも貢献するため，公共性の高い分野やプロジェクトに関わる人員の流動性が高い分野では，技術を人類共通の資産として継続的にインテグレーションしていく方法として，OSSが選択される機会が増加しています．KiCadは，まさにこの性質を見込まれ，CERNが積極的に支援していくPCB CADに採択されたのです．

OSSとOSHW

近年，OSSの陰で「オープンソース・ハードウェア（OSHW）」という言葉を耳にするようになりました．なかでも有名なOSHWは，Arduinoです．Arduinoは，動作させるためのファームウェアはもちろん，回路図や，製造するためのPCB CADの用のデータ（EAGLE用）まで公開されています．そして，Arduinoの開発者たちは，多くの人が派生品を作成したり販売したりすることを奨励しています．見返りは何も求めていません．これは一見，安価なコピー商品が純正品を駆逐しそうな構図に思えるのですが，現在のArduinoの成功を考えると，Arduinoチームのもくろみは十二分に達成できたと言えるでしょう．

Arduinoの成功を皮切りに，続々とOSHWであることを主張するプロダクトが増えてきました．そして，2012年の3月にオープンソース・ハードウェア協会（OSHWA）が設立され，OSHWAがOSHWの定義を明確に宣言しました．こちらの定義について紹介します．なおこれは，既に存在したArduino等のライセンス形態とは必ずしも一致しません．

● OSHW
・ユーザがそれを複製したり変更したりするのに容易な設計データの開示義務
・上記のデータについて説明したドキュメントの無償による開示義務
・派生物を配布したり販売したりすることへの無制限の利用を許可
・ただし派生物も，設計データを開示すること
・派生物を配布したり販売したりするとき，オリジナルに認可されていることを示唆させることは禁止
・ライセンスを特定のハードウェアに紐付けすることは禁止

注意してもらいたいのは，OSSとOSHWは完全に別物だということです．OSSで作成された生成物が，自動的にOSHWになるということはありません．

ユーザ・コミュニティ kicad.jp について

● 日本におけるKiCadの始まり

筆者がKiCadの存在を知ったのは，2009年の冬です．筆者は当時，趣味人の集まる展示会で自分が作成したロボットを販売したいと考え，無償で商用利用が可能で，回路図の枚数やボード・サイズに制限がなく，海外の格安基板製造メーカに発注することが可能なプリント基板CADを探していました．そんなときに出会ったのがKiCadです．それまで4年ほど慣れ親しんでいたEAGLEとは操作方法が全く違って苦労しましたが，当時は他に選択肢が見つからなかったことから，必死に習得しました．クセの強いKiCadですが，一旦使えるようになってしまうとアートワーク時のリアルタイムDRCの威力には目を見張るものがあり，それまでEAGLEによる基板設計でうんざりするほど時間のかかっていた，アートワークの終盤でDRCをかけてはエラー箇所を引き直すというループがすっかりなくなったことに気づいてから，一気に虜になりました．

● 成り立ち

こうしてKiCadの有用性に気づいた筆者は，このソフトウェアがフランス語，英語をはじめ10カ国以上の言語に翻訳されているにも関わらず，日本語化されていないことをもったいないと感じ，日本語化に着手しました．日本語化にあたっては，まずKiCad本家の

ソース・コードに日本語のオプションを付け加えるための改変を施し，作成した差分(パッチ)を慣れない英語のメールで本家のメーリング・リストに送付．無事にメインラインのソース・コードに取り入れてもらいました．その上でGUI部分の3,000語超の英語の翻訳作業をぼちぼちやっていた頃，ブログに翻訳作業の話を書いたところ，ほぼ同時期にKiCadの翻訳作業に着手していたつちや裕詞氏に声をかけられ，お互いが翻訳していた言語ファイルを合体させ，用語を統一し，ようやくGUI全ての日本語化を実現しました．

その後，日本におけるKiCadの利用を促進するため，日本語で情報交換ができる場を提供しようと開設したのが，今のhttp://kicad.jpのWebサイトと，kicad-users@kicad.jpのメーリング・リストです．

● メンバと活動

http://kicad.jpは，KiCadの日本ユーザのためのコミュニティです．最初はGUI翻訳に携わったつちやと米倉の二人で管理をしていましたが，その後，手が足りなくなったので新たに斉藤を迎え，現在ではこの3人が協力して管理をしています．同時に開始した，KiCadに関する情報を日本語で共有するメーリング・リストには，2014年4月現在で165人が参加しており，活発な意見交換が行われています．このコミュニティでは，2012年の夏頃からKiCadのマニュアルの翻訳作業に着手したのですが，有志の力で冬までの間に百ページ超の翻訳作業を完了させました．ここで翻訳されたマニュアルは，現在，KiCad本家のリリースへ取り込まれています．他にも，メーリング・リストやTwitter経由で報告されたバグを本家に報告したり，寄せられた質問をWikiに保存したりもしています．2014年の2月には，kicad.jpとしては初めて都内で勉強会を開催し，30名ほどの方に来ていただきました．また，4月には都立科学技術高校とのコラボレーションで50名規模の勉強会を開催し，だんだんと活動の幅や規模が広がってきているのを感じます．

● 運営方針

kicad.jpはOSSの流儀にのっとり，KiCadの開発を行っている本家とは独立して運営しています．そのため，「私たちこそが本家である」とは，決して言いませんし，言えません．実は以前より有志でKiCadの勉強会は開催されており，私たちはむしろ後発組にあたります．そのため私たちは，あくまでkicad.jpというKiCadの情報交換を行うWebサイトに集まったグループであるという立場です．メーリング・リストで展開された話題をWikiにまとめたり，本家からのニュースを記事にしたりといったことをしていますが，KiCadについての情報を能動的に発信するといったことは，基本的にしません．私たちは，継続的に発展するOSSにはユーザによる貢献が不可欠であると考えており，KiCadについての情報発信はユーザに行ってもらい，kicad.jpからはそちらにリンクを張ることで，コミュニティの活性化を図っています．この方針はメーリング・リストでも同じです．kicad-user@kicad.jpのメーリング・リストは，誰でもフォーマットなどを気にせず気軽に投稿できる雰囲気であるように気を配っていますが，聞けば何でも答えてくれるマスターがいるわけではありません．知っている人がいれば，すぐに答えが返ってきますが，誰にも分からないことは，みんなで考えましょうというスタンスです．

私たちは，KiCadを使用している全ての人が貢献者であると考えます．そして貢献の仕方はプログラムを書くことや寄付をすることだけではなく，雑誌やブログで解説記事を書くこと，勉強会を開催すること，翻訳作業に参加すること，メーリング・リストの質問に答えることなど，KiCadの活動にプラスになることであれば，それも重要な貢献の一つであると考えています．OSSであるKiCadは，単なるソフトウェアの名前だけではなく，それを取り巻く活動のことでもあるのです．KiCadを使っているとき，あなたは決して一人ではなく，それを取り巻くたくさんの仲間の中にいること．そして，あなた自身もその仲間のために貢献できることがあることを知っておいてください．

◆参考文献◆

(1) Mitch Stoltz著, yomoyomo訳, オープンソース・ソフトウェアの政府による助成,
▶ http://www.yamdas.org/column/technique/oss-reportj.html
(2) 飯尾淳, オープンソースソフトウェア,
▶ http://www.tuat.ac.jp/~asiaprog/courses/web/lesson11/
(3) Arduino, So you want to make an Arduino.,
▶ http://www.arduino.cc/en/main/policy
(4) OSHWA,Definition (English),
▶ http://www.oshwa.org/definition/

第3部 資料編 KiCadリファレンス・マニュアル

Prologue・3
KiCad 日本語マニュアル最新版

つちや 裕詞

プリント基板は「電気部品」であると共に，部品を製品ケース内に固定する「機構部品」であり，またユニバーサル基板などを除くと，量産品といえども製品ごとに設計される「カスタム部品」です．さらにパターン自体にフィルタやインダクタ，キャパシタなどの性質を持たせた「回路部品」としての役割もあります．プリント基板を設計/製作する上でのポイントは，

「第3部のナビゲーション」

● **第1章 KiCad導入リファレンス・マニュアル**
……p.107 ～ p.111

KiCadのソフトウェア全体の構成とファイルの構成を紹介しています．また，似たような仕様の基板を作成する際の「テンプレートファイル」についても述べています．

● **第2章 Eeschemaリファレンス・マニュアル**
……p.112 ～ p.172

Eeschemaはプリント基板設計に入る前の，回路図作成のためのCADソフトです．

- コマンドやツールバー，各種設定について知りたい場合　……p.112
- 回路図の作成と編集方法について知りたい場合　……p.125
- 階層を持った回路図を作成する方法　……p.131
- アノテーション（C2, R1などリファレンス番号の割付け）　……p.134
- 回路図の電気的チェック「ERC」機能　……p.136
- 回路の結線情報「ネットリスト」を作成する　……p.137
- 回路図の印刷と各フォーマットでの出図　……p.141
- 回路図シンボルの作成と管理方法　……p.141

● **第3章 CvPcbリファレンス・マニュアル**
……p.173 ～ p.179

CvPcbは，回路図とプリント基板の部品の関連付けを行うソフトウェアです．KiCadでは回路図シンボル（回路図上の部品）と基板上のフットプリント（ランド，穴，シルク表示などを抵抗やコンデンサなど一つ一つの部品単位でまとめたもの）を別々に管理して，Cvpcbで紐付けするため，基板側では同一パッケージの部品をいくつも作らずに済みます．

● **第4章 Pcbnewリファレンス・マニュアル**
……p.180 ～ p.234

PcbnewはEeschemaで作成したネットリストを元にプリント基板を設計するためのCADソフトです．

- 表示など一般的な操作やツールバーの概要を知りたい場合　……p.181
- 回路図の結線データ（ネットリストの読み込み）
……p.191
- 配線する層やシルク，レジストの層（レイヤー）の設定方法　……p.192
- プリント基板の作成と修正　……p.197
- モジュール（フットプリント）の自動/手動配置
……p.201
- 電源/GNDなど信号の属性や配線幅などの「配線パラメータ」の設定方法と配線の入力　……p.203
- 導体，シルク，レジストなど各層のベタ面，塗りつぶし（ゾーン）の作成と編集　……p.210
- 基板製造データ，実装データ，各種図面出力方法について　……p.217
- 基板上の部品（フットプリント）の管理と編集について　……p.222

● **第5章 GerbViewリファレンス・マニュアル**
……p.235 ～ p.238

GerbViewはプリント基板製造用のガーバーデータを表示するビューアです．RS-274D，RS-274X，Exellonドリルフォーマットの読み込みと表示方法を解説しています．

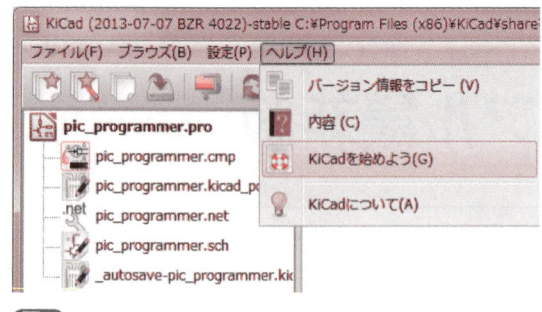

図A

① 電気的に安定な部品配置，配線
② 機構的な部品配置や加工のノウハウ
③ 製造品質の向上，安全面
④ コストダウン

など多岐にわたります．上記については機会があればご紹介しますが，それ以前に，基板設計を始める際に一番の難関は，

- CADソフトのオペレート方法が分からないこと
- 操作マニュアルなどの情報が少ないこと

ではないでしょうか．機構系のCADソフトにはソフトウェアごとに書籍が何冊もありますが，プリント基板CADを専門に解説した書籍はEAGLEの書籍が数冊とまだまだ少なく，あちこちのWeb上の情報を頼りにしている方も多いと思います．

筆者は商用利用の大規模な基板CADからKiCadのようなオープンソースのプリント基板CADに至るまで，使用してきました．基本的な用語を覚え，どれか一つ基板CADをマスターしてしまえば，後はどのソフトウェアを使っても何とかなるというのが実感です．

ソフトウェアごとに長所短所，また操作感の癖などもありますが，一つ覚えてしまえば自分自身の財産になりますので，本書を手にされた事をきっかけに，KiCadをマスターしてみては如何でしょうか？

本書では，KiCadの日本語ドキュメントの少なさに業を煮やした（？）kicad.jp有志メンバーとCQ出版社の協力を得て，本書で採用したKiCadの日本語版マニュアルを収録しています．

KiCadのマニュアルは，ソース・コード同様に公開されています．日本語版については2011年のBZR3256版時点での英文マニュアルを，当時のkicad.jp有志メンバーが手分けをして翻訳したのが始まりです．

トータル200ページを超えるドキュメントでしたが，数ヵ月で図表の改訂を含む日本語版が完成しました．

本書CD-ROM中のKiCadヘルプファイルは，2013年の安定版BZR4022版での改訂を盛り込み，またソフトウェア本体の日本語化パッチファイルも若干の修正を加えています．

BZR4022版での改定の概略については，p.241「付属CD-ROMの内容と使い方」を参照してください．

第3部ではKiCadに含まれるヘルプファイル群の中から，前頁の「ナビゲーション」の項目を収録しています．ヘルプファイル中のPDFマニュアルには詳細な目次がありますが，紙面の都合上，重要な項目へのガイドを前頁に記載します．また第3部の目次をp.106に独立して設けました．

▶これらのヘルプファイルの他に，KiCadのメインウィンドウから「ヘルプ（H）」→「KiCadを始めよう（G）」をクリックすることで，チュートリアルPDFを閲覧することができます（図A）．

第1部とあわせて読むことで，より理解が深まることと思います．

また，KiCadの機能は膨大で，開発やヘルプファイルの更新も有志により行われています．そのため，本書第3部やKiCad本体に含まれているリファレンス・マニュアルがすべてを網羅しているわけではありません．また，最新バージョンへの対応が遅れている部分もあるかもしれません．不足する部分はkicad.jpでの情報のシェアや本家のlaunchpad上にコミットするなどして補い合い，OSSプロジェクトとしてのKiCadを盛り上げていただければ，望外の喜びです．

また，Supplementとして執筆時現在でのプリント基板CADセレクション（p.239～p.240）を収録しています．KiCadよりもさらに上級を目指す方や，逆にもっと簡単な基板CADを使用したい，といった選択時の参考，またプリント基板CADの現状を知る資料としてお使いください．

KiCad リファレンス・マニュアルの著作権とライセンス表記ほか

著作権

このドキュメントは以下の貢献者により著作権所有 ©2010 - 2014 されています．あなたは，GNU General Public License（http://www.gnu.org/licenses/gpl.html）のバージョン 3 以降，あるいはクリエイティブ・コモンズライセンス（http://creativecommons.org/licenses/by/3.0/）のバージョン 3 以降のいずれかの条件の下で，それを配布し，そして / または，それを変更することができます．

このガイドの中のすべての商標は，正当な所有者に帰属します．

貢献者

Jean-Pierre Charras, Fabrizio Tappero.
日本語翻訳：Silvermoon, Zenyouji, Yoneken, Millo, Nenokuni（順不同，kicad.jp）

フィードバック

このドキュメントに関するコメントや提案を KiCad メーリングリストへお寄せください．：
https://launchpad.net/~kicad-developers
http://kicad.jp/（日本語ユーザコミュニティ）

謝辞

なし

Version

2013 年 5 月 31 日（英語版）

Mac ユーザへの注記

Apple OS X のオペレーティングシステム用の KiCad のサポートは実験的なものです．

〈kicad.jp〉

CONTENTS
トランジスタ技術 SPECIAL

特集 一人で始めるプリント基板作り[完全フリー KiCad付き]

第3部　資料編　KiCadリファレンス・マニュアル

Prologue・3　KiCad日本語マニュアル最新版　つちや 裕詞 …………………… 103

第1章　誰でも制限なく使えるOSSのプリント基板CAD
KiCad導入リファレンス・マニュアル　kicad.jp …………………… 107
■ 1.1 はじめに　■ 1.2 インストールと設計　■ 1.3 KiCad を使う　■ 1.4 テンプレートを使う

第2章　OSSのKiCadで回路図もラクラク管理
Eeschemaリファレンス・マニュアル　kicad.jp …………………… 112
■ 2.1 Eeschema 入門　■ 2.2 Eeschema コマンド全般　■ 2.3 メイントップメニュー　■ 2.4 ジェネラルトップツールバー　■ 2.5 回路図の作成と編集　■ 2.6 階層回路図　■ 2.7 アノテーションツール　■ 2.8 ERC（電気的ルールチェック）による設計検証　■ 2.9 ネットリストの作成　■ 2.10 プロットおよび印刷　■ 2.11 LibEdit- コンポーネント管理　■ 2.12 LibEdit 補足　■ 2.13 ライブラリブラウザ　■ 2.14 カスタマイズされたネットリストや BOM の生成

第3章　EeschemaとPcbnewの部品同士を関連付けする
CvPcbリファレンス・マニュアル　kicad.jp …………………… 173
■ 3.1 CvPcb 入門　■ 3.2 CvPcb の特徴　■ 3.3 CvPcb を起動する　■ 3.4 CvPcb のコマンド　■ 3.5 CvPcb を使い，フットプリントにコンポーネントを関連付ける　■ 3.6 自動関連付け　■ 3.7 バックアノテーション・ファイル

第4章　リアルタイムDRCを活用して本格的基板設計をマスタしよう
Pcbnewリファレンス・マニュアル　kicad.jp …………………… 180
■ 4.1 Pcbnew 入門　■ 4.2 インストール　■ 4.3 一般動作　■ 4.4 回路図の具現化　■ 4.5 作業層のセットアップ　■ 4.6 基板外形の作成および修正　■ 4.7 モジュールの配置　■ 4.8 配線パラメータ設定　■ 4.9 導体ゾーンの作成　■ 4.10 基板製造のためのファイル出力　■ 4.11 ModEdit ライブラリ管理　■ 4.12 ModEdit モジュール・エディタモジュールの作成および編集

第5章　基板の発注前にガーバー・データを確認しよう！
GerbViewリファレンス・マニュアル　kicad.jp …………………… 235

第1章 誰でも制限なく使えるOSSのプリント基板CAD
KiCad導入リファレンス・マニュアル

KiCad.jp

本章では，KiCadの概要と構成，起動時に最初に開く「メインウィンドウについて解説します．回路図や基板データなどの構成，それらを管理する「プロジェクトファイル」をマスターしましょう．

著作権

このドキュメントは以下の貢献者により著作権所有©2010-2013されています．あなたは，GNU General Public License(http://www.gnu.org/licenses/gpl.html)のバージョン3以降，あるいはクリエイティブ・コモンズライセンス(http://creativecommons.org/licenses/by/3.0/)のバージョン3以降のいずれかの条件の下で，それを配布し，そして/または，それを変更することができます．このガイドの中のすべての商標は，正当な所有者に帰属します．

貢献者

Jean-Pierre Charras, Fabrizio Tappero.

フィードバック

このドキュメントに関するコメントや提案をKiCadメーリングリストへお寄せください．: https://launchpad.net/~kicad-developers

謝辞

なし

Version

2013年5月31日(英語版)

Macユーザへの注記

Apple OS Xのオペレーティングシステム用のKiCadのサポートは実験的なものです．

1.1 はじめに

1.1.1 KiCad

KiCadは，電子回路図とPCBのアートワークを作成するためのオープンソースのソフトウェア・ツールです．KiCadソフトウェアパッケージには，次のようなツールが含まれています．

- **KiCad**：プロジェクトマネージャ
- **Eeschema**：回路図CAD
- **CvPcb**：フットプリントセレクタ
- **Pcbnew**：PCBアートワークCAD
- **GerbView**：ガーバー・ビューア

その他に，以下の二つのツールが提供されています．

- **Bitmap2Component**：ロゴ用のコンポーネントコンバータ(ビットマップ画像から，回路図コンポーネントやフットプリントを作成する)
- **PcbCalculator**：電流に対する配線幅など，電気電子設計でよく使われる計算を行うためのツール

注：現在開発中の最新版KiCadでは，上記以外に図枠エディタなどのツールも追加されています．

KiCadは複雑で大規模な電子基板の開発に十分適応することができます．KiCadは，基板サイズの制限が存在せず，最大16層の導体レイヤと最大12層の技術レイヤ(寸法線など)を簡単に扱うことができます．

KiCadは，実際にプリント基板工場で基板を製作するために必要な，フォトプロッタ用ガーバー・ファイルやドリルファイル，部品位置のファイル，その他多くのファイルも生成できます．KiCadはオープンソース(GPL licensed)であり，オープンソースなどの電子機器の作成プロジェクトに向いた理想的なツールでもあります．Linux，WindowsおよびApple OS Xで利用できます．

1.2 インストールと設定

1.2.1 ディスプレイの選択

24/32 bitカラーが表示できるディスプレイ/グラフィック・カードの使用を推奨します．16 bitカラーモードでEeschemaは動作しますが，Linuxの下でPcbnewでの表示は，正しく機能しない可能性があります．

		表1
example.pro	プロジェクト管理ファイル	
example.sch	メインの回路図ファイル	
example.kicad_pcb（もしくは.brd）	PCBアートワークファイル	
example.net	ネットリスト・ファイル	
example.xxx	他のユーティリティ・プログラムによって作成される各種ファイル	
example.cache.lib	回路図に使用されているライブラリのキャッシュ（使用されているコンポーネントのバックアップ）	

1.2.2 デフォルト設定の初期化

kicad.proという名前のデフォルトの設定ファイルは，KiCadインストール先ディレクトリのkicad/templateの中で提供されています．これは，新しいプロジェクトを作成した際のテンプレートとなります．

デフォルトのkicad.pro設定ファイルは，自動的に自分で作成したライブラリをロードさせておくなど，自由に改変することができます．

インストール先ディレクトリのkicad/template/kicad.proへの書き込みアクセス権限を持っていることを確認してから，ファイルの改変を行ってください．例えば，WindowsでC:¥Program Files¥以下にインストールした場合などは，管理者権限でKiCadを起動しないとkicad.proが更新できない場合があります．

KiCadを実行しkicad.proをロードします．KiCadからEeschemaやPcbnewを実行し，設定を変更・更新してください．

1.2.3 KiCad：使用の原則

KiCadプロジェクトを管理するために：回路図のファイル，ガーバー・ファイル，補助ライブラリ，フォトトレース用の製造ファイル，穴明けおよび自動部品配置ファイル，次のようにプロジェクトを作成することを推奨します．

- プロジェクトの作業ディレクトリを作成する
- 作成した作業ディレクトリで，KiCadを使用し，アイコンによりプロジェクトファイル（.proの拡張子のファイル）を作成する

プロジェクトファイルとそのディレクトリの両方に同じ名前を使用することを強く推奨します．

KiCadは，プロジェクト管理のための多くのパラメータ（回路図，PCBアートワークで使われるライブラリのリストや，回路図などの個々のファイル名）が記録されている，.proという拡張子を持つファイルを作ります．プロジェクトで使用される回路図（複数シートから構成される場合は，ルートの回路図）ファイル名，PCBアートワークのファイル名が，プロジェクトの名前となります（表1）．

1.3　KiCadを使う

1.3.1 メインウィンドウ

KiCadのメインウィンドウは，プロジェクトツリー

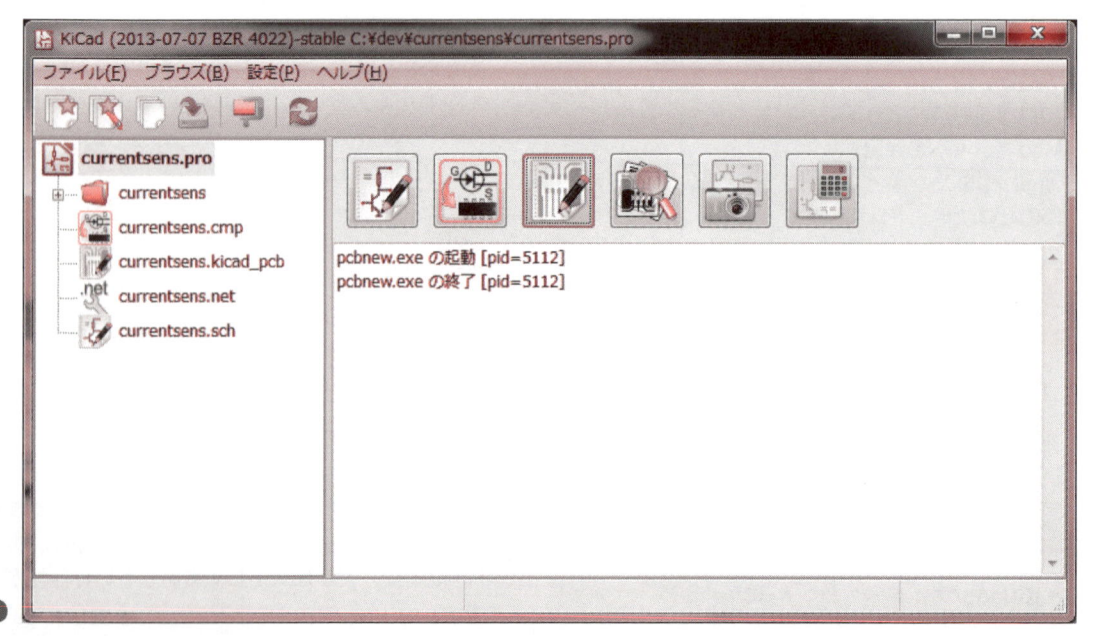

図1

表2

currentsens.pro currentsens currentsens.cmp currentsens.kicad_pcb currentsens.net currentsens.sch	各項目をダブルクリックすることで，対応したツールが起動する KiCadツール起動ペインよりツールボタンをクリックすることでも，対応したファイルが読み込まれる プロジェクトツリー内のファイルを右クリックすると，ファイル名の変更や削除などが行える

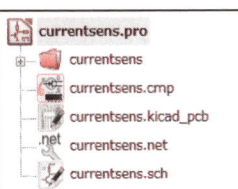

表3

アイコン	説明
	Eeschema 回路図 CAD
	Cvpcb PCBアートワークのためのフットプリント割付ツール
	Pcbnew PCBアートワーク CAD
	Gerbview ガーバー・ビューア
	Bitmap2component ビットマップ画像-ロゴ変換ツール
	Pcb Calculator 電気設計計算ツール

表4

アイコン	説明
	プロジェクトファイルを作成する kicad.proというテンプレートがkicad/template内にある場合には，それを作業ディレクトリにコピーする
	テンプレートからプロジェクトを作成する
	既存のプロジェクトを開く
	現在のプロジェクトツリーを更新，保存する
	プロジェクト全体のzipアーカイブを作成する この中には，回路図ファイル，ライブラリ，PCBなどが含まれる
	ツリーリストを再読み込みする

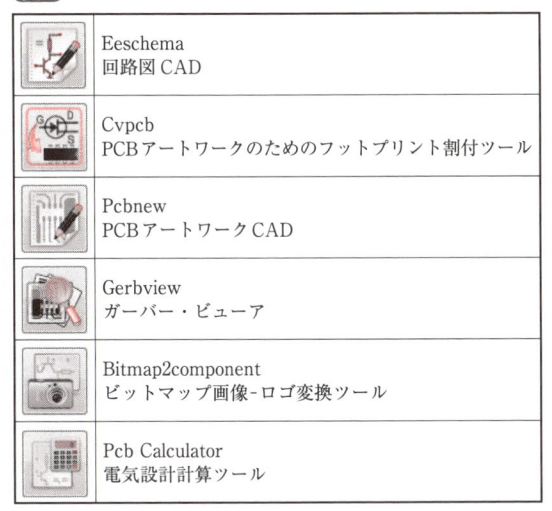

ビュー，およびさまざまなソフトウェア・ツールを起動するためのツールバー，そしてメッセージ・ウィンドウで構成されています．メニューとツールバーは，プロジェクトファイルを作成したり，読み込んだり，保存したりするために使用します（**図1**）．

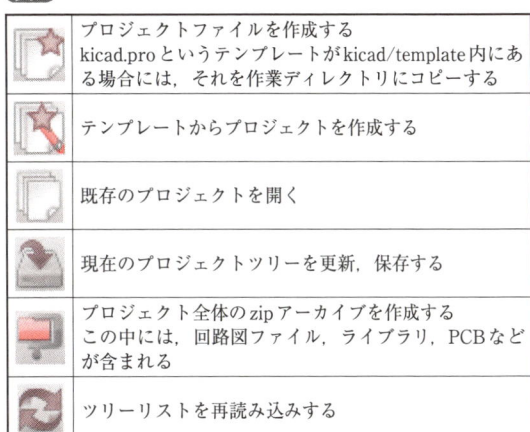

1.3.2 ツール起動ペイン

KiCadからは，ソフトウェア・ツールをツール起動ペインから個別に実行することができます（**表3**）．

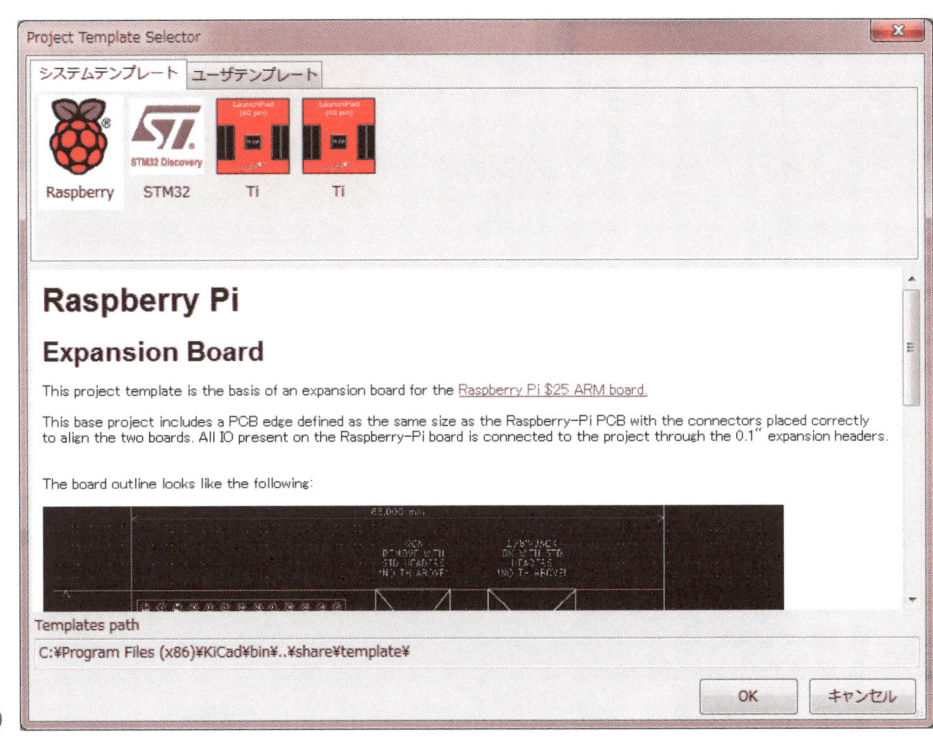

図2

1.3.3 プロジェクトツリービュー

表2にプロジェクトツリービューを示します．

1.3.4 上部のツールバー

KiCad上部のツールバーからは，いくつかの基本的なファイル操作が可能です（**表4**）．

1.4 テンプレートを使う

1.4.1 テンプレートとは

テンプレートの実体は，テンプレート情報が保存されたKiCadプロジェクトディレクトリです．

テンプレート情報は，メタデータディレクトリ（METADIR）と呼ばれるディレクトリ内に保存されており，テンプレート選択時に表示されるアイコンや説明などが含まれています（**図2**）．

プロジェクトがテンプレートを使用して作成された場合には，テンプレート情報以外の全てのファイルとディレクトリは，新規プロジェクトとしてコピーされます．

1.4.2 テンプレート

テンプレートには，既に基板外形，コネクタ位置，回路図の最低限の要素，設計ルールなどの設定がされているプロジェクトファイル一式が含まれています．ユーザはこのプロジェクトをベースとして，開発をスタートしていきます．

● **テンプレート情報(メタデータ)**

テンプレートディレクトリ内のMETADIRには，テンプレート情報として必要なファイルが含まれている必要があります．

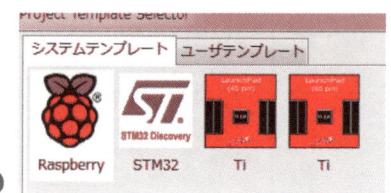

● **テンプレート情報に必要なファイル：meta/info.html**

テンプレート名や，テンプレートについての情報を記述する，HTML形式のファイルです．

このHTMLファイルの〈TITLE〉タグが，テンプレートの名前としてKiCadに認識されます．

テンプレートの情報はHTML形式で記述できるため，画像などを加えて分かりやすい説明を作成することができます．

● **オプションファイル：meta/icon.png**

64×64ピクセルのPNGアイコンです．これはテンプレート選択ダイアログでクリック可能なアイコンとして使われます（**図3**）．

● **例**

raspberrypi-gpio基板用テンプレートのファイル構成を示します（**図4**）．

またテンプレート情報を格納するmetaディレクトリを**図5**に示します．

brd.pngは必須のファイルではありません．このサンプルの場合，info.html内の説明で使用されています．

info.htmlファイルのサンプルを示します（**リスト1**）．

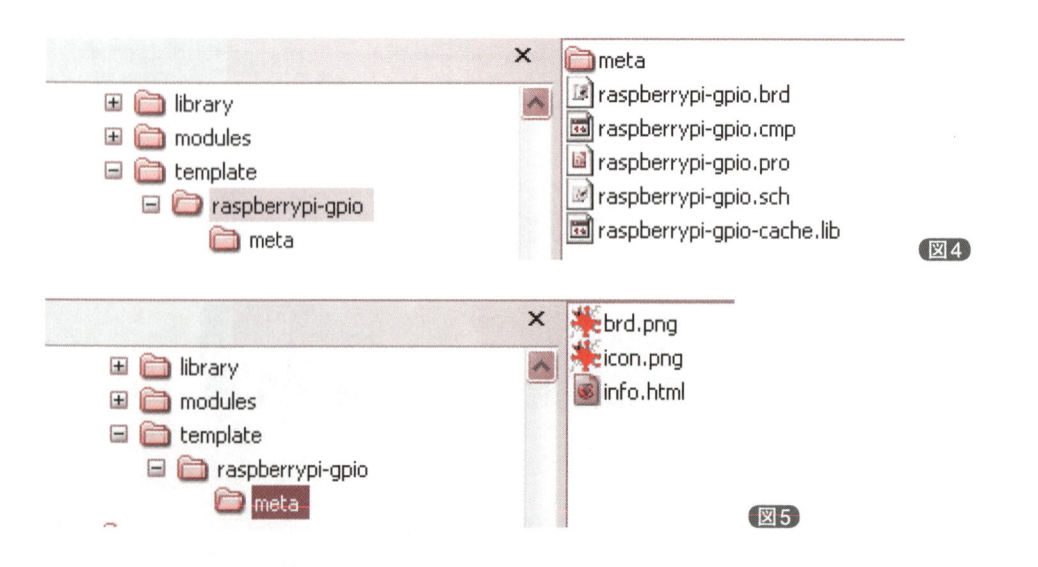

リスト1

```
<!DOCTYPE HTML PUBLIC "-//W3C//DTD HTML 4.0 Transitional//EN">
<HTML>
<HEAD>
    <META HTTP-EQUIV="CONTENT-TYPE" CONTENT="text/html; charset=windows-1252">
    <TITLE>Raspberry Pi - Expansion Board</TITLE>
    <META NAME="GENERATOR" CONTENT="LibreOffice 3.6  (Windows)">
    <META NAME="CREATED" CONTENT="0;0">
    <META NAME="CHANGED" CONTENT="20121015;19015295">
</HEAD>
<BODY LANG="fr-FR" DIR="LTR">
<P>This project template is the basis of an expansion board for the
<A HREF="http://www.raspberrypi.org/" TARGET="blank">Raspberry Pi $25
ARM board.</A> <BR><BR>This base project includes a PCB edge defined
as the same size as the Raspberry-Pi PCB with the connectors placed
correctly to align the two boards. All IO present on the Raspberry-Pi
board is connected to the project through the 0.1&quot; expansion
headers. <BR><BR>The board outline looks like the following:
</P>
<P><IMG SRC="brd.png" NAME="brd" ALIGN=BOTTOM WIDTH=680 HEIGHT=378
BORDER=0><BR><BR><BR><BR>
</P>
<P>(c)2012 Brian Sidebotham<BR>(c)2012 Kicad Developers</P>
</BODY>
</HTML>
```

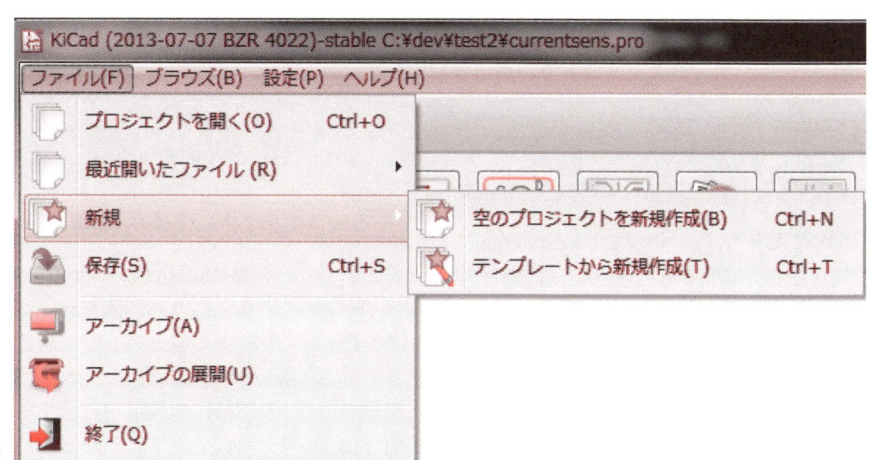

図6

● **テンプレートの使用**

KiCadのファイルメニュー内"新規"には，二通りの新規プロジェクトを開始するための方法があります（**図6**）．

● 空のプロジェクトを新規作成

現在のフォルダにtemplate/kicad.proをコピーして空のプロジェクトを作ります．

● テンプレートから新規作成

テンプレート選択ダイアログを開きます．

各テンプレートのアイコンをクリックすると，info.htmlが読み込まれ，表示ウィンドウ上に表示されます．

OKボタン上でクリックすると新しいプロジェクトの作成が始まります（**図2**参照）．

● **テンプレートの場所**

下記のパスに保存されているものを利用可能なテンプレートとして認識します．

● システムテンプレートについて
 〈kicad bin dir〉/../share/template/
● ユーザ・テンプレートについて
Unixの場合：
 ~/kicad/templates/
Windowsの場合：
 C:¥Documents and Settings¥username¥
 My Documents¥kicad¥templates¥
Macの場合：
 ~/Documents/kicad/templates/
● 環境変数KICAD_PTEMPLATESが定義される場合には，これもテンプレートディレクトリとして認識します．

1.4 テンプレートを使う

第2章 OSSのKiCadで回路図もラクラク管理

Eeschemaリファレンス・マニュアル

KiCad.jp

本章では，「Eeschema」の概要からメニューコマンド，階層管理や部品表のカスタマイズ，部品作成と管理など高度な操作方法までを紹介します．

2.1 Eeschema入門

2.1.1 概要

EeschemaはKiCadの一部として配布されている強力な回路図エディタ・ソフトウェアであり，次のオペレーティング・システムの下で利用可能です．

- Linux
- Apple OS X（実験版）
- Windows XP，Windows 2000，Windows 7

OSに関係なく，すべてのEeschemaファイルは一方のOSから他方のものへ100%互換性があります．

Eeschemaは，図面，コントロール，レイアウト，ライブラリ管理およびPCB設計ソフトウェアへのアクセスといったすべての機能がEeschema内で実行される統合ソフトウェアです．Eeschemaは，複数のシートにわたる回路図を使用して，階層的な図面を使用することができます．

Eeschemaは，以下の階層を扱うことができます．

- フラットな階層
- 単一の階層
- 複雑な階層

Eeschemaは，PCBの電気的接続を記述するネットリスト・ファイルを提供することが可能な，PcbNewのようなプリント回路ソフトウェアとともに動作するように作成されています．

Eeschemaは，またコンポーネント（マクロ）をシンボル・ライブラリと同様に，作成したり，編集したり，可視化したり（インポート，エクスポート，ライブラリ・コンポーネントへの追加と削除も）することが可能なコンポーネントエディタを組み込んでいます．

Eeschemaは，現代の回路図エディタ・ソフトに必要不可欠な機能だけでなく，以下の追加機能を組み込んでいます．

- 自動的な，未接続の入力コンポーネントと誤接続のデザインルールチェック（DRC）
- POSTSCRIPTあるいはHPGLフォーマットでのレイアウト・ファイルの生成
- ローカルのプリンタでプリント可能なレイアウト・ファイルの生成
- 部品表（BOMシート）の生成
- PCBレイアウト，シミュレーション用のネットリストの生成

2.1.2 技術的概要

Eeschemaは，コンピュータで利用可能なメモリの大きさにのみ制限をうけ，コンポーネント端子や接続，シートの数といった部品数の明示的な制限はありません．Eeschemaは，単一，あるいは複数シートにわたる回路図の使用が可能です．

複数シートにわたる図の場合，その表現は階層的であり，いつでも各シートへアクセスできます．

Eeschemaは，次のタイプの複数のシートにわたる回路図を使うことができます．

- 単一の階層（各図が一度だけ使用される）
- 複雑な階層
  （いくつかの図は，一度以上の複数回使用される）
- フラットな階層（マスター図面の中，いくつかの図面は明示的に接続されない）

図面の大きさは，いつでもA4サイズからA0，あるいはAサイズ（ANSI）からEサイズに調整することができます．

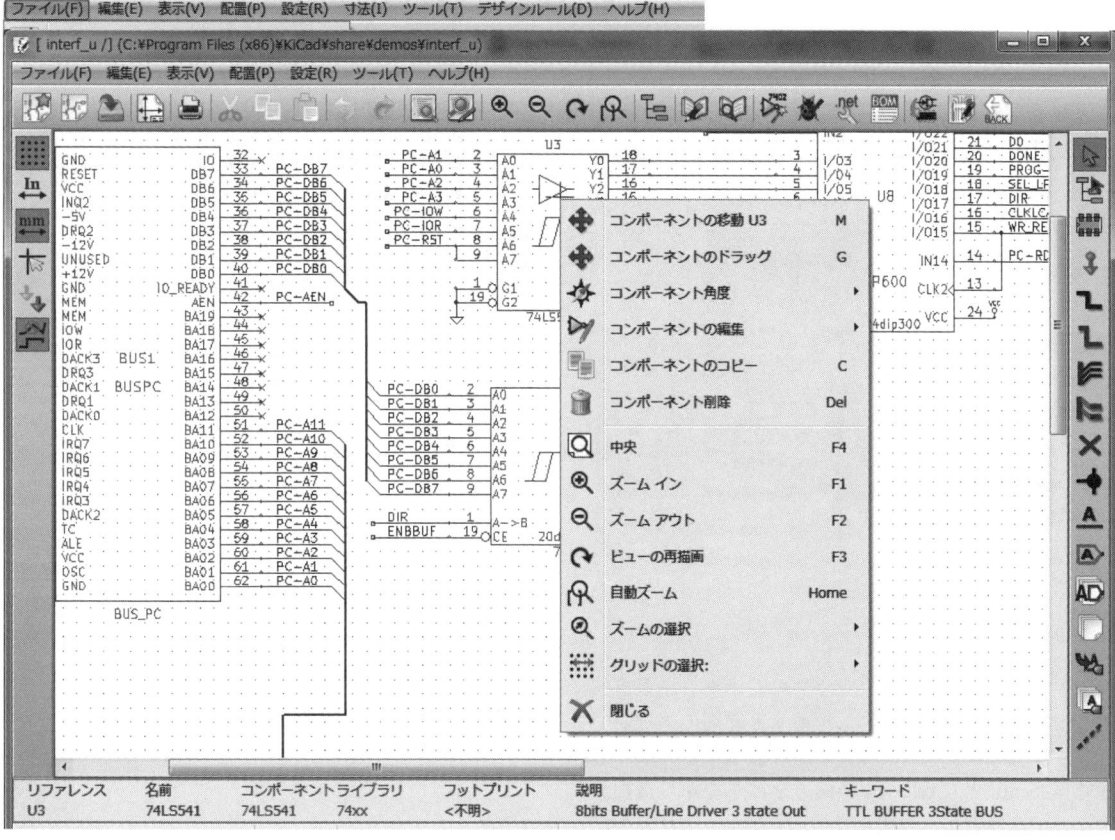

図1

2.2 Eeschemaコマンド全般

2.2.1 Eeschemaコマンドへのアクセス

2.2.2 コマンド

以下に示すさまざまな方法でコマンドを起動できます．

- 画面上部のメニューバーをクリックする
- 画面上部のアイコンをクリックする
  （一般コマンド）
- 画面右側のアイコンをクリックする
  （特別なコマンド，または"ツール"）
- 画面右側のアイコンをクリックする
  （特別なコマンド，または"ツール"）
- マウス・ボタンをクリックする（重要な補助コマンド）．特に右クリックでは，カーソル下の要素に対応したコンテキスト・メニューを開く（ズーム，グリッドと要素の編集）
- キーボードのファンクションキー（F1，F2，F3，F4，インサートとスペース・キー）．特に"Esc"キーは，多くの進行中のコマンドの中断ができる．"Insert"キーは，最後に作成された要素の複写ができる

このように，コマンドへのアクセス可能な方法はたくさんあります（図1）．

2.2.3 マウス・コマンド

● 基本コマンド
▶左ボタン

- シングル・クリック：カーソル下のコンポーネントあるいはテキストの特性を表示する
- ダブル・クリック：コンポーネントあるいはテキストを編集（要素が編集可能な場合）

▶右ボタン

- ポップアップ・メニューを開く

● ブロックの操作

Eeschemaでは，選択範囲を移動，ドラッグ，コピー，

表1

左マウス・ボタン	選択範囲を移動
Shift + 左マウス・ボタン	選択範囲をコピー
Ctrl + left mouse button	選択範囲をドラッグ
Control + Shift + left mouse button	選択範囲を削除

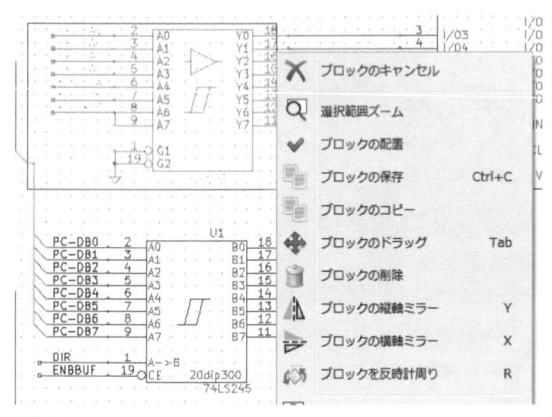

図2

図3

削除することができます．マウスの左ボタンをドラッグして範囲を選択し，ボタンを離すと範囲の選択ができます．"Shift"と"Ctrl"キーのうちどちらか一つ，もしくは"Shift"と"Ctrl"キーの両方を押しながら選択することで，選択した範囲をコピーするか，それともドラッグするか，あるいは削除するのかが変わります．

▶コマンドの表（表1）

ブロック操作のコマンドは，ボタンを離すと実行されます．

選択中には，次のことができます．

- もう一度クリックして要素を置き直す
- 右ボタンをクリックして取り消す

ブロック移動コマンドが実行されているとき，マウスの右ボタンからポップアップ・メニューを開くと，他のブロックコマンドも選択できます（図2参照）．

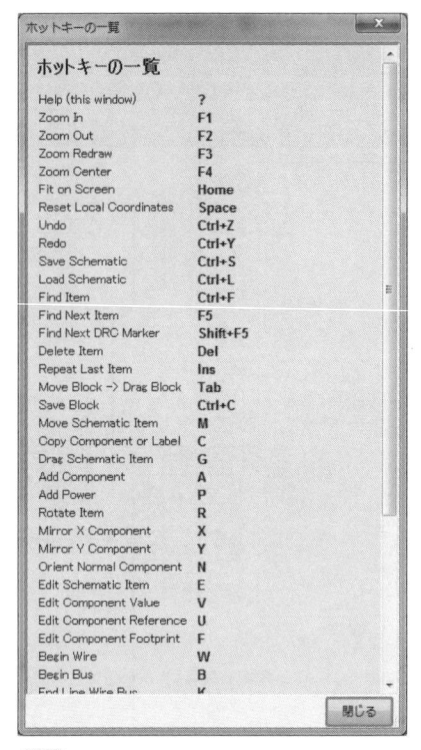

2.2.4 ホットキー

ホットキーは大文字小文字を区別しません．

- "?"キーは現在のホットキー・リストを表示する
- Preferenceメニューがホットキーを管理する

▶デフォルトのホットキー・リストはこちら（図3）

ユーザはホットキー・エディタから，すべてのホットキーを編集できます（図4参照）．

2.2.5 グリッド・サイズの選択

Eeschema上のカーソルは，グリッド表示の有無に関係なく，グリッドごしに動きます．ライブラリ管理

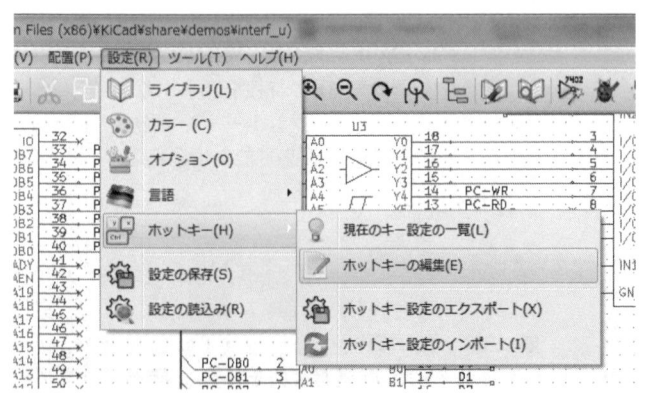

図4

X 10.150 Y 8.850　　　dx 0.500 dy 0.250 d 0.559

図5

メニューでは，常にグリッドが表示されます．

ポップアップ・メニューあるいは「設定/オプション」メニューから，グリッド・サイズを変えることができます．デフォルトのグリッド・サイズは50 mil (0.050")あるいは1.27 mmです．

半分のグリッド(20 mil)，あるいは，より細かいグリッド(10 mil)でも作業できます．しかしながら，これは通常の作業では推奨されていません．半分あるいは細かいグリッドは，特に数百ピンのような大きなピン数のコンポーネントを設計したり，取り扱ったりする場合に使用します．

2.2.6　ズームの選択

ズーム・レベルを変えるには以下の方法があります．

- 右クリックしてポップアップ・メニューを開き，希望のズームを選ぶ
- あるいはファンクションキーを使って
  - F1：ズームイン
  - F2：ズームアウト
  - F3：再描画
- カーソル近辺を中央に移動(この操作は，マウスを止めたまま中央ボタンをクリックするのと同じ)
- Window Zoom：マウスの中ボタンを使ってドラッグする
- マウス・ホイール：ズームイン/ズームアウト
- SHIFT＋マウス・ホイール：上/下パン
- CTRL＋マウス・ホイール：左/右パン

2.2.7　カーソルの座標表示

表示単位はinchあるいはmmです．しかしEeschemaは内部的には常に1/1000 inchで扱っています．ウィンドウの下部右側には以下の情報が表示されます．

- ズーム倍率
- カーソルの絶対位置
- カーソルの相対位置

相対座標値(x, y)はスペース・キーでリセットされます．リセット後の座標は，リセットした位置が基準となります(図5)．

2.2.8　トップメニューバー

トップメニューバーでは，回路図やプログラム設定を開いたり，保存したり，ヘルプメニューを開いたり

図6

できます(図6)．

2.2.9　上部のツールバー

このツールバーから，Eeschemaの主な機能へアクセスできます(表2，次頁)．

2.2.10　右側のツールバー

このツールバーから，次のツールへアクセスできます(表3)．

これらのツールの詳しい使用法は，「ダイアグラムの作成/編集」で記述しています．使用法の概要は，表4のとおりです．

2.2.11　左側のツールバー

このツールバーは表示オプションを管理します(表5)．

2.2.12　ポップアップ・メニューとクイックエディット

右クリックにより，選択要素に応じたポップアップ・メニューを開き，下記の機能にアクセスします(図7)．

表3

- コンポーネント，ワイヤ，バス，ジャンクション，ラベル，テキストの配置
- シートの階層メニューのナビゲーション
- 階層サブシートと接続シンボルの作成
- コンポーネントの削除

2.2　Eeschemaコマンド全般　115

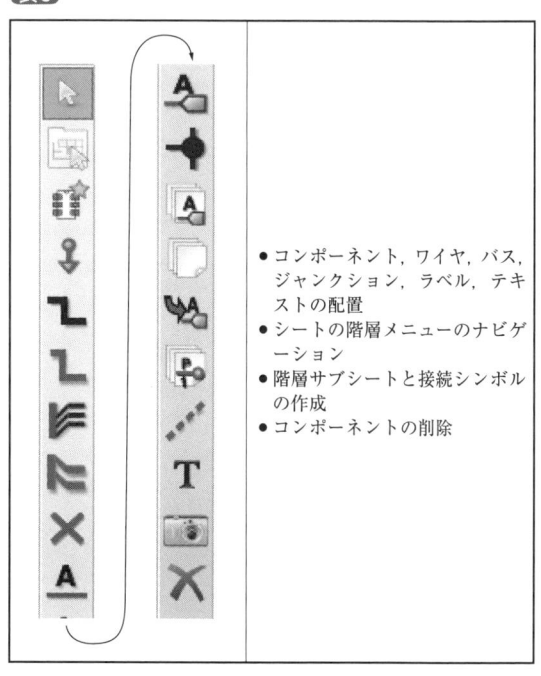

表2

アイコン	説明	アイコン	説明
	新規回路図の作成		画面の再描画とズームの最適化
	回路図を開く		図面階層のツリー構造(サブシートがある場合)と階層のシートの即時選択を表示するナビゲータウィンドウの呼び出し
	回路図全体を保存する(階層も含む)		コンポーネントエディタLibedit(ライブラリ・コンポーネントの編集,修正,検査)の呼び出し
	用紙サイズと表題欄の編集		ライブラリの表示(Viewlib)
	プリントメニューを開く		コンポーネントのアノテーション
	ブロック移動の間に選択された要素を削除		ERC(Electrical Rules Check:電気的接続のチェック)
	ブロック移動時に選択された要素をクリップボードにコピー		ネットリスト(Pcbnew,Spiceフォーマットおよびその他フォーマット)の生成
	現在のシートで最後に選択した要素,あるいはブロックをコピー		BOM(部品表)の生成
	取り消し:最後の変更を取り消す(10段階まで)		CvPcbの呼び出し
	やり直し(10段階まで)		Pcbnewの呼び出し
	コンポーネントのローカライズおよびテキスト・メニューの呼び出し		CvPcbから素材ファイル(コンポーネントのフットプリントフィールドを埋めた)をインポート
	画面中央近辺をズームイン/アウト		

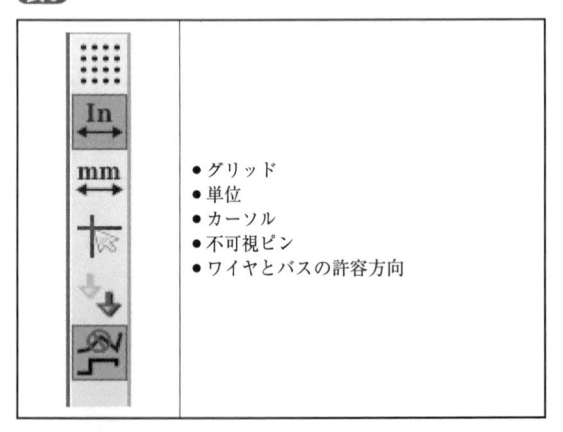

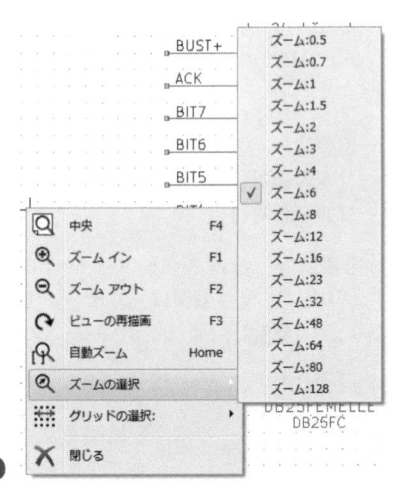

表5

- グリッド
- 単位
- カーソル
- 不可視ピン
- ワイヤとバスの許容方向

図7

表4

アイコン	説明	アイコン	説明
	進行中の命令やツールの停止		接続点の配置．接続状況がはっきりしない2本の交差する配線や，ピン同士を接続する
	階層ナビゲーション：サブシートのシンボルをクリックしてサブシートを開いたり，サブシートの何もないエリアでクリックすることで階層から上に戻ったりできる		階層ラベルの配置．シートと，そのシートシンボルを含むルートシート間の接続を配置する
	コンポーネントの配置		階層サブシートシンボルの配置．サイズは変更できる．サブシートのデータを保存するためには，ファイル名を指定する必要がある
	電源の配置		サブシートからのグローバルラベルのインポート．サブシートのシンボルと接続することができる．グローバルラベルは，もしかして既にサブシートに配置されているかもしれない．こうして作った階層シンボルは，通常のコンポーネントのピンと同様に，必ずワイヤを接続しなければならない
	ワイヤの配置		
	バスの配置		サブシートの接続点を作るグローバルラベルの作成．この機能は上のものとほとんど同じだが，事前にグローバルシンボルを作成しておく必要がある
	バス接続へのワイヤの配置．これらの要素は装飾的な役割だけなので，配線間の接続に使用すべきではない		線シンボル．装飾用．ワイヤのように接続はされない
	バス接続へのバス．これは2本のバス同士をつなぐだけ		コメントテキストの配置．装飾用
	"非接続"シンボル．これは接続されないコンポーネントのピン上に配置する．ERC機能において，ピンが意図的に接続されていないのか，誤って未接続なのかを確認するために使用される		ビットマップイメージの挿入
	ローカルバスの配置．異なるワイヤは，同じシート内で同一のラベルを使用すると接続される．異なるシート間の接続の場合は，グローバルラベルを使用してください		選択された要素の削除．いくつかの重なり合った要素が選択された場合には，優先順位は一番小さなものからになる（ジャンクション，非接続シンボル，配線，バス，テキスト，コンポーネントの順）．これは階層シートにも適用される．注：ジェネラルツールバーの"Undelete"機能で最後の削除を取り消すことができる
	グローバルラベルの配置．異なるシート間であっても，すべてのグローバルラベルは接続される		

図8

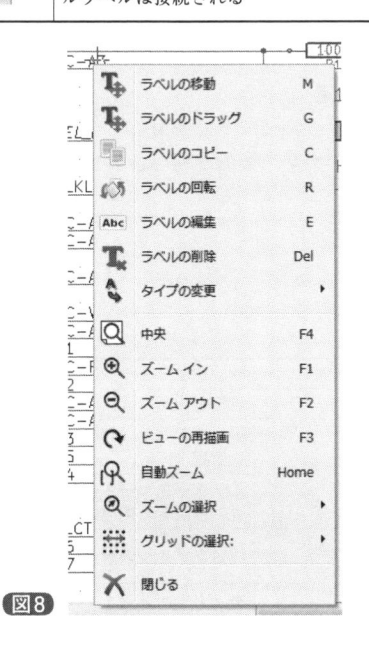

- ズーム倍率
- グリッド調整
- パラメータ編集

▶要素を選択しないでポップアップ・メニューの呼び出し
▶ラベルの編集（**図8**）
▶コンポーネントの編集（**図9**）

2.3 メイントップメニュー

2.3.1 ファイルメニュー

　ここでは，"ファイル"メニューがどのように見えるかを確認することができます（**図10**，**表6**）．

図9

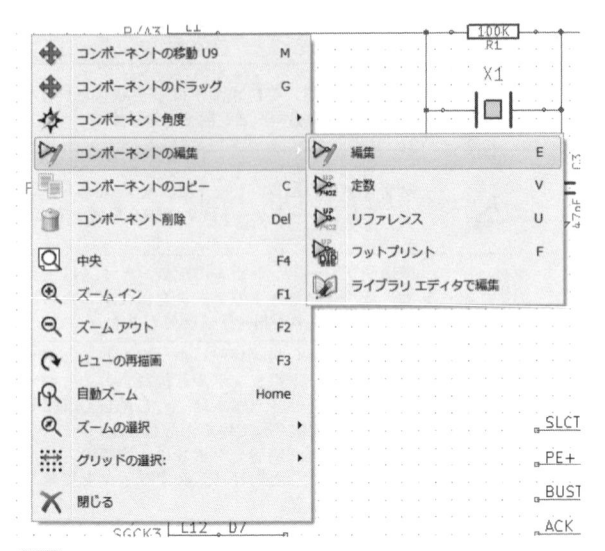

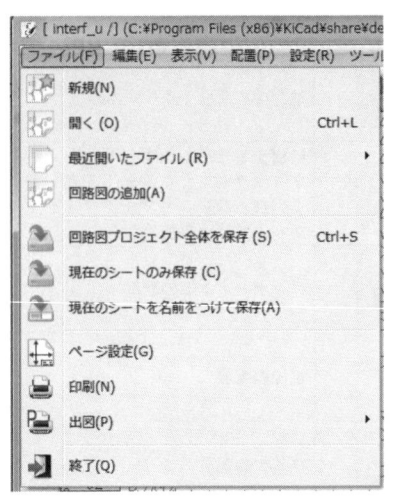

図10

2.3.2 設定メニュー

● 設定（表7）

● ホットキーサブメニュー（表8）

● 設定メニュー / ライブラリディレクトリ

Eeschema の設定は次のものに関係します（図2 参照，p114）．

- ライブラリのパス
- ライブラリのリスト

設定パラメータは.proファイルに保存されます．異なるディレクトリでは，異なる設定ファイルを使用することも可能です．EeSchemaは次の優先度の順に設定ファイルを検索します．

① 現在のディレクトリ内の設定ファイル（project>.pro）
② KiCadディレクトリ内のkicad.proという設定ファイル．このファイルがデフォルト設定となる
③ ファイルが見つからない場合のデフォルト値．少なくともロードするためのライブラリのリストを記入し，設定を保存する必要がある（図11）

● 設定メニュー / 色（図12）

さまざまな描画要素の色の選択と，背景色（黒または白のみ）．

● 設定オプション（図13，図14，表9）

● 言語設定

デフォルトのモードで使用してください．他言語は主にメンテナンス目的で利用されます．

表6

新規	現在の回路図をクリアし，新しい回路図を初期化する
開く	回路図の階層を開く
最近開いたファイル	最近開いたファイルのリストから開く
すべての回路図プロジェクトを保存	現在のシートとすべての階層を保存する
現在のシートのみ保存	階層の他のシートを除く現在のシートを保存する
現在のシートを名前を付けて保存	新しい名前を付けて現在のシートを保存する
印刷	印刷メニューにアクセスする（「印刷と出図」を参照）
出図	Postscript HPGLあるいはSVFフォーマットで出図する（「印刷と出図」の章を参照）
終了	保存せずに終了する

表7

ライブラリ	ライブラリとライブラリのパスを選択
カラー	色を選択
オプション	示オプション（単位，グリッド・サイズ）を選択
言語	インターフェースの言語を変更．主に翻訳者と開発者用
設定の読み込み 設定の保存	設定ファイルの読み込みと保存
ホットキー	ホットキーメニューへのアクセス

表8

現在のキー設定のリスト	現在のホットキーを表示.ホットキー"?"と同じ
ホットキーの編集	ホットキー・エディタを起動
ホットキー設定のエクスポート	ホットキー設定ファイルを生成
ホットキー設定のインポート	以前にエクスポートしたホットキー設定ファイルの読み込み

2.3.3 ヘルプメニュー

KiCadについての広範囲なチュートリアル用のオンラインヘルプ(この文書)へのアクセスと,Eeschemaの現在のバージョンを確認します(Eeschemaについて).

図11

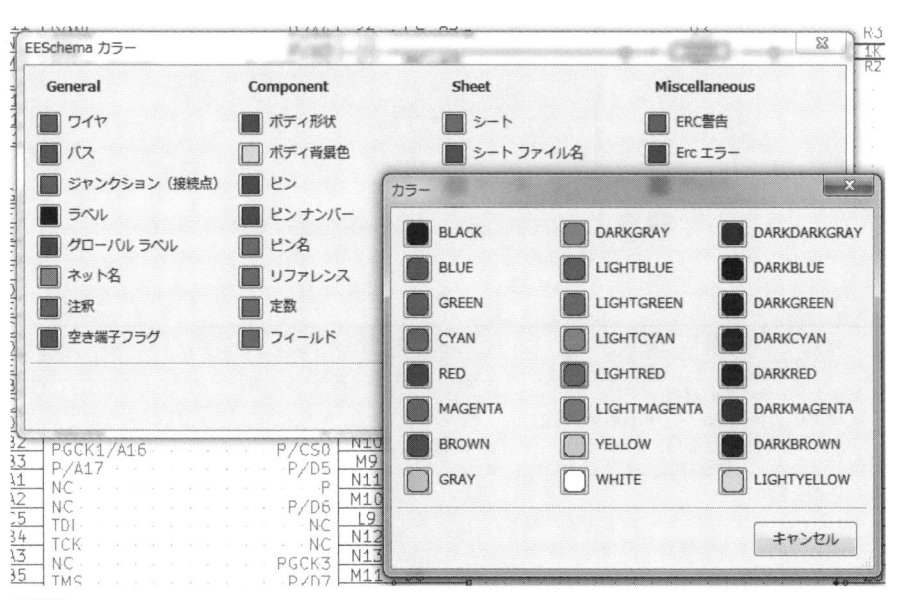

図12

2.3 メイントップメニュー 119

図13

図14

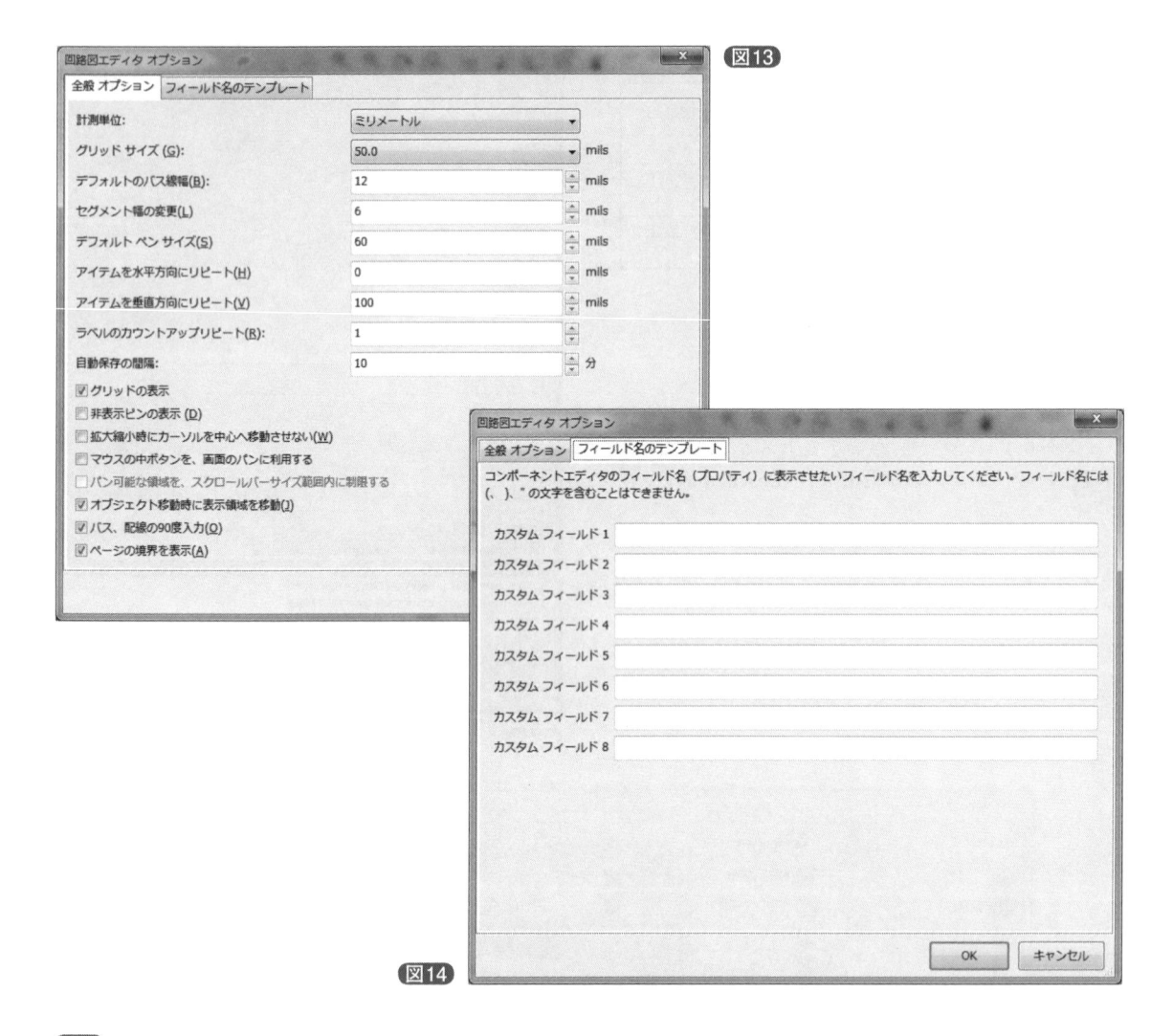

表9

計測単位	表示とカーソル座標の単位(インチまたはmm)を選択	グリッドの表示	チェックがある場合：グリッドを表示
グリッド・サイズ	グリッド・サイズの選択．通常グリッド(0.050 インチあるいは 1.27 mm)で作業しないといけない．コンポーネント作成には，より細かいグリッドも使用される	非表示ピンの表示	非表示ピンの表示．チェックがある場合，電源ピンも表示される
デフォルトの線幅	ペンのサイズは，ペンサイズが指定されていないオブジェクトを描画するために使用される	マウス中ボタンのパン有効化	有効にすると，マウス中ボタンを押した時にカーソル移動に合わせてシート全体が移動する
デフォルトのテキストサイズ	新しいテキストやラベルが新規作成される時に使用される	マウス中ボタンのパン制限	有効にすると，マウス中ボタンでの表示領域外へのシートは移動できない
アイテムを水平方向にリピート	要素複写する際のX軸のシフト値(通常値は0)(コンポーネント，ラベル，配線といったアイテムの配置後，インサートキーにより複写される)	自動パンを有効化	チェックがある場合，配線作業や要素移動の間にウィンドウからカーソルが出ると，自動的にウィンドウが追従する
アイテムを垂直方向にリピート	要素複写する際のY軸のシフト値(通常値は 0.100 inch あるいは 2.54 mm)	バス，配線の90度入力	チェックがある場合，バスや配線は垂直または水平になる．チェックがない場合，バスと配線はどんな傾きにも配置できる
ラベルのカウントアップリピート	バスの配線のように，一つずつカウントアップする値(通常は1か−1)	ページの境界を表示	チェックがある場合，画面上にページの境界が表示される

2.4 ジェネラルトップツールバー

2.4.1 シート管理

アイコンにより，シート管理にアクセスできます．ここでは用紙サイズと右下隅にある表題欄のさまざまなテキストセクションを定義することができます（図15，図16）．

シート総数やシート番号といったデータは，自動的に更新されます．

2.4.2 回路図エディタのオプション

● 全般オプション

これらのオプションは図面に関係するものです（図17）．

● フィールド名のテンプレート

各々のコンポーネントにあるカスタムフィールド（与えられたコンポーネントが空フィールドのままも）を定義することができます（図18）．

2.4.3 検索ツール

このアイコンは，検索ツールへのアクセスに使われます．

現在のシートの全体あるいは全体の階層内から，コンポーネント，値，テキスト文字列を検索することができます．見つかると，関係するサブシートの見つかった要素の上にカーソルが移動します（図19）．

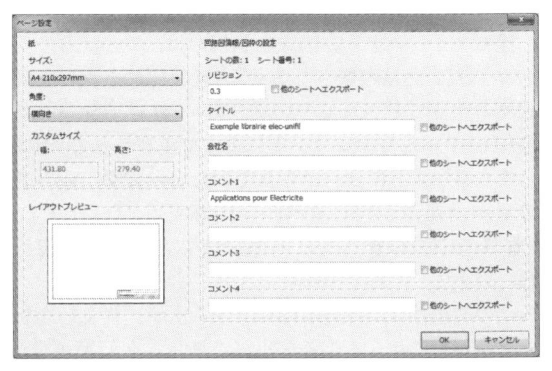

図15

図16

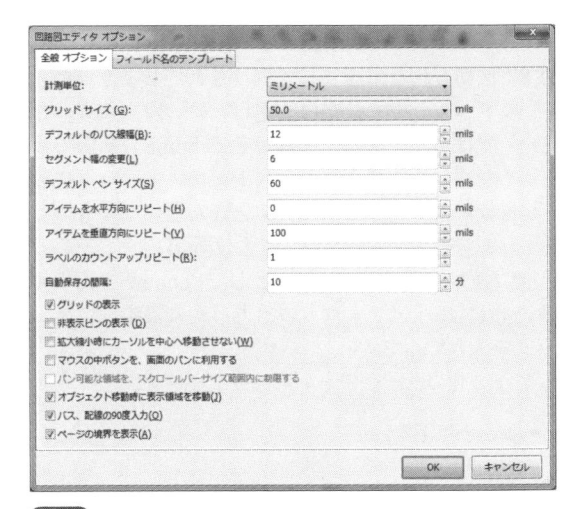

図17

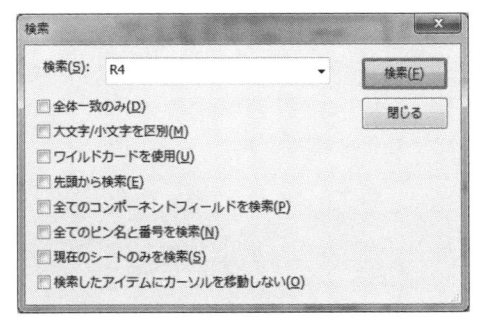

図18

図19

2.4.4　ネットリストツール

このアイコンから，ネットリスト・ファイルを生成するネットリストツールを呼び出します．

このネットリスト・ファイルは，階層全体（通常のオプション），あるいは現在のシートのみ（部分的なネットリストが出力されてしまいますが，このオプションはいくつかのソフトウェアには有用です）に適用できます．

マルチシートの階層において，ローカルラベルはその属するシート内だけで通用します．

従って，シート3のラベルTOTOは，シート5のラベルTOTOとは接続されません（意図的にそれらを接続する手立てがされてない場合）．これは，シート番号（アノテーションコマンドによって更新される）がローカルラベルと関連付けられているからです．前の例では，最初のTOTOラベルは内部ではTOTO_3で，2番目のTOTOラベルは内部ではTOTO_5と定義されています．

この関連付けは望めば抑制できますが，望ましくない接続が起こりうることを知っておいてください．

注1：EeSchemaにはラベルの長さの制限はありませんが，生成されたネットリストを利用するソフトウェアには制限がある場合があります．

注2：区切られた単語として表示されてしまうため，ラベルの中では空白文字（スペース）を使うべきではありません．それはEeSchemaの制限ではなく，多くのネットリスト・フォーマットにおいて，ラベルは空白文字を含んでいないものだと定義されているからです（図20）．

デフォルトのフォーマットとしてPcbnewを選択するためには，「デフォルトの出力形式に設定」にチェックを入れてください．

以下の他のフォーマットも生成できます．

- Orcad PCB2
- CadStar
- Spice，シミュレータ用

プラグインの追加から，その他のネットリスト・フォーマットを拡張して生成することもできます（Pads Pcbプラグインなど）．

2.4.5　アノテーションツール

このアイコンからアノテーションツールを呼び出します．このツールはすべての使用されているコンポーネントに対し自動的に名前の割り付けを行います．

マルチパートコンポーネント（4ゲート入りの7400 TTLなど）には，マルチパートの接尾辞が割り当てられます．従って，U3に指定された7400TTLは，U3A，U3B，U3C，およびU3Dに分かれます．

すべてのコンポーネントに無条件に，あるいは前にアノテートされていない新規のコンポーネントだけにアノテートすることもできます（図21）．

● スコープ

1) すべての回路図，階層を使用：すべてのシートを再アノテート（通常の選択）
2) 現在のページでのみ使用：現在のシートのみ再アノテート（このオプションは特別な場合のみ使用されます．例えば，現在のシートの抵抗量を評価する場合など）
3) 既存のアノテーションをキープ：条件付きのアノテーション．新しいコンポーネントのみ再アノテート（通常の選択）．
4) 既存のアノテーションをリセット：無条件のアノテーション．すべてのコンポーネントを再アノテート（このオプションは重複した表記がある場合に使われる）

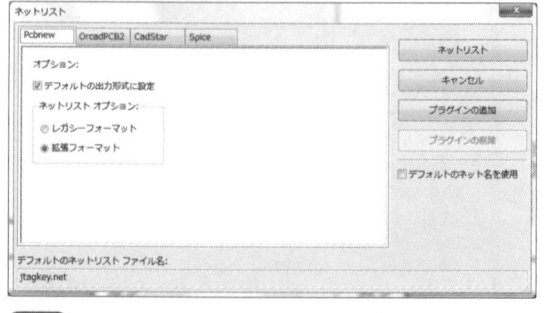

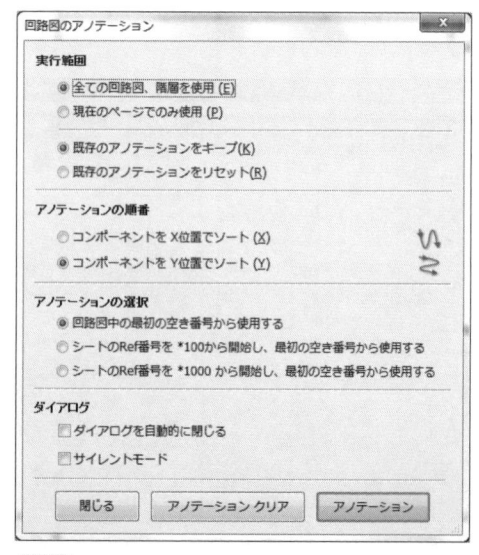

図20

図21

● 順序

コンポーネントへのアノテーション番号設定のためのソートオプションです．

2.4.6 ERC(電気的ルールチェック)ツール

このアイコンからERC(電気的ルールチェック)ツールを呼び出します．

このツールは設計の検証を行い，特に接続忘れや矛盾を検出するのに有用です．

一度ERCを実行すると，Eeschemaはラベルやピン上に問題を目立たせるマーカを配置します．診断結果はマーカ上で左クリックすると出てきます．エラーファイルを生成させることもできます．

● ERCメインダイアログ

エラーは，Ercダイアログ・ボックスに表示されます(図22)．

- エラーと警告の合計
- エラー数
- 警告数

オプション

- ERCレポートの作成：ERCレポート・ファイルを生成するには，このオプションをチェックする

コマンドボタン：
- Ercのテスト：電気的ルールチェックを実行
- マーカ削除：ERCマーカを消去
- 閉じる：このダイアログ・ボックスを閉じる

注：エラーメッセージをクリックすると，回路図の対応するマーカにジャンプします．

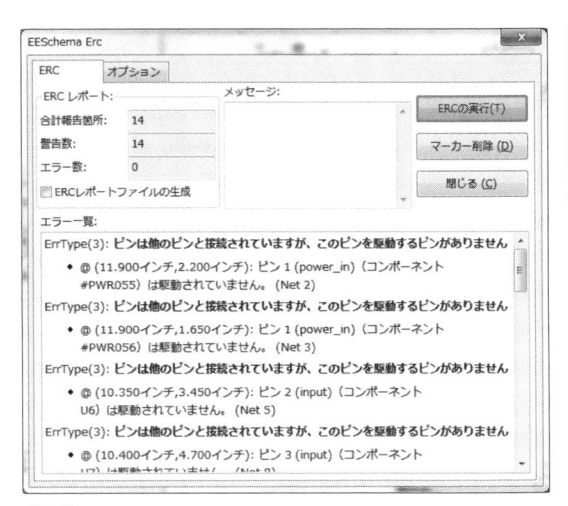

図22

● ERCオプションダイアログ(図23)

このERC設定ダイアログ・ボックスは，ピン間の接続ルールを確立することができます．それぞれのケースに対して，三つのオプションから選択することができます．

- エラーなし(No error：緑)
- 警告　　　(Warning：黄)
- エラー　　(Error　：赤)

マトリックスのそれぞれの四角上でクリックすることにより，内容を変更できます．

2.4.7 BOM(部品表)ツール

このアイコンからBOM(部品表)ツール(図24)を呼び出します．このメニューから，コンポーネントと階層接続グローバルラベルの一覧表が生成できます．コンポーネントは次の内容で並べられます．

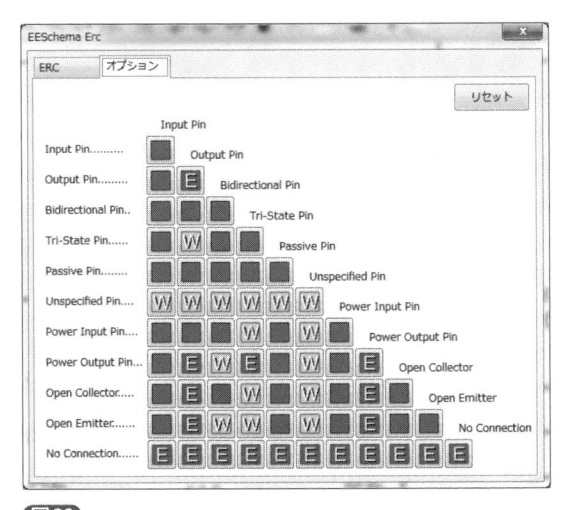

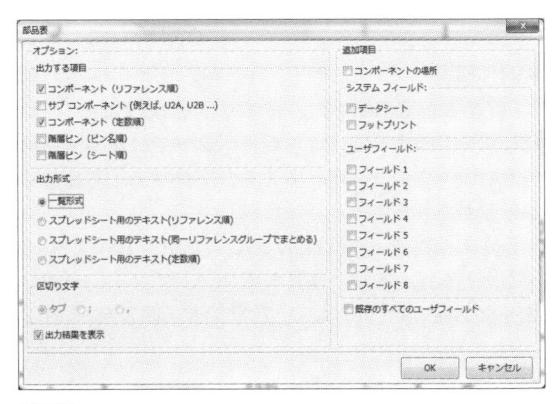

図23

図24

2.4 ジェネラルトップツールバー

表10

コンポーネント (リファレンス順)	リファレンス順で部品表をソート
コンポーネント (定数順)	定数順で部品表をソート
サブコンポーネント	BOM上でマルチパートコンポーネントのU2A，U2Bといったすべてのデバイスを表示
階層ピン (ピン名順)	アルファベット順に階層ピンをソート
階層ピン (シート順)	シート番号順に階層ピンをソート
リスト	印刷用のプレーンテキスト・ファイルを生成
スプレッドシート インポート用の テキスト	スプレッドシートへ容易にインポートできる，コンマ区切りテキスト形式のファイルを生成
一行ごとに 一つのパーツ	単一の行に同じ定数を持つコンポーネントを組み合わせ，カンマ区切りの参照指定子をリストにしたCSVファイルを生成
リストブラウザ の起動	BOMリストファイル作成後，読み込んで編集するためのエディタを起動

- リファレンス
- 定数

マルチパートコンポーネントは詳述できます．グローバルラベルは以下のように並べられます．

- アルファベット順の分類
- サブシート

異なる種類の並べ替えを同時に使用できます．オプションは 表10 のとおり．

BOMに使用される一連のコンポーネントプロパティは，次のとおりです．

- Value - 各使用部品のユニーク名
- Footprint - 手入力か，バックアノテートか
  （下記参照）
- Field1 - 製造業者名
- Field2 - 製造業者の部品番号
- Field3 - ディストリビュータの部品番号

▶ 例（図25）

1行1部品のBOMフォーマットを使うためには，同じ値をもつすべてのコンポーネントではなく，回路図上のすべてのコンポーネントのプロパティを編集する必要があります．

しかし，両方とも33kの値で一方が1/10 W，もう一方が1/4 W，あるいは異なるフットプリントを持つ違った部品の場合には，一方を33k，他方を33 kBig

図25

と区別することで，異なる部品としてリスト化します．

ここで生成されるテキスト・ファイルやスプレッドシートを使うことで，部品の管理や調達の手間が簡素化されます．

2.4.8 フットプリント割り当て用インポートツール

● アクセス

このアイコンからバックアノテートツールを呼出します．

このツールは回路図の作成や，CvPcbの表，ブラウザツールを使ってのフットプリントの割り当てができ，その後回路へのフットプリントのエクスポートバックが可能です．

この機能は，前にCvPcbによってあらかじめ作成された.cmpファイルを読み込み，コンポーネントのフットプリントフィールド(Field3)を初期化します．

これはPcbnewにとっては必須ではありませんが，部品表，ネットリストを作成する際フットプリントフィールドを追加するのは便利です．

この機能は単一のソース・ファイルにコンポーネントのフットプリント/参照情報を維持し，ネットリストのための余分な.cmpファイルを作ります．

フットプリントの割り当ては，Eeschemaからネットリストを生成すると確認できます．

● Pcbnewに関する注意事項

単にコンポーネントへのフットプリント割付けのために.cmpファイルあるいはネットリストどちらを使用するかは，Pcbnew内部で選択します．

Pcbnewは，.netファイルに対応する.cmpファイルが見当たらない場合には，.netファイルの中にあるコンポーネントプリント/リファレンスを使用します．しかし，.cmpファイルを使う方が望ましいでしょう．なぜなら，設計者がPcbNewからフットプリントの割当てを変える場合には，対応する.cmpファイルも更新されるかもしれないからです．

2.5 回路図の作成と編集

2.5.1 はじめに

回路図は1枚のシートのみを使用しても作成可能ですが，規模の大きな回路図の場合は複数のシートで構成することもできます．

回路図が複数のシートから構成される場合を階層構造と呼び，構成するすべてのシート（各シートはそれぞれ一つのファイルから成っています）がEeschemaのプロジェクトを構成することになります．複数シートで構成されるプロジェクトは"ルート"と呼ばれるメインの回路図と，階層を構成するサブシートから成っています．

プロジェクトを構成するファイルをすべて正しく認識させるためには，これから説明する図面作成のルールに従う必要があります．

以下では，プロジェクトについての説明は，単一シートで構成される回路図と，階層構造の複数シートから構成される回路図の両方の説明をします．また，追加のスペシャルセクションでは，階層構造についてその性質と使い方を解説します．

2.5.2 基本的な検討事項

EeSchemaを使う回路図設計は，単なる回路図画像の描画に留まりません．この回路図設計は，開発フローのスタートとなります．

- 回路図の誤りや欠落の検出
  （ERC：Electrical Rules Check）
- 部品表（BOM：Bill Of Material）の自動生成
- Pspiceなどの回路シミュレータのためのネットリスト生成
- Pcbnewを利用したプリント基板設計のためのネットリスト生成 － 回路図とプリント基板間の整合性チェックは自動的に，リアルタイムで行われる

これらすべての機能を利用するためには，回路図設計計時にルールを守る必要があります．

回路図は主にワイヤ，ラベル，ジャンクション，バス，電源から構成されます．また，回路図を見やすくするためにバスエントリ，コメント，破線などのグラフィック要素も配置できます．

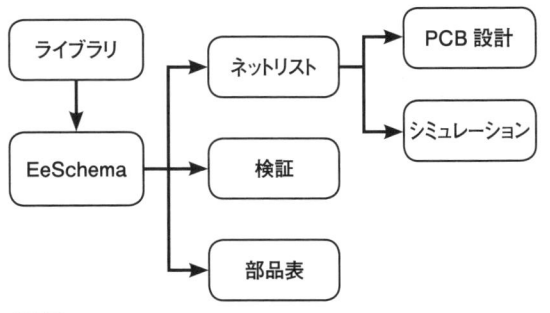

図26

2.5.3 開発フロー（図26）

回路図設計ソフトウェアは，コンポーネントライブラリ（部品ライブラリ）を利用しています．別の設計ソフトから利用するためには，回路図設計ファイルに加えてネットリストも重要となります．

ネットリストは回路図の情報をもとに，コンポーネント間の接続情報を提供するものです．

ネットリストのフォーマットには膨大な種類が存在します．中にはSpice形式のネットリストなど，一般的に多く使われている形式もあります．

2.5.4 コンポーネントの編集と配置

● コンポーネントの検索と配置

このアイコンから，回路図にコンポーネントをロードします．描画したい位置をクリックし，そのコンポーネントを配置します．下記の"コンポーネント選択"ダイアログ・ボックスでは，ロードするモジュールの名前を指定することができます（図27）．

このダイアログ・ボックスには，最近利用されたコンポーネントも表示されます．

"*"を入力するか，または"全てのリスト"ボタンをクリックすることで，使用可能なすべてのライブラリの一覧を表示します．

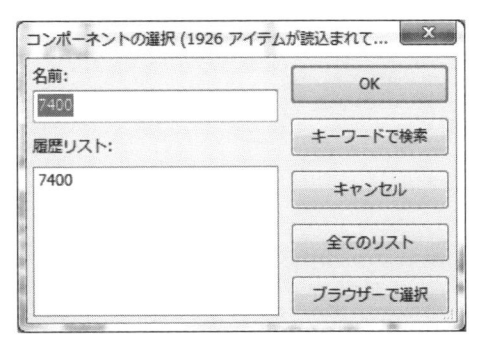

図27

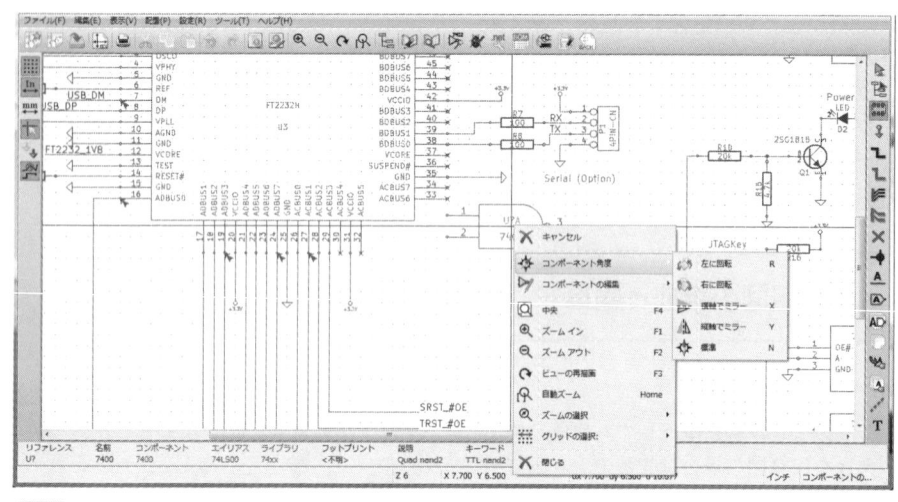

図28

　また，条件を指定してリストを絞り込むことができます．例えば，"LM2*"と入力すると，LM2から始まる名前のすべてのコンポーネントが表示されます．
　選択したコンポーネントは，配置モードで画面に表示されます．
　左クリックでコンポーネントを目的の位置に配置する前に，右クリックで表示されるメニューを利用し，90度ごとにコンポーネントを回転させたり，あるいは横軸，縦軸でのミラーとすることができます．これらの変更は，部品を配置した後でも簡単に行うことができます．
　もし必要なコンポーネントがライブラリに存在しなかった場合でも，同じようなコンポーネントロードし編集することができます．例えば，ライブラリに存在しないコンポーネント"54LS00"を配置したい場合，まず74LS00をロードし，74LS00の名前を54LS00へ変更することができます．
　配置中のコンポーネントは次のようになります

（図28，図29）．

● 電源ポート

　電源ポートもコンポーネントの一つです（"power"ライブラリに分類されています）．よって，これまで説明したコンポーネントの配置と同じ手順で配置することができます．しかし，これら電源ポートは頻繁に配置されるものなので，アイコンのツールを利用することで簡単に配置することができます．このツールは直接"power"ライブラリを参照するため，毎回"power"ライブラリまでコンポーネントを辿る手間を省くことができます．

● 配置されたコンポーネントの編集と修正

　コンポーネントの編集や修正は，下記の2種類に分類されます．

- コンポーネントそのものの編集（部品の位置や向き，複数部品からなる部品ひとつの選択）
- コンポーネントのフィールドの修正（参照番号，定数など）

　コンポーネントが配置された直後は，必要に応じてそれらの部品定数を設定します（特に抵抗やコンデンサなど）．しかし，コンポーネントを配置した直後に部品の参照番号の割当てを行ったり，あるいは7400のような複数部品からなるコンポーネント内の部品番号を設定したりすることは無駄になってしまうかもしれません．
　これらコンポーネントの参照番号や部品番号は，アノテーション機能を使うことで後から自動的に割り振ることができるのです．

▶ コンポーネントの変更

　マウス・カーソルをコンポーネント上（定数などの

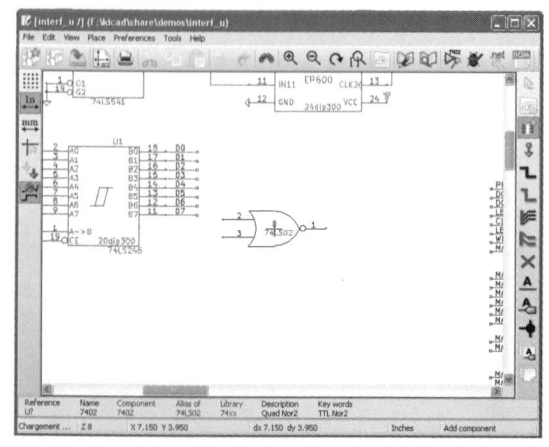

図29

フィールド以外の場所)へ移動させ，以下のいずれかの操作をすることでコンポーネントのプロパティを編集することができます．

- コンポーネントをダブル・クリックし，すべてのプロパティを編集することができるダイアログ・ボックスを開く
- 右クリックしポップアップ・メニューを出し，表示された編集コマンドを選択する（移動，回転，編集，削除など）

▶テキストフィールドの編集

参照記号や定数，位置，向き，フィールドの可視範囲などの設定を変更することができます．以下のいずれかの手順で簡単に変更可能です．

- テキストフィールドをダブル・クリックし編集する
- 右クリックしポップアップ・メニューをに表示されたコマンドを使用（移動，回転，編集，削除）

フィールドに関するすべてのプロパティを編集する場合や，新たにフィールド項目を作成する場合には，コンポーネントをダブル・クリックし，"コンポーネントプロパティ"ダイアログ・ボックスを表示させます（図30）．

コンポーネントの角度などの編集や，フィールドの編集，追加，削除を行うことができます．

それぞれのフィールドについて，表示/非表示や表示方向を設定することができます．表示位置に関する設定は，（回転やミラー表示する前の）コンポーネントの配置座標からの相対的な座標で指定されます．

"ライブラリのデフォルト値にリセット"ボタンを利用することで，各フィールドの向きやサイズ，位置が初期化されます．しかし，回路図情報を壊してしまう可能性があるため，フィールドのテキスト内容は変更されません．

2.5.5 ワイヤ，バス，ラベル，電源ポート

● はじめに

これらの要素は画面右に縦表示されているツールバーを利用して配置することができます．

このツールバーの機能を以下に示します．

- ワイヤの配置：通常の接続配線
- バスの配置：回路図を見やすくするために，バス配線をまとめラベルを用いて接続
- ラインかポリゴンを配置：図面を見やすくするために用いる
- ジャンクション（接続点）の配置：ワイヤやバスの交差点で，それぞれの接続を指示
- バスエントリにワイヤを配置：回路図を見やすくするために，バス配線から1信号分のワイヤを引き出す
- ネット名の配置（ローカルラベル）：通常の配線同士の接続に用いる
- グローバルラベルの配置：シート間での配線接続に用いる
- 図形テキスト（コメント）を配置：コメント用に用いるテキスト
- "空き端子フラグを配置"：何も接続しない空き端子やピンに設定するためのシンボル
- 階層シートの作成：階層シートを作成し，階層間を接続

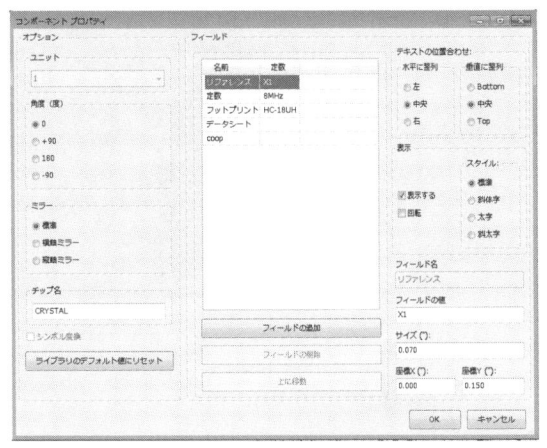

図30

● 接続（ワイヤとラベル，図31）

接続を確立する方法は二つあります．

- ピン間のワイヤ
- ラベル

図31はこれら2種類の接続方法を示します．

注1：ラベルが示す点は，ラベル一文字目の左下になります．この点は，ワイヤに接しているか，あるいはピンの接続位置でなければなりません．

注2：接続を確立するために，ワイヤの端を他のセグメントかピンへ接続します．

もしも配線やピンが重なりあった場合（ワイヤがピンを乗り越えた場合も含みます，ただしピンの接続点の場合を除く），これらは接続されません．しかしラベルの場合は，ラベルが指し示す位置がワイヤのどの位置であってもそのワイヤに接続していることになります．

注3：ワイヤ同士を，ワイヤの端以外の場所で接続する必要がある場合は，ワイヤの交差点にジ

図31

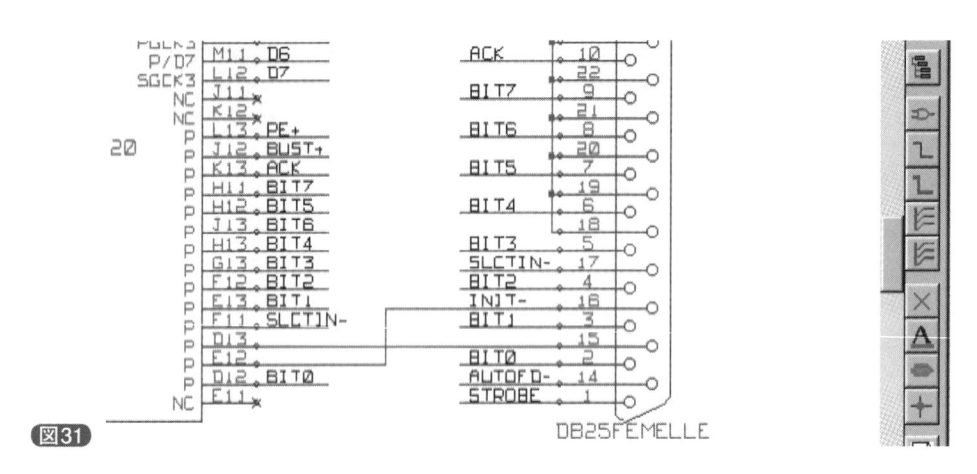

ャンクション(接続点)シンボルの配置が必要になります．

以前示した図(ワイヤがDB25FEMALEの22，21，20，19ピンに接続されているもの)では，このジャンクション(接続点)シンボルを利用しています．

注4：一つのワイヤに二つの異なるラベルが配置されている場合，これらラベルで示される両方の信号同士が接続されます．どちらか一方のラベルで接続されている他のすべての信号が，このワイヤに接続されるのです．

● 接続(バス)

図32に示す回路図を見てください．

多くのピン(特にコンポーネントU1，BUS1)がバスへ接続しています．

▶バスのメンバ

回路図を見やすくするために信号の集合体としてバスを利用し，接頭語＋数値というフォーマットで名前を付けています．これはマイクロプロセッサのバス以外にも利用できます．バスに含まれるそれぞれの信号は，バスのメンバとなります．上の図では，PCA0，PCA1，PCA2はPCAバスのメンバとなります．

バスそのものを指す場合は，PCA［N..m］のように呼びます．この場合，Nとmはバスの最初と最後のワイヤ番号になります．例えば，PCAバスに0から19までの20本のメンバがある場合，バスの呼び名はPCA［0..19］となります．しかしながら，PCA0，PCA1，PCA2，WRITE，READのような信号の集合の場合は，バスへ含めることができません．

▶バスのメンバ同士の接続

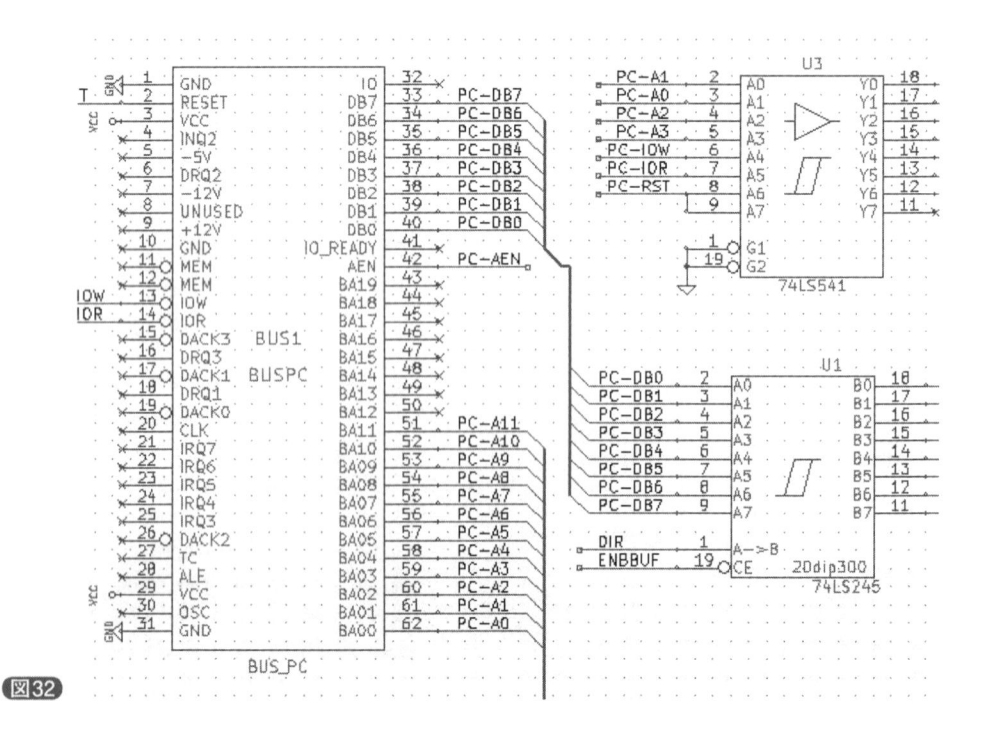

図32

ピン同士をバスの同一メンバを用いて接続する場合は，ラベルによって接続しなければなりません．バスは信号の集合体であるため，ピンにバスを直接接続してはいけません．Eeschemaはこのような接続を無視します．

上に示したような例では，ピンに接続しているワイヤへ配置されたラベルによってピン間が接続されます．バスワイヤへのバスエントリ部(45°曲がっているワイヤ部分)を経た接続はEeschemaの回路図としての意味はなく，外観上の見やすさを目的としたものとなります．

もしコンポーネントのピン番号が昇順で並んでいるのであれば(メモリやマイクロプロセッサなどで良く見かけます)，以下の手順のように繰り返しコマンド(Insertキー)を用いることで非常に速く接続を行うことができます．

● **最初のラベルを配置する(例えばPCA0)**

- 繰り返しコマンドを使用してメンバのラベルを配置する．Eeschemaは理論的に次のピン位置に相当する縦方向に整列した次のラベルを自動的に生成する(PCA1，PCA2，…)
- 最初のラベルの下にワイヤを配置する．同様に繰り返しコマンドを利用し，ラベルの下へワイヤを設置していく
- 必要に応じて，同じ方法を用いて(最初のエントリを配置し，繰り返しコマンドを使用する)バスエントリを配置してください

注：メニュー"設定"→"オプション"より，繰り返しに関するパラメータを設定することができます．

- アイテムを水平方向にリピート(横方向の間隔)
- アイテムを垂直方向にリピート(縦方向の間隔)
- ラベルのカウントアップリピート
 [2，3，…のようなインクリメント(加算)]

● **バスのシート間接続**

階層構造になっている回路図において，シート間で異なる名前のバス同士を接続する必要がある場合があります．この接続の手順を以下に示します．

バス PCA [0..15]，ADR [0..7]，BUS [5..10] は互いに接続されています(**図33**)(接続点に注意．縦方向のバスが横方向のバスの中央で接続されている)．より正確に言うならば，バスを構成する対応するメンバ同士が接続されます．例えば，PCA0 と ADR0 が接続されています(同様に，PCA1 と ADR1，…，PCA7 と ADR7)．さらに，PCA5 と BUS5 と ADR5 も接続されています(PCA6 と BUS6 と ADR6，PCA7 と BUS7

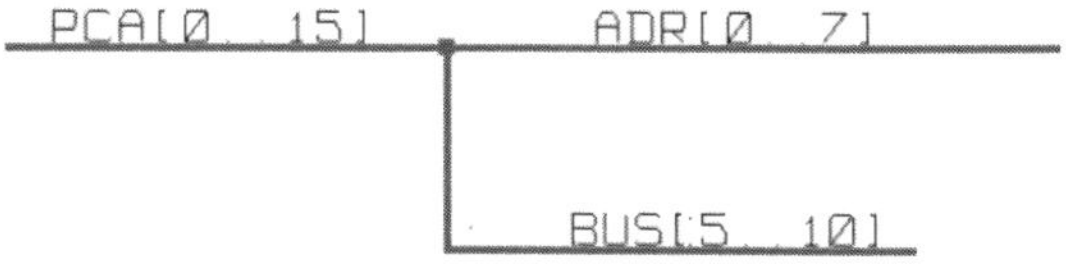

```
PCA[0..15]      ADR[0..7]


                BUS[5..10]
```

図33

と ADR7 も同様)．PCA8 と BUS8 も接続されることとなります(PCA9 と BUS9，PCA10 と BUS10 も同様)．

一方，この方法では異なる数値を持つメンバ同士は接続されません．異なるバスを，異なる数値同士のメンバを接続したい場合は，接続したいバスのメンバにラベルを設定し，同じワイヤ上にそれら二つのラベルを置きます．

● **電源ポートの接続**

コンポーネントに電源ピンがある場合も，他の信号と同様に接続する必要があります．

通常時に電源ピンが見えていないコンポーネント(例えばゲートやフリップフロップ)は少し厄介です．難点は以下の二つです．

- 電源ピンが非表示であるため，ワイヤを接続できない
- 電源ピンの名前が分からない

これら電源ピンの設定を可視に変更し接続することはあまり良い方法とは言えません．これをしてしまうと，回路図が読みにくくなってしまい，また普通の回路図の慣習に反することになってしまいます．

▶注：これらの非表示となっている電源ピンを表示させたい場合は，メインメニューから"設定"→"オプション"をたどるか，左側ツールバー(オプションツールバー)のアイコン をクリックし，"非表示ピンの表示"オプションをチェックします．

Eeschemaは，これら非表示の電源ピンを自動的に接続します．

同じ名前のすべての非表示の電源ピンは，通知なしで自動的に接続されます．

しかし，これらの自動接続も少し手で補う必要があります．

▶他の可視状態の同名ピンへの接続によって，電源ポートへ接続されます．

▶異なる名前の非表示電源ピンは，別々のグループとなり相互での接続はされません(例えば，TTLデバイスの"GND"ピンと，MOSデバイスの"VSS"ピンは同じGNDに接続する必要がある場合でも，互いに接続されない)．

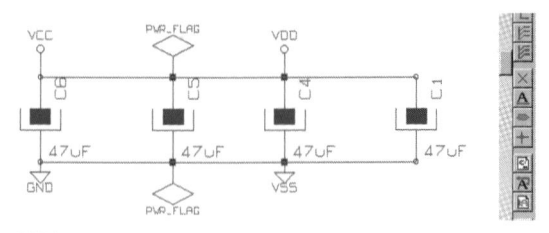

図34

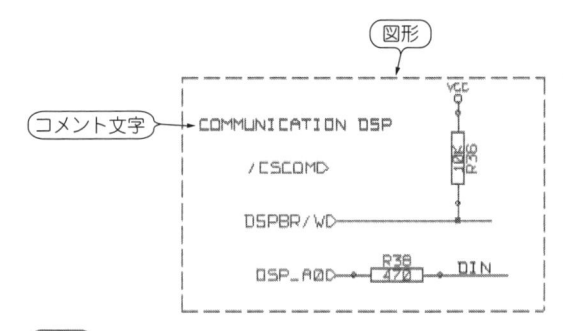

図35

図36

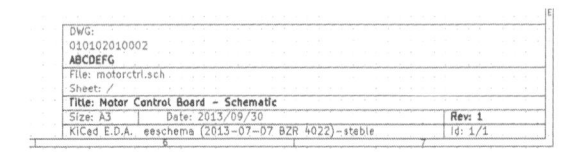

図37

これらを接続するために，電源ポートシンボルを使います（このためのコンポーネントが準備されており，ライブラリエディタを使用することで新たなシンボルの作成や編集を行うことができる）．

これらシンボルは，回路図にふさわしい記号と，非表示の電源ピンで構成されています．

ラベルは局所的な接続機能しかないため，ラベルを利用して電源ピンを接続しないでください．またラベルは非表示の電源ピンは接続できません（詳細は"hierarchy concepts"の章を参照してください）．

図34は，電源ポートの接続例です．

この例では，GNDとVSS，VCCとVDDが接続されています．

二つのPWR_FLGAシンボルがあります．これは，二つの電源ポートVCCとGNDが本当に電源に接続されているかを示すものです．これら二つのフラグをつけない場合，ERCは「Warning: power port not powered」という診断結果を出力します．

これらすべてのシンボルは，コンポーネントとして"power"ライブラリに収められています．

● 空き端子シンボル

この空き端子用シンボルは，ERCチェック時に不要な警告を出さないようにするために利用されるものです．ERCを利用する際に，接続忘れの空きピンの発見を確実にすることができます．

この空き端子シンボル（ツール✕）を配置することで，そのピンを無接続の空き端子とすることができます．しかし，このシンボルは生成するネットリストに影響は与えません．

2.5.6 回路図作成に関する補足

● テキストコメント

テキストや図枠（フレーム）を配置することで，回路図が見易くなります．図形テキスト（コメント）ツール（T）と図形ラインかポリゴンを設置ツール（✎）はラベルやワイヤとは違い素子同士の接続を行いません．

図形コメントの例を図35に示します．

▶ シートの表題欄（タイトルブロック）

表題欄は，のツールで編集することができます（図36）．

完全な表題欄は図37のようになります．

日付やシート番号（Sheet X/Y）は以下のタイミングで自動更新されます．

- 日付（Date）：そのシートを変更したとき
- シート番号（Sheet Number，階層の時に役立つ）：アノテーションを実行したとき

2.6 階層回路図

2.6.1 はじめに

シート数が2〜3枚で済まないようなプロジェクトには，階層的表現を用いるのが一般的によい解決策となります．この種のプロジェクトを管理したい場合，次のことが必要になります．

- 大きなサイズのシートを使用する．その場合，印刷と取り扱いの問題が生じます
- シートを数枚使用する．これは階層構造に至ります

この時，完全な回路図は，ルートシートというメインの回路図シートおよび階層を構成するサブシートというものになります．さらに，設計を個別のシートにうまく分割すると可読性が改善されます．

ルートシートからすべてのサブシートを辿ることができなければなりません．Eeschemaには，右上のツールバーのアイコン で使用可能な統合"階層ナビゲーター"があり，階層回路図の管理が非常に簡単です．

階層は2種類あり，これらは共存可能です．一つ目は，すでに開いていて普通に使用するものです．二つ目は，回路図上の従来のコンポーネントのような外観をしたコンポーネントをライブラリ内で作成するというものですが，それは実際にはコンポーネントの内部構造を記述した回路図に対応します．

この二つ目のタイプは集積回路を開発するために使用します．それは，作成中の回路図で機能ライブラリを使用しなければならないからです．

Eeschemaは現在この第2のケースには対応していません．

階層は次のようなものです．

- 単一：任意のシートを一度だけ使用する
- 複合：任意のシートを2回以上使用する
  （複数の実体）
- 平（Flat）：単一の階層であるが，シート間の接続は記述されない

Eeschemaはこれらすべての階層を扱うことが可能です．

階層回路図の作成は簡単です．階層全体はルート回路図から始まるように管理され，ただ一つの回路図しかないように見えます．

次の二つの重要なステップを理解する必要があります．

- サブシートの作成方法
- サブシート間の電気的な接続方法

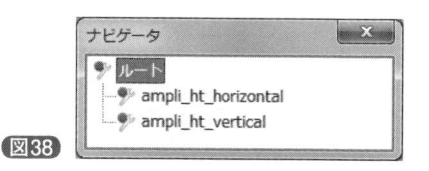

図38

2.6.2 階層内のナビゲーション

水平ツールバー上の ボタンでナビゲータ・ツールが使用できるため，サブシート間のナビゲーションは非常に簡単です（図38）．

シート名をクリックすると，そのシートに移動可能になります．すばやく移動するには，シート名を右クリックし，シートに入るを選択します．

右垂直ツールバーの ツールにより，ルートシートあるいはサブシートに素早く移動可能です．ナビゲーションツールを選択後に以下の操作を行います．

- シート名をクリックしてそのシートに移動する
- それ以外の場所をクリックしてメインシートに移動する

2.6.3 ローカル，階層およびグローバルラベル

● プロパティ

ローカルラベル（ ツール）は，あるシート内のみで信号を接続しています．階層ラベル（ ツール）は，あるシート内のみで信号を接続し，また親シートに配置された階層ピンに接続されています．

グローバルラベル（ ツール）は階層全体にわたって信号を接続しています．非表示の電源ピン（"power in"および"power out"タイプ）は，全階層にわたって互いに接続されているように見えるので，グローバルラベルに似ています．

● 注

ある階層内で（単一または複合）階層ラベルとグローバルラベルの両方またはそのどちらかを使用可能です．

2.6.4 ヘッドラインの階層作成

次のことをする必要があります．

- "シートシンボル"という階層シンボルをルートシート内に配置する
- ナビゲータを使用して新規回路図（サブシート）に入り，他の回路図と同様にそれを作成する
- 新しく作成した回路図（サブシート）にグローバルラベル（HLabels）を配置して二つの回路図間に電気的接続を作成する．また，シートラベル（SheetLabels）という同じ名前を持つラベルをル

図39

ートシートに配置する．これらのシートラベルはルートシートのシートシンボルや標準的なコンポーネントピンのような他の回路図要素に接続される

2.6.5 シートシンボル

対角上の2点を指定して矩形を作成し，それによりサブシートを表します．

この矩形のサイズは，サブシート内のグローバルラベル（HLabels）に対応した特定のラベルや階層ピンを後で配置可能なものでなければなりません．

これらのラベルは通常のコンポーネントピンに似ています．▢ツールを選択します．

クリックして矩形の左上角を配置します．矩形が十分な大きさとなったら再度クリックして右下角を配置します．

▶ 例（図39）

この時，このサブシートのファイル名とシート名の入力が要求されます．階層ナビゲータを使用し，対応する回路図に移動するため，少なくともファイル名の入力が必要です．シート名がない場合，ファイル名がシート名として使用されます（そうするのが普通）．

2.6.6 接続-階層ピン

たった今作成したシンボル用の接続点（階層ピン）をここで作成します．

これらの接続点は通常のコンポーネントピンと似ていますが，ただ一つの接続点で完全なバス接続を行うことが可能です．

それを行うには，次のように二つ方法があります．

- 必要なピンをサブシート作成前に配置（手動による配置）
- 必要なピンおよびグローバルラベルをサブシート作成後に配置（半自動配置）

二つ目の方法が非常に好ましいです．

▶ 手動配置

- ツールを選択する
- このピンを配置したい階層シンボルをクリックする

"CONNEXION"という名前の階層ピンを作成する例

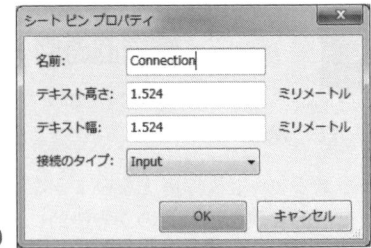

図40

は以下を参照してください（図40）．

このピンシート（右クリックしてポップアップ・メニューの編集を選択します）を編集して，グラフィカルな属性とサイズの定義が可能です．後でそうすることも可能です．

さまざまなピンシンボルが使用可能です．

- 入力（Input）
- 出力（Output）
- 双方向（BiDir）
- トライステート（Tri State）
- 指定なし（Not Specified）

これらのピンシンボルは単なるグラフィカルな強調で，それ以外の役割はありません．

▶ 自動配置

- ツールを選択する
- 階層シンボルをクリックし，そこからグローバルラベルに対応するピンをインポートして対応する回路図に配置する．新しいグローバルラベルが存在する場合，つまり，配置済みのピンに対応したものでないなら，階層ピンが現れる
- このピンを配置したい場所でクリックする

必要なすべてのピンはエラーなく速やかに配置することが可能です．それらの外観はグローバルラベルと一致しています．

2.6.7 接続-階層ラベル

作成したシートシンボルの各ピンはサブシート内の階層ラベルというラベルと一致していなければなりません．階層ラベルはラベルと似ていますが，サブシートおよびルートシート間の接続を行います．その二つの相補的なラベル（ピンおよびHLabel）のグラフィカルな表示は似ています．階層ラベルの作成は▢ツールで行います．

ルートシートの例は図41を参照してください．

ピンTRANSF1とTRANSF2がコネクタJP3に接続されていることに注意してください．

サブシート内でのそれに対応する接続は図42のようになります．

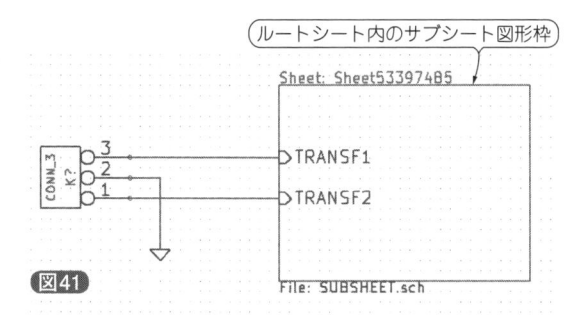

図41 ルートシート内のサブシート図形枠

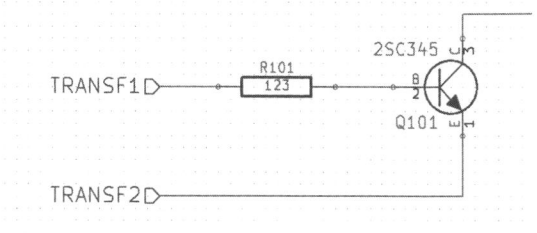

図42

二つの階層シート間の接続を成す二つの対応する階層ラベルがあるのがさらに分かります.
▶注
　二つのバスを接続するには，階層ラベルおよび階層ピンを使うことが可能です．この時，既述の構文(Bus[N..m])に従います．

● ラベル，階層ラベル，グローバルラベルおよび非表示電源ピン
　ワイヤによる接続以外に，接続を行うさまざまな方法について説明します．
▶単純ラベル
　単純ラベルは接続に関してローカルな性質があります．つまり，それが配置されている回路図シートに制限されます．これは次の事実によるためです．

- 各シートにはシート番号が存在する
- このシート番号はラベルに関連付けられている

　そのため，シート番号3にラベル"TOTO"を配置した場合，実際のラベルは"TOTO_3"です．シート番号1(ルートシート)にラベル"TOTO"を配置した場合，実際には"TOTO_3"ではなく"TOTO_1"というラベルを配置したことになります．これはシートが一つしかない場合でも常にそのようになります．
▶階層ラベル
　単純ラベルで言えることは階層ラベルにも当てはまります．
　このため，同一シート内で，HLabelの"TOTO"はローカルラベル"TOTO"に接続されていると見なされますが，別のシートのHLabelあるいは"TOTO"というラベルには接続されません．
　しかし，HLabelはルートシートに配置された階層シンボル内の対応するシートラベルシンボルに接続されていると見なされます．
▶非表示電源ピン
　非表示の電源ピンは，同一名であるならそれらが互いに接続されていました．このため，"Invisible Power Pin"として宣言されているVCCという名前のすべての電源ピンは，それが置かれているどのシート

でもそれらが互いに接続され同電位のVCCを形成します．
　このことは，あるサブシートにVCCラベルを配置した場合，そのラベルがVCCピンには接続されないということを意味します．それは，このラベルが実際にはVCC_nであるからです．ここでnとはシート番号です．
　このVCCラベルを同電位のVCCに実際に接続したいなら，VCC電源ポートにより非表示電源ピンにそれを明示的に接続する必要があります．

● グローバルラベル
　同一名のグローバルラベルは階層全体にわたって互いに接続されています．
　(VCC...のような電源ラベルはグローバルラベルです)

2.6.8　複合階層

　一例を示します．同じ回路図が2回使用されています(二つの実体)．二つのシートのファイル名が同じなので("other_sheet.sch")，二つのシートは同じ回路図を共有します．しかし，シート名は異なっていなければなりません(図43)．

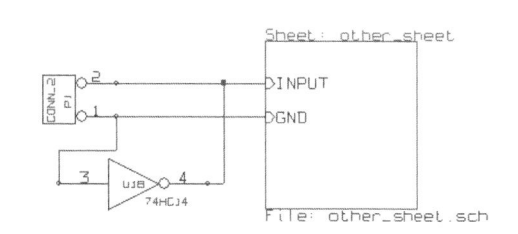

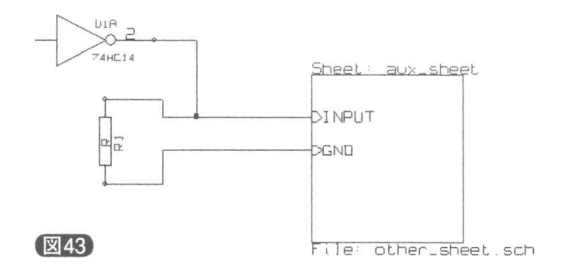

図43

2.6　階層回路図

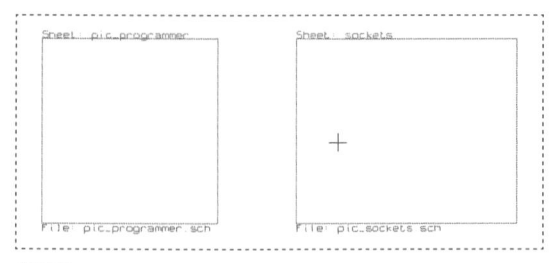

図44

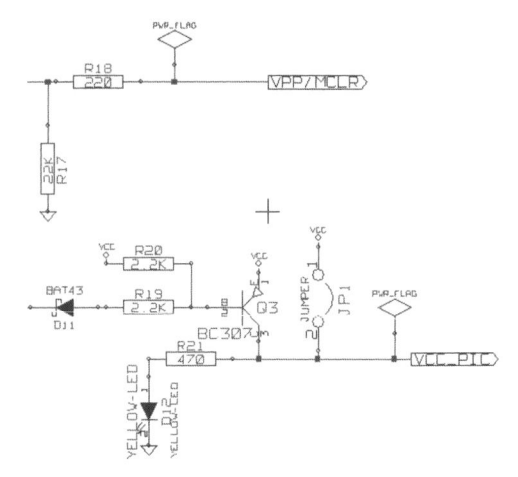

図45

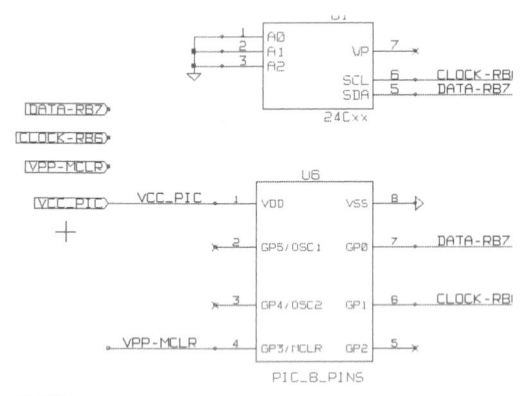

図46

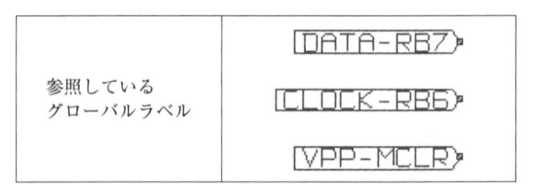

図47

2.6.9 平階層

シート間の接続を作らずに［平（ヒラ）階層］，シートを多数使うプロジェクトの作成が可能です．それには次のルールを順守してください．

- ルートシートを作成し，他のすべてのシートをそれに含める．ルートシートはシート間のリンクとして機能する
- 明示的な接続はまったく必要がない
- シート間のすべての接続には，階層ラベルではなくグローバルラベルを使用する

ルートシートの例を**図44**に示します．

2ページあり，それらはグローバルラベルで接続されています（**図45**, **図46**, **図47**）．

2.7 アノテーションツール

2.7.1 はじめに

アノテーションツールを用いることで，回路図中のコンポーネントに自動的に参照番号（Ref番号）を割当てることができます．複数部品からなるコンポーネントについては，使用パッケージ数が最小になるように部品番号を割り当てます．アノテーションツールは，アイコンをクリックすることで利用できます．アノテーションツールのメイン・ウィンドウは**図21**, p.122を見てください．

次に示すように，さまざまな利用方法があります．

- すべてのコンポーネントをアノテート（「既存のアノテーションをリセット(R)」を選択）
- 新しく追加したコンポーネントのみをアノテート（「既存のアノテーションをキープ(k)」を選択）
- 全階層をアノテート（「すべての回路図，階層を使用(e)」を選択）
- 現在のシートのみをアノテート（「現在のページのみ使用(p)」を選択）

「アノテーションの順番」オプションでは，それぞれのシート内での番号の振り方を指定することができます．

特別な場合を除いて，以前のアノテーション結果を修正しない場合は，プロジェクト全体（すべてのシート）と新しいコンポーネントが自動アノテーションの対象となります．

「アノテーションの選択」オプションでは，参照番号の計算方法を指定します．

- 回路図中の最初の空き番号から使用する：コンポーネントは（各部品記号につき）1から参照番号が振られる．前回のアノテーションをキープする場合は，使われていない番号から利用される

図48

図49

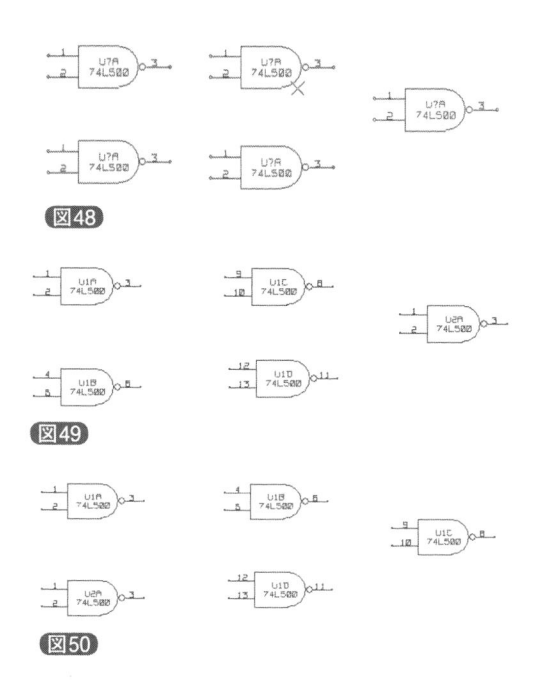

図50

- シートのRef番号を*100から開始し，最初の空き番号から使用する：シート1では101から，シート2では201から参照番号が振られる．それぞれの部品記号（UやR）が1シート内で99を超えてしまった場合は，継続して200以降の参照番号が利用され，シート2では200番台の最初の空き数字から参照番号が振られる
- シートのRef番号を*1000から開始し，最初の空き番号から使用する：シート1では1001から参照番号が振られ，シート2では2001から参照番号が振られていく

2.7.2 例

● アノテーション順序

部品配置後，未だ参照番号が振られていない五つの素子を例とします．

アノテーションを実行すると，図48のような結果が得られます．

コンポーネントをX位置でソートした場合は図49のような結果が得られます．

コンポーネントをY位置でソートした場合は図50のような結果が得られます．

これらアノテーションにより，74LS00の四つのゲートがU1パッケージにまとめられ，5番目のゲートが次のU2へ分類されました．

● アノテーションの選択

図51は，部品をシート2に配置し，「回路図中の最

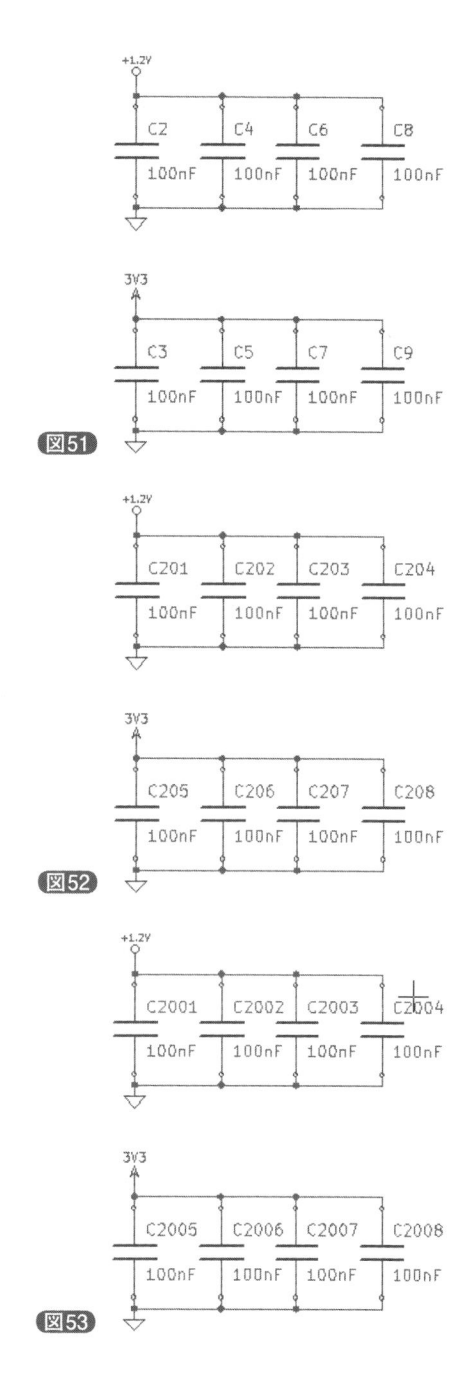

図51

図52

図53

初の空き番号から使用する」オプションを利用してアノテーションを行ったものです．

「シートのRef番号を*100から開始し，最初の空き番号から使用する」オプションを利用しアノテーションを行うと，図52のようになります．

「シートのRef番号を*1000から開始し，最初の空き番号から使用する」オプションを利用した場合は，図53のようになります．

2.7 アノテーションツール 135

2.8 ERC（電気的ルールチェック）による設計検証

2.8.1 はじめに

ERC（電気的ルールチェック）ツールは回路図の自動チェックを実行します．ERCは，未接続ピン，未接続の階層シンボル，出力のショートなどのようなシート内のすべてのエラーをチェックします．当然ながら，自動チェックは絶対確実なものではありませんし，設計エラーを検出可能なソフトウェアは100%完全ではありません．そのようなチェックは多くの見落としや小さな間違いを検出可能なので非常に便利です．

検出された全てのエラーをチェックし，先に進む前に正常な状態になるよう修正する必要があります．ERCの質はライブラリ作成中に，ピンの電気的なプロパティをどれだけ細かく指定したかに直接関係します．ERCの出力は"エラー"または"警告"として報告されます（図22，p.123参照）．

2.8.2 ERCの使用法

アイコン![icon]をクリックするとERCを開始します．

警告は，ERCエラー（ピンまたはラベル）を出力しながら回路図要素上に配置されます．

▶注

- このダイアログ・ウィンドウ内でエラーメッセージをクリックすると，回路図内のそれに対応するマーカーに移動することができる
- 回路図中に表示されたマーカーを右クリックすることで，診断結果のメッセージへアクセスすることができる

回路図内でマーカーを右クリックしてそれに対応する診断メッセージにアクセスします．

2.8.3 ERCの例（図54）

エラーが四つ見られます．

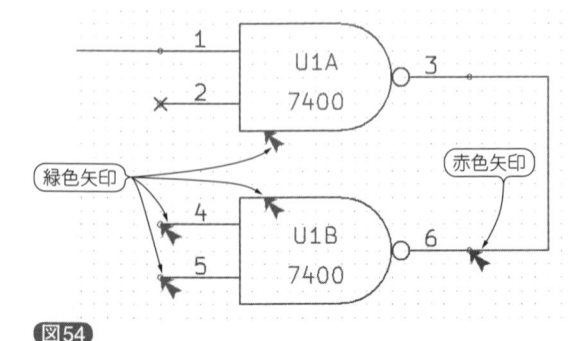

- 2本の出力が誤接続されている（赤色の矢印）
- 入力が2本未接続のままである（緑色の矢印）
- 非表示電源ポートのエラーで，電源フラグがない（上部に緑色の矢印）

2.8.4 診断結果の表示

マーカーを右クリックして，ポップアップメニューでERCマーカー診断（diagnostic）ウィンドウが使用可能になります（図55）．

そこで，マーカーエラー情報をクリックするとエラーの内容が表示されます（図56）．

2.8.5 電源および電源フラグ

電源ピンにエラーまたは警告を出すのは一般的です．たとえ，すべて正常のように思われるとしてもです．上の例を参照してください．大抵の設計では電源はコネクタによって供給されますが，そのコネクタは（電源出力として宣言されているレギュレータ出力のような）電源ではありません．

このためERCは，電源出力ピンを検出してこの配線を操作するということはせず，電源で駆動されていないものと判断します．

この警告を避けるには，そのような電源ポートに"PWR_FLAG"を配置しなければなりません．次の例を参照してください．

このようにすると，エラーマーカーが消えます．

図54

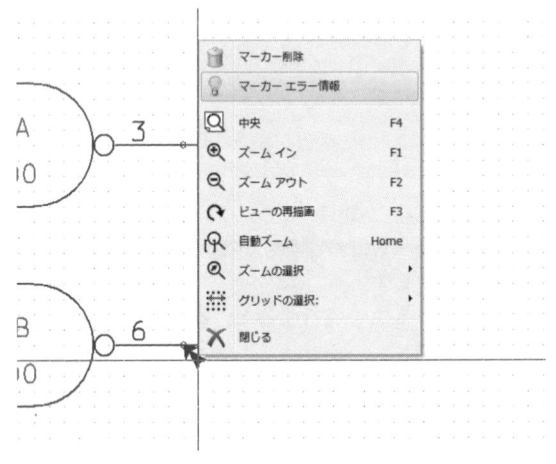

図55

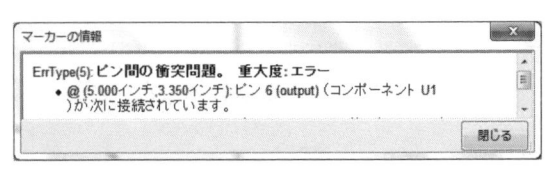

図56

大抵の場合，PWR_FLAGはGNDに接続されていなければなりません．それは普通，レギュレータは電源出力として宣言された出力を持ちますが，グラウンドピンは電源出力ではなく（通常の属性は電源入力），その結果グラウンドはPWR_FLAGがなければ電源に接続されたことにはならないからです（図57）．

2.8.6 ルールの設定

オプションパネルで接続ルールを設定し，エラーおよび警告チェックのための電気的条件を定義します．図23，p.123を見てください．

マトリクス内の必要な四角形をクリックすると，ノーマル■，警告W，エラーE の選択がサイクリックに切り替わります．これによりルールの変更が可能です．

2.8.7 ERCレポート・ファイル

オプションのERCレポートの作成にチェックを付けると，ERCレポート・ファイルの生成と保存が可能です．ERCレポートのファイル拡張子は，.ercです．ERCレポート・ファイルの例を示します．

2.9 ネットリストの作成

2.9.1 概要

ネットリストはコンポーネント間の接続を記述したファイルです．ネットリストのファイルには，次のものが含まれます．

- コンポーネントのリスト
- 等電位ネットというコンポーネント間の接続のリスト

さまざまなネットリストのフォーマットが存在します．コンポーネントのリストと等電位リストが二つの別々のファイルであることもあります．回路図入力（capture）ソフトウェアの使用においては，このネットリストが基本となります．それはネットリストが次のような他の電子系CADソフトウェアとのリンクとなるからです．

- PCBソフトウェア
- 回路およびPCBシミュレータ
- CPLD（および他のプログラマブルICの）コンパイラ

Eeschemaはネットリストのフォーマットを数種サポートしています．

- PCBNEWフォーマット（プリント配線）

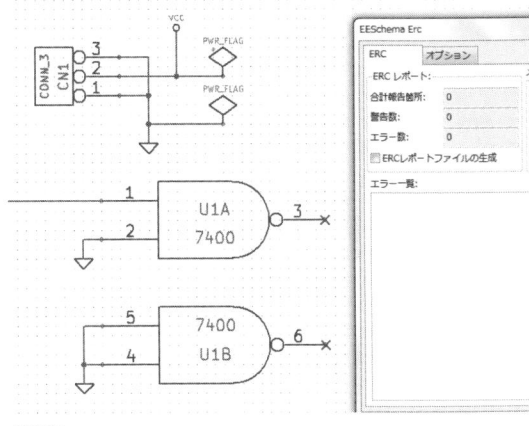

図57

- ORCAD PCB2フォーマット（プリント配線）
- CADSTARフォーマット（プリント配線）
- さまざまなシミュレータ用のSpiceフォーマット（Spiceフォーマットは他のシミュレータにも使用される）

2.9.2 ネットリスト・フォーマット

.netツールを選択し，ネットリスト作成ダイアログボックスを開きます．
▶Pcbnewを選択（図58）
▶Spiceを選択（図59）

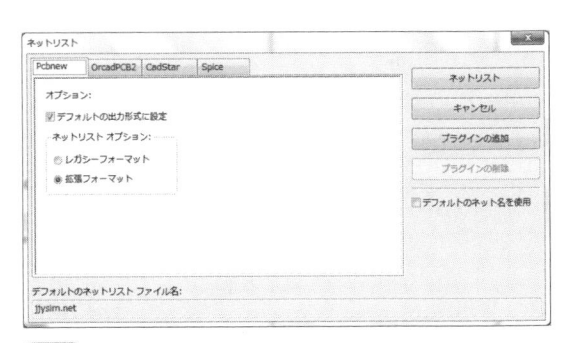

図58

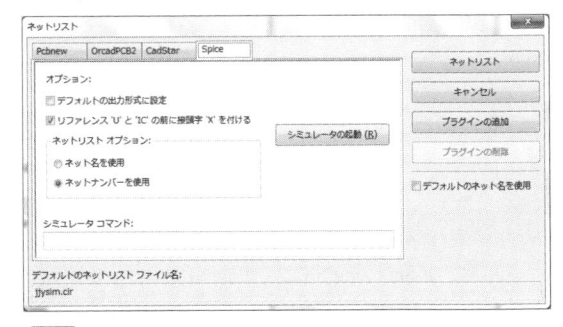

図59

図60

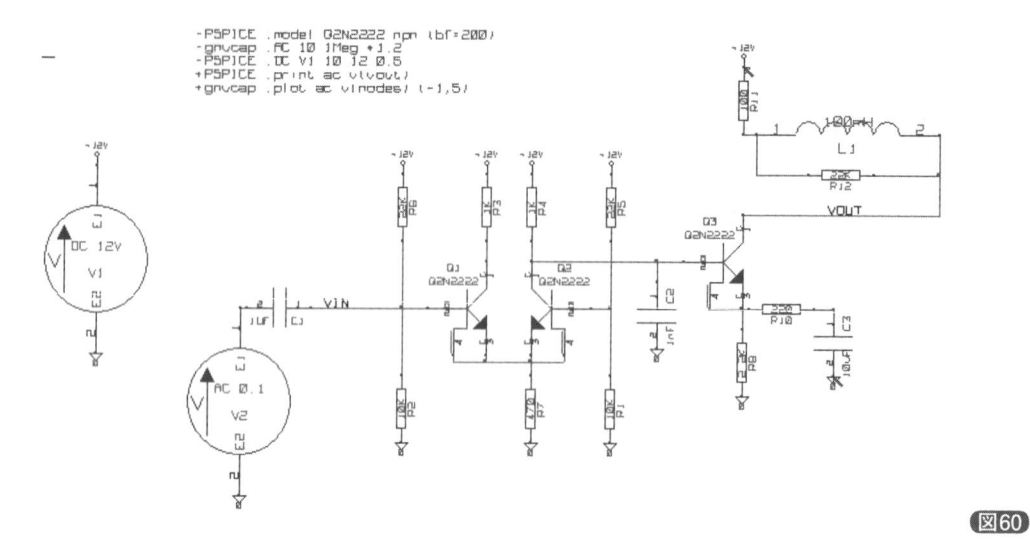

それぞれのタブで希望するフォーマットを選択できます．Spiceフォーマットでは，等電位の名称（その方が読みやすい）か，またはネット番号（Spiceの古いバージョンは番号のみ受け付ける）のどちらかでネットリストを生成することが可能です．

▶注

大きなプロジェクトでは，ネットリストの生成に数分かかることがあります．

2.9.3 ネットリストの例

PSPICEライブラリを使用した回路設計は以下を参照してください．

Pcbnewネットリスト・ファイルの例です（リスト1）．

PSPICEフォーマットでは，ネットリストは次のようになります（リスト2）．

リスト1

```
# EESchema Netlist Version 1.0
generee le 21/1/1997-16:51:15
 (
 (32E35B76 $noname C2 1NF {Lib=C}
  (1 0)
  (2 VOUT_1)
 )
 (32CFC454 $noname V2 AC_0.1 {Lib=VSOURCE}
  (1 N-000003)
  (2 0)
 )
 (32CFC413 $noname C1 1UF {Lib=C}
  (1 INPUT_1)
  (2 N-000003)
 )
 (32CFC337 $noname V1 DC_12V {Lib=VSOURCE}
  (1 +12V)
  (2 0)
 )
 (32CFC293 $noname R2 10K {Lib=R}
  (1 INPUT_1)
  (2 0)
 )
 (32CFC288 $noname R6 22K {Lib=R}
  (1 +12V)
  (2 INPUT_1)
 )
 (32CFC27F $noname R5 22K {Lib=R}
  (1 +12V)
  (2 N-000008)
 )
 (32CFC277 $noname R1 10K {Lib=R}
  (1 N-000008)
  (2 0)
 )
 (32CFC25A $noname R7 470 {Lib=R}
  (1 EMET_1)
  (2 0)
 )
 (32CFC254 $noname R4 1K {Lib=R}
  (1 +12V)
  (2 VOUT_1)
 )
 (32CFC24C $noname R3 1K {Lib=R}
  (1 +12V)
  (2 N-000006)
 )
 (32CFC230 $noname Q2 Q2N2222 {Lib=NPN}
  (1 VOUT_1)
  (2 N-000008)
  (3 EMET_1)
 )
 (32CFC227 $noname Q1 Q2N2222 {Lib=NPN}
  (1 N-000006)
  (2 INPUT_1)
  (3 EMET_1)
 )
)
# End
```

リスト2

```
* EESchema Netlist Version 1.1
 (Spice format) creation date: 18/6/2008-08:38:03

.model Q2N2222 npn (bf=200)
.AC 10 1Meg *1.2
.DC V1 10 12 0.5

R12  /VOUT N-000003 22K
R11  +12V N-000003 100
L1   N-000003 /VOUT 100mH
R10  N-000005 N-000004 220
C3   N-000005 0 10uF
C2   N-000009 0 1nF
R8   N-000004 0 2.2K
Q3   /VOUT N-000009 N-000004 N-000004 Q2N2222
V2   N-000008 0 AC 0.1
C1   /VIN N-000008 1UF
V1   +12V 0 DC 12V
R2   /VIN 0 10K
R6   +12V /VIN 22K
R5   +12V N-000012 22K
R1   N-000012 0 10K
R7   N-000007 0 470
R4   +12V N-000009 1K
R3   +12V N-000010 1K
Q2   N-000009 N-000012 N-000007 N-000007 Q2N2222
Q1   N-000010 /VIN N-000007 N-000007 Q2N2222

.print ac v(vout)
.plot ac v(nodes)  (-1,5)

.end
```

2.9.4 注

● ネットリスト名の注意事項

ネットリストを使用する多くのソフトウェアツールは，コンポーネント名，ピン名，等電位名（equipotentials）あるいは他の名前に空白（space）の使用を認めません．ラベルあるいはコンポーネントやそのピンの名前と数値欄に空白を使用しないでください．

同様に，英数字以外の特殊文字の使用は問題を生じる可能性があります．この制限はEeschemaとは無関係ですが，ネットリストを使用する他のソフトウェアがネットリスト・フォーマットを解釈できなくなる点に関わることに注意してください．

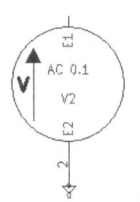

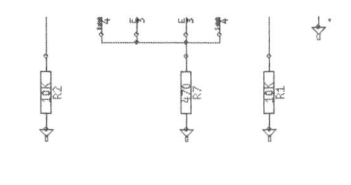

図61

```
Pspice directives using many one line texts
  -PSPICE .model Q2N2222 npn (bf=200)
  -gnucap .AC dec 10 1Meg *1.2
  -PSPICE .DC V1 10 12 0.5
  +PSPICE .print ac v(vout)
  +gnucap .plot ac v(nodes) (-1,5)

Pspice directives using one multiline text:
  +PSPICE .model NPN NPN
  .model PNP PNP
  .lib C:\Program Files\LTC\LTspiceIV\lib\cmp\standard.bjt
  .backanno
```

● PSPICEネットリスト

Pspiceシミュレータの場合，ネットリストの中にコマンド行（.PROBE，.ACなど）をいくつか含める必要があります（**図61**）．

回路図に含まれる-pspiceまたは-gnucapのキーワードで始まるテキスト行は，ネットリストの先頭に（キーワードがない状態で）挿入されます．

回路図に含まれる+pspiceまたは+gnucapのキーワードで始まるテキスト行は，ネットリストの先頭に（キーワードがない状態で）挿入されます．

1行テキストを複数使用する例（**リスト3**），複数行テキストを一つ使用する例です（**リスト4**）．

例えば，次のようなテキストを入力する場合はラベルを使用しないこと！．

-PSPICE .PROBE

.PROBEの行はネットリストに挿入されます．

前述の例ではこの方法でネットリストの先頭に3行，末尾に2行挿入されました．

複数行テキストを使用している場合，+pspiceまたは+gnucapのキーワードは1度だけ必要です（**リスト3**）．

上の場合，4行生成されます（**リスト4**）．

また，Pspiceの場合，等電位のGNDは0（ゼロ）という名前にしなければならないことに注意してくださ

リスト3

```
+PSPICE .model NPN NPN
.model PNP PNP
.lib C:\Program Files\LTC\LTspiceIV\lib\cmp\standard.bjt
.backanno
```

リスト4

```
.model NPN NPN
.model PNP PNP
.lib C:\Program Files\LTC\LTspiceIV\lib\cmp\standard.bjt
.backanno
```

い．

2.9.5 《プラグイン》を使用する他のフォーマット

他のネットリスト・フォーマットの場合には，ネットリストコンバータを追加することが可能です．Eeschemaはそれらのコンバータを自動的に起動します．コンバータの解説と例は14章にあります．

コンバータはテキストファイル（xslフォーマット）ですが，Pythonのような他の言語を使用することが可能です．xslフォーマットを使用する場合，ツール（xsltproc.exeあるいはxsltproc）はEeschemaが生成した中間ファイルと，コンバータファイルを読み込んで，出力ファイルを生成します．この場合，コンバータファイル（シートスタイル）は非常に小さく記述が容易です．

● ダイアログウィンドウの初期設定

プラグインの追加タブで，新規ネットリスト・プラグインを追加することが可能です．

PadsPcbプラグインのセットアップウィンドウです（図62）．

セットアップでは以下が必要です．

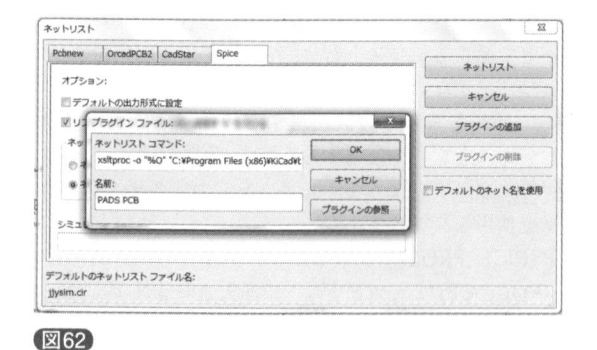

> ● 表題
> （例えば，ネットリスト・フォーマットの名前）
> ● 起動するプラグイン

ネットリスト生成時に以下のことを行います．
1. Eeschemaは中間ファイル*.tmpを生成します．例えば，test.tmpとします．
2. Eeschemaはプラグインを実行し，test.tmpを読み込み，test.netを生成します．

● コマンドラインフォーマット

xsltproc.exeを.xslファイルの変換ツールとして，ファイル netlist_form_pads-pcb.xslをコンバータのシートスタイルとして使用する例です（リスト5）．

各部の意味は次の通りです（表11）．

test.schという名前の回路図の場合，実際のコマンドラインは次の通りです（リスト6）．

● コンバータとシートスタイル（プラグイン）

これは非常に単純なソフトウェアです．なぜなら，その目的が入力テキストファイル（中間テキストファイル）を別のテキストファイルに変換するだけだからです．さらに，中間テキストファイルからBOMリストの生成が可能です．xsltprocを変換ツールとして使用すると，シートスタイルのみが生成されます．

● 中間ネットリスト・ファイル・フォーマット

xslprocについてのさらに多くの説明，中間ファイル・フォーマットの記述内容，各コンバータの場合のシートスタイルの例は2.14節を参照してください．

図62

リスト5

f:/kicad/bin/xsltproc.exe -o %O.net f:/kicad/bin/plugins/netlist_form_pads-pcb.xsl %I

表11

f:/kicad/bin/xsltproc.exe	xslファイルを読み込み，変換するツール
-o %O.net	出力ファイル：%Oで出力ファイルを定義
f:/kicad/bin/plugins/netlist_form_pads-pcb.xsl	ファイル名コンバータ（シートスタイル，xslフォーマット）
%I	Eeschemaが生成した中間ファイル（*.tmp）で置き換える

リスト6

f:/kicad/bin/xsltproc.exe -o test.net f:/kicad/bin/plugins/netlist_form_pads-pcb.xsl test.tmp.

2.10 プロットおよび印刷

2.10.1 はじめに

ファイルメニューから印刷とプロットの両コマンドの実行が可能です(図63).

サポートしている出力フォーマットはPOSTSCRIPT, HPGL, SVGおよびDXFです. 自分のプリンタで直接印刷することも可能です.

2.10.2 共通印刷コマンド

"すべてをプロット"は全階層(各シートごとに印刷ファイルを一つ生成する)をプロットします.

ページのプロットは現在のシートのみ印刷します.

2.10.3 HPGLのプロット

このコマンドによりHPGLファイルを作成します. このオプションはアイコンで使用可能です. このフォーマットでは, 以下を定義可能です.

- ペンナンバー
- ペン幅(0.001インチ単位)
- ペン速度(cm/S)
- シートサイズ
- 印刷オフセット

プロッタのセットアップダイアログ・ウィンドウは図64や図65のようなものです.

出力ファイル名はシート名に拡張子.pltを付加したものです.

● シートサイズ選択

通常は回路図の大きさにチェックが付きます. この場合, タイトルブロックメニューで定義されているシートサイズが使用され, その時のスケールは1になります. 異なるシートサイズ(A4〜A0あるいはA〜E)を選択すると, スケールが自動的に調整されてページにフィットします.

● オフセット調整

すべて標準的な寸法である場合, 可能な限り正確に描画を中央に配置するようオフセットの調整が可能です. プロッタは原点がシートの中央か左下角にあるので, 適切にプロットするために, オフセットを入力(introduce)可能であることが必要です.

一般的に言えることですが,

- シートの中央に原点を持つプロッタの場合, オフセットは負の値で, シート寸法の1/2に設定

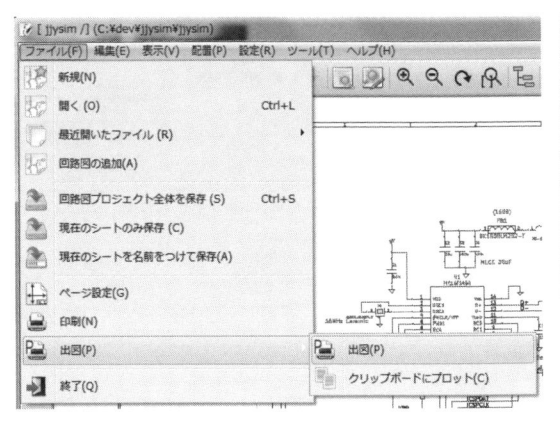

図63

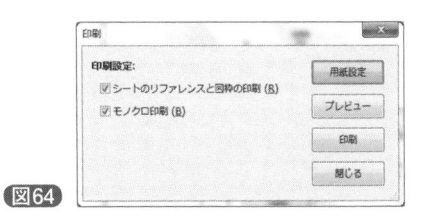

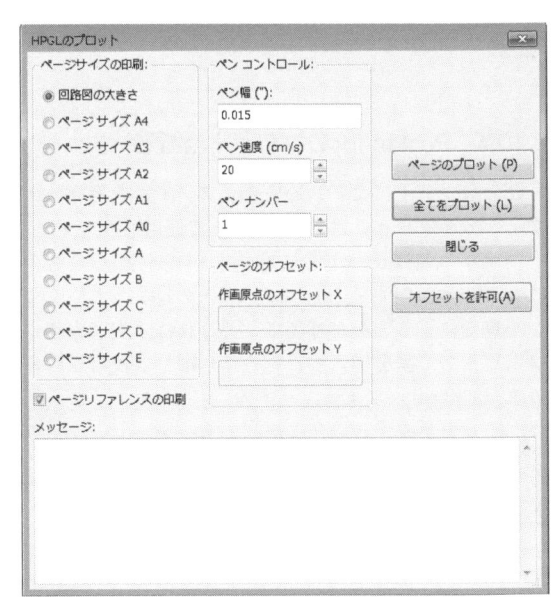

図64

図65

しなければならない
- シートの左下角に原点を持つプロッタの場合, オフセットは0に設定しなければならない

オフセットを設定するには次のことを行います.

- シートサイズを選択
- オフセットXおよびオフセットYを設定
- オフセットを許可をクリック

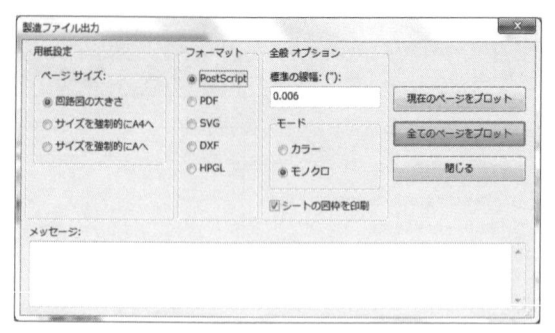

図66

図67

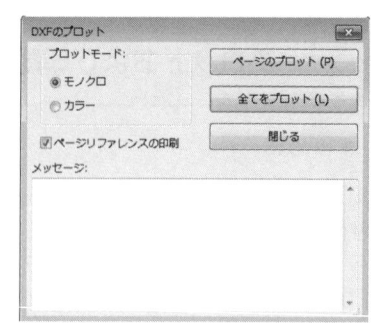

図68

図69

2.10.4 Postscriptのプロット（図66）

このコマンドによりPostScriptファイルを生成します．このオプションはアイコン![](で使用可能です．

ファイル名はシート名に拡張子.psを付加したものになります．"ページリファレンスの印刷"オプションを無効にすることが可能です．これは，文書編集ソフトウェアで図を挿入するためにしばしば使用されるカプセル化（.epsフォーマットの）ポストスクリプト・ファイルを生成する場合に便利です．メッセージ・ウィンドウは生成されたファイル名を表示します．

2.10.5 SVGのプロット（図67）

プロット・ファイルをベクターフォーマットのSVGで生成します．このオプションはアイコン![](で使用可能です．ファイル名はシート名に拡張子.svgを付加したものになります．

2.10.6 DXFのプロット（図68）

プロット・ファイルをDXFフォーマットで生成します．このオプションはアイコン![](で使用可能です．ファイル名はシート名に拡張子.dxfを付加したものになります．

2.10.7 紙面に印刷

このコマンド（アイコン![](で使用可能）により標準的なプリンタ用のデザインファイル（design files）の確認（visualize）や生成が可能です（図69）．

"シートのリファレンスとタイトルブロックの印刷"オプションは，シートのリファレンスおよびタイトルブロックの有効無効を切り替えます．

"モノクロ印刷"オプションはモノクロで印刷するように設定します．通常このオプションはモノクロのレーザープリンタを使用する場合に必要です．それは，カラーがハーフトーンで印刷され，非常に読みにくくなることがよくあるからです．

2.11 LibEdit－コンポーネント管理

2.11.1 ライブラリに関する一般情報

● ライブラリ

回路図で使用するコンポーネントはすべてコンポーネントライブラリに保存されています．これらのコンポーネントを管理するシンプルな方法を持つことを可能にするため，ライブラリファイルは，トピック，機能または製造者によってグループ分けされています．

ライブラリ管理メニューによりライブラリを作成，コンポーネントを追加，削除あるいは移動させることができます．ライブラリ管理メニューはまた，ライブラリのすべてのコンポーネントをすぐに表示することができます．

● 管理メニュー

二つのライブラリ管理メニューが利用可能です．

- ViewLibによりコンポーネントに素早くアクセスしてコンポーネントを見ることができる

ViewLibはアイコン📖から使用可能です．

- LibEditによりすべてのコンポーネントとライブラリを管理することができる

LibEditはアイコン📖から使用可能です．

2.11.2 コンポーネントの概要

ライブラリ内のコンポーネントは以下のものから構成されます．

- グラフィカルな型式(design)
  (ライン，円，テキストフィールド)
- ERCツールが使用する電気的なプロパティを記述している通常のグラフィック上の規格(通常の(regular)ピン，クロックピン，反転ピンまたはLowレベルアクティブ)を順守していなければならないピン
- リファレンス，値，PCB設計用の対応するモジュール名などのようなテキストフィールド

コンポーネントはエイリアス，つまりいくつかの名前(例えば7400が74LS00，74HC00，7437とも言われ，そのためこれらすべてのコンポーネントは回路図の型式が同一である)を持つことが可能です．

エイリアスの使用は，完全でありかつコンパクトにライブラリを作成する非常に興味深い方法で，また短期間でライブラリを構築するための方法を示しています．

コンポーネントを設計するということは以下のことを意味します．

- 通常のプロパティを定義する：ド・モルガン表現または変換表現として知られる可能な2通りの表現を持つ複数パーツを定義する
- ライン，矩形，円，ポリゴンおよびテキストを使用して設計する
- ピンを追加する．グラフィック要素，名前，ピン数，電気的プロパティ(入力，出力，3ステート，電源ポートなど)を慎重に定義する
- 他のコンポーネントの型式とピン配置が同じである場合，エイリアスを追加する．あるいは他のコンポーネントからコンポーネントを作成した場合，エイリアスを削除する
- 可能なフィールド(モジュール名はPCB設計ソフトウェアにより使用される)を追加したり，あるいはそれらの可視性を定義する
- テキストやデータシートのwwwリンクなどを使用してコンポーネントを記録する
- 適切な(desired)ライブラリにそれを保存する

2.11.3 編集用コンポーネントの読み込み

アイコン📖をクリックし，コンポーネント編集用のLibeditを開きます．Libeditは図70のように見えます．

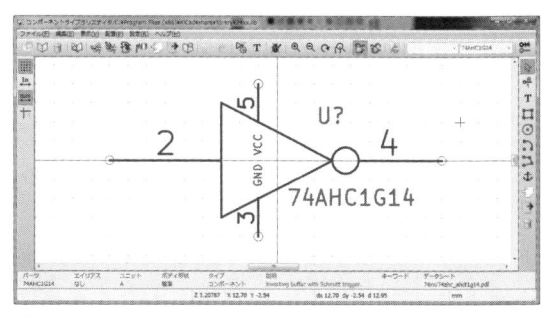

図70

● **Libedit-メインツールバー**

図71と表12をご覧ください．

● **ライブラリの選択および保存**

アイコン📖で現在のライブラリを選択することが可能です．それにより使用可能なすべてのライブラリを表示し，ライブラリを選択することができます．コンポーネントを読み込んだり保存する場合，このライブラリに対して行われます．コンポーネントのライブラリ名はそのフィールド《Value》でもあります．

▶注

- ライブラリの内容を使用するためには，Eeschemaでライブラリを読み込まなければならない
- 現在のライブラリの内容は変更後に💾をクリックして保存することが可能
- 🗑をクリックしてコンポーネントをライブラリから削除することが可能

● **コンポーネントの選択および保存**

コンポーネントの編集時には，実際にライブラリ内

図71

表12

アイコン	説明	アイコン	説明
	現在のライブラリをハードディスクに保存する		現在のコンポーネントを使用して新規ライブラリファイルを作成する
	現在のライブラリを選択する		元に戻す/やり直しコマンド
	現在のライブラリ内のコンポーネントを削除する		コンポーネントのプロパティを編集する
	新規コンポーネントを作成する	T	コンポーネントのフィールドを編集する：リファレンス，ライブラリでの値/名前および他のフィールド
	現在のライブラリから編集用にコンポーネントを読み込む		表現を表示する：ノーマルまたは変換（ド・モルガン）表現
	読み込んだ現在のコンポーネントから新規コンポーネントを作成する		関連ドキュメント（が存在する場合）を表示する
	現在のライブラリの現在のコンポーネントをRAMにのみ保存する ディスク上のライブラリファイルは変更されない	パーツA	パーツ（多パーツコンポーネントの場合）を選択する
	コンポーネントを一つインポートする	7400	エイリアス（現在のコンポーネントがエイリアスを持つ場合）を選択する
	現在のコンポーネントをエクスポートする		ピンを編集する：ピンの形状と位置を個別に編集（多パーツおよびド・モルガン表現の場合）

のコンポーネントに対して作業しているのではなく，ローカルのメモリ内にあるそのコピーに対して作業しています．従って，どのような編集作業も容易に元に戻すことが可能です．また，コンポーネントはローカルのライブラリから，あるいは既存のコンポーネントから作成することもできます．

▶選択

アイコン により，利用可能なコンポーネントのリストを表示します．そのコンポーネントは選択および読み込みが可能です．

▶注

コンポーネントのエイリアスを選択すると，メインのコンポーネントが読み込まれます．Eeschemaは実際に読み込んだコンポーネントの名前を常にウィンドウのタイトルに表示します．

- コンポーネントのエイリアスのリストは常に各コンポーネントと共に読み込まれ，このため編集することができる
- あるエイリアスを編集したい場合，そのエイリアスはツールバーウィンドウ内で選択されていなければならない： 7400 リストの最初の

項目はルートコンポーネントである

▶注

もう一つの方法として，エクスポートコマンド で前回保存したコンポーネントを，インポートコマンド により読み込むことができます．

▶コンポーネントの保存

変更後，コンポーネントを現在のライブラリかまたは新規ライブラリに保存することが可能です．あるいはバックアップファイルにエクスポートすることが可能です．

現在のライブラリに保存するには，更新コマンド を使用します．更新コマンドはローカルメモリ内にコンポーネントを保存するだけであるということを覚えておいてください．

コンポーネントを永続的に保存したい場合は，保存アイコン を使用しなければなりません．それはローカルのハードディスク上のライブラリファイルに変更を加えます．

このコンポーネントで新規ライブラリを作成したい場合，NewLibコマンド を使用してください．そのとき，新規ライブラリ名が必要となります．

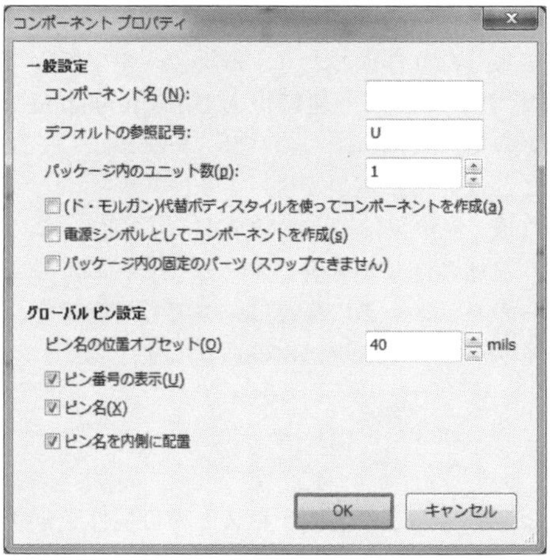

図72

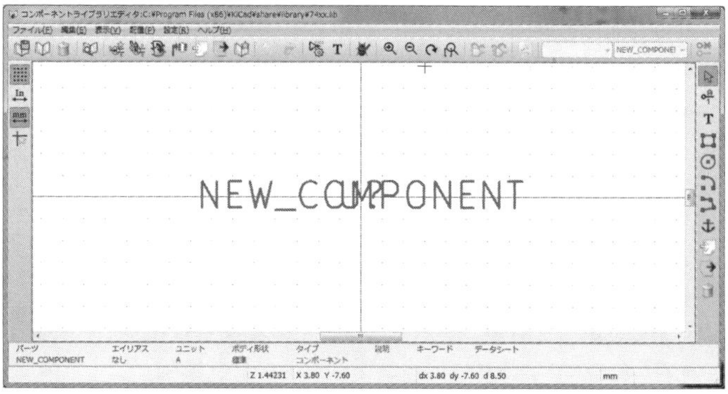

図73

▶注

自分で作成したコンポーネントを検索できるようにしたい場合，そのライブラリをEeschemaのライブラリのリストに追加するのを忘れないでください（Eeschemaの設定を参照）．

最後に，エクスポートコマンド➡を使用して，そのコンポーネントだけを含むファイルを作成することが可能です．このファイルはコンポーネントを一つだけ含む標準ライブラリファイルになります．実際，NewLibコマンドとエクスポートコマンドは基本的に同じものです．一つ目のコマンドは，デフォルトライブラリのディレクトリ内にライブラリを作成するためのデフォルトのオプションです．2番目のコマンドは，ユーザーディレクトリにライブラリを作成するために使用します．

▶ライブラリ間のコンポーネントの移動

コピー元のライブラリからコピー先のライブラリに簡単にコンポーネントをコピーすることが可能です．それには次のコマンドを使用します．

- ボタンでコピー元ライブラリを選択する
- ボタンで移動するコンポーネントを読み込む．そのコンポーネントが表示される
- ボタンでコピー先のライブラリを選択する
- ボタンで現在のコンポーネントをローカルメモリに保存する
- ボタンでコンポーネントをローカルライブラリ（コピー先のライブラリ）に保存する

▶コンポーネントの編集の取り消し

あるコンポーネントに対して作業している時には，その編集したコンポーネントというのは，単にそのライブラリ内の実際のコンポーネントの作業コピーです．このことはメモリ内にそのコンポーネントを保存しない限り，それをただ再読み込みして，行ったすべての変更を取り消ことが可能です．

ローカルのメモリ内にそれをすでに保存し，ハードディスク上のライブラリファイルには保存していない場合には，Eeschemaを終了，再起動して，すべての変更を元に戻すことが常に可能です．

2.11.4 ライブラリ・コンポーネントの作成

● 新規コンポーネントの作成

ボタンのNewPartコマンドを使用して新規コンポーネントの作成が可能です（図72）．コンポーネント名（名前はLibedit用のフィールド値でもあり，回路図エディタでValueフィールド用のデフォルト値として使用される），リファレンス（U，IC，R …），パッケージ内のパーツ数（例えば，標準コンポーネントの7400 Aは一つのパッケージに四つのパーツで構成されている），（標準としてド・モルガンの）変換表現が存在するかどうかの入力が要求されます．

フィールドリファレンスが空欄のままであると，リファレンスはデフォルトの"U"になります．

これらのデータはすべて後で設定することが可能ですが，コンポーネントの作成時に設定する方が望ましいのです．

まず初めに，コンポーネントは図73のように見えます．

● 他のコンポーネントからコンポーネントを作成

作成したいと思っているコンポーネントがKiCadのライブラリにあるものと似ているということがしばしばあります．この場合，既存のコンポーネントを読み込んで変更するのがごく普通です．それを行うステップは以下の通りです．

- 出発点として使うコンポーネントを読み込む
- アイコン をクリックするかまたはその名前を変更（名前を右クリックし，テキスト《Value》

2.11 LibEdit－コンポーネント管理　145

を編集．新規コンポーネント名を入力するように求められる)する
- 型となるコンポーネントにエイリアスがある場合，新規コンポーネントからその型と衝突するエイリアスを削除するよう促される．その答えがNOの場合，新規コンポーネントの作成が中止される
- コンポーネント名を変更する
- 必要に応じて新規コンポーネントを編集する
- ボタンでメモリに新規コンポーネントを保存するか，またはボタンで新規ライブラリに保存する．あるいは他の既存のライブラリに新規コンポーネントを保存したい場合には，コマンドでそのライブラリを選択して，その新規パーツを保存する
- ボタンのファイル更新コマンドでディスクにライブラリファイルを保存する

● **コンポーネントの主要特性の編集**

コンポーネントの主要な特性(features)は次のようなものです．

- パッケージ当たりのパーツ数
- 変換表現の存在
- 関連文書
- さまざまなフィールドの最新情報

これらの特性はコンポーネント作成時に注意深く追加すべきです．そのほかにも，それらは型となるコンポーネントから引き継がれます．どちらの場合でも，編集コマンドを使用する必要があります．

編集ウィンドウは図74のように見えます．

通常のプロパティを定義するオプションで重要なものは，1)パッケージ当たりのパーツ数を定義するユニットの数，2)コンポーネントが2通りの表現があるかどうかです．

ピンを編集したり作成したりする場合，すべてのパーツの対応するピンが一緒に出力され(published)，作成されるので，これら二つのパラメータが正しく設定されることは非常に重要です．

ピンの作成/編集後にパーツ数を増やす場合，この増加に伴う追加の作業が必要です．そうであるにしても，これらのパラメータの変更はいつでも可能です．

グラフィックオプションは次の通りです．

- ピンナンバーを表示
- ピン名を表示

上記でピン番号とピン名のテキストの可視性を定義します．対応するオプションがアクティブの場合，そのテキストが表示されます．

オプション"ピン名を内側に配置"はピン名の位置を定義します．オプションがアクティブの場合，そのテキストはコンポーネント外形線の内側に表示されます．この場合，ピン名スキューパラメータは内側方向へのテキストの変位を定義します．値は(1/1000インチ単位で)30～40が妥当です．

図75の例は，ピン名を内側に配置オプションにチェックを付けない状態で同じコンポーネントを示しています．ピン名とピン番号の位置に注意してください．

● **多パーツコンポーネント**

コンポーネント要素の編集中，コンポーネントが複数のパーツまたは表現を持つ場合，このコンポーネントのそれぞれのパーツまたは表現を選択する必要があります．

表現の選択の場合，アイコンかまたはアイコンをクリックします．

パーツの選択の場合，図76のようになります．

2.11.5 コンポーネント設計

右側の垂直ツールバーでコンポーネントの全要素を

図74

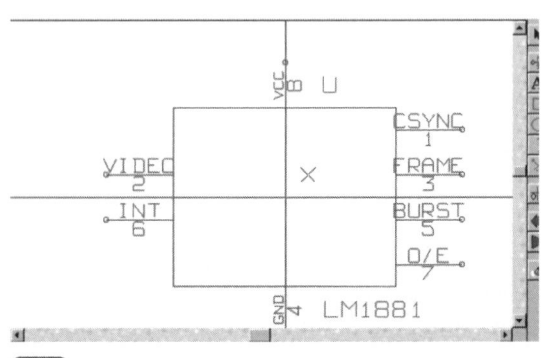

図75

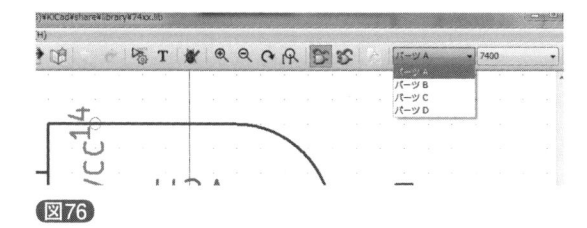

図76

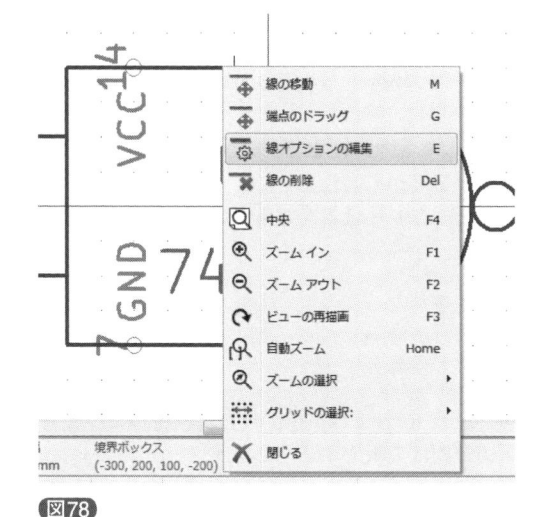

図78

図77

コンポーネントを編集するために，次のグラフィック要素を使用可能
- ライン
  (およびポリゴン，外形線または塗り潰し)
- 矩形
- 円
- 円弧
- テキスト
  (フィールドおよびピンのテキスト以外)
  ピンとテキストフィールド(値，リファレンス)は，純粋なグラフィック要素ではないので別々に扱われる

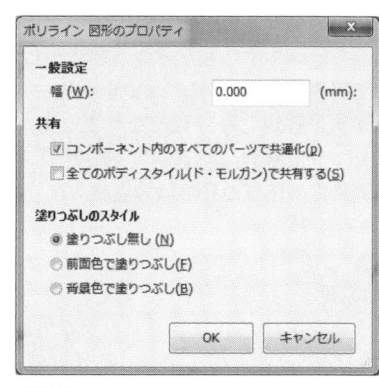

図79

配置することができます(図77)．

● グラフィック要素メンバーシップオプション

個々のグラフィック要素は，表現のタイプ(ノーマルまたは変換)あるいはコンポーネント内の個別のパーツのどちらかに対して，共通(ordinary)かまたは固有である定義することが可能です．

オプションを設定したい(concerned)要素を右クリックするとオプションメニューにアクセスできます．ラインの例を示します(図78)．

あるいはこの要素をダブル・クリックすると，図79のメニューが表示されます．

グラフィック要素の標準的なオプションは次の通りです．

- コンポーネント内の全パーツで共有するにチェックを付ける．コンポーネント内の個別のパーツは同じグラフィック表現を持ち，そのためパーツを一つだけ作成するので十分だからである
- すべてのボディスタイル(ド・モルガン)で共有するにチェックを付けない．2通りの表現を取り入れて，それぞれの表現により異なるグラフィック表現を持つようにするためである

それから，それぞれのグラフィック表現を作成することが必要です．

"ポリゴン"(ラインが連続的に描画される)タイプの要素では，背景を塗り潰すまたは前景を塗り潰すオプションにより，塗り潰しのポリゴンを生成することができます．

しかし，コンポーネント内のすべてのパーツで共有するにチェックを付けないことによって，異なるグラフィックタイプで設計された多パーツコンポーネントの場合(幸運にも稀である)を扱うことができます．

その時は各素を作成しなければなりません．また，オプション"表現に固有"にチェックが付いている場合，各パーツに2通りの表現を作成することが必要です．

最後に，最新のIEEEスタンダードで作成したコンポーネントについて，すべてのボディスタイル(ド・モルガン)で共有するのオプションにチェックを付け

ることは興味深いことであると言えます．それはグラフィックの本質的要素がノーマルおよび変換表現において同一であるからです．

● **幾何グラフィック要素**

次のツールを使用してそれらの設計が可能です．

- ラインおよびポリゴン，オプションにチェックが付いている場合，外形または塗り潰し
- 対角線で定義される矩形
- 中心と半径で定義される円
- 始点と終点および中心で定義される弧．弧は0°から180°まで描画される

● **テキストタイプのグラフィック要素**

アイコン **T** により，テキストを作成することができます．テキストは，コンポーネントが反転（mirrored）したとしても常に読むことができます．

2.11.6 ピンの作成および編集

アイコン をクリックしてピンの作成や挿入が可能です．ピンのすべての機能の編集はピンをダブル・クリックして行います．もう一つの方法として，右クリックして高速（fast）編集メニューを開きます．

ピンは慎重に作成しなければなりません．それは，どのようなエラーもPCBの設計に影響するからです．すでに配置済みの任意のピンは再編集，削除または移動が可能です．

● **ピンの概要**

ピンはその形状（長さ，グラフィックな外観），名前および"番号"で定義されますが，番号は常に数字であるとは限りません．PGAソケットはA12またはAB45のように文字と数字で定義されます．Eeschemaではピン番号を4文字までの英数字で定義します．

ERCツールを機能させるためには，"電気的"タイプ（入力，出力，3ステート…）も定義されていなければなりません．このタイプがうまく定義されていない場合には，ERCチェックが非効率になります．

▶重要な注意

- ピン名とピン番号に空白（space）を使用しないこと
- 反転信号のピン名はシンボル"~"で始める
- ピン名の文字数を減らしてこの信号のシンボルだけになった場合は，そのピンには名前がないと見なされる
- "#"で始まるピン名は電源ポート用に予約されている
- ピン番号は1～4文字の英数字から成る．1, 2, …, 9999は有効な数字だが，A1, B3…（標準的なPGAの表記法），あるいはAnod, Gnd, Wineなども有効である

● **多パーツコンポーネント-2通りの表現**

特に論理ゲートの場合，シンボルは2通りの表現（ド・モルガンとして知られる表現）を持つことが可能で，また，ICは数個のパーツを含む（例えば数個のNORゲート）場合があり得るということを思い出しましょう．

あるICの場合，異なるグラフィック要素やピンがいくつか必要かもしれません．

例えば，リレーは異なる構成要素で表現することが可能です．

- コイル
- スイッチ接点1
- スイッチ接点2

多パーツICおよび2通りの表現を持つコンポーネントの管理は柔軟です．

ピンは次のようになります．

- それぞれのパーツに共通または固有
- 両方の表現に共通またはそれぞれの表現に固有

デフォルトでは，ピンは各パーツのそれぞれの表現に固有です．それは，ピンの数は各パーツで異なり，それらの型式は各表現で異なるからです．

ピンが共通である場合，単に一度作成する必要があります（例えば，電源ピンの場合に）．

すべてのパーツでほとんど常に同じ型式の場合もありますが，ノーマルの表現と変換表現の間には違いがあります．

● **ピン-基本的なオプション**

多パーツおよび/または多重表現を持つコンポーネントはピンの作成と編集の場合に特に厄介です．ピンの大部分が各パーツに固有で（それらのピン番号が各パーツに固有なので），また各表現に固有である（それらの形状が各表現に固有なので）限りにおいては，ピンの作成と編集はこのため時間がかかり厄介です．

Eeschemaはピンを同時に処理することができます．

デフォルトでは，多パーツコンポーネントや二重表現の場合は，ピン（例えば同じ座標に配置されているすべてのピン）を作成，編集（形状と番号を除いて），削除または移動する時に，パーツおよび表現に対応するすべてのピンに対してこれらの変更が行われます．

- 型式（design）の場合，現在の表現に加えた変更

はすべてのパーツに適用される
- ピン番号は現在のパーツについて，二つの表現について変更される
- 名前は単独で変更される

大抵の場合で速やかな変更ができるようにするためにこの依存性を設定しました．

変更に関するこの依存性はオプションメニューで禁止することが可能です．それにより，完全に独立した特性のパーツと表現を持つコンポーネントを作成することができます．

この依存性のオプションは以下のツールで管理されます．

- ボタンがアクティブでない（ハイライトされていない）場合，編集は全パーツおよび全表現に適用される
- ボタンがアクティブ（ハイライトされている）の場合，編集は現在のパーツおよび表現にのみ（つまり画面上に見えるものに）適用される．このオプションはほとんど使用されない

● **ピン－特性の定義**

ピンプロパティウィンドウでピンのすべての特性を編集することができます（図80）．

このメニューはピンを作成したり，あるいは既存のピンをダブル・クリックすると，自動的にポップアップします．

このメニューで以下の定義または変更が可能です．

- ピン名とピン名のサイズ
- ピン番号の番号とサイズ
- ピン長
- 電気的なタイプと型式
- メンバーシップ．ノーマルおよびド・モルガン表現に共通
- 非表示ピン．電源ピンに使用される

また，次のことを覚えておきましょう．

- 反転信号の場合にはピン名は"~"で始まる
- 名前が1文字だけに減らされると，そのピンには名前がないと見なされる
- ピン番号は1～4文字（英数字）から成る．-1，2..9999は有効な数字だが，A1，B3...（標準的なPGAの表記法），あるいはAnod，Gnd，V.inなども有効である

● **ピン形状**

それぞれのピンの形状を図81に示します．

形状の選択は単にグラフィック上の影響があるだけで，ERCチェックあるいはネットリスト機能には何の影響もありません．

● **ピン－電気的タイプ**

タイプの選択はERCツールに重要です．その選択はICの入力や出力ピンでは普通に行います．

- BiDiタイプは入力および出力を切り替え可能な双方向ピン（例えばマイクロプロセッサのデータバス）を表す
- 3ステート・タイプは通常の3ステート出力
- 受動タイプは抵抗，コネクタなどの受動コンポーネントのピンに使用される
- 不特定タイプ（指定なし）は，ERCチェックが関係ない場合に使用することが可能である
- 電源タイプはコンポーネントの電源ピンに使用されるべきものである．特に，ピンがポートの電源で，"非表示"として宣言されている場合，回路図には表示されない．また，それは自動的に同じタイプの同じ名前（非表示電源ピン）の他のピンに接続される
- 電源出力はレギュレータ出力用である
- オープン・エミッタとオープン・コレクタタイプも使用可能

● **ピン－グローバル変更**

すべてのピンの長さ，あるいはテキストサイズ（名前，パーツ番号）を変更可能です．ポップアップ・メニューのグローバルコマンドを使用してこれら三つの

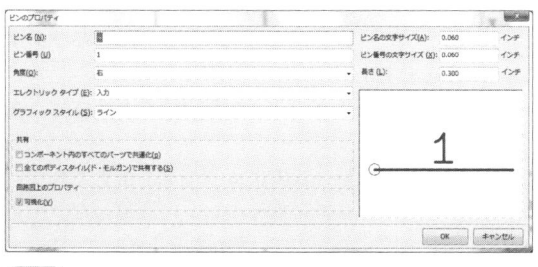

図80

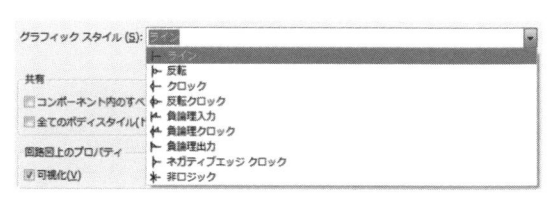

図81

2.11 LibEdit－コンポーネント管理　149

図82

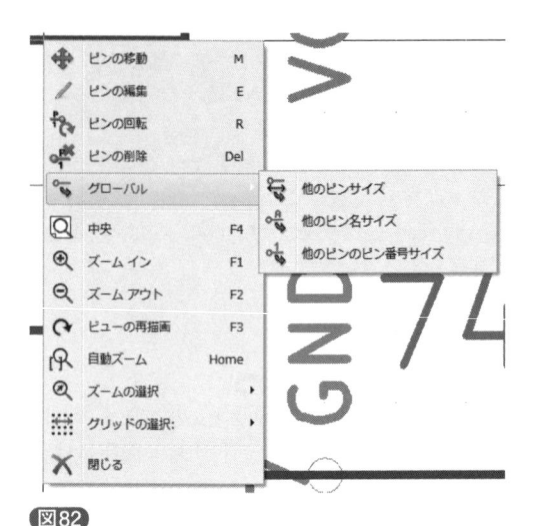

パラメータの一つを設定します（図82）．

変更したいパラメータをクリックし，新しい値を入力します．その値は現在の表現のすべてのコンポーネントピンに適用されます．

● **ピン-多パーツコンポーネントおよび二重表現**

（7400, 7402などのような）さまざまなパーツまたは表現は補足的な編集が必要になることがあります．

この補足的な作業は，次の事前策がとられるなら限定的なものになります．

- 一般オプションのパーツごとの編集 のチェック

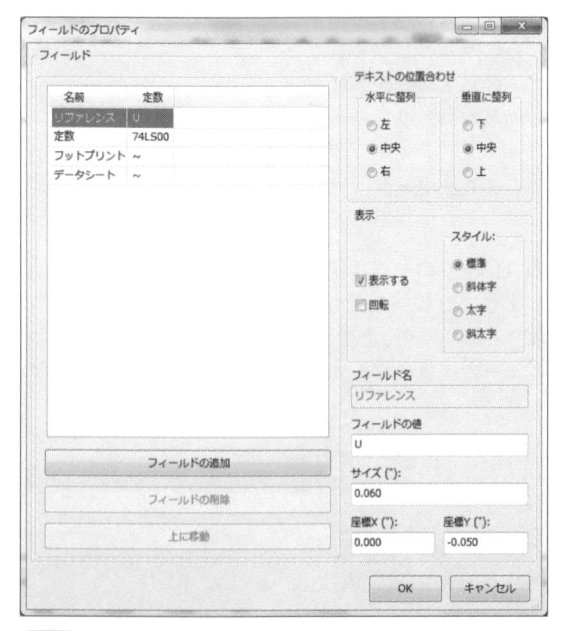

図84

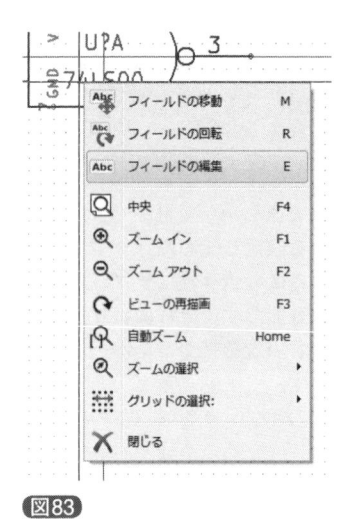

図83

クを外しておかなければならない
- 電源ピンは属性共通ユニットおよびcommon convert activeで作成される［それらは非表示（描画なし）の場合もある］

正しい手順は次の通りです．

他のピンが作成された時に，それらは各パーツと各表現用に作成されます．

例えば，Eeschemaは八つの試料（specimens）の中に7400のパーツAの出力ピンを作成します．パーツごとに二つ（A，B，C，Dの四つパーツがあり，それぞれのパーツについてノーマル表現およびド・モルガンとして知られる変換表現がある）作成します．

しかしながら，Eeschemaは最初にパーツAをノーマル表現で正確に作成します．そのため各パーツでは次のことを行う必要があります

- 変換表現を選択して，それぞれのピンの形状と長さを編集する
- その他のパーツについては，ピン番号を編集する

2.11.7　フィールドの編集

既存のフィールドの場合，右クリックで高速編集コマンドを使うことが可能です（図83）．

より完全な編集をする場合または空のフィールドの場合には，フィールド編集ウィンドウ **T** を呼び出す必要があります．

そのダイアログウィンドウは図84のように見えます．

ここではリファレンスのフィールドが選択されています．フィールドはコンポーネントに関連したテキストの区画（section）で，コンポーネントのグラフィック表示に属するテキストと混同すべきではありません．

これらのフィールドは常に使用可能で，以下の通りです．

- 値
- リファレンス
- 関連するモジュールの名前（PCB用のフットプリント）
- （主に回路図で使用されることを意図した）ドキュメント・ファイルへのリンク
- 回路図エディタで定義したテンプレートフィールド（コメント用）

値およびリファレンスのフィールドはコンポーネント作成時に定義され，ここで変更が可能です．モジュール（フットプリント）名を含む（PCBソフトウェア用の）ネットリストを直接生成するために，関連するモジュールの名前フィールドを編集することは場合によっては便利であることがあります．

関連する図の名前フィールドは他の電子系CADソフトウェア用に特に有用です．ライブラリの場合，値およびリファレンスフィールドの編集によって，それらのサイズと位置を定義することができます．

▶重要事項

- 値フィールドのテキストを変更することは，型として使用する既存のコンポーネントを元にして新規コンポーネントを作成することに相当する．実際，ライブラリに保存する場合，この新規コンポーネントは値フィールドに入っている名前を持つ
- 非表示のフィールドを編集するには（つまり何もないように見え，そのフィールドが非表示の属性を持っているとしても，LibEditでは表示されるので），上の一般編集ウィンドウを使用する必要がある

2.11.8　電源ポート・シンボルの作成

電源ポートのシンボルは通常のコンポーネントと同様に作成します．Power.libのような専用のライブラリにそれらを集めるのが便利かもしれません．それらはグラフィカルなシンボル（希望する形状）で構成され，"非表示電源"タイプのピンです．電源ポートのシンボルはこのため回路図入力ソフトウェアで他のすべてのコンポーネントのように扱われます．いくつかの事前策が必須です．

＋5Vの電源シンボルがあります（図85）．

以下のステップに従ってシンボルを作成します．

- "非表示電源"ピンは＋5V［この名前で＋5Vのネットに接続を行う（establish）ので重要］とい

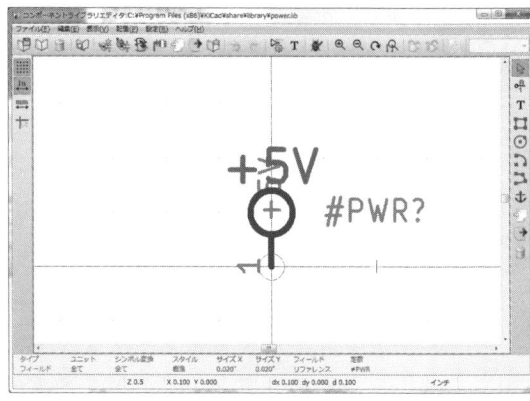

図85

う名前で，ピン番号が1（番号は重要ではない）で長さはない
- 外形は"ライン"タイプで，明らかにタイプは"電源"で，属性が"非表示"
- グラフィックは小さな円で，ピンから円までの線分が作成される
- シンボルのアンカーはピン上にある
- ピン名のように値を＋5Vにして，このシンボルの値を表示する（デフォルトでピンは非表示なので，その名前は現れない）
- リファレンスはピン名のように＃＋5V（こうすると＃＋5Vと表示される）にする．リファレンスのテキストは，最初の文字を必ず"＃"とする．それ以外の文字は重要ではない．従来どおり，リファレンスがこのシンボルで始まるすべてのコンポーネントはコンポーネントリストにもネットリストのどちらにも現れない．さらに，シンボルのオプションで，リファレンスは非表示として宣言される

新規電源ポート・シンボルの作成は，他のシンボルを型として使用すると容易にそして速くできます．

単に以下のことをする必要があります．

- 型となるシンボルを読み込む
- 新規電源ポートの名前となるピン名を編集する
- 値フィールドを編集する（電源ポートの値を表示したい場合，ピン名と同じ名前にする）
- その新しいコンポーネントを保存する

2.12 LibEdit補足

2.12.1 概要

コンポーネントは，次の要素で構成されています．

- グラフィカル表現(幾何学図形，テキスト)
- ピン
- ポストプロセッサで使われる関連テキスト，フィールド：ネットリスト，部品リスト

リファレンスと定数の二つのフィールドが初期化されます．

コンポーネントと関連した設計名，関連するフットプリント名，フリーフィールドであるその他フィールドは，一般的には空欄のままにすることができ，回路図エディト中に補充することができます．

しかしながら，コンポーネントに関連したドキュメントを管理することで，研究や，ライブラリの使用，メンテナンスが容易になります．関連付けられたドキュメントは以下で構成されています．

- コメント行
- TTL CMOS NAND2など空白文字で区切られたキーワード行
- 添付ファイル名(例：アプリケーションノート，pdfファイル)．添付ファイルのデフォルトディレクトリ

KiCad/share/library/doc
▶見つからない場合
KiCad/library/doc
▶linuxの場合
/usr/local/KiCad/share/library/doc
/usr/share/KiCad/library/doc
/usr/local/share/KiCad/library/doc

キーワードにより，さまざまな選択基準に従って，コンポーネントを検索することができます．コメントとキーワードは，様々なメニューや，ライブラリからコンポーネントを選択する場合に表示されます．

コンポーネントはまた，アンカーポイントを持っています．回転やミラーは相対的に，このアンカーポイントに対して行われ，配置時にはこの点が，基準位置として使用されます．このように，このアンカーを正確に配置することは有用です．

コンポーネントは，エイリアス，つまり等価名(equivalent names)を持つことができます．これにより，作成する必要があるコンポーネントの数をかなり減らすことができます(例えば，74LS00は，74000, 74HC00, 74HCT00... といったエイリアスを持つことができる)．

最終的に，コンポーネントは，その管理を容易にするために，ライブラリ(メーカやテーマ別に分類された)で配布されます．

2.12.2 コンポーネントのアンカー位置を決める

アンカーは，座標(0, 0)にあり，画面上青い軸で示されています(図86)．

アンカーは，アイコン⚓を選択し，新しくアンカーを配置したい位置をクリックすることで再配置できます．図は自動的に新しいアンカーポイント上で再センタリングされます．

2.12.3 コンポーネントのエイリアス

エイリアスとは，ライブラリ内での同じコンポーネントに対応した別名のことです．類似したピン配列，表現を持つコンポーネントは，いくつかのエイリアスを持った，一つのコンポーネントで表すことができます(例えば，7400は74LS00, 74HC00, 74LS37というエイリアスを持つ)．

エイリアスの使用により素早く完全なライブラリを構築することができます．さらに，KiCadにより簡単に読み込まれます．これらのライブラリは，さらにコンパクトとなります．

エイリアスのリストを変更するため，アイコン

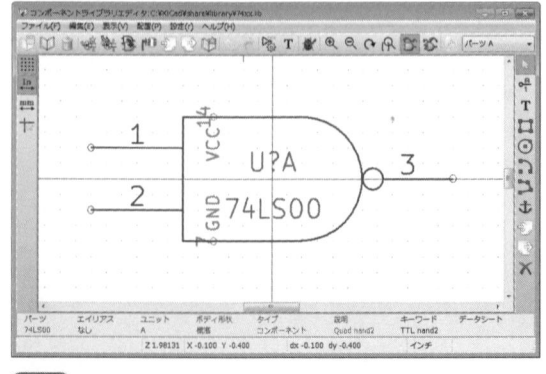

図86

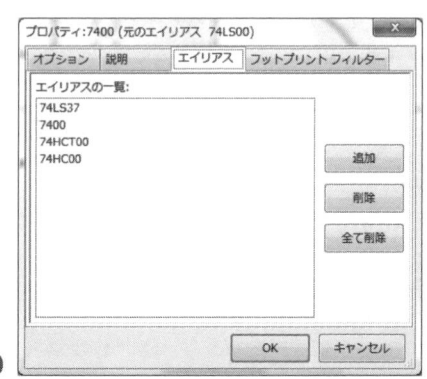

図87

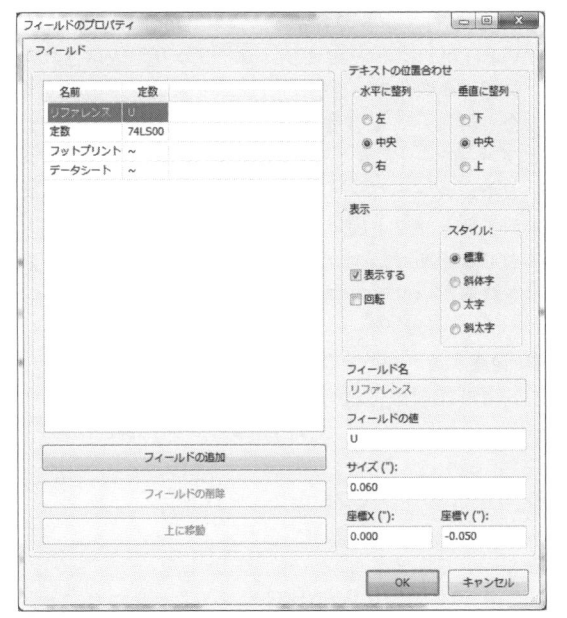

図88

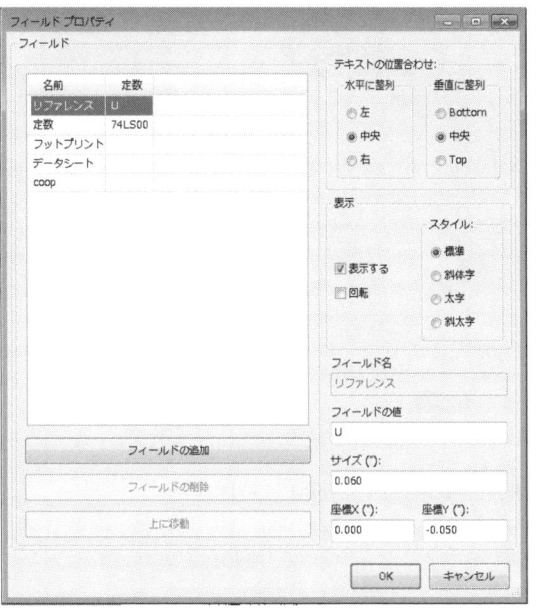

図89

によりメイン編集ウィンドウを選択し，エイリアスタブからフォルダを選択する必要があります(図87)．

このように希望のエイリアスを追加したり，削除することができます．現在のエイリアスは，編集されているので，明らかに削除することはできません．すべてのエイリアスを削除するには，まずルートコンポーネントを選択することが必要です．エイリアスの最初のコンポーネントは，メインツールバーの選択ウィンドウに載っています．

2.12.4 コンポーネントのフィールド

フィールドエディタは，**T** アイコンにより呼び出されます．

四つの特殊フィールド(コンポーネントに付属するテキスト)と，設定可能なユーザー・フィールドがあります(図88, 図89)．

特殊フィールド

- リファレンス(Reference)
- 定数(Value)：ライブラリ内のコンポーネント名であり，回路でのデフォルト値のフィールド
- フットプリント(Footprint)：基板で使用されるフットプリント名．CvPcbを使ってフットプリントのリストを設定する場合には，あまり有用ではないが，CvPcbが使用されていない場合には必須
- シート(Sheet)：執筆時点で使用されていない予約済フィールド

2.12.5 コンポーネントのドキュメント

ドキュメントの情報を編集するためには，アイコンを使用し，コンポーネントのメイン編集ウィンドウを呼び出し，説明タブからドキュメントフォルダを選択する必要があります(図90)．

このドキュメントは，エイリアス間で違った特性となるため，正しいエイリアス，あるいはルートコンポーネントを間違いなく選択してください．"親要素からドキュメント情報をコピー"ボタンをクリックすると，現在編集しているエイリアスに対し，ルートコンポーネントからドキュメントの情報をコピーすることができます．

● **コンポーネントのキーワード**

キーワードにより，特定の選択基準(機能，技術的ファミリなど)に従って，コンポーネントを選択的な

図90

2.12 LibEdit補足

図91

方法で検索することができます．

Eeschemaリサーチツールは，大文字と小文字を区別しません．ライブラリで使われる実際にもっとも多いキーワードは次のものです．

- CMOS TTL：ロジックファミリに対して
- AND2 NOR3 XOR2 INV…：ゲートに対して（AND2 = 2入力ANDゲート，NOR3 = 3入力NORゲート）
- JKFF DFF…：JKあるいはD flip-flopに対して
- ADC，DAC，MUX…OpenCol：オープンコレクタ出力をもつゲートに対して

このように回路図エディタ内で，NAND2 OpenColというキーワードでコンポーネントを検索する場合，Eeschemaは，これら二つのキーワードを持つコンポーネントのリストを表示します．

● コンポーネントのドキュメント（Doc）

ViewLibメニューおよび，ライブラリで表示されたコンポーネントリストからコンポーネントを選択する場合，特に，さまざまなメニューにはコメント行（およびキーワード）が表示されます．

ドキュメントファイルが存在する場合には，回路図エディタ・ソフト内でドキュメントファイルにアクセスが可能であり，コンポーネントを右クリックして表示されるポップアップ・メニューで利用できます．

● 関連するドキュメントファイル（DocFileName）

利用可能な添付ファイル（ドキュメント，アプリケーション回路）を示します（pdfファイル，回路図等）．

● CvPcbのフットプリントフィルター

コンポーネントにフットプリントのリストを入力することができます．

このリストはCvPcbで使われる，認められたフットプリントのみ表示するフィルターの役割をします．空のリストは何もフィルターしません（図91）．

ワイルドカード文字が使用できます．

SO14*により，CvPcbは名称がSO14で始まるすべてのフットプリントを示すことができます．

抵抗についてはR?によりRで始まる2文字のすべてのフットプリントを示すことができます．

フィルターあり（図92），なし（図93）のサンプルを示します．

2.12.6 シンボルライブラリ

頻繁に使用されるシンボルを含んだグラフィックシンボルのライブラリ・ファイルを簡単にコンパイルす

図92

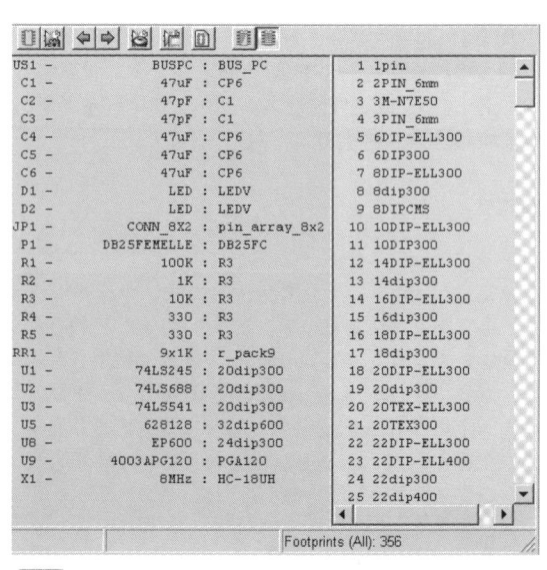

図93

ることができます．これはコンポーネント（三角形，AND，OR，ExORゲートなどの形状）の作成や，節約と再利用に使うことができます．

これらのファイルは.symという拡張子を持ち，デフォルトでライブラリディレクトリに保存されます．シンボルは，一般的にそう多くないので，コンポーネントのようにライブラリ内に収集されません．

● シンボルの作成，エクスポート

コンポーネントは ボタンで，シンボルとしてエクスポートすることができます．一般的に一つのグラフィックを作成でき，ピンがある場合には，すべてのピンを削除することをお勧めします．

● シンボルのインポート

インポートすることで，編集しているコンポーネントにグラフィックを追加することができます．シンボルは， ボタンでインポートされます．インポートされたグラフィックは，既存のグラフィックス内で作成されたものとして追加されます．

2.13　ライブラリブラウザ

2.13.1　はじめに

ライブラリブラウザを利用すると，ライブラリの内容をすばやく確認することができます（図95，図96）．

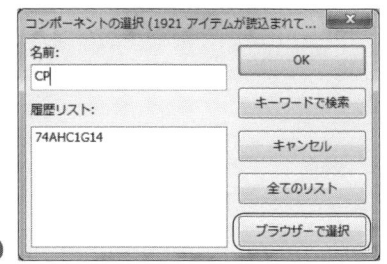

図94

ライブラリブラウザは， アイコンか，または右側ツールバーの「コンポーネントの配置」ツールより利用することができます（図94）．

2.13.2　ライブラリブラウザ-メインウィンドウ（図95）

ライブラリの内容を確認するには，ウィンドウ左側のライブラリを選択する必要があります．利用可能なコンポーネントが2番目のリストに表示されます（図96）．

2.13.3　ライブラリブラウザ上部ツールバー

ライブラリブラウザの上部に表示されているツールバーを図97に示します．

また，Eeschemaの「コンポーネントの配置」ツールより呼び出された場合のツールバーを図98に示します．

利用可能なコマンドは表13のとおりです．

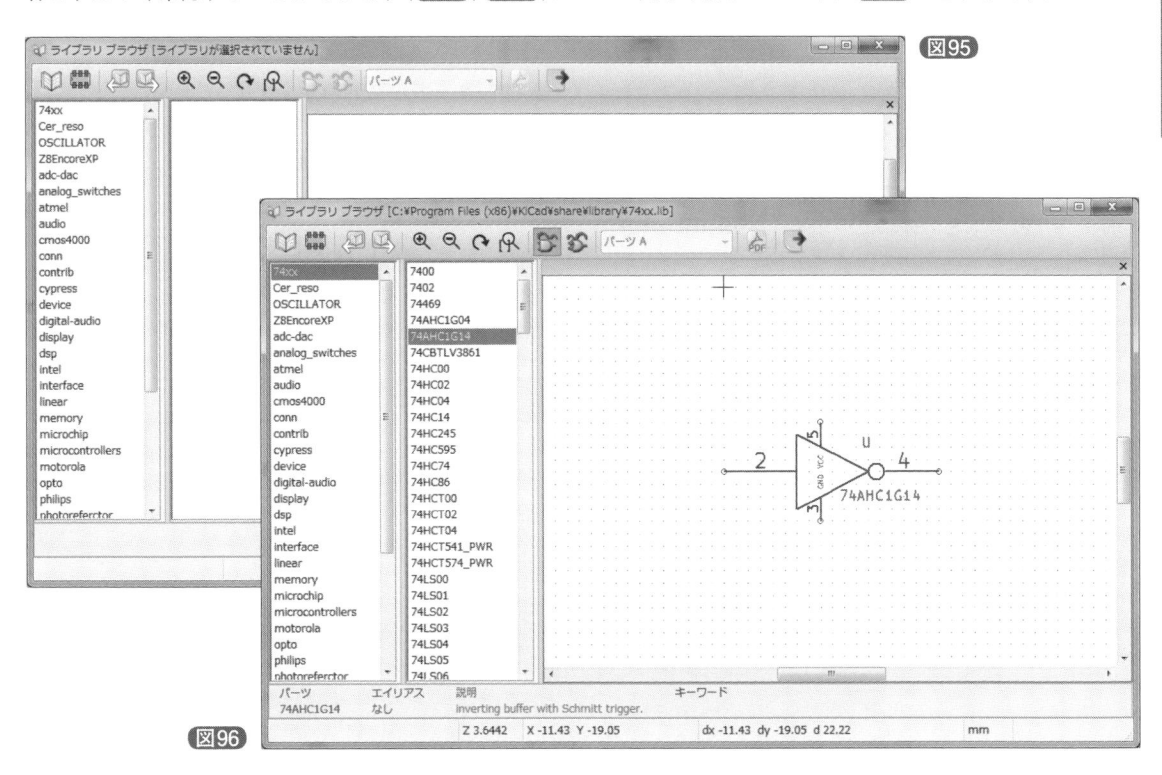

図95

図96

2.13　ライブラリブラウザ　155

図97

図98

表13

アイコン	説明		説明
📖	一覧より，表示するライブラリを選択する	🐍🐍	有効な場合，選択されたコンポーネントの表示を切り替える（通常パーツまたは"ド・モルガン"変換パーツ）
🔳	一覧より，表示するコンポーネントを選択する	パーツB ▼	複数部品から構成されるコンポーネントの場合，パーツを選択する
⬅📖	リストで選択されている，一つ前のコンポーネントを表示する	PDF	有効な場合，コンポーネントに関連したドキュメントを参照することができる．Eeschemaの「コンポーネントの配置」ツールより呼び出された場合のみ，この機能が有効になる
📖➡	リストで選択されている，一つ次のコンポーネントを表示する		
🔍🔍↻🔎	ズームツール	➡	ライブラリブラウザを閉じ，選択されたコンポーネントをEeschema上で配置する

2.14 カスタマイズされたネットリストやBOMの生成

2.14.1 中間ネットリスト

部品表ファイルとネットリストファイルは，Eeschemaが生成する中間ネットリストから変換されます．

このファイルはXMLフォーマットで書かれており，中間ネットリストと呼ばれています．この中間ネットリストはただのネットリストではありません．部品表やさまざまなレポートを生成するため，設計中の基板に関する大量のデータが含まれているのです．

出力するファイル（部品表かネットリスト）次第で，中間ネットリストの利用される部分が変わってきます．

● 回路図サンプル（図99 参照）

● 中間ネットリストのサンプル
上記回路図に対応する中間ネットリスト（XML文法を利用している）を リスト7 に示します．

2.14.2 新しいネットリスト形式への変換

部品表ファイルや他形式のファイルへ変換するために，前処理として中間ネットリストファイルの内容を抽出していきます．これはテキスト形式のファイル操

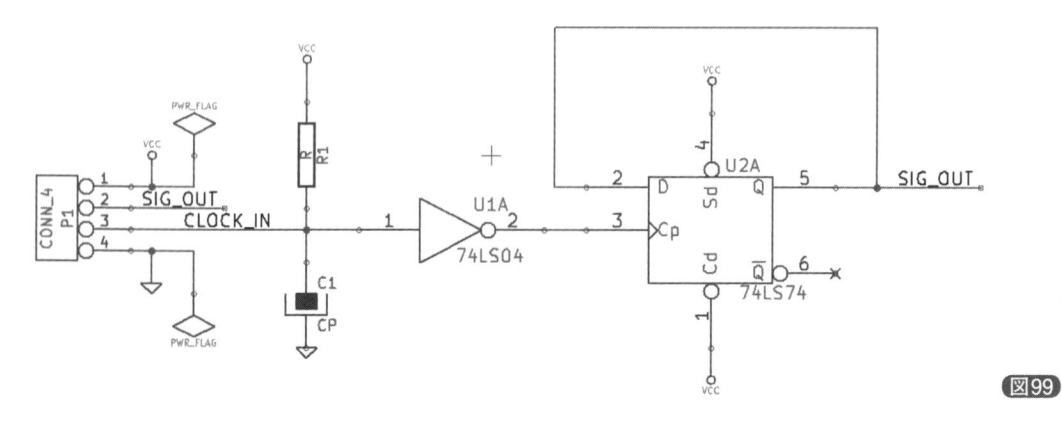

図99

リスト7 ①

```xml
<?xml version="1.0" encoding="utf-8"?>
<export version="D">
    <design>
        <source>F:\kicad_aux\netlist_test\netlist_test.sch</source>
        <date>29/08/2010 20:35:21</date>
        <tool>eeschema (2010-08-28 BZR 2458)-unstable</tool>
    </design>
    <components>
        <comp ref="P1">
            <value>CONN_4</value>
            <libsource lib="conn" part="CONN_4"/>
            <sheetpath names="/" tstamps="/"/>
            <tstamp>4C6E2141</tstamp>
        </comp>
        <comp ref="U2">
            <value>74LS74</value>
            <libsource lib="74xx" part="74LS74"/>
            <sheetpath names="/" tstamps="/"/>
            <tstamp>4C6E20BA</tstamp>
        </comp>
        <comp ref="U1">
            <value>74LS04</value>
            <libsource lib="74xx" part="74LS04"/>
            <sheetpath names="/" tstamps="/"/>
            <tstamp>4C6E20A6</tstamp>
        </comp>
        <comp ref="C1">
            <value>CP</value>
            <libsource lib="device" part="CP"/>
            <sheetpath names="/" tstamps="/"/>
            <tstamp>4C6E2094</tstamp>
        </comp>
        <comp ref="R1">
            <value>R</value>
            <libsource lib="device" part="R"/>
            <sheetpath names="/" tstamps="/"/>
            <tstamp>4C6E208A</tstamp>
        </comp>
    </components>
    <libparts>
        <libpart lib="device" part="C">
            <description>Condensateur non polarise</description>
            <footprints>
                <fp>SM*</fp>
                <fp>C?</fp>
                <fp>C1-1</fp>
            </footprints>
            <fields>
                <field name="Reference">C</field>
                <field name="Value">C</field>
            </fields>
            <pins>
                <pin num="1" name="~" type="passive"/>
                <pin num="2" name="~" type="passive"/>
            </pins>
        </libpart>
        <libpart lib="device" part="R">
            <description>Resistance</description>
            <footprints>
                <fp>R?</fp>
                <fp>SM0603</fp>
                <fp>SM0805</fp>
                <fp>R?-*</fp>
                <fp>SM1206</fp>
            </footprints>
            <fields>
                <field name="Reference">R</field>
                <field name="Value">R</field>
```

リスト7 ②

```xml
                                </fields>
                                <pins>
                                        <pin num="1" name="~" type="passive"/>
                                        <pin num="2" name="~" type="passive"/>
                                </pins>
                        </libpart>
                        <libpart lib="conn" part="CONN_4">
                                <description>Symbole general de connecteur</description>
                                <fields>
                                        <field name="Reference">P</field>
                                        <field name="Value">CONN_4</field>
                                </fields>
                                <pins>
                                        <pin num="1" name="P1" type="passive"/>
                                        <pin num="2" name="P2" type="passive"/>
                                        <pin num="3" name="P3" type="passive"/>
                                        <pin num="4" name="P4" type="passive"/>
                                </pins>
                        </libpart>
                        <libpart lib="74xx" part="74LS04">
                                <description>Hex Inverseur</description>
                                <fields>
                                        <field name="Reference">U</field>
                                        <field name="Value">74LS04</field>
                                </fields>
                                <pins>
                                        <pin num="1" name="~" type="input"/>
                                        <pin num="2" name="~" type="output"/>
                                        <pin num="3" name="~" type="input"/>
                                        <pin num="4" name="~" type="output"/>
                                        <pin num="5" name="~" type="input"/>
                                        <pin num="6" name="~" type="output"/>
                                        <pin num="7" name="GND" type="power_in"/>
                                        <pin num="8" name="~" type="output"/>
                                        <pin num="9" name="~" type="input"/>
                                        <pin num="10" name="~" type="output"/>
                                        <pin num="11" name="~" type="input"/>
                                        <pin num="12" name="~" type="output"/>
                                        <pin num="13" name="~" type="input"/>
                                        <pin num="14" name="VCC" type="power_in"/>
                                </pins>
                        </libpart>
                        <libpart lib="74xx" part="74LS74">
                                <description>Dual D FlipFlop, Set &amp; Reset</description>
                                <docs>74xx/74hc_hct74.pdf</docs>
                                <fields>
                                        <field name="Reference">U</field>
                                        <field name="Value">74LS74</field>
                                </fields>
                                <pins>
                                        <pin num="1" name="Cd" type="input"/>
                                        <pin num="2" name="D" type="input"/>
                                        <pin num="3" name="Cp" type="input"/>
                                        <pin num="4" name="Sd" type="input"/>
                                        <pin num="5" name="Q" type="output"/>
                                        <pin num="6" name="~Q" type="output"/>
                                        <pin num="7" name="GND" type="power_in"/>
                                        <pin num="8" name="~Q" type="output"/>
                                        <pin num="9" name="Q" type="output"/>
                                        <pin num="10" name="Sd" type="input"/>
                                        <pin num="11" name="Cp" type="input"/>
                                        <pin num="12" name="D" type="input"/>
                                        <pin num="13" name="Cd" type="input"/>
                                        <pin num="14" name="VCC" type="power_in"/>
                                </pins>
                        </libpart>
                </libparts>
                <libraries>
```

リスト7 ③

```xml
            <library logical="device">
                <uri>F:\kicad\share\library\device.lib</uri>
            </library>
            <library logical="conn">
                <uri>F:\kicad\share\library\conn.lib</uri>
            </library>
            <library logical="74xx">
                <uri>F:\kicad\share\library\74xx.lib</uri>
            </library>
        </libraries>
        <nets>
            <net code="1" name="GND">
                <node ref="U1" pin="7"/>
                <node ref="C1" pin="2"/>
                <node ref="U2" pin="7"/>
                <node ref="P1" pin="4"/>
            </net>
            <net code="2" name="VCC">
                <node ref="R1" pin="1"/>
                <node ref="U1" pin="14"/>
                <node ref="U2" pin="4"/>
                <node ref="U2" pin="1"/>
                <node ref="U2" pin="14"/>
                <node ref="P1" pin="1"/>
            </net>
            <net code="3" name="">
                <node ref="U2" pin="6"/>
            </net>
            <net code="4" name="">
                <node ref="U1" pin="2"/>
                <node ref="U2" pin="3"/>
            </net>
            <net code="5" name="/SIG_OUT">
                <node ref="P1" pin="2"/>
                <node ref="U2" pin="5"/>
                <node ref="U2" pin="2"/>
            </net>
            <net code="6" name="/CLOCK_IN">
                <node ref="R1" pin="2"/>
                <node ref="C1" pin="1"/>
                <node ref="U1" pin="1"/>
                <node ref="P1" pin="3"/>
            </net>
        </nets>
    </export>
```

リスト9

```
*PADS-PCB*              U2.4
*PART*                  U2.1
P1 unknown              U2.14
U2 unknown              P1.1
U1 unknown              *SIGNAL* N-4
C1 unknown              U1.2
R1 unknown              U2.3
                        *SIGNAL* /SIG_OUT
*NET*                   P1.2
*SIGNAL* GND            U2.5
U1.7                    U2.2
C1.2                    *SIGNAL* /CLOCK_IN
U2.7                    R1.2
P1.4                    C1.1
*SIGNAL* VCC            U1.1
R1.1                    P1.3
U1.14                   *END*
```

作であるため，この中間ネットリストからの情報抽出はPythonやXSLTなど，XMLを入力とできる処理系を利用して簡単にプログラムを書くことができます．

XSLTはそれ自身がXML言語で書かれる，XMLファイルの処理に最適な言語です．xsltprocと呼ばれるフリーソフトがあり，ダウンロード，インストールすることで得られます．中間ネットリストと入力されたファイルを変換するためのスタイルシートより，結果をファイルへ保存します．xsltprocを使用するためには，XSLTによる変換処理のためのスタイルシートが必要となります．これらすべての変換プロセスは，Eeschemaにより制御され，一度設定しておけば何度でも実行することができます．

リスト8

```xml
<?xml version="1.0" encoding="ISO-8859-1"?>
<!--XSL style sheet to EESCHEMA Generic Netlist Format to PADS netlist format
    Copyright (C) 2010, SoftPLC Corporation.
    GPL v2.

    How to use:
        https://lists.launchpad.net/kicad-developers/msg05157.html
-->

<!DOCTYPE xsl:stylesheet [
    <!ENTITY nl  "&#xd;&#xa;"> <!--new line CR, LF -->
]>

<xsl:stylesheet version="1.0" xmlns:xsl="http://www.w3.org/1999/XSL/Transform">
<xsl:output method="text" omit-xml-declaration="yes" indent="no"/>

<xsl:template match="/export">
    <xsl:text>*PADS-PCB*&nl;*PART*&nl;</xsl:text>
    <xsl:apply-templates select="components/comp"/>
    <xsl:text>&nl;*NET*&nl;</xsl:text>
    <xsl:apply-templates select="nets/net"/>
    <xsl:text>*END*&nl;</xsl:text>
</xsl:template>

<!-- for each component -->
<xsl:template match="comp">
    <xsl:text> </xsl:text>
    <xsl:value-of select="@ref"/>
    <xsl:text> </xsl:text>
    <xsl:choose>
        <xsl:when test = "footprint != '' ">
            <xsl:apply-templates select="footprint"/>
        </xsl:when>
        <xsl:otherwise>
            <xsl:text>unknown</xsl:text>
        </xsl:otherwise>
    </xsl:choose>
    <xsl:text>&nl;</xsl:text>
</xsl:template>

<!-- for each net -->
<xsl:template match="net">
    <!-- nets are output only if there is more than one pin in net -->
    <xsl:if test="count(node)>1">
        <xsl:text>*SIGNAL* </xsl:text>
        <xsl:choose>
            <xsl:when test = "@name != '' ">
                <xsl:value-of select="@name"/>
            </xsl:when>
            <xsl:otherwise>
                <xsl:text>N-</xsl:text>
                <xsl:value-of select="@code"/>
            </xsl:otherwise>
        </xsl:choose>
        <xsl:text>&nl;</xsl:text>
        <xsl:apply-templates select="node"/>
    </xsl:if>
</xsl:template>

<!-- for each node -->
<xsl:template match="node">
    <xsl:text> </xsl:text>
    <xsl:value-of select="@ref"/>
    <xsl:text>.</xsl:text>
    <xsl:value-of select="@pin"/>
    <xsl:text>&nl;</xsl:text>
</xsl:template>
</xsl:stylesheet>
```

リスト10 ①

```xml
<?xml version="1.0" encoding="ISO-8859-1"?>
<!--XSL style sheet to EESCHEMA Generic Netlist Format to CADSTAR netlist format
        Copyright (C) 2010, Jean-Pierre Charras.
        Copyright (C) 2010, SoftPLC Corporation.
        GPL v2.
-->
<!DOCTYPE xsl:stylesheet [
  <!ENTITY nl  "&#xd;&#xa;"> <!--new line CR, LF -->
]>

<xsl:stylesheet version="1.0" xmlns:xsl="http://www.w3.org/1999/XSL/Transform">
<xsl:output method="text" omit-xml-declaration="yes" indent="no"/>

<!-- Netlist header -->
<xsl:template match="/export">
        <xsl:text>.HEA&nl;</xsl:text>
        <xsl:apply-templates select="design/date"/>    <!-- Generate line .TIM <time> -->
        <xsl:apply-templates select="design/tool"/>    <!-- Generate line .APP <eeschema version> -->
        <xsl:apply-templates select="components/comp"/>    <!-- Generate list of components -->
        <xsl:text>&nl;&nl;</xsl:text>
        <xsl:apply-templates select="nets/net"/>           <!-- Generate list of nets and connections -->
        <xsl:text>&nl;.END&nl;</xsl:text>
</xsl:template>

<!-- Generate line .TIM 20/08/2010 10:45:33 -->
<xsl:template match="tool">
        <xsl:text>.APP "</xsl:text>
        <xsl:apply-templates/>
        <xsl:text>"&nl;</xsl:text>
</xsl:template>

<!-- Generate line .APP "eeschema (2010-08-17 BZR 2450)-unstable" -->
<xsl:template match="date">
        <xsl:text>.TIM </xsl:text>
        <xsl:apply-templates/>
        <xsl:text>&nl;</xsl:text>
</xsl:template>

<!-- for each component -->
<xsl:template match="comp">
        <xsl:text>.ADD_COM </xsl:text>
        <xsl:value-of select="@ref"/>
        <xsl:text> </xsl:text>
        <xsl:choose>
                <xsl:when test = "value != '' ">
                        <xsl:text>"</xsl:text> <xsl:apply-templates select="value"/> <xsl:text>"</xsl:text>
                </xsl:when>
                <xsl:otherwise>
                        <xsl:text>""</xsl:text>
                </xsl:otherwise>
        </xsl:choose>
        <xsl:text>&nl;</xsl:text>
</xsl:template>

<!-- for each net -->
<xsl:template match="net">
        <!-- nets are output only if there is more than one pin in net -->
        <xsl:if test="count(node)>1">
        <xsl:variable name="netname">
                <xsl:text>"</xsl:text>
                <xsl:choose>
                        <xsl:when test = "@name != '' ">
                                <xsl:value-of select="@name"/>
                        </xsl:when>
                        <xsl:otherwise>
                                <xsl:text>N-</xsl:text>
                                <xsl:value-of select="@code"/>
                        </xsl:otherwise>
```

リスト10 ②

```
                </xsl:choose>
                <xsl:text>"&nl;</xsl:text>
            </xsl:variable>
            <xsl:apply-templates select="node" mode="first"/>
            <xsl:value-of select="$netname"/>
            <xsl:apply-templates select="node" mode="others"/>
        </xsl:if>
    </xsl:template>

    <!-- for each node -->
    <xsl:template match="node" mode="first">
        <xsl:if test="position()=1">
            <xsl:text>.ADD_TER </xsl:text>
        <xsl:value-of select="@ref"/>
        <xsl:text>.</xsl:text>
        <xsl:value-of select="@pin"/>
        <xsl:text> </xsl:text>
        </xsl:if>
    </xsl:template>

    <xsl:template match="node" mode="others">
        <xsl:choose>
            <xsl:when test='position()=1'>
            </xsl:when>
            <xsl:when test='position()=2'>
                <xsl:text>.TER          </xsl:text>
            </xsl:when>
            <xsl:otherwise>
                <xsl:text>              </xsl:text>
            </xsl:otherwise>
        </xsl:choose>
        <xsl:if test="position()>1">
            <xsl:value-of select="@ref"/>
            <xsl:text>.</xsl:text>
            <xsl:value-of select="@pin"/>
            <xsl:text>&nl;</xsl:text>
        </xsl:if>
    </xsl:template>

</xsl:stylesheet>
```

リスト11 ▶出力ファイル

```
.HEA                                              U2.4
.TIM 21/08/2010 08:12:08                          U2.1
.APP "eeschema (2010-08-09 BZR 2439)-unstable"    U2.14
.ADD_COM P1 "CONN_4"                              P1.1
.ADD_COM U2 "74LS74"                         .ADD_TER U1.2 "N-4"
.ADD_COM U1 "74LS04"                         .TER     U2.3
.ADD_COM C1 "CP"                             .ADD_TER P1.2 "/SIG_OUT"
.ADD_COM R1 "R"                              .TER     U2.5
                                                      U2.2
                                             .ADD_TER R1.2 "/CLOCK_IN"
.ADD_TER U1.7 "GND"                          .TER     C1.1
.TER     C1.2                                         U1.1
         U2.7                                         P1.3
         P1.4
.ADD_TER R1.1 "VCC"                          .END
.TER     U1.14
```

リスト12 ①

```xml
<?xml version="1.0" encoding="ISO-8859-1"?>
<!--XSL style sheet to EESCHEMA Generic Netlist Format to CADSTAR netlist format
    Copyright (C) 2010, SoftPLC Corporation.
    GPL v2.

        How to use:
                https://lists.launchpad.net/kicad-developers/msg05157.html
-->

<!DOCTYPE xsl:stylesheet [
  <!ENTITY nl  "&#xd;&#xa;"> <!--new line CR, LF -->
]>

<xsl:stylesheet version="1.0" xmlns:xsl="http://www.w3.org/1999/XSL/Transform">
<xsl:output method="text" omit-xml-declaration="yes" indent="no"/>

<!--
        Netlist header
        Creates the entire netlist
        (can be seen as equivalent to main function in C
-->
<xsl:template match="/export">
        <xsl:text>( | EESchema Netlist Version 1.1  </xsl:text>
        <!-- Generate line .TIM <time> -->
        <xsl:apply-templates select="design/date"/>
        <!-- Generate line eeschema version ... -->
        <xsl:apply-templates select="design/tool"/>
        <xsl:text>|&nl;</xsl:text>

        <!-- Generate the list of components -->
        <xsl:apply-templates select="components/comp"/>  <!-- Generate list of components -->

        <!-- end of file -->
        <xsl:text>)&nl;*&nl;</xsl:text>
</xsl:template>

<!--
        Generate id in header like "eeschema (2010-08-17 BZR 2450)-unstable"
-->
<xsl:template match="tool">
        <xsl:apply-templates/>
</xsl:template>

<!--
        Generate date in header like "20/08/2010 10:45:33"
-->
<xsl:template match="date">
        <xsl:apply-templates/>
        <xsl:text>&nl;</xsl:text>
</xsl:template>

<!--
        This template read each component
        (path = /export/components/comp)
        creates lines:
        ( 3EBF7DBD $noname U1 74LS125
         ... pin list ...
         )
        and calls "create_pin_list" template to build the pin list
-->
<xsl:template match="comp">
        <xsl:text> ( </xsl:text>
        <xsl:choose>
                <xsl:when test = "tstamp != '' ">
                        <xsl:apply-templates select="tstamp"/>
                </xsl:when>
                <xsl:otherwise>
                        <xsl:text>00000000</xsl:text>
                </xsl:otherwise>
        </xsl:choose>
```

リスト12 ②

```xml
        <xsl:text> </xsl:text>
        <xsl:choose>
            <xsl:when test = "footprint != '' ">
                <xsl:apply-templates select="footprint"/>
            </xsl:when>
            <xsl:otherwise>
                <xsl:text>$noname</xsl:text>
            </xsl:otherwise>
        </xsl:choose>
        <xsl:text> </xsl:text>
        <xsl:value-of select="@ref"/>
        <xsl:text> </xsl:text>
        <xsl:choose>
            <xsl:when test = "value != '' ">
                <xsl:apply-templates select="value"/>
            </xsl:when>
            <xsl:otherwise>
                <xsl:text>"~"</xsl:text>
            </xsl:otherwise>
        </xsl:choose>
        <xsl:text>&nl;</xsl:text>
        <xsl:call-template name="Search_pin_list" >
            <xsl:with-param name="cmplib_id" select="libsource/@part"/>
            <xsl:with-param name="cmp_ref" select="@ref"/>
        </xsl:call-template>
        <xsl:text> )&nl;</xsl:text>
</xsl:template>

<!--
        This template search for a given lib component description in list
        lib component descriptions are in /export/libparts,
        and each description start at ./libpart
        We search here for the list of pins of the given component
        This template has 2 parameters:
            "cmplib_id" (reference in libparts)
            "cmp_ref"   (schematic reference of the given component)
-->
<xsl:template name="Search_pin_list" >
    <xsl:param name="cmplib_id" select="'0'" />
    <xsl:param name="cmp_ref" select="'0'" />
        <xsl:for-each select="/export/libparts/libpart">
            <xsl:if test = "@part = $cmplib_id ">
                <xsl:apply-templates name="build_pin_list" select="pins/pin">
                    <xsl:with-param name="cmp_ref" select="$cmp_ref"/>
                </xsl:apply-templates>
            </xsl:if>
        </xsl:for-each>
</xsl:template>


<!--
        This template writes the pin list of a component
        from the pin list of the library description
        The pin list from library description is something like
            <pins>
                <pin num="1" type="passive"/>
                <pin num="2" type="passive"/>
            </pins>
        Output pin list is ( <pin num> <net name> )
        something like
                ( 1 VCC )
                ( 2 GND )
-->
<xsl:template name="build_pin_list" match="pin">
    <xsl:param name="cmp_ref" select="'0'" />

    <!-- write pin numner and separator -->
    <xsl:text> ( </xsl:text>
    <xsl:value-of select="@num"/>
    <xsl:text> </xsl:text>
```

リスト12 ③

```xml
				<!-- search net name in nets section and write it: -->
				<xsl:variable name="pinNum" select="@num" />
				<xsl:for-each select="/export/nets/net">
					<!-- net name is output only if there is more than one pin in net
						else use "?" as net name, so count items in this net
					-->
					<xsl:variable name="pinCnt" select="count(node)" />
					<xsl:apply-templates name="Search_pin_netname" select="node">
						<xsl:with-param name="cmp_ref" select="$cmp_ref"/>
						<xsl:with-param name="pin_cnt_in_net" select="$pinCnt"/>
						<xsl:with-param name="pin_num"> <xsl:value-of select="$pinNum"/>
						</xsl:with-param>
					</xsl:apply-templates>
				</xsl:for-each>

				<!-- close line -->
				<xsl:text> )&nl;</xsl:text>
</xsl:template>

<!--
	This template writes the pin netname of a given pin of a given component
	from the nets list
	The nets list description is something like
	  <nets>
			<net code="1" name="GND">
			  <node ref="J1" pin="20"/>
					<node ref="C2" pin="2"/>
			</net>
			<net code="2" name="">
			  <node ref="U2" pin="11"/>
			</net>
	  </nets>
	This template has 2 parameters:
			"cmp_ref"   (schematic reference of the given component)
			"pin_num"   (pin number)
-->
<xsl:template name="Search_pin_netname" match="node">
		<xsl:param name="cmp_ref" select="'0'" />
		<xsl:param name="pin_num" select="'0'" />
		<xsl:param name="pin_cnt_in_net" select="'0'" />

		<xsl:if test = "@ref = $cmp_ref ">
			<xsl:if test = "@pin = $pin_num">
			<!-- net name is output only if there is more than one pin in net
					else use "?" as net name
			-->
					<xsl:if test = "$pin_cnt_in_net>1">
						<xsl:choose>
							<!-- if a net has a name, use it,
									else build a name from its net code
							-->
							<xsl:when test = "../@name != '' ">
								<xsl:value-of select="../@name"/>
							</xsl:when>
							<xsl:otherwise>
								<xsl:text>$N-0</xsl:text><xsl:value-of select="../@code"/>
							</xsl:otherwise>
						</xsl:choose>
					</xsl:if>
					<xsl:if test = "$pin_cnt_in_net &lt;2">
						<xsl:text>?</xsl:text>
					</xsl:if>
			</xsl:if>
		</xsl:if>

</xsl:template>

</xsl:stylesheet>
```

リスト13　▶出力ファイル

```
({ EESchema Netlist Version 1.1  29/08/2010 21:07:51
eeschema (2010-08-28 BZR 2458)-unstable|
 ( 4C6E2141 $noname P1 CONN_4
  ( 1 VCC )
  ( 2 /SIG_OUT )
  ( 3 /CLOCK_IN )
  ( 4 GND )
 )
 ( 4C6E20BA $noname U2 74LS74
  ( 1 VCC )
  ( 2 /SIG_OUT )
  ( 3 N-04 )
  ( 4 VCC )
  ( 5 /SIG_OUT )
  ( 6 ? )
  ( 7 GND )
  ( 14 VCC )
 )
 ( 4C6E20A6 $noname U1 74LS04
  ( 1 /CLOCK_IN )
  ( 2 N-04 )
  ( 7 GND )
  ( 14 VCC )
 )
 ( 4C6E2094 $noname C1 CP
  ( 1 /CLOCK_IN )
  ( 2 GND )
 )
 ( 4C6E208A $noname R1 R
  ( 1 VCC )
  ( 2 /CLOCK_IN )
 )
)
*
```

2.14.3　XSLTのアプローチ

XSL変換（XSL Transformations：XSLT）に関するドキュメントは，下記より参照することができます．
　http://www.w3.org/TR/xslt

● Pads-Pcb形式ネットリストファイルの生成

pads-pcb形式のネットリストは，下記の2セクションより構成されています．

・フットプリントの一覧
・ネットリスト：ネット情報によりグループ化された，パッド情報

リスト8 に，中間ネットリストからpads-pcb形式へ変換するためのスタイルシートを掲載します．

xsltprocを実行し得られた，pads-pcbの用のネットリスト・ファイルを リスト9 に示します．

この変換は，次のコマンドラインにより実行できます．

　　kicad/bin/xsltproc.exe -o test.net kicad/bin/
　　plugins/netlist_form_pads-pcb.xsl test.tmp

● Cadstar形式のネットリストファイルの生成

Cadstar形式のネットリストは，下記の2セクションで構成されています．

・フットプリントの一覧
・ネットリスト：ネット情報によりグループ化された，パッド情報

リスト10 に変換するためのスタイルシートを掲載します．
▶出力ファイル
リスト11 を参照してください．

● OrcadPCB2形式ネットリストファイルの生成

このフォーマットは，フットプリントの一覧のみで構成されています．それぞれのフットプリントは接続されるネットの情報を含みます．

変換を行うためのスタイルシートファイルを， リスト12 に示します．
▶出力ファイル
リスト13 を参照してください．

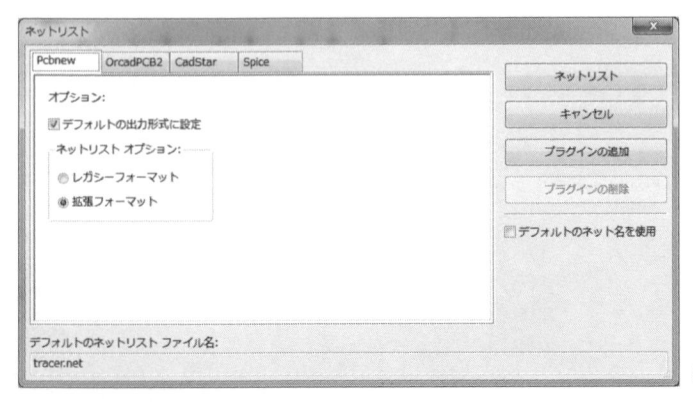

図100

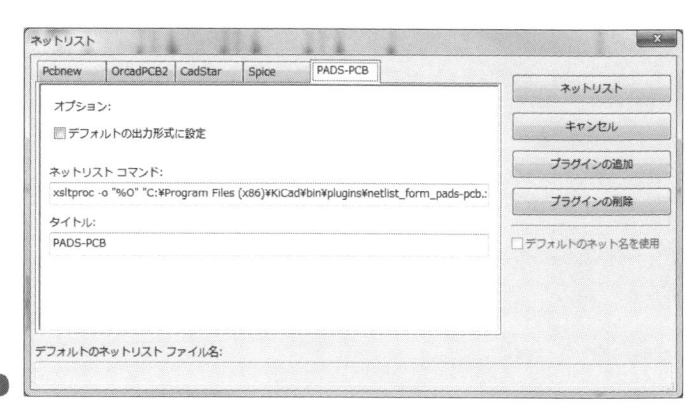

図101

● Eeschemaプラグインインターフェース

中間ネットリストの変換はEeschemaの中で自動的に実行させることができます.

▶ダイアログウインドウの初期化

新しいネットリストプラグインをユーザ・インターフェースへ追加するには,「プラグインの追加」タブを利用します(図100).

PadsPcbタブの設定は,図101のように見えます.

▶プラグインの設定

Eeschemaのプラグインの設定ダイアログでは,下記の情報が必要になります.

- タイトル：ネットリストフォーマットの名前など
- 変換を行うためのコマンドライン

ネットリストボタンをクリックすると,次のように実行されます.

1. Eeschemaはtest.xmlのように*.xmlの形式で中間ネットリストを生成します.
2. Eeschemaはtest.xmlをプラグインへ入力し,test.netを生成します.

▶コマンドラインからのネットリストファイル生成

xsltproc.exeを利用し中間ネットリストへスタイルシートを適用する場合,下記のコマンドによりxsltproc.exeが実行されます.

xsltproc.exe -o <output filename>
< style-sheet filename>
<input XML file to convert>

Windows環境でKicadを利用している場合のコマンドラインは以下のようになります.

f:/kicad/bin/xsltproc.exe -o "%O" f:/kicad/bin/plugins/netlist_form_pads-pcb.xsl "%I"

Linux環境の場合のコマンドを以下に示します.

xsltproc -o "%O" /usr/local/kicad/bin/plugins/netlist_form_pads-pcb.xsl "%I"

netlist_form_pads-pcb.xslには,適用するスタイルシートのファイル名が入ります.このスタイルシートのパスにスペースが入っている場合には,ダブルクォーテーションで囲むのを忘れないようにしてください.

サポートしているパラメータを下記に示します.

- %B => base filename and path of selected output file, minus path and extension.
- %I => 入力ファイル(中間ネットリストファイル)の完全なパスとファイル名を指定する
- %O => 出力ファイルの完全なパスとファイル名を指定する

%Iは実際の中間ネットリストファイル名へ置換されます.

%Oは実際の出力ファイル名へ置換され,最終的なネットリストファイルとなります.コマンドラインの例を次に示します.

▶コマンドラインフォーマット：xsltprocの例

xsltprocのコマンドラインフォーマットは,下記のようになります.

<path or xsltproc> xsltproc <xsltproc parameters>

▶Wiindows環境の場合

f:/kicad/bin/xsltproc.exe -o %O f:/kicad/bin/plugins/netlist_form_pads-pcb.xsl %I

▶Linux環境の場合

xsltproc -o %O /usr/local/kicad/bin/plugins/netlist_form_pads-pcb.xsl %I

上記は,xsltprocがWindows環境下でkicad/bin以下にインストールされていると仮定したものです.

● BOMの生成

中間ネットリストファイルは,使用されているコンポーネントのすべての情報を含んでいるため,ここからBOMを生成することができます.図102にBOMを生成させるための,Windows(Linux)環境下でのプラグイン設定ウィンドウを示します.

bom2csv.xslのパスは,システムによって異なります.現状で最適なBOMを生成するXSLTスタイルシートは,ここではbom2csv.xslとします.必要に応じ

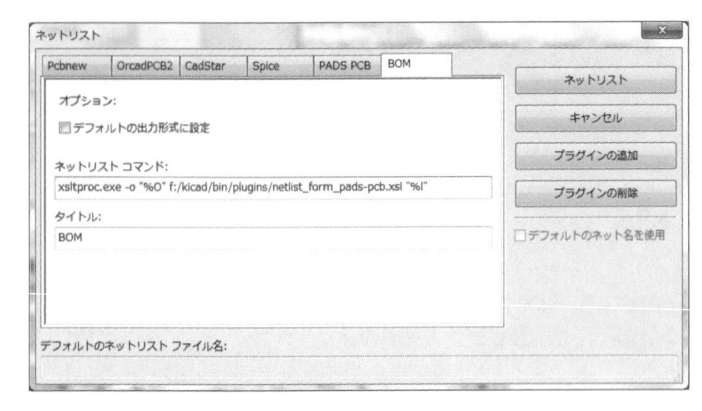

図102

て自由に変更することができ，また自身でプラグインを開発する際の参考になります．

2.14.4 コマンドラインフォーマット：pythonスクリプトの例

pythonを使用した場合のコマンドラインフォーマットは，下記のようになります．

python <script file name>
<input filename> <output filename>

▶Windows環境の場合
python.exe f:/kicad/python/
my_python_script.py "%l" "%O"

▶Linux環境の場合
python /usr/local/kicad/python/
my_python_script.py "%l" "%O"

使用するPCへpythonがインストールされている必要があります．

2.14.5 中間ネットリストファイルの構造

ネットリストファイルの例をリスト14に示します．

● 通常のネットリストファイルの構造

中間ネットリストファイルは，次の5セクションで構成されています．

- ヘッダーセクション
- コンポーネントセクション
- ライブラリパーツセクション
- ライブラリセクション
- ネットセクション

このファイルは<export>タグで囲まれたものとなります（リスト15）．

● ヘッダーセクション

このヘッダは<design>タグで囲まれます（リスト16）．

このセクションはコメントセクションとして捉えることができます．

● コンポーネントセクション

このコンポーネントセクションは<components>タグで囲まれたものとなります（リスト17）．

このセクションには，回路図中で使用されているコンポーネントの一覧が含まれます．それぞれのコンポーネントは，リスト18のように記載されます（表14）．

▶コンポーネントのタイムスタンプに関する注意

ボード設計時，ネットリストからコンポーネントを識別する際，**タイムスタンプ情報はコンポーネント固有の情報となります**．

一方で，Kicadはコンポーネントを基板上の対応す

リスト15
```
<export version="D">
 ...
</export>
```

リスト16
```
<design>
   <source>F:\kicad_aux\netlist_test\netlist_test.sch</source>
   <date>21/08/2010 08:12:08</date>
   <tool>eeschema (2010-08-09 BZR 2439)-unstable</tool>
</design>
```

リスト17
```
<components>
   <comp ref="P1">
      <value>CONN_4</value>
      <libsource lib="conn" part="CONN_4"/>
      <sheetpath names="/" tstamps="/"/>
      <tstamp>4C6E2141</tstamp>
   </comp>
</components>
```

リスト14

```xml
<?xml version="1.0" encoding="utf-8"?>
<export version="D">
    <design>
        <source>F:\kicad_aux\netlist_test\netlist_test.sch</source>
        <date>29/08/2010 21:07:51</date>
        <tool>eeschema (2010-08-28 BZR 2458)-unstable</tool>
    </design>
    <components>
        <comp ref="P1">
            <value>CONN_4</value>
            <libsource lib="conn" part="CONN_4"/>
            <sheetpath names="/" tstamps="/"/>
            <tstamp>4C6E2141</tstamp>
        </comp>
        <comp ref="U2">
            <value>74LS74</value>
            <libsource lib="74xx" part="74LS74"/>
            <sheetpath names="/" tstamps="/"/>
            <tstamp>4C6E20BA</tstamp>
        </comp>
        <comp ref="U1">
            <value>74LS04</value>
            <libsource lib="74xx" part="74LS04"/>
            <sheetpath names="/" tstamps="/"/>
            <tstamp>4C6E20A6</tstamp>
        </comp>
        <comp ref="C1">
            <value>CP</value>
            <libsource lib="device" part="CP"/>
            <sheetpath names="/" tstamps="/"/>
            <tstamp>4C6E2094</tstamp>
        </comp>
        <comp ref="R1">
            <value>R</value>
            <libsource lib="device" part="R"/>
            <sheetpath names="/" tstamps="/"/>
            <tstamp>4C6E208A</tstamp>
        </comp>
    </components>
    <libparts/>
    <libraries/>
    <nets>
        <net code="1" name="GND">
            <node ref="U1" pin="7"/>
            <node ref="C1" pin="2"/>
            <node ref="U2" pin="7"/>
            <node ref="P1" pin="4"/>
        </net>
        <net code="2" name="VCC">
            <node ref="R1" pin="1"/>
            <node ref="U1" pin="14"/>
            <node ref="U2" pin="4"/>
            <node ref="U2" pin="1"/>
            <node ref="U2" pin="14"/>
            <node ref="P1" pin="1"/>
        </net>
        <net code="3" name="">
            <node ref="U2" pin="6"/>
        </net>
        <net code="4" name="">
            <node ref="U1" pin="2"/>
            <node ref="U2" pin="3"/>
        </net>
        <net code="5" name="/SIG_OUT">
            <node ref="P1" pin="2"/>
            <node ref="U2" pin="5"/>
            <node ref="U2" pin="2"/>
        </net>
        <net code="6" name="/CLOCK_IN">
            <node ref="R1" pin="2"/>
            <node ref="C1" pin="1"/>
            <node ref="U1" pin="1"/>
            <node ref="P1" pin="3"/>
        </net>
    </nets>
</export>
```

リスト18

```
<comp ref="P1">
  <value>CONN_4</value>
  <libsource lib="conn" part="CONN_4"/>
  <sheetpath names="/" tstamps="/"/>
  <tstamp>4C6E2141</tstamp>
</comp>
```

るフットプリントから識別する方法を用意しています．

これは，回路図プロジェクト中のコンポーネントが再アノテーションされることと，コンポーネントとフットプリント間の結び付き情報を破壊しないために用意されたものです．

タイムスタンプはそれぞれのコンポーネントや回路図プロジェクト内のシートにおいて識別するための独自のものです．しかしながら，複雑な構造体で同じシートが複数回参照される場合などにおいては，同じタイムスタンプを持つコンポーネントが存在することとなってしまいます．

このような複雑な階層構造を持つシートでは，シートのパス情報を利用して個別のタイムスタンプを表現します．「そのシートのパス＋タイムスタンプ」をコ

リスト19

```
<libparts>
  <libpart lib="device" part="CP">
    <description>Condensateur polarise</description>
    <footprints>
      <fp>CP*</fp>
      <fp>SM*</fp>
    </footprints>
    <fields>
      <field name="Reference">C</field>
      <field name="Valeur">CP</field>
    </fields>
    <pins>
      <pin num="1" name="1" type="passive"/>
      <pin num="2" name="2" type="passive"/>
    </pins>
  </libpart>
</libparts>
```

表15

Input	通常の入力
Output	通常の出力
Bidirectional	入力または出力
Tri-state	バスの入出力
Passive	通常の受動部品のピン
Unspecified	不明な種類
Power input	コンポーネントの電源入力
Power output	レギュレータICのような部品の電源出力
Open collector	アナログコンパレータでよく見られるオープンコレクタ
Open emitter	ロジックICで見られるオープンエミッタ
Not connected	回路図上でオープンとすべきピン

表14

libsource	そのコンポーネントが含まれているライブラリ名
part	ライブラリ中に登録されているコンポーネント名
sheetpath	階層内のシートのパス（回路図階層全体の中で，その回路図シートの位置を明確にするために利用される）
tstamps (time stamps)	回路図ファイルのタイムスタンプ
tstamp (time stamp)	コンポーネントのタイムスタンプ

ンポーネントのタイムスタンプとするのです．

● ライブラリパーツセクション

このライブラリパーツセクションは，<libparts>タグで囲まれたものとなり，このセクションは回路図ライブラリの情報を定義するものとなります．このセクションは，次のものを含みます（リスト19）．

- <fp>で定義されるフットプリント名
  （名前にはワイルドカードが利用される）
- <fields>で定義されるフィールド
- <pins>で定義されるピン情報

<pin num="1" type="passive"/>のような行は，ピンの電気的な種類を定義するものです．有効なピンの種類は，表15に示すものがあります．

● ライブラリセクション

ライブラリセクションは<libraries>タグで囲まれたものとなります．このセクションはプロジェクトから利用されているライブラリ情報を含みます（リスト20）．

● ネットセクション

ネットセクションは<nets>タグで囲まれたものとなります．このセクションは，回路図上の接続情報を定義するものです（リスト21）．

このセクションでは，回路図上の全てのネットを羅列します．

ネット情報の例をリスト22と表16に示します．

リスト20

```
<libraries>
  <library logical="device">
    <uri>F:\kicad\share\library\device.lib</uri>
  </library>
  <library logical="conn">
    <uri>F:\kicad\share\library\conn.lib</uri>
  </library>
</libraries>
```

リスト21

```xml
<nets>
  <net code="1" name="GND">
    <node ref="U1" pin="7"/>
    <node ref="C1" pin="2"/>
    <node ref="U2" pin="7"/>
    <node ref="P1" pin="4"/>
  </net>
  <net code="2" name="VCC">
    <node ref="R1" pin="1"/>
    <node ref="U1" pin="14"/>
    <node ref="U2" pin="4"/>
    <node ref="U2" pin="1"/>
    <node ref="U2" pin="14"/>
    <node ref="P1" pin="1"/>
  </net>
</nets>
```

リスト22

```xml
<net code="1" name="GND">
  <node ref="U1" pin="7"/>
  <node ref="C1" pin="2"/>
  <node ref="U2" pin="7"/>
  <node ref="P1" pin="4"/>
</net>
```

表16

net code	ネットの内部的な識別番号
name	ネット名
node	ネットに接続されるピン

2.14.6 xsltprocに関する追加情報

次のURLを参照してください．
http://xmlsoft.org/XSLT/xsltproc.html

● 概要

xsltprocはXSLTスタイルシートをXML文書に適用するためのコマンドラインツールです．これはGNOMEプロジェクトの一環として開発され，GNOMEデスクトップ環境なしでも利用することが可能です．

xsltprocはスタイルシート名と適用するファイル名をオプションとし，コマンドラインより起動されます．標準入力を利用する場合，ファイル名には–記号を利用します．

Ifスタイルシートが XML文書内に指示されている場合，コマンドラインでスタイルシート名を指示する必要はありません．xsltprocは自動的にスタイルシートを検出し利用します．標準では，出力が標準出力となっています．ファイルとして結果を出力したい場合には，-oオプションを利用します．

● コマンドライン

リスト23 に示します．

● コマンドラインオプション

-Vまたは--version
　利用しているlibxmlとlibxsltのバージョン情報を表示します．

-vまたは--verbose
　xsltprocがスタイルシートとドキュメントを処理する各段階でメッセージを出力します．

-oまたは--output file
　<ファイル名>で指定されたファイルへ結果を出力します．「チャンク」などとして知られているように，複数出力したい場合は-oディレクトリ名/として指定したディレクトリへファイルを出力させます．この場合，ディレクトリはあらかじめ作成しておく必要があります．

--timing
　スタイルシートの構文解析，ドキュメントの構文解析，スタイルシートの適用，結果の保存に掛かった時間を表示します．ミリ秒の単位で表示されます．

--repeat
　タイミングテストのために，変換を20回繰り返し実行します．

--debug
　デバッグのために，変換されたドキュメントのXMLツリーを出力します．

--novalid
　ドキュメントのDTDの読み込みをスキップします．

--noout
　結果を出力しません．

--maxdepth<値>
　libxsltの無限ループを防ぐため，テンプレートの最大スタック深さを調整します．デフォルトは500です．

--html
　HTMLファイルを入力ファイルとします．

--param <パラメータ名> <値>
　スタイルシート中の，パラメータで指定された<パラメータ名>および<値>の処理を行いません．パラメータ名と値のペアは，最大32個まで指定する

リスト23

```
xsltproc [[-V] | [-v] | [-o file] | [--timing] | [--repeat] | [--debug] | [--novalid] | [--noout] | [--maxdepth val] | [--html] | [--param name value] | [--stringparam name value] | [--nonet] | [--path paths] | [--load-trace] | [--catalogs] | [--xinclude] | [--profile] | [--dumpextensions] | [--nowrite] | [--nomkdir] | [--writesubtree] | [--nodtdattr]] [stylesheet] [file1] [file2] [....]
```

ことができます．値をノードの識別ではなく，文字列として処理したい場合は，--stringparam オプションを利用してください．

--stringparam ＜パラメータ名＞ ＜値＞
＜パラメータ名＞と＜値＞で指定された値について，ノードの識別ではなく文字列として扱うようにします．（注：これら文字列は utf-8 エンコードされている必要がある）

--nonet
DTD のエンティティやドキュメントをインターネットから取得しません．

--path ＜パス＞
DTD やエンティティ，ドキュメントの読み込みに，＜パス＞で(半角スペースやカンマで区切られた)指定されたファイルのリストを使用します．

--load-trace
処理中に読み込まれた全てのドキュメントを，標準エラー出力へ出力します．

--catalogs
SGML_CATALOG_FILES 内で指定された SGML カタログを外部エンティティの解決に利用します．標準では，xsltproc は XML_CATALOG_FILES で指定された場所を探します．XML_CATALOG_FILES が定義されていない場合，/etc/xml/catalog を利用します．

--xinclude
Xinclude の仕様に基づき，入力ドキュメントの処理を行います．Xinclude の詳細は，次を参照してください．http://www.w3.org/TR/xinclude/

--profile または --norman
スタイルシートのそれぞれのパーツの処理時に，プロファイル情報の詳細を出力します．これはスタイルシートのパフォーマンスを最適化するために利用できます．

--dumpextensions
登録済みの拡張子のリストを標準出力へ出力します．

--nowrite
ファイルやリソースへの書き込みを行いません．

--nomkdir
ディレクトリを作成しません．

--writesubtree ＜パス＞
＜パス＞で指定されたパス内のファイルのみ書き込みをします．

--nodtdattr
ドキュメント内 DTD の標準アトリビュートを適用しません．

● Xsltproc の戻り値

xsltproc はスクリプトからの呼び出し時などに利用しやすいよう，戻り値でステータスを返します．

```
 0：通常
 1：引数なし
 2：パラメータが多すぎる
 3：不明なオプション
 4：スタイルシートの構文解析に失敗(parse error)
 5：スタイルシート内にエラー
 6：ドキュメントのひとつにエラー
 7：未サポートの xsl：出力メソッド
 8：文字列パラメータがクォートとダブルクォーテーションの両方を含んでいる
 9：内部処理エラー
10：中断シグナル(CTRL+C など)により処理を終了
11：出力ファイルに書き込めない
```

● xsltproc に関する追加情報

▶ libxml web ページ：http://www.xmlsoft.org/
▶ W3C XSLT ページ：http://www.w3.org/TR/xslt

第3章 CvPcb リファレンス・マニュアル

Eeschema と Pcbnew の部品同士を関連付けする

kicad.jp

第2章で作成した回路図の結線情報「ネットリストを用い，回路図上の部品」コンポーネントと Pcbnew（プリント基板 CAD）上で実際に配置する部品「フットプリント」を CvPcb で紐付けします．これで基板設計の下準備が整います．

3.1 CvPcb 入門

CvPcbは，プリント回路基板をレイアウトする際に使用されるコンポーネントのフットプリントを回路図中のコンポーネントに関連付けるツールです．この関連付けの情報は，回路図エディタ Eeschema で作成されたネットリスト・ファイルに追加されます．

一般的に，Eeschema によって生成されたネットリスト・ファイルは，プリント回路基板のどのフットプリントが回路図中のコンポーネントに関連付けられているかを指定していません．また，回路図上の全てのコンポーネントのフットプリントが用意されているとは限りません．

CvPcb は，次に示すようなコンポーネントにフットプリントを関連付けるのに便利な方法を提供します．

- 各コンポーネントに正しいフットプリントが関連付けられていることの確認
- 3Dコンポーネントモデルの表示
- フットプリントの表示
- フットプリントのリストのフィルタリング

等価ファイルは，各コンポーネントをフットプリントに関連付けるルックアップテーブルです．この等価ファイルを作成することにより，手動または自動でコンポーネントに対応するフットプリントに割り当てることができます．

この対話型のアプローチは，回路図エディタでフットプリントを直接関連付ける場合よりもシンプルであり，エラーが少なくなります．Cvpcb は自動的な関連付けができるだけでなく，フットプリントのリストを見たり，画面上にフットプリントを表示しながら作業ができます．

3.2 CvPcb の特徴

3.2.1 手作業あるいは自動での関連付け

CvPcb は等価ファイルによる自動割当てと同じようにインタラクティブな割り当て（手作業）を可能にします．それはまた，Eeschema により作成された回路図を CvPcb により選択されたフットプリントに関連付ける有用なバックアノテーション・ファイルを自動的に生成することができます．

3.2.2 入力ファイル

- Eeschema により作成された，関連フットプリントが付いているネットリスト・ファイル(*.net)，関連フットプリントが付いていない場合もある
- 以前に CvPcb により作られた補助的なコンポーネントの割り当てファイル(*.cmp)

3.2.3 出力ファイル

Pcbnew 用の二つのファイルが生成されます．

- フットプリント関連付けのあるネットリスト
- 補助的なコンポーネントアソシエーションファイル(*.cmp)．

3.3 CvPcb を起動する

CvPcb は基本的に Eeschema という回路図エディタから呼び出されます．Eeschema は自動的に CvPcb に対して，正しいネットリスト・ファイル名を渡します．それぞれのプロジェクトで初めて CvPcb を実行する前には，まず，Eeschema のトップツールバーのネットリスト生成ボタンをクリック，あるいは"Tools"の中にあるネットリスト生成を選び，初期のネットリス

トを保存する必要があります．デフォルトではネットリスト・ファイルの名前は"net"というファイル拡張子をもったプロジェクトと同じものとなります．プロジェクト用のネットリスト・ファイルが既にある場合には，すべてのフットプリントの関連付けが保持されます．Eeschemaによりネットリスト・ファイルが作成された後，KiCadプロジェクトマネージャから，直接CvPcbが起動されます．CvPcbは，またKiCadプロジェクトマネージャや回路エディタから起動される他に，スタンドアローンプログラムとしても起動されます．CvPcbがスタンドアローンプログラムとして実行されている場合，ネットリスト・ファイルはファイルメニューの"Open"エントリを選択するか，あるいはツールバー上の"Open"ボタンをクリックするかして，手作業で開く必要があります．

3.4 CvPcbのコマンド

3.4.1 メイン画面（図1）

左側のコンポーネントウインドウには，ロードされたネットリスト・ファイルに現れるコンポーネントのリストが表示されます．右側のフットプリント/ウインドウにはロードされたライブラリに含まれるフットプリントのリストが表示されます．ファイルがロードされていない場合にはコンポーネントウインドウは空白であり，フットプリントのライブラリが見つからない場合にはフットプリント/ウインドウは空白です．

3.4.2 メイン画面のツールバー

メイン画面のツールバーは，表1に示すコマンド

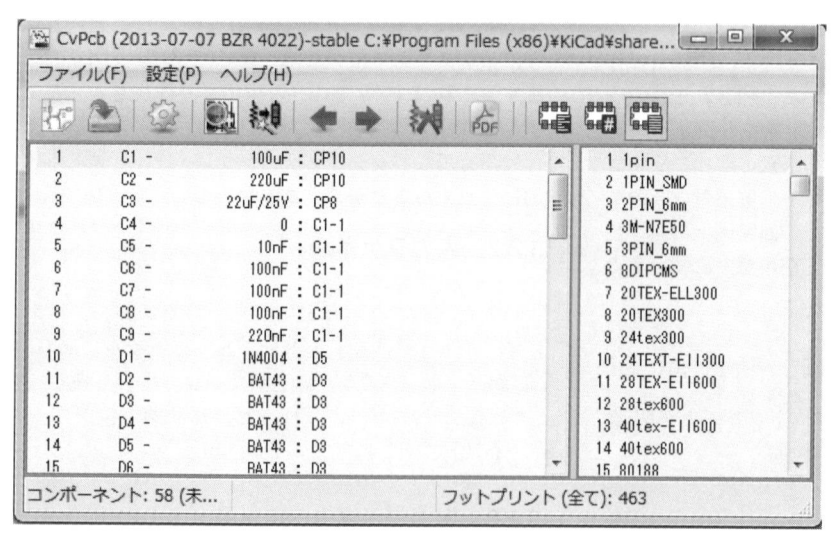

図1

表1

	処理されるネットリスト・ファイルを選択		フットプリント関連付けがないリストの中の次のコンポーネントを自動的に選択
	フットプリント関連付けファイル(.cmp)を保存し，ネットリスト・ファイル(.net)を更新		全てのフットプリントの割当てを削除
	CvPcbの設定メニューの呼び出し		既定のPDFビュアを使って選択されたフットプリントのドキュメントPDFファイルを開く
	選択されたコンポーネントのフットプリントをフットプリント/ウインドウに表示		選択されたコンポーネント用にフットプリントを絞り込むフィルターを適用
	等価ファイルを使ってコンポーネントにフットプリントを自動的に関連付け		ピン数で絞り込んだフットプリントのリストを表示
	フットプリント関連付けがないリストの中の前のコンポーネントを自動的に選択		全てのフットプリントリストを表示

に簡単にアクセスできます．

3.4.3 メイン画面のキーボードコマンド

表2はメイン画面のキーボードコマンドを一覧にしたものです．

3.4.4 CvPcbの設定

● CvPcbの設定画面

"設定"メニューの中にある"ライブラリ"を呼び出すと，ライブラリ設定ダイアログは以下のように表示されます．

● フットプリントライブラリの選択

フットプリントライブラリの設定ダイアログであるこのセクションは，現在のプロジェクトでのフットプリントライブラリの検索順序を変更，追加，削除をするために使用されます．重複した名前のフットプリントを検索する際，ライブラリの順序は重要です．CvPcbは，最初にフットプリントの名前が見つかったものを使用します．新しいフットプリントを作った場合には，名前の衝突を避けるため，常にユニークな名前を付ける必要があります．これは既知の問題であり，その他のKiCadの将来のバージョンで修正される予定です．これらのライブラリを変更するとPcbnewにも影響が波及するので，ご注意ください（図2）．

▶アイコンの説明

- 削除：選択したフットプリントライブラリをリストから除外
- 追加：リストの最後に新しいフットプリントライブラリを追加
- 挿入：選択したライブラリの前に新しいフットプリントライブラリを挿入
- 上へ：選択したライブラリをリストの上側に移動
- 下へ：選択したライブラリをリストの下側に移動

表2

→：右矢印	コンポーネントのペインがアクティブである場合には，フットプリントのペインをアクティブ化
←：左矢印	フットプリントのペインがアクティブである場合には，コンポーネントのペインをアクティブ化
↑：上矢印	現在の選択リストの前のアイテムを選択
↓：下矢印	現在の選択リストの次のアイテムを選択
Page Up	現在選択されているリストのページ上端のアイテムを選択
Page Down	現在選択されているリストのページ末端のアイテムを選択
Home	現在の選択リストの最初のアイテムを選択
End	現在の選択リストの末尾のアイテムを選択

● フットプリントドキュメントファイルの変更（図3）

"ブラウズ"ボタンを選択して，ファイル選択ダイアログを表示させ，新しいフットプリントのドキュメントファイルを選択してください．

3.4.5 フットプリントライブラリのサーチパスを変更

CvPcbは2種類のパスを使っています．

デフォルトのパスはユーザが新しいプロジェクトを作り，パスを追加する時にKiCadが自動的に設定します．これらのパスはCvPcbに使われる3Dモデルファイル（.wrl），等価ファイル（.equ），フットプリントライブラリファイル（.mod）を検索することができます．デフォルトパスは編集できません．ユーザ定義の検索パスのみに新しいパスを追加することができます（図4）．

● ユーザ定義パスを変更する

検索パスのリストの選択エントリの後ろに新しいパスを追加するには，"追加"ボタンをクリックします．検索パスの選択エントリの前に新しいパスを挿入するには"挿入"ボタンをクリックします．選択されたユ

図2

フットプリント ライブラリ ファイル

dip_sockets
sockets
connect
discret
pin_array
divers
libcms
display

追加／挿入／削除／上へ／下へ

図3

フットプリントのドキュメントファイル

footprints_doc/footprints.pdf　　ブラウズ

```
・root/share/kicad/modules
・root/share/kicad/modules/packages3d (for 3D shapes files format VRML created par Wings3D).
・root/share/template
```
リスト1

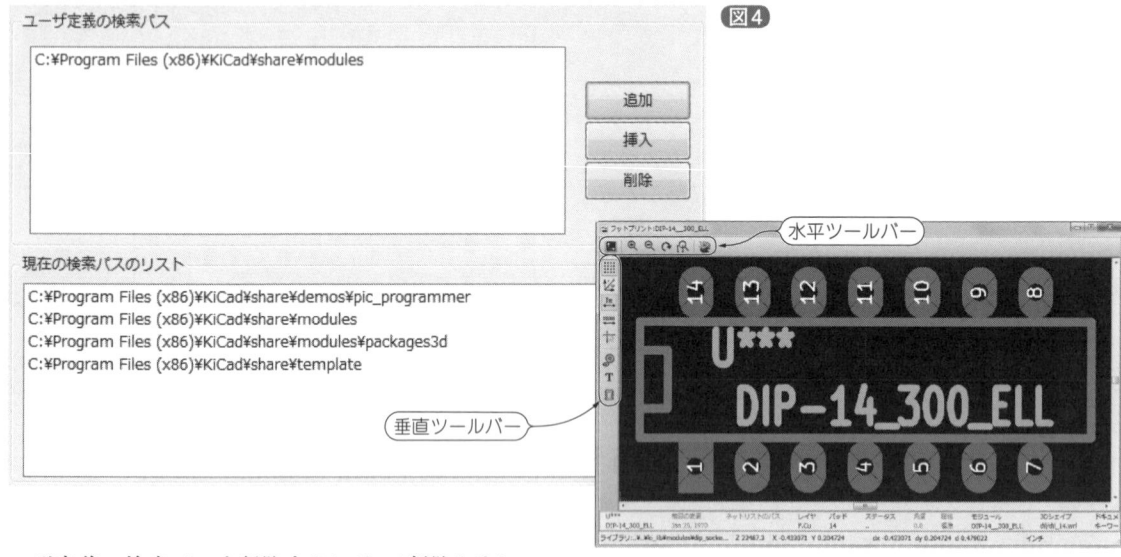

図4

図5

ーザ定義の検索パスを削除するには，"削除"ボタンをクリックしてください．デフォルトの検索パスが選択されている場合には"削除"ボタンをクリックしても効果はありません．

● デフォルトのライブラリパス

デフォルトではCvPcbは，内部的にフットプリントライブラリを検索するために定義済みのパスの設定を使用しています．これらのパスはOSに依存しています．プラットフォーム依存の問題をできるだけ避けるため絶対パスよりも相対パスの使用が一般には好ましいと言えます．言い換えると，

"c:¥ProgramFiles¥kicad¥share¥"
c:¥ProgramFiles¥kicad¥share¥はLinuxやOSX上では意味を持たないし，動作しません．

デフォルトのLinuxライブラリパスはリスト1の通りとなるでしょう．

ルート・パスは，KiCadがインストールされているバイナリのパスからの相対パスとなります．通常，LinuxのKiCadでは，/usr/bin pathのパスにインストールされています．そのため，ルートパスは/usr

となります．

3.4.6 選択中のフットプリントを見る

ビューフットプリントコマンドは，フットプリント・ウインドウに選択されているフットプリントを表示します．コンポーネントの3Dモデルが作られ，フットプリントとアソシエートしている場合には表示されます．図5はフットプリントビュアウインドウです．

● ステータスバーの情報

ステータスバーはCvPcbの画面最下部にあり，ユーザに有用な情報を提供します．表3はステータスバーの左から順に内容を示します．

● キーボードコマンド

キーボードで操作できるコマンドを表4に示しま

表3

区画	記述
1	コマンドヘルプ情報
2	現在のズームレベル
3	現在の単位表示でのカーソルの絶対位置
4	現在の単位表示でのカーソルの相対位置
5	現在の位置座標の単位

表4

F1	ズームイン
F2	ズームアウト
F3	画面をリフレッシュ
F4	画面中央にマウスを移動
Home	画面にフットプリントをフィット
スペースキー	現在のカーソル位置に相対座標系をセット
→ 右矢印	カーソルを1グリッド右に移動
← 左矢印	カーソルを1グリッド左に移動
↑ 上矢印	カーソルを1グリッド上に移動
↓ 下矢印	カーソルを1グリッド下に移動

表5

Scroll Wheel	現カーソル位置でズームイン，アウト
Ctrl + Scroll Wheel	左右にスクロール
Shift + Scroll Wheel	上下にスクロール
Right Button Click	コンテキストメニューを開く

表6

アイコン	説明	アイコン	説明
	表示オプションダイアログを表示する		再描画
	ズームイン		表示範囲に描画を合わせる
	ズームアウト	3D	3Dモデルビューアを開く

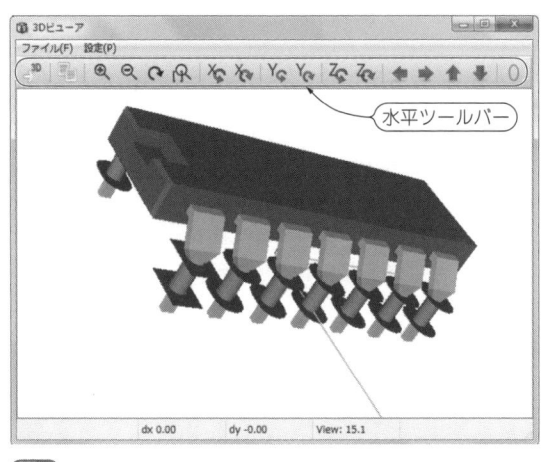

図7

表8

Scroll Wheel	現カーソル位置でズームイン，アウト
Ctrl + Scroll Wheel	左右にスクロール
Shift + Scroll Wheel	上下にスクロール

図6

- 中央
- ズームイン
- ズームアウト
- ビューの再描画
- 自動ズーム
- ズームの選択（表示倍率を選択する）
- グリッドの選択:（グリッドのサイズを選択する）
- 閉じる

表9

アイコン	説明	アイコン	説明
3D	3Dモデルをリロード	Y↻	Y軸を中心に前転
	クリップボードに3Dイメージをコピー	Z↺	Z軸を中心に後転
	ズームイン	Z↻	Z軸を中心に前転
	ズームアウト	←	左を表示
	再描画	→	右を表示
	表示範囲に描画を合わせる	↑	上を表示
X↺	X軸を中心に後転	↓	下を表示
X↻	X軸を中心に前転	○	正投影図法モードの切替
Y↺	Y軸を中心に後転		

す．

● **マウスコマンド**

マウスで操作できるコマンドを **表5** に示します．

● **コンテキストメニュー**

マウスを右クリックすると **図6** のメニューが表示されます．

表7

アイコン	説明	アイコン	説明
⋮⋮⋮	グリッドの表示・非表示		カーソルのスタイルを変える（toggle）
r	極座標あるいは直交座標で座標を示す		パッド描画をスケッチモードから通常モードに切り替える
In	inchで座標値を表示	T	テキスト描画をスケッチモードから通常モードに切り替える
mm	mmで座標値を表示		輪郭線をスケッチモードから通常モードに切り替える

3.4 CvPcbのコマンド

- 水平ツールバー

  水平ツールバー（図5 参照）のアイコンの説明を 表6 に示します．

- 垂直ツールバー

  垂直ツールバー（図5 参照）のアイコンの説明を 表7 に示します．

3.4.7 選択中の3Dモデルを見る（図7）

- マウスコマンド

  マウスで操作できるコマンドを 表8 に示します．

- 水平ツールバー

  水平ツールバー（図7 参照）のアイコンの説明を 表9 に示します．

3.5 CvPcbを使い，フットプリントにコンポーネントを関連付ける

3.5.1 手作業でコンポーネントにフットプリントを関連付ける

手動でコンポーネントにフットプリントを関連付けるためには，まずコンポーネントのペインでコンポーネントを選択します．次に，目的のフットプリントの名前上でマウスの左ボタンをダブルクリックして，フットプリントのペインで，フットプリントを選択します．すると，リストの中で割り当てられていない次のコンポーネントが自動的に選択されます．コンポーネントのフットプリント変更は，同じ方法で実行されます．

3.5.2 フットプリントリストをフィルター

フィルターオプションが適用され，選ばれたコンポーネントがハイライト表示であるなら，CvPcbで表示されるフットプリントのリストはそれに応じたフィルターとなっています．

- フィルターなし（図8）
- フィルターあり（図9）

Eeschemaのエディタ，コンポーネントライブラリの中でフットプリントのリストは，図10 に示すようなコンポーネントプロパティダイアログのフットプリントフィルタータブでの登録により設定されます．
アイコン はフィルタリング機能を適用または非適用にします．フィルターが適用されていない時には完全なフットプリントのリストが表示されます．

3.6 自動関連付け

3.6.1 等価ファイル

等価ファイルは，コンポーネントにフットプリントの自動割り当てが可能になります．それらは，コンポーネントの名前（値フィールド）によって，対応するフットプリントの名前をリストにします．それらのファイルは .equ というファイル拡張子を持ちます．それらはテキストエディタで編集，保存されるテキストファイルです．詳細情報は，「等価ファイルの選択」の項を参照してください．

3.6.2 等価ファイルフォーマット

等価ファイルは各コンポーネントごとに1行で構成されています．それぞれの行は次の構成となっています．

'component value' 'footprint name'

それぞれの名前は「'」キャラクタで囲む必要があり，コンポーネントとフットプリント名は一つ以上のスペースで区切る必要があります．

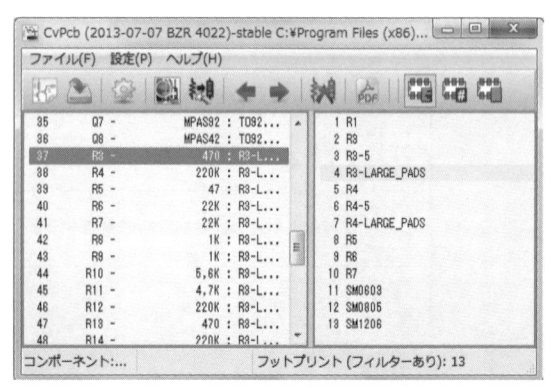

図8

図9

リスト2

```
#integrated circuits (smd):
'74LV14' 'SO14E'
'74HCT541M' 'SO20L'
'EL7242C' 'SO8E'
'DS1302N' 'SO8E'
'XRC3064' 'VQFP44'
'LM324N' 'SO14E'
'LT3430' 'SSOP17'
'LM358' 'SO8E'
'LTC1878' 'MSOP8'
'24LC512I/SM' 'SO8E'
'LM2903M' 'SO8E'
'LT1129_SO8' 'SO8E'
'LT1129CS8-3.3' 'SO8E'
'LT1129CS8' 'SO8E'
'LM358M' 'SO8E'
'TL7702BID' 'SO8E'
'TL7702BCD' 'SO8E'
'U2270B' 'SO16E'
#Xilinx
'XC3S400PQ208' 'PQFP208'
'XCR3128-VQ100' 'VQFP100'
'XCF08P' 'BGA48'

#upro
'MCF5213-LQFP100' 'VQFP100'

#regulators
'LP2985LV' 'SOT23-5'
```

▶例

U3コンポーネントが回路14011で，フットプリントが14DIP300の時に，その行は下記になります．

```
'14011' '14DIP300'
```

等価ファイルの例を **リスト2** に示します．#で始まる行はコメントです．

3.6.3 コンポーネントへのフットプリントの自動的な関連付け

等価ファイルを処理するために，上部のツールバーの自動フットプリント関連付けボタンをクリックしてください．選択した等価ファイル(*.equ)内の値によ

図10

り検出された全てのコンポーネントは，フットプリントが自動的に割り当てられます．

3.7 バックアノテーション・ファイル

このファイルは，回路図のバックアノテーションに使用することができます．回路図エディタEeschemaによってのみ使用されます．これは，コンポーネントの参照指示によりフットプリントの名前を与える各コンポーネントの単一の行で構成されています．

▶例

U3コンポーネントがフットプリント14DIP300に関連付けられる場合には，バックアノテーション・ファイルのコンポーネントに対応して生成された行は，次のようになります．

```
comp "U3" = footprint "14DIP300"
```

作成されたファイルは，.stfという拡張子のCvPcb入力ネットリスト・ファイルと同じ名をもちます．生成されたネットリストと同じフォルダに配置されます．

第4章 Pcbnew リファレンス・マニュアル

リアルタイム DRC を活用して本格基板設計をマスタしよう

kicad.jp

> 本章では KiCad に含まれるプリント基板 CAD「Pcbnew」の使い方を解説しています．回路図から出力した「ネットリスト」の取り込み，基板外形の作成方法，間違いない基板設計，製造のための「DRC」の設定など，一つ一つマスタしていきましょう．

4.1 Pcbnew 入門

4.1.1 概要

Pcbnew は，Linux，Microsoft Windows や Apple OS X オペレーティングシステムで使える，強力なプリント回路基板のソフトウェア・ツールです．

Pcbnew は，回路図エディタ Eeschema が出力するネットリスト・ファイル（PCB を設計するための電気的な接続を記述してある）を利用します．

Eeschema が出力したネットリスト内の各コンポーネントは，別のプログラム CvPcb を使って，Pcbnew で使うモジュール（フットプリント）と関連付けます．この作業は，対話的に行うことも，equivalence ファイルを使って自動的に行うこともできます．

Pcbnew では，フットプリント（部品と接続するパッドのレイアウト）を含む，部品の物理的な外形図のデータをモジュールと呼びます．モジュールのデータはライブラリで管理します．

Pcbnew は，回路図に表示されている電気的な接続に従うよう，誤配線の削除，新規部品の追加，値の変更（既存部品／新規部品どちらでも，条件次第ではリファレンスも）といった回路変更をすぐに自動で反映します．

ラッツネスト表示という，回路図上で接続されているモジュールのパッドを接続する細い線を表示します．これらの接続は，配線やモジュールの移動とともに動的に動きます．

リアルタイムに配線やレイアウトのさまざまなエラーをアクティブに検出するデザインルールチェック（DRC）機能を持ちます．

基板への部品実装時に，はんだ付けを容易にするための，サーマル切り欠きを持つ（あるいは持たない）銅箔面を自動的に生成することができます．

配線の設計をアシストするためのシンプルながら効果的なオートルータを持っています．より高度な外部のオートルータを使用するため，SPECCTRA dsn フォーマットのファイルをインポート／エクスポートすることができます．

高周波回路基板設計のための特別なオプション（例えば台形や複雑な形のパッド，プリント基板上のコイルの自動レイアウトなど）も提供します．一部は開発中．

Pcbnew は，その要素（配線，パッド，文字，図形，その他）を実際の大きさや個人の好みに応じて表示します．

- 塗りつぶしまたはアウトライン（輪郭）表示
- 配線／パッドのクリアランスの表示

4.1.2 主要な設計上の特徴

Pcbnew は 1/10000 インチの内部分解能を持っています．

Pcbnew は最大 16 の導体層に加え，12 のテクニカル層を扱い，リアルタイムでの未配線の細線表示（ラッツネスト）を管理します．テクニカル層とはシルクスクリーン，ソルダーマスク（レジスト），コンポーネント接着剤，ソルダペースト，図形およびコメントなどです．

各要素（配線，パッド，文字，図形その他）の表示はカスタマイズが可能です．

- 塗りつぶし，またはアウトライン（輪郭）表示
- 配線クリアランスあり，またはなし
- 高密度多層回路のために便利な，特定の要素の非表示（導体層，テクニカル層，銅箔面，モジュールなど）

複雑な回路の場合，レイヤ，ゾーン，コンポーネントの表示は，画面の見やすさのために選択的に非表示にすることができます．

モジュールは 0.1° 刻みで任意の角度で回転できます．パッドは円形，長方形，楕円形や台形（高周波回路

の製造に必要)にすることができます．加えて，いくつかの基本的なパッドは，グループ化することができます．

各パッドのサイズや，パッドを配置する層などを設定・調整できます．

ドリル穴をオフセットすることができます．

Pcbnewは，パッド周辺のサーマル切り欠きを自動的に生成する銅箔パターンを自動的に生成することができます．

モジュール・エディタはPcbnewツールバーからアクセスすることができます．エディタは，PCBまたはライブラリからモジュールの作成や変更を可能にし，その後のいずれかに保存されます．PCBに保存されたモジュールは，後で，ライブラリに保存することもできます．さらに，PCB上のすべてのモジュールは，フットプリントのアーカイブを作成することにより，ライブラリに保存することができます．

Pcbnewは，すべての必要なドキュメントを非常に単純な方法で生成します．

- 製造用出力
  - フォト・プロッタ用ガーバー RS-274X フォーマット・ファイル
  - 穴あけ用 EXCELLON フォーマット・ファイル
- HPGL，SVG，DXFフォーマットでの作画ファイル
- POSTSCRIPTフォーマットでの作画とドリルマップ
- ローカルプリンタ出力

4.1.3 一般的な注意事項

Pcbnewは3ボタンマウスが必要です．3ボタンは必須です．

最終的に必要とされるネットリストを作成するには，回路図エディタ EeschemaとCvPcbが必要になることに留意すべきです．

4.2 インストール

4.2.1 ソフトウェアのインストール

通常，KiCadをインストールすることでPcbnewもインストールされます．

KiCadが正常にインストールされた場合，特別な操作は必要ありません．

4.2.2 デフォルト設定の変更

デフォルトの設定ファイルkicad.proは，KiCadインストールディレクトリ下kicad/share/templateにあります．このファイルは，すべての新規プロジェクトの初期設定として使用されます．

この設定により，ロードされるライブラリを変更するように変更することができます．

▶変更方法

(1) 直接あるいはKiCadを使って，Pcbnewを起動します．Windowsの場合には，C:¥kicad¥bin¥pcbnew.exe そしてLinuxで，バイナリが/usr/local/kicad/binにある場合には，/usr/local/kicad/bin/kicad あるいは /usr/local/kicad/bin/pcbnewで起動できます．
(2) "設定"メニューより"ライブラリ"を選択します．
(3) ロードするライブラリ一覧を編集します．
(4) 変更されたコンフィグレーションをkicad/share/template/kicad.proに保存します("設定"メニューより"設定の保存")．

4.3 一般操作

4.3.1 ツールバーとコマンド

Pcbnewではさまざまな方法によりコマンドを実行することが可能です．

- メインウィンドウ上部にあるテキストベースのメニューバーから
- 上ツールバーから
- 右ツールバーから
- 左ツールバーから
- マウスボタン(メニュー選択)
  マウスの右ボタンをクリックすると，マウスの矢印の下にある項目に応じた内容をポップ・アップ・メニューに表示する
- キーボード(ファンクションキー F1, F2, F3, F4, Shift, Delete, +, Page Up, Page Down および"スペース")エスケープキーは，一般的に，進行中の操作を取り消す

次のスクリーンショットは，利用可能な操作法のいくつかを示したものです(図1)．

4.3.2 マウスコマンド

● 基本的なコマンド

- 左ボタン
  シングルクリックによりカーソル下のモジュールやテキストの特性を下部のステータスバーに表示する
  ダブルクリックすると，(要素が編集可能な場合)カーソルの下の要素のエディタが起動される

図1

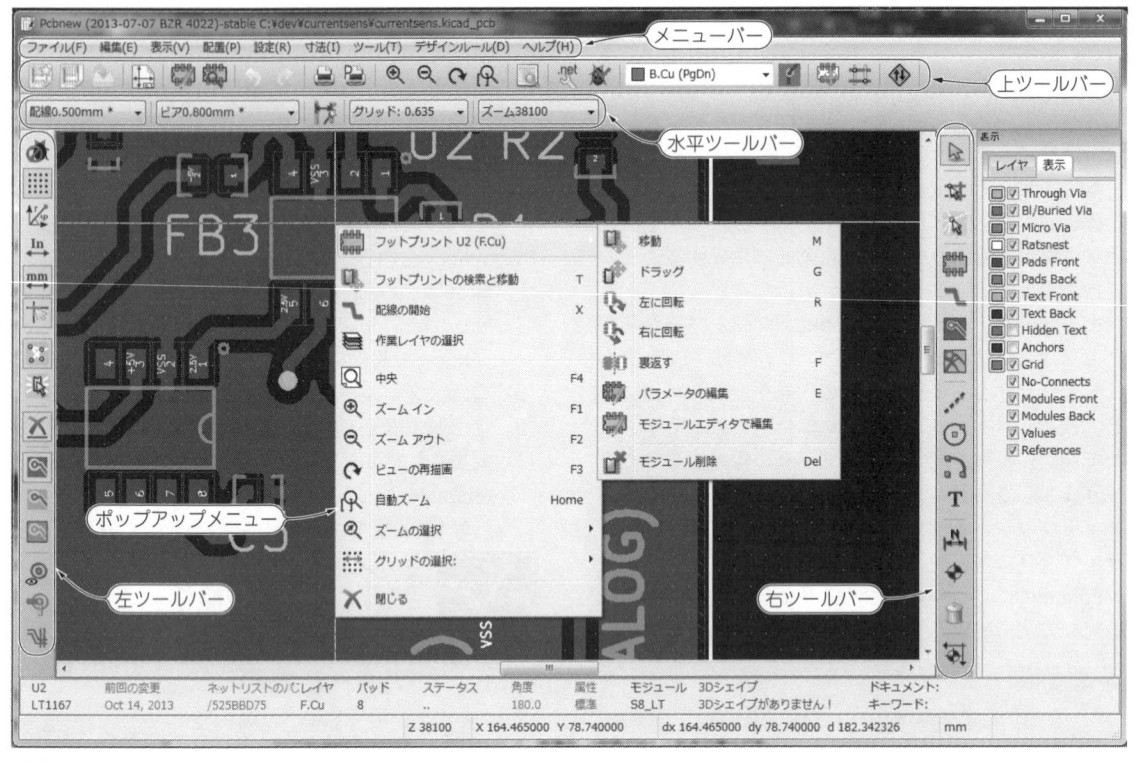

- 中央ボタン/ホイール
  ラピッドズームとレイヤマネージャでのコマンドに使われる．2ボタンマウスは望ましくない．特定領域にズームするため中央のボタンを押したまま，四角形を描く
  マウスホイールの回転により，ズームインとズームアウトができる
- 右ボタン
  ポップアップメニューを表示する

● ブロックでの操作

　ブロックを移動，反転（鏡像），複写，回転，削除する操作はすべてポップアップメニューにより可能です．さらにブロックで囲まれた領域へビューをズームでき

表1

マウス左ボタンを押したまま	移動するブロックの枠を指定
Shift + マウス左ボタンを押したまま	反転するブロックの枠を指定
Ctrl + マウス左ボタンを押したまま	90°回転するブロックの枠を指定
Shift + Ctrl + マウス左ボタンを押したまま	削除するブロックの枠を指定
マウス中央ボタンを押したまま	ズームするブロックの枠を指定

ます．
　ブロックの枠は左マウスボタンを押したままマウスを動かすことで指定されます．その操作はボタンが離された時点で実行されます．
　"Shift"か"Ctrl"のホットキーの一つ，あるいは"Shfltと Ctrl"両方のキー一緒に押すことにより，ブロック全体に反転，回転，削除の操作が 表1 に示されるように自動的に選択されます．
　ブロックを移動する場合は，

- 新しい位置にブロックを移動し，要素を配置するには，マウスの左ボタンをクリックする
- 操作をキャンセルするにはマウスの右ボタンを使用し，メニューからブロックのキャンセルを選択する（またはEscキーを押す）

　あるいはブロックを描画する際，何もキーが押されていない場合にはポップアップメニューを表示するため，マウスの右ボタンを使用し必要な操作を選択してください．
　それぞれのブロック操作に対して，選択ウィンドウで，アクションがいくつかの要素だけに限定されるように選択できます．

4.3.3　グリッドサイズの選択

　要素のレイアウトの際，カーソルはグリッド上を移

| Z 55023.2 | X 4.500000 Y 4.100000 | dx 4.500000 dy 4.100000 d 6.087693 | インチ |

図2

動します．左ツールバーのアイコンを使用してグリッドのオンオフを切り替えることができます．

定義済のグリッド・サイズとするか，ユーザ定義のグリッドサイズとするかは，画面の上部のツールバーのドロップダウンセレクター，あるいはポップアップウィンドウを使用して選択することができます．ユーザ定義のグリッドサイズは，メニューバーから，設定-寸法-グリッドを選択して設定します．

4.3.4 ズームレベルの調整

ズームレベルを変更するには以下の操作を行います．

- ポップアップウィンドウを開き（マウス右ボタンを使って），希望するズームを選択する
- あるいはファンクションキーを使う
  F1：拡大（ズームイン）
  F2：縮小（ズームアウト）
  F3：画面を再描画
  F4：現在のカーソル位置を中央にして表示する
- マウスホイールを回転させる
- マウス中央ボタンを押して四角形を描き，その領域をズームインする

4.3.5 カーソル座標の表示

左側のツールバーにあるインチ/ミリ切り替えアイコンによる選択に従い，カーソル座標はインチまたはミリメートルで表示されます．どちらの単位が選択されようとPcbnewは，常に1/10,000インチ精度で稼働します．

画面下部のステータスバー（**図2**）には下記が表示されます．

- 現在のズーム設定
- カーソルの絶対位置
- カーソルの相対位置．スペースバーを押すことで，

相対座標(x, y)を任意の位置で(0, 0)に設定できる．以降，カーソルの位置はこの新しい基準から相対表示される

さらに，カーソルの相対位置は，極座標（半径＋角度）を使用して表示できます．これは，左側のツールバーのアイコンを使用して切り替えることができます（**図1**）．

4.3.6 キーボードコマンド（ホットキー）

多くのコマンドは，直接キーボードにより操作可能です．大文字または小文字のどちらを選んでもかまいません．ほとんどのホットキーは，メニューに表示されます．表示されていないホットキーは，以下のとおりです．

- "Delete"キー（または"Del"）：モジュールや配線を削除する．モジュールツールまたはトラックツールが有効な場合のみ実行可能
- "V"キー：作業中のレイヤを，ペアで設定されたレイヤに切り替える．配線中はビアが配置され，ペアのレイヤ側の作業に移行する
- "＋"と"－"キー：アクティブ・レイヤを次，あるいは前のレイヤとする
- "？"キー：すべてのホットキーのリストを表示する
- "スペースキー"：相対座標をリセットする

4.3.7 ブロックでの操作

ブロックを移動，反転（鏡像），複写，回転，削除する操作はすべてポップアップメニューから可能です．さらにブロックで囲まれた領域へビューをズームできます．

ブロックの枠は左マウスボタンを押しながらマウスを動かすことにより指定されます．その操作はボタン

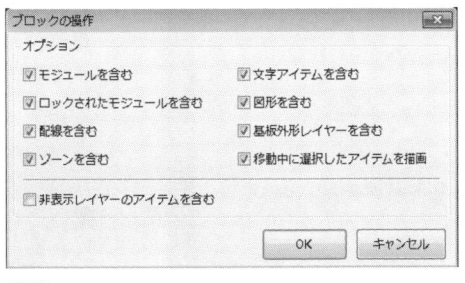

表2

マウス左ボタンを押したまま	ブロックを移動する
"Shift" ＋ マウス左ボタンを押したまま	ブロックを反転（ミラー）する
"Ctrl" ＋ マウス左ボタンを押したまま	ブロックを90°回転させる
"Shift" ＋ "Ctrl" ＋ マウス左ボタンを押したまま	ブロックを削除する
"Alt" ＋ マウス左ボタンを押したまま	ブロックを複写する

図3

ファイル(F) 編集(E) 表示(V) 配置(P) 設定(R) 寸法(I) ツール(T) デザインルール(D) ヘルプ(H)

図4

		表3
1 in	1 inch	
1 "	1 inch	
25 th	25 thou（1/1000 inch）	
25 mi	25 mils, thouと同じ	
6 mm	6 mm	

を離すことで実行されます．

"Shift"か"Ctrl"のホットキーの一つ，あるいは"Shftと Ctrl"両方のキー一緒に押すことにより，ブロック全体に反転，回転，削除の操作が 表2 に示されるように自動的に選択されます．

ブロックコマンドとなると，ダイアログ・ウィンドウが表示され，このコマンドで含まれるアイテムを選択することができます（図3）．

上記のどのコマンドも，同じポップアップメニュー，またはエスケープキー（"Esc"）を押すことで取り消すことができます．

4.3.8 ダイアログで使われる単位

寸法値を表示するのに使用される単位はインチとmmです．必要な単位は，左側ツールバーにあるアイコン In mm を押して選択することができます．新しい値を入力する際には，値を定義する単位を入力することができます．

利用可能な単位は 表3 の通りです．

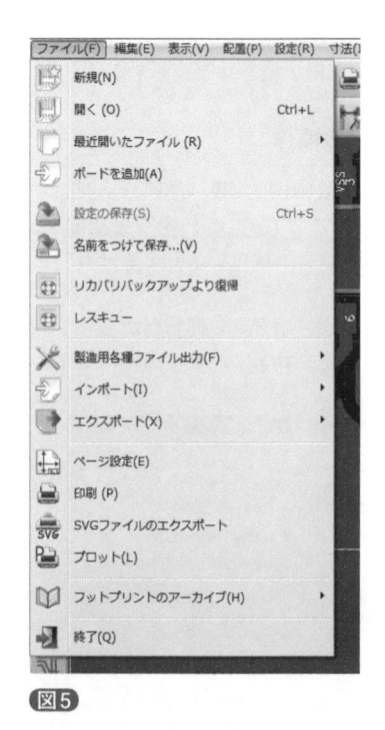

ルールは次のとおりです．

- 数値と単位の間にスペースを入れられる
- 最初の2文字だけが重要

小数点記号にピリオドではなくカンマ","を使用している国では，ピリオド"."と同様に扱われます．したがってフランス語では1,5と1.5は同じです．

4.3.9 メニューバー

上部のメニューバーは，ファイル（読み込みと保存），設定オプション，印刷，プロットやヘルプファイルへアクセスできます（図4）．

● **ファイルメニュー**（図5）

ファイルメニューでは回路基板の印刷，プロットだけでなく，プリント回路ファイルの読み込み，書き込みができます．自動テスターで使用する回路を出力（GenCAD1.4形式）することができます．

▶編集メニュー（図6）
 包括的な編集ができます．
▶表示メニュー（図7）
 ズーム機能と3D基板表示ができます．
▶表示/3D Displayサブメニュー
 3D基板ビュアを開きます．サンプルを示します（図8）．
▶配置メニュー（図9）
 右ツールバーと同じ機能があります．

● **設定メニュー**（図10）
次のことを行えます．

- モジュール・ライブラリの選択
- レイヤマネージャの表示/非表示（表示するレイヤやその他要素への色の選択，要素の表示の有無

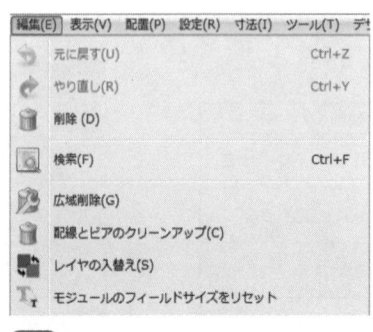

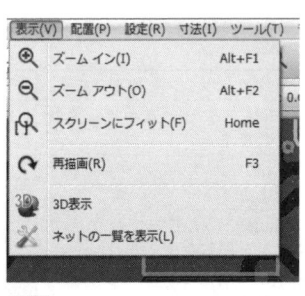

図5

図6

図7

図8

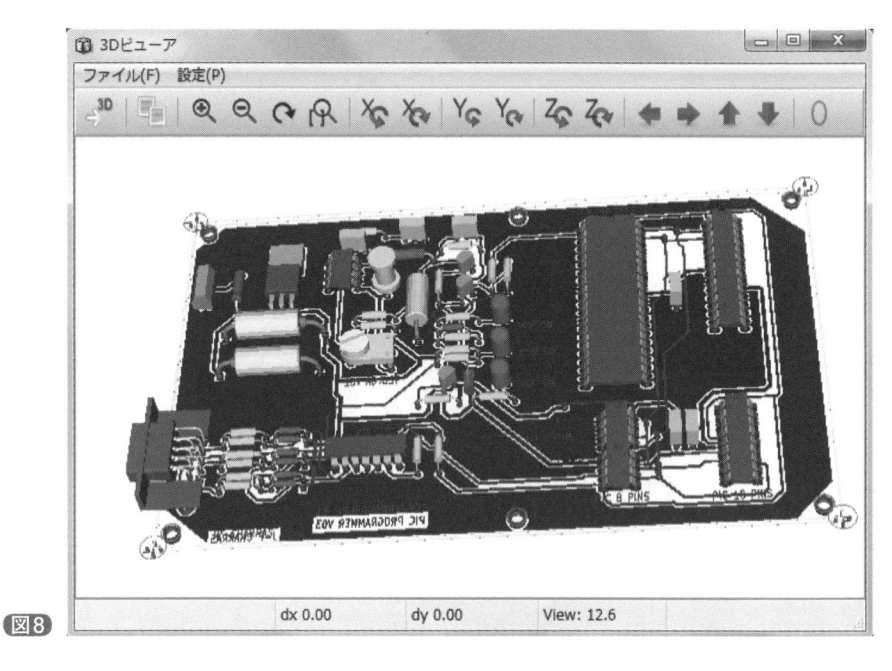

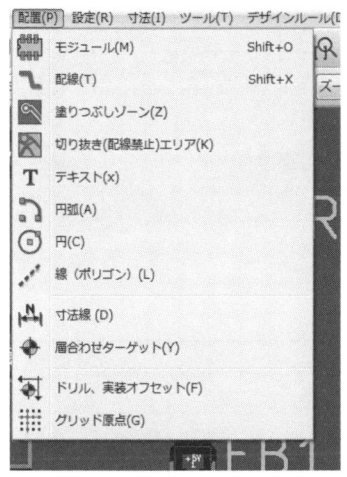

図9

図10

の切り替え）
- 一般的オプションの管理（単位など）
- その他表示オプションの管理
- ホットキーファイルの作成，編集
  （および再読み込み）

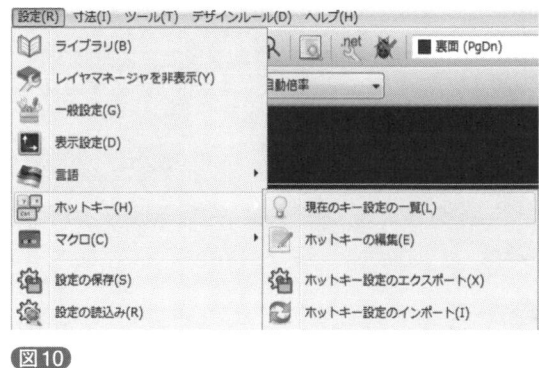

● 寸法メニュー（図11）
重要なメニューで，下記の調整ができます．

- ユーザーグリッドサイズ
- テキストの大きさと図形の線幅
- パッドの寸法と特性
- ハンダレジスト層とハンダペースト層のグローバル値の設定

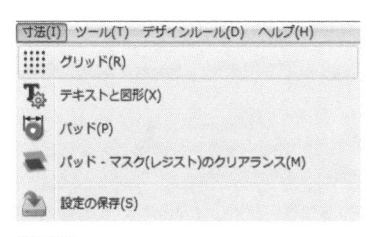

図11

図12

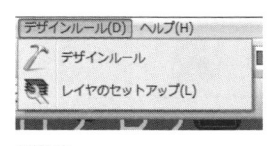

図13

4.3 一般操作　185

図14

図15

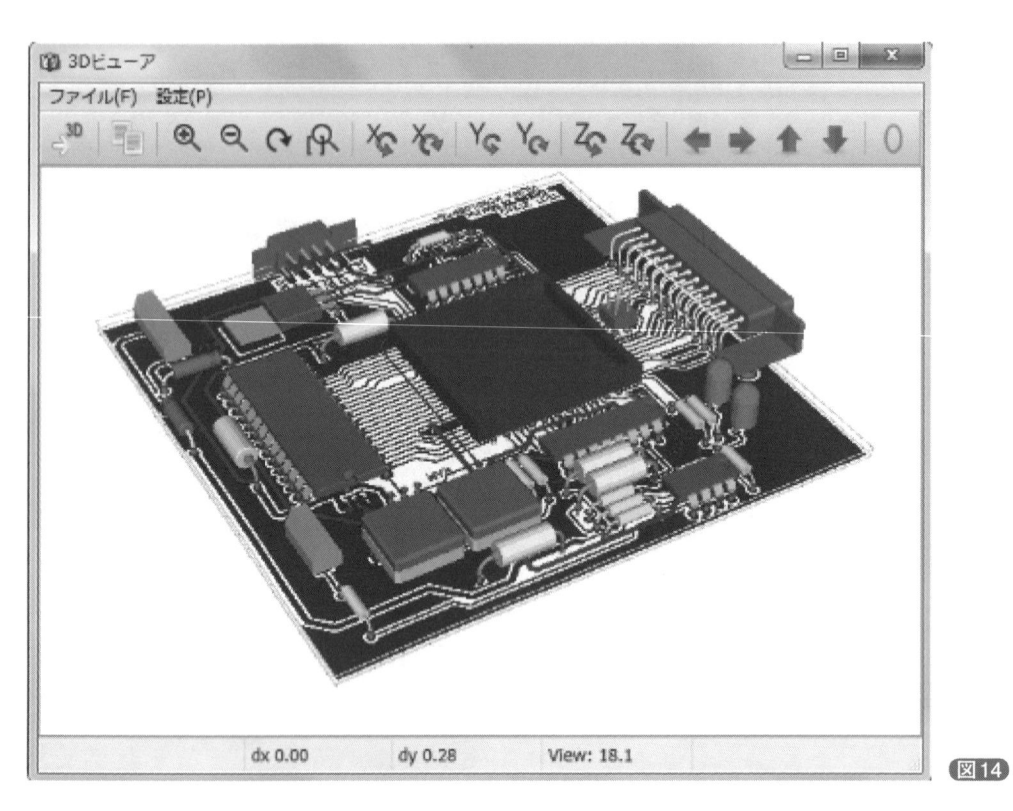

表4

アイコン	説明	アイコン	説明
	新規プリント回路の作成		画面の再描画とオートズーム
	既存のプリント回路のオープン		モジュールまたはテキストを検索
	プリント回路を保存する	.net	ネットリストの操作（選択，読み込み，テスト，コンパイル）
	ページサイズの選択とファイルのプロパティの変更		DRC（デザインルールチェック）：トラックの自動チェック
	ライブラリ，またはモジュールを編集/表示するためにモジュール・エディタ(Modedit)を開く	B.Cu (PgDn)	作業するレイヤの選択
	直前のコマンドのUndoとRedo（10段階）		レイヤペアの選択（配線中にビアを打った場合の切り替え先レイヤを設定する）
	プリントメニューを表示する		フットプリントモード：ポップアップウィンドウでモジュールオプションを有効にした場合
	プロットメニューを表示する		ルーティングモード：ポップアップウィンドウでルーティングオプションを有効にした場合
	ズームインとズームアウト（画面の中心を基準に）		ウェブルータFreeRouteへのダイレクトアクセス

- ツールメニュー
  図12 に示したようなツールを呼び出せます.

- デザインルールメニュー(図13)
  二つのダイアログ・ボックスが利用できます.

  - デザインルールの設定
    (配線とビアサイズ, クリアランス)
  - レイヤの設定(層数, 有効化とレイヤ名)

- 3Dモデル表示メニュー
  回路基板を3次元で表示する際に使用する3Dビューアを起動します(図14).

- ヘルプメニュー
  ユーザ・マニュアルとバージョン情報メニューへのアクセスを提供します(Pcbnewについて).

4.3.10 上ツールバーのアイコンの使用(図15)

このツールバーは, Pcbnewの主な機能へのアクセスを提供します(表4).
▶水平ツールバー(表5)

4.3.11 右ツールバー

このツールバーは, 次の用途のツールを呼び出します(表6).

- モジュール, トラック, 銅のゾーン, テキストなどの配置

表5

配線0.500mm *	使用する配線幅の選択
ビア0.800mm *	使用するビア寸法の選択
(アイコン)	自動配線幅:有効にした場合には新しい配線を作成際や, 既存配線上を配線する際に新しい配線幅を既存の配線幅に設定されます.
グリッド: 0.635	グリッドサイズの選択
ズーム38100	ズームの選択

- ネットをハイライト表示
- ノート, グラフィック要素などの作成
- 要素の削除

4.3.12 左ツールバー

このツールバーは表示と制御のオプションを呼び出します(表7).

4.3.13 ポップアップウィンドウと高速編集

マウスを右クリックすると, ポップアップウィンドウを開きます. その内容はカーソルが指し示す要素により異なります.

表6

アイコン	説明	アイコン	説明
	標準マウスモードを選択する		テクニカルレイヤ上に円を描く(導体層には配置できない)
	パッド, 配線上を選択されたネットをハイライト		テクニカルレイヤ上に円弧を描く(導体層には配置できない)
	ローカルラッツネストを表示		テキストの配置
	ライブラリからモジュールを追加する		テクニカルレイヤ上に寸法を描く(導体層には配置できない)
	トラックとビアの配置		位置合わせマークを描く(すべてのレイヤの上に現れる)
	塗りつぶしゾーンの配置 (copper planes)		カーソルが指し示す要素を削除する
	キープアウトエリア(禁止エリア)の配置. キープアウトは配線やビアや導体領域のない領域		ドリルの座標ファイルのためのオフセットを調整する
	テクニカルレイヤ上に線を描く(導体層には配置できない)		

表7

アイコン	説明	アイコン	説明
(虫アイコン)	DRC（デザインルールチェック）オンオフ切り替え．注意：DRCがオフになっているときには，正しくない接続を行うことができる	(目アイコン群)	導体部の表示モード = すべて表示（外形＋内部の塗りつぶし） = 輪郭のみ表示（内部の塗りつぶしなし） = すべての輪郭を表示（ゾーンのアウトライン＋塗りつぶしのアウトライン）内部の塗りつぶしはなし
(グリッド)	グリッド表示のオン/オフを切り替える （注：細かいグリッドは表示されないこともある）		
(座標軸)	ステータスバー上の相対座標の極座標形式表示のオンオフ切替		
In/mm	座標，寸法をインチあるいはミリメートルで入力/表示	(パッド)	アウトラインモードでのパッド表示の切り替え
(カーソル)	カーソル表示を変更	(ビア)	ビアの表示モード（塗りつぶし/輪郭）
(ラッツネスト)	一般的なラッツネストを表示 （モジュール間の不完全な接続）	(配線)	アウトラインモードでの配線表示の切り替え
(モジュール)	アクティブなモジュールのラッツネストを表示	(パレット)	ハイコントラスト・モードのオン/オフ．このモードが有効な時にはアクティブなレイヤは通常表示され，その他のレイヤはグレーで表示される．多層基板の設計に便利（注：p.242参照）
(X)	再描画時に配線の自動削除の有効/無効切替	(レンチ)	レイヤマネージャの表示/非表示
		(マイクロ波)	マイクロウェーブツールにアクセス（開発中）

これにより素早い操作ができます．

- 表示の変更（カーソル位置を画面中央に表示，ズームイン，ズームアウト，あるいはズームの選択）
- グリッドサイズの設定
- 更に要素上での右クリックにより，修正している要素のパラメータの編集が可能

図16～図24に，ポップアップウィンドウがどのように表示されるかを示します．

● 利用可能なモード

ポップ・アップ・メニューを使用した三つのモードがあります（表8）．

ポップアップメニューでは，これらのモードは，特定のコマンドを追加，あるいは削除します．

● ノーマルモード
▶未選択時のポップアップ（図16）
▶トラック上でポップアップ（図17）
▶フットプリント上でポップアップ（図18）

● フットプリントモード
フットプリントモードでの同じ例（オン）
▶未選択時のポップアップ（図19）

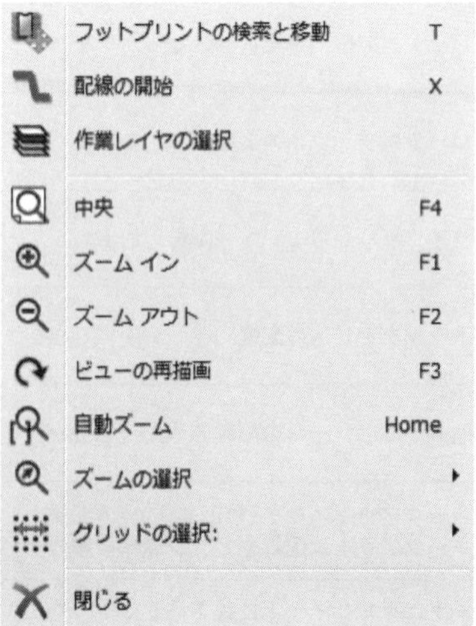

表8

条件	モード
と が共に無効の場合	通常モード
が有効な場合	フットプリントモード
が有効な場合	トラックモード

フットプリントの検索と移動		T
配線の開始		X
作業レイヤの選択		
中央		F4
ズームイン		F1
ズームアウト		F2
ビューの再描画		F3
自動ズーム		Home
ズームの選択		▶
グリッドの選択：		▶
閉じる		

図16

図17

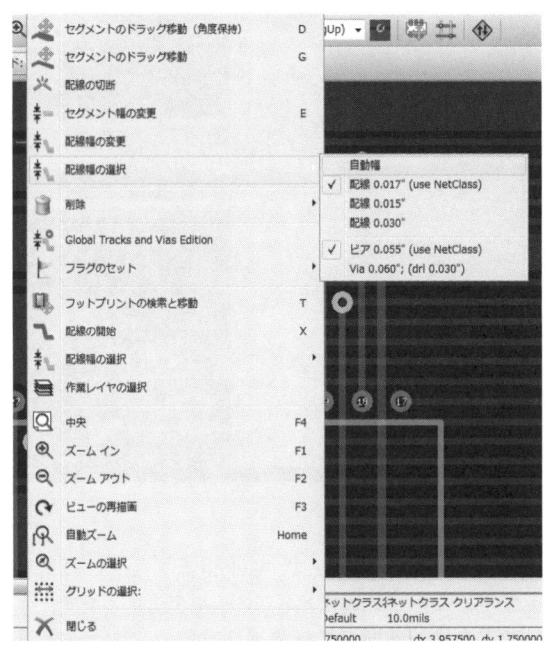

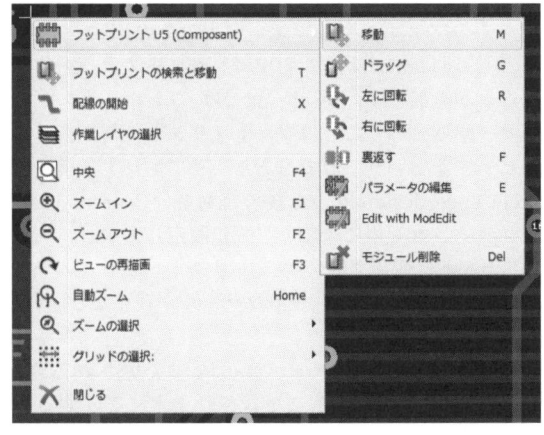

図18

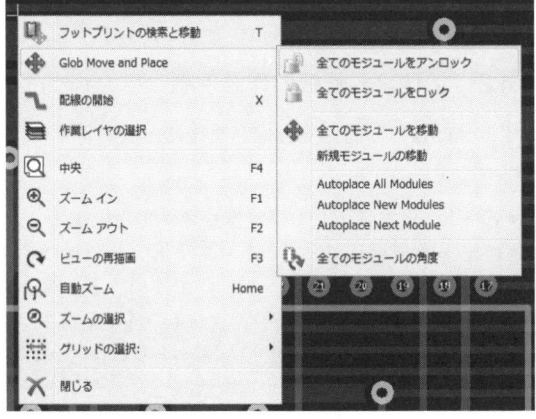

図19

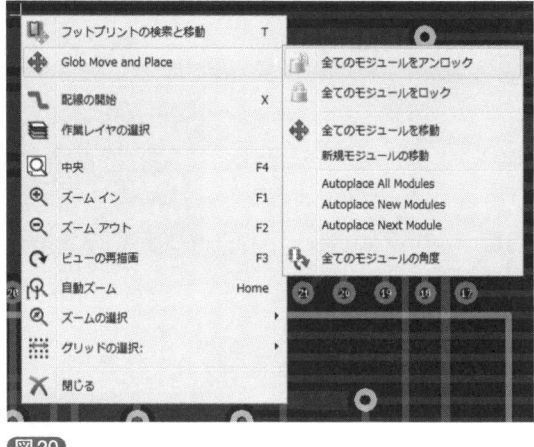

図20

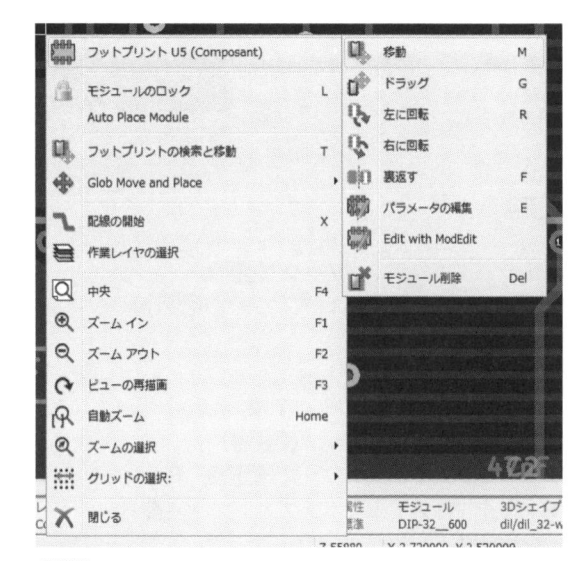

図21

図22

4.3 一般操作　189

図23

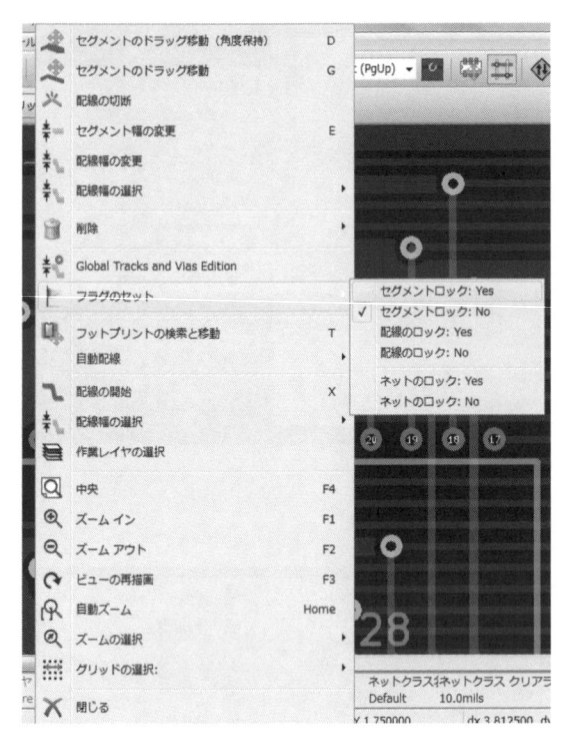

▶トラック上でポップアップ（図20）
▶フットプリント上でポップアップ（図21）

● トラックモード
トラックモードでの同じ例（🔲オン）
▶未選択時のポップアップ（図22）
▶トラック上でポップアップ（図23）
▶フットプリント上でポップアップ（図24）

4.4 回路図の具現化

4.4.1 プリント基板への回路図のリンク

一般的に言って，回路図はネットリスト・ファイルによりプリント基板にリンクされています．そのネットリストは通常，回路図を作成するために使用する回路図エディタで生成されます．Pcbnewは，EeschemaまたはOrcad PCB 2で作成したネットリスト・ファイルを読み込み可能です．

回路図から生成されたネットリスト・ファイルは，個々のコンポーネントに対応するフットプリント（モジュール）を通常持ちません．その結果として，中間段階が必要になります．この中間処理の間に，コンポーネントとモジュールの関連付けが行われます．KiCadにおいては，CvPcbというプログラムがこの関連付けを作成するために使用され，*.cmpという名前

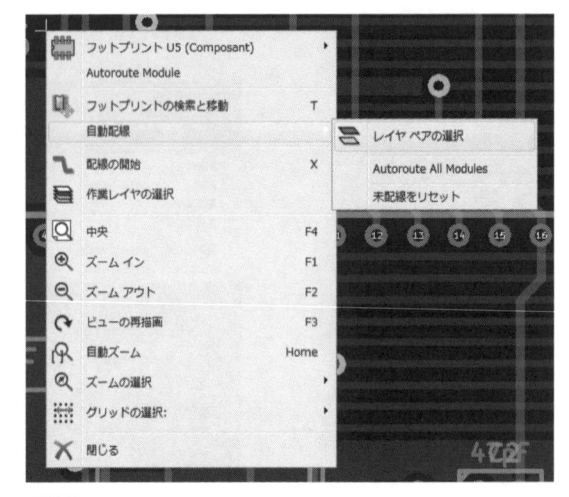

図24

のファイルを生成します．CvPcbはまた，この情報を使用してネットリスト・ファイルを更新します．

CvPcbは，各回路図編集過程でのモジュール・フットプリントの再割り当て作業を保存している"スタッフファイル（stuff file）"*.stfを出力することも可能です．そのファイルを各コンポーネントのF2フィールドとして回路図ファイルの中にバックアノテートさせることが可能です．Eeschemaでは，コンポーネントをコピーするということはフットプリントの割り当てをコピーするということでもあり，リファレンス指定子（reference designator）を後の自動増分（incremental）アノテーション用に未割り当てに設定します．

Pcbnewは変更されたネットリスト・ファイル.netを読み込みます．また.cmpファイルが存在する場合，それを読み込みます．

Pcbnewでモジュールが直接的に変更されると，.cmpファイルが自動的に更新されます．こうすることでCvPcbを再実行する必要はなくなります．

図25はKicadの全作業フローを示しており，Kicadを構成する各ソフトウェアツールで中間ファイルがどのように得られ，使用されるかを示しています．

4.4.2 プリント基板の作成手順

Eeschemaで回路図を作成した後に，次のように作業します．

- Eeschemaを使用してネットリストを生成する
- Cvpcbを使用して，ネットリスト・ファイルの各コンポーネントをプリント回路で使用する，対応するモジュール（フットプリント）に割り当てる
- Pcbnewを起動して修正したネットリストを読み込む．これはモジュール選択情報を含んだファイルを読み込むことでもある

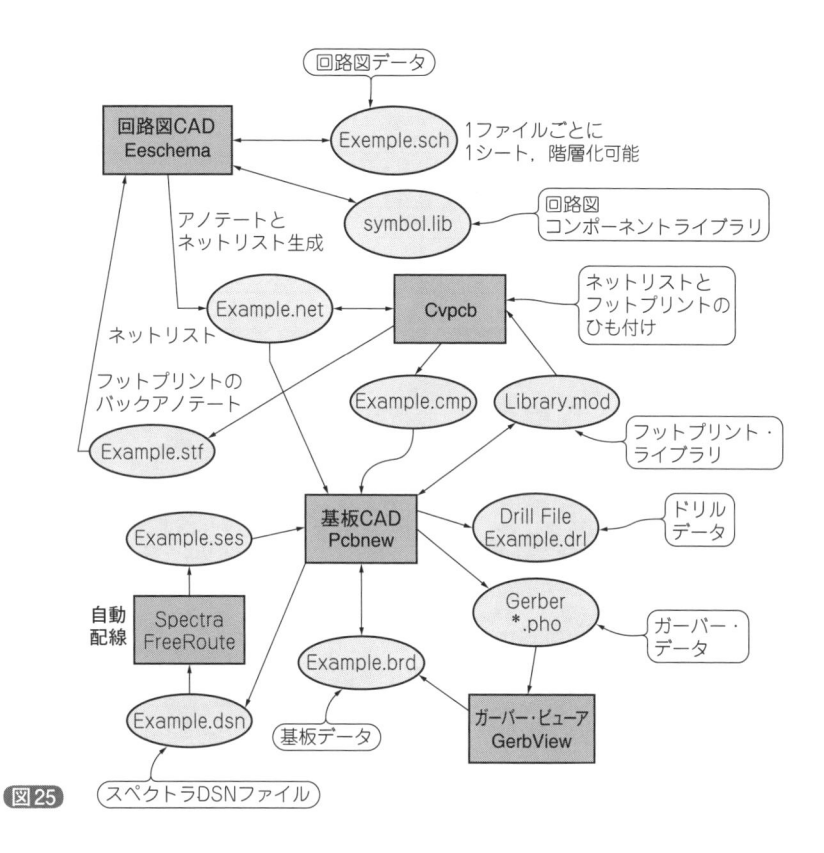

図25

　この時，Pcbnewは必要なすべてのモジュールを自動的に読み込みます．モジュールは手動または自動で基板上に配置可能で，配線の引き回しが可能です．

4.4.3　プリント基板の更新手順

　（プリント基板が生成された後に）回路図が修正された場合，次のステップを繰り返さなければなりません．

- Eeschemaを使用して新規ネットリスト・ファイルを生成する
- 回路図の修正が新規コンポーネントを含んだものである場合，Cvpcbを使用してその対応するモジュールを割り当てる
- Pcbnewを起動し，修正されたネットリストを再読み込み（モジュール選択情報を含んだファイルを再読み込み）する

　Pcbnewはその時，新規モジュールを自動的に読み込み，新しい接続を追加し，冗長な接続を削除します．この処理はフォワードアノテーションと呼ばれ，PCBを作成し，更新する場合の極めて一般的な手順です．

4.4.4　ネットリスト・ファイルの読み込み，フットプリントの読み込み

● **ダイアログ・ボックス**

　アイコン　からアクセスできます（図26）．

● **利用可能なオプション**

　表9を参照してください．

● **新規フットプリントの読み込み**

　ネットリスト・ファイルの中に新規フットプリントが見つかった場合，それらは自動的に読み込まれ，座標(0, 0)に配置されます（図27）．

図26

4.4　回路図の具現化

モジュールの認識方法	コンポーネントと，対応するモジュールのリンク方法を選択する．通常のリンクはリファレンス(通常オプション) 前回の関連付けが破壊された場合には，タイムスタンプを回路図の再関連付け後に使用することが可能(特別オプション)
フットプリントの更新	ネットリスト内のフットプリントが変更された場合，古いフットプリントを維持するかまたは新しいものに変更するかを選べる
不要な配線	既存の全配線を維持，またはエラーのある配線を削除するかを選べる
ネットリストにない部品	基板上にあるが，ネットリストにはないフットプリントを削除するかを選べる．"ロック"属性のあるフットプリントは削除されない

表9

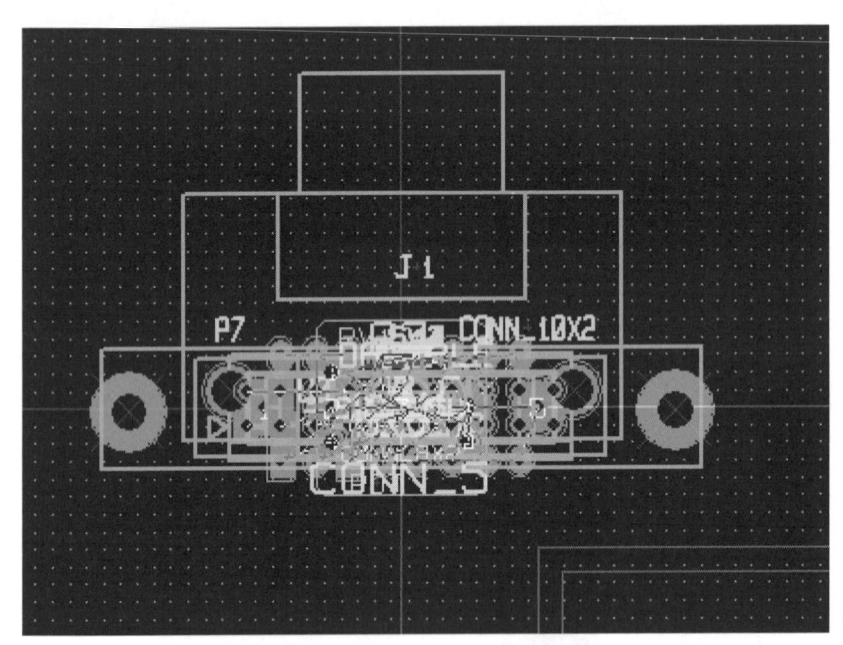

図27

新規フットプリントを一つずつ移動し並べることが可能です．より良い方法は自動的にそれらを(重ならないように)移動させることです．

- フットプリントモードをアクティブにする(表10) マウスのカーソルを適切な(コンポーネントが置かれていない)領域に移動させ，右ボタンをクリックする(図28)
- フットプリントが置かれた基板がすでに存在する場合は，新規モジュールの移動を選択する
- 初回(基板を作成する時)は，すべてのモジュールの移動を選択する

図29のスクリーンショットにその結果を示します．

4.5 作業層のセットアップ

Pcbnewは29の異なる層で作業することが可能です．

- 16の導体層(配線層)
- 12のテクニカル層
- 一つの基板外形層

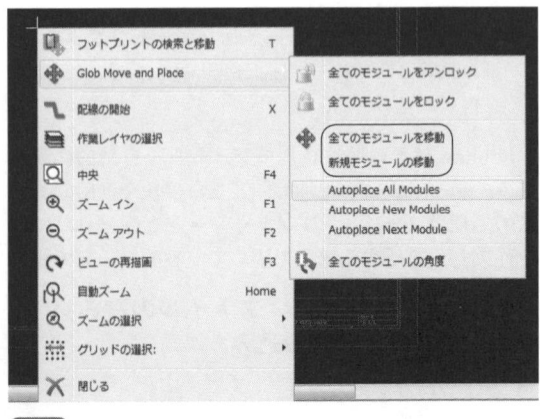

表10

(アイコン)	"フットプリントモード"をアクティブにする
(ツールバー)	フットプリントモードがアクティブになった状態

図28

図29

図30

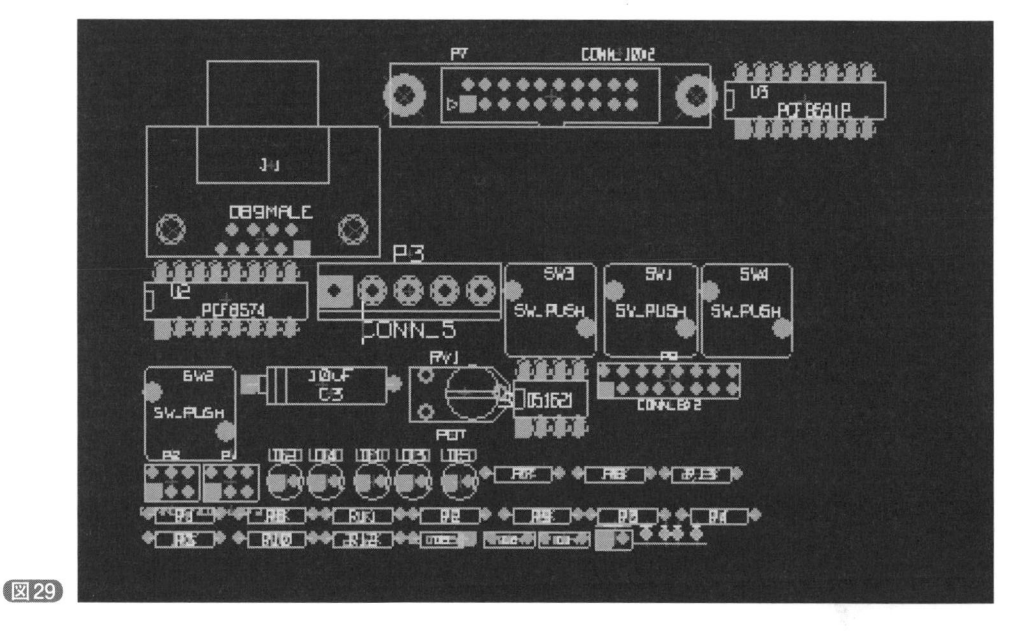

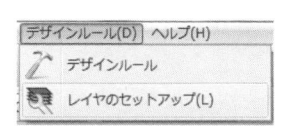

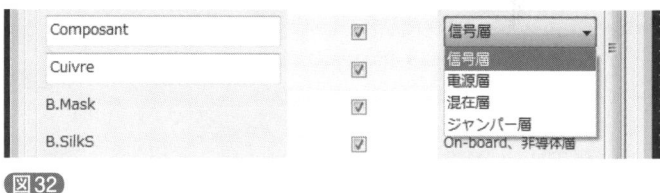

図32

導体層の数と，必要ならそれらの名前と属性を設定します．未使用のテクニカル層を無効に設定することが可能です．

4.5.1 導体層の選択

● はじめに

導体層は通常の作業層で，自動配線とその後の調整にも使用されます．L1層は導体(はんだ)層です．L16層はコンポーネント層です．他の層，L2～L15は内層です．

● 層数の選択

層間のナビゲーションを可能にするために，作業層の数を選択することが必要です．これを行うために，メニューバーから"デザインルール"-"レイヤのセットアップ"を選択します(図30)．

この時，2～16層の範囲で必要な配線層数を選択します(図31)．

4.5.2 導体層

導体層は名前が編集可能です．導体層は外部ルータ"FreeRouter"を使用する場合に便利な属性を持ちます(図32)．

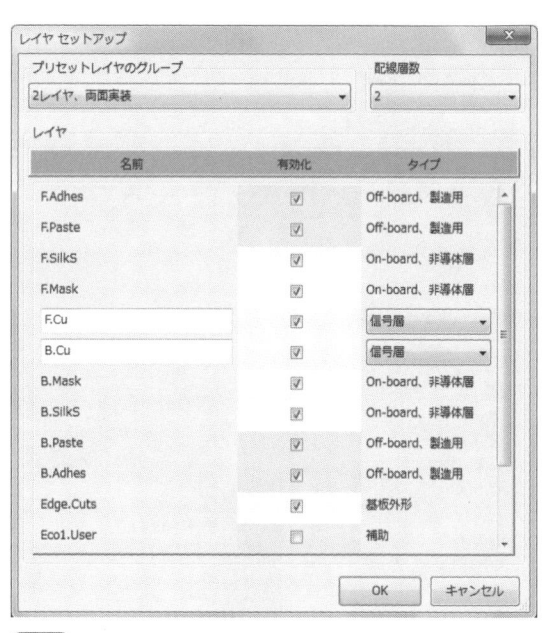

図31

4.5.3 テクニカル層

テクニカル層は，ペアであるものと，そうでないものがあります．ペアである場合は，モジュールの挙動

4.5 作業層のセットアップ 193

に影響を与えます．ある層（部品面/はんだ面あるいは表面/裏面）に現れているモジュールを構成している要素（パッド，外形図，テキスト）は，そのモジュールが反転（鏡像）されると，ペアのもう一方の層に現れます．

テクニカル層は以下のようなものです．

● ペアになっている層

- 接着層（部品面/はんだ面）
  一般的にははんだディップの前に，SMDコンポーネントを回路基板に貼り付ける接着用
- はんだペースト層．SMD実装用（部品面/はんだ面）
  一般的にはリフローはんだの前に，表面実装コンポーネントのパッド上にはんだペーストを塗布できるようにするマスクを作るときに使用される．理論上は，表面実装パッドのみがこれらの層を占める
- シルクスクリーン層（部品面/はんだ面）
  コンポーネントの外形図を表示する層
- はんだレジスト層（部品面/はんだ面）
  はんだレジストを定義する．通常，すべてのパッドはこれらの層のうち，どちらか一方（スルーホールのパッドの場合は両方）に現れ，レジスト膜がパッドを覆わないようにする

● 汎用層

- コメント
- E.C.O. 1
- E.C.O. 2
- 図

これらの層は任意の用途のためのものです．組み立てまたは機械加工用のファイルを作成するために使用する，組み立てまたは配線指示のようなテキスト，あるいは組み立て図用にこれらの層を使用することが可能です．

● 特殊層

PCB外形層

この層は回路基板外形図用に予約されています．この層に配置されているすべての要素（グラフィック，テキスト）は，他のすべての層に現れます．

基板外形を作成するためにのみこの層を使用してください．

4.5.4 アクティブ層の選択

以下のようないくつかの方法でアクティブな作業層の選択が可能です．

- 右ツールバー（レイヤマネジャー）を使用する
- 上部ツールバーを使用する
- （マウスの右ボタンで開く）ポップアップウィンドウを使用する
- ＋とキーを使用する（導体層上のみで動作）
- ホットキーを使用する

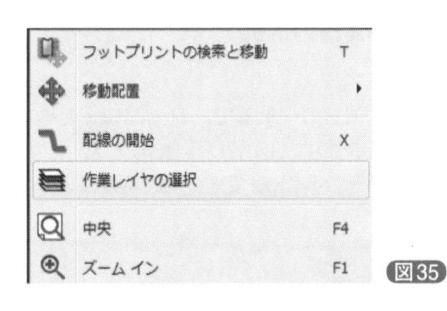

図33

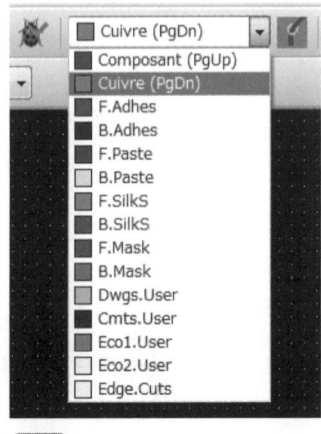

図34

図35

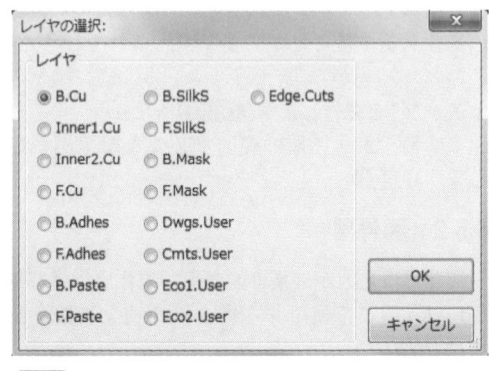

図36

● レイヤマネジャーを使用した選択

レイヤマネジャーにより色別けした層およびその可視性を変更することができます（図33）．

● 上ツールバーを使用した選択（図34）

これは作業層を直接選択します．

作業層を選択するためのホットキーが表示されます（図35）．

● ポップアップウィンドウを使用した選択

ポップアップウィンドウから作業層を選択するためのメニューウィンドウを開きます（図36）．

4.5.5 ビア用の層の選択

右ツールバーで配線とビアの追加アイコンが選択されている場合，ビア用に使用するレイヤペアの変更オプションがポップアップウィンドウに表示されます（図37）．

この選択によりメニューウィンドウが開きビア用に使用する層の選択を行います（図38）．

ビアが配置される場合，作業（アクティブ）層はビア用に使用されるレイヤペアのもう一方の層に自動的に切り替えられます．

ホットキーにより他のアクティブな層に切り替える

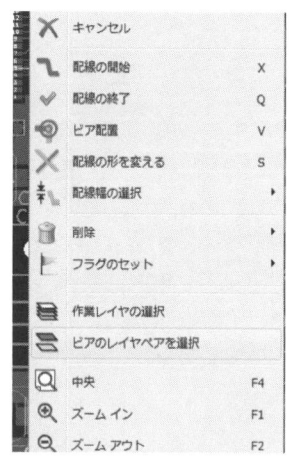

図37

図38

ことも可能です．このとき，配線途中の場合には，自動的にビアを挿入します．

4.5.6 ハイコントラストモードの使用

ツール（左ツールバー）がアクティブの時，このモードになります．このモードを使用する場合，アクティブな層がノーマルモードであるように表示されますが，他のすべての層はグレイカラーで表示されます．

以下の二つの便利な場合があります．

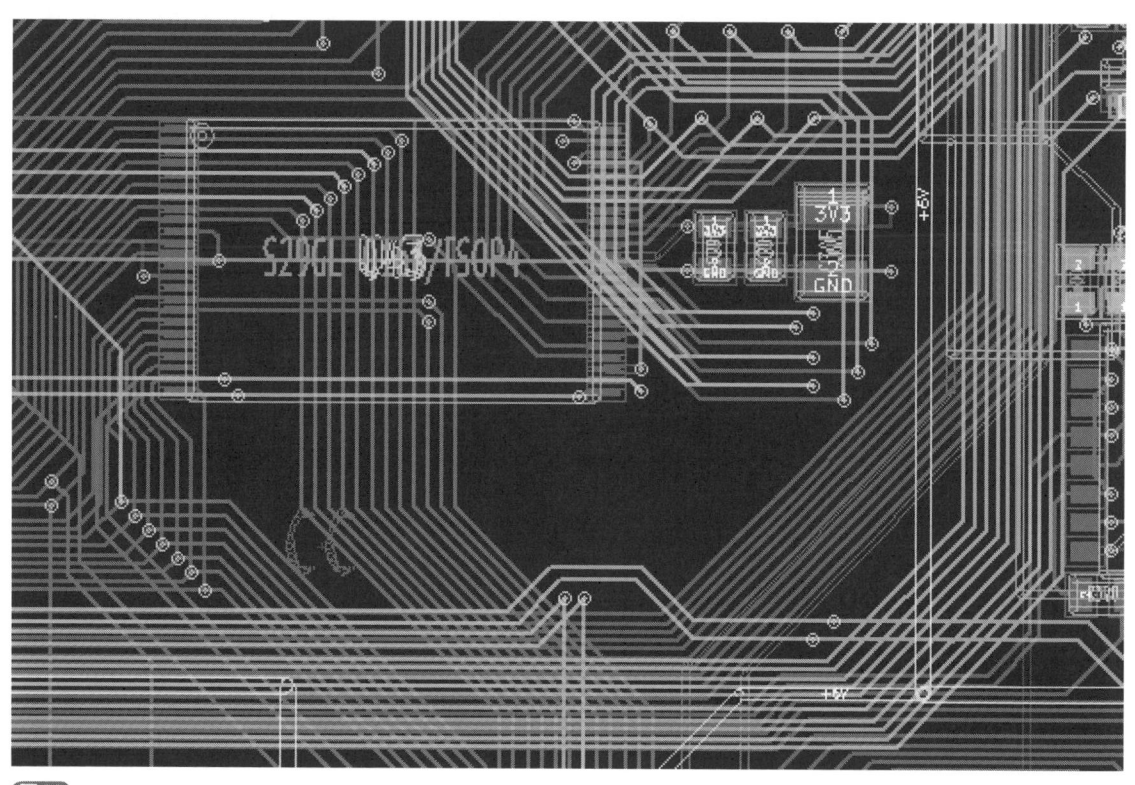

図39

4.5 作業層のセットアップ

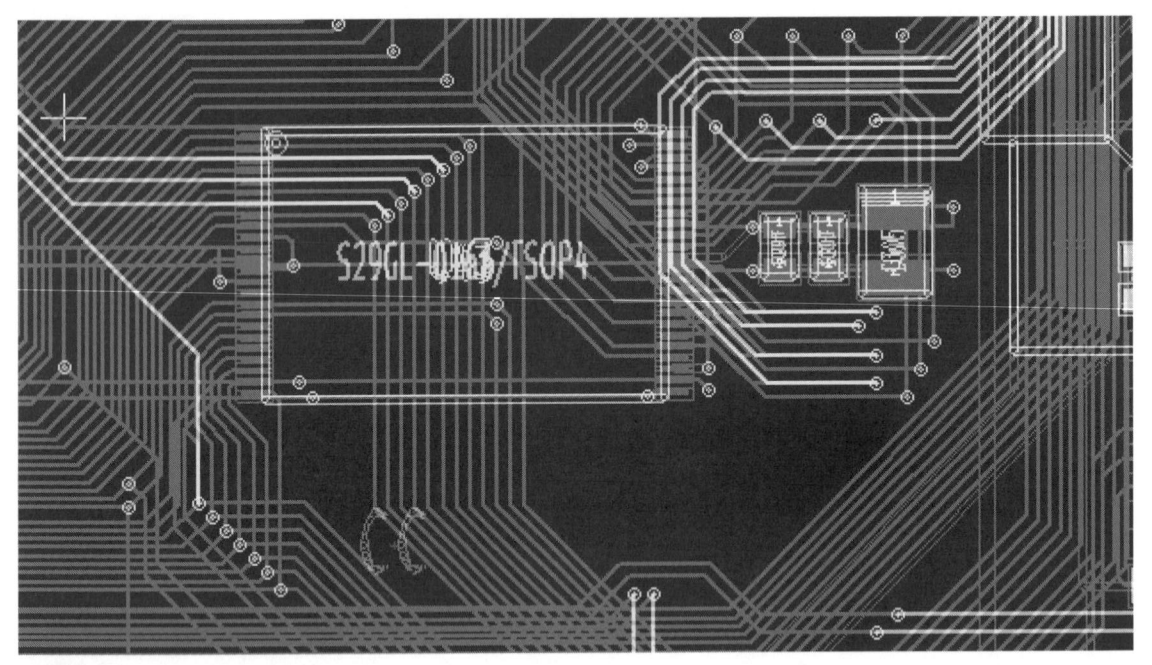

図40

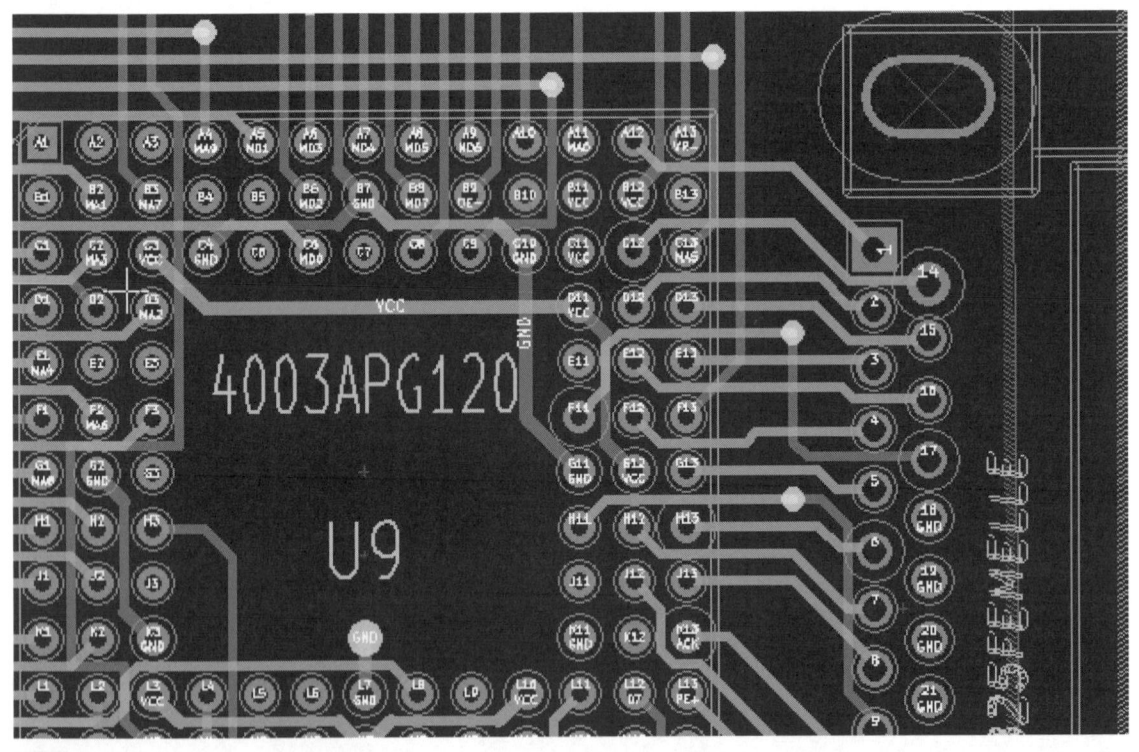

図41

● ハイコントラストモードの導体層

4層を超える基板の場合，このオプションによりアクティブな導体層をより見やすくさせることができます．

- ノーマルモード（裏面導体層アクティブ，図39）
- ハイコントラストモード（裏面導体層アクティブ，図40）

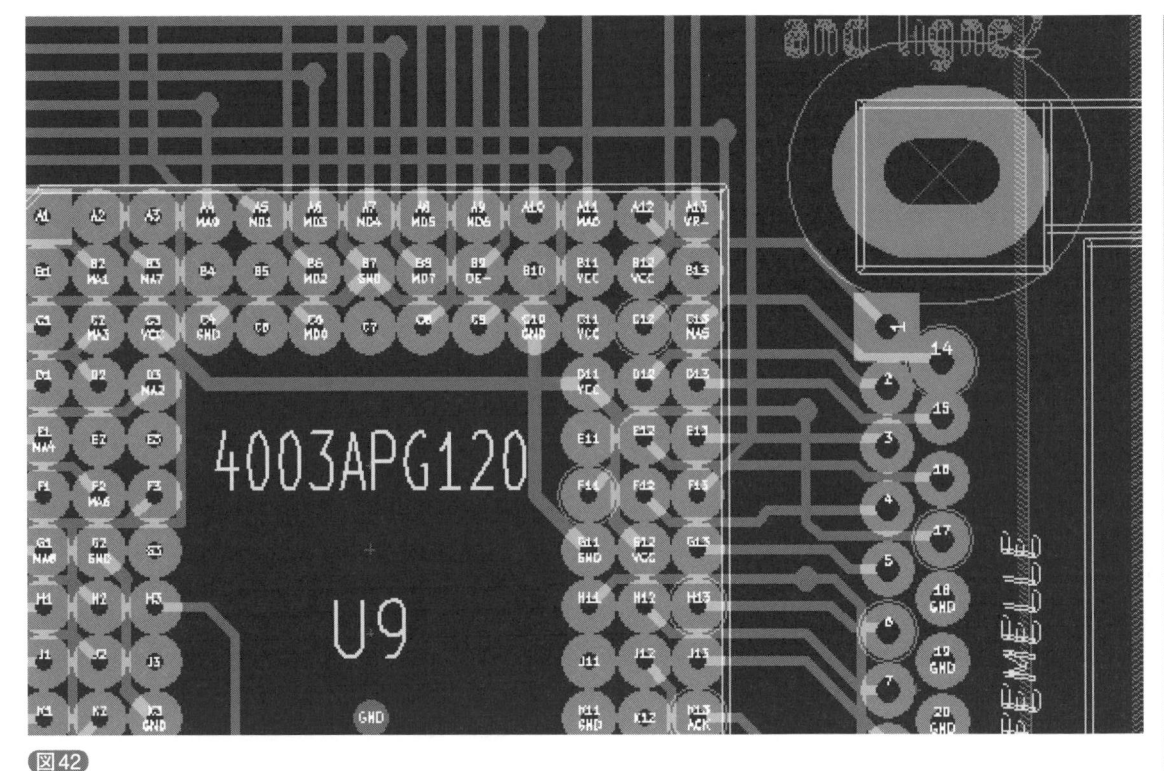

図42

● テクニカル層

もう一つのケースは，はんだペースト層とはんだレジスト層を調べる必要がある場合で，それらは通常表示されません．

このモードがアクティブの場合，パッド上のマスクが表示されます．

- ノーマルモード
  (表面レジスト層アクティブ，図41)
- ハイコントラストモード
  (表面レジスト層アクティブ，図42)

この層が表示され，この層上のパッドのサイズがチェック可能になります．

4.6 基板外形の作成および修正

4.6.1 基板の作成

● 基板外形の作成

通常，基板の外形を最初に定義するのがよい考えです．外形は一連のラインセグメントとして作成されます．アクティブな層として'pcb外形'を選択し，'図形ラインまたはポリゴン入力'ツールを使用して外形を描画します．この時，各頂点の位置でクリックし，ダブルクリックして外形線を終了させます．通常，基板

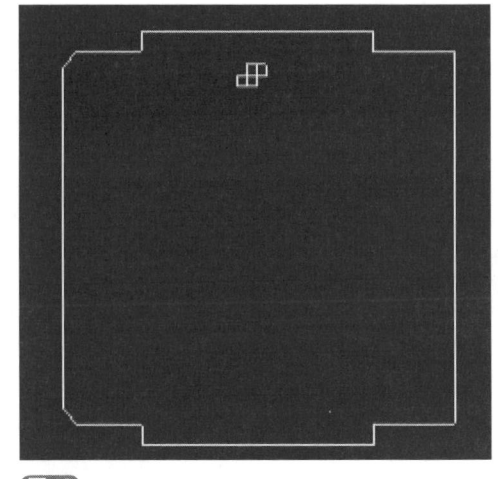

図43

には非常に正確な寸法があり，そのため外形を描画中に，カーソル座標の表示が必要になるかもしれません．**相対座標**は，スペースバーを使用していつでもゼロにできます．また，'Alt-U'を使用して表示単位をトグルさせることが可能であることを覚えておいてください．相対座標により非常に正確な寸法で描画できます．円（または円弧）の外形の作成も可能です．

1. "円入力"または"円弧入力"を選択する
2. クリックして円の中心を固定する

図44

3. マウスを移動して半径を調節する
4. 再度クリックして終了する

　パラメータメニュー(1/10 mil 単位で幅＝150 を推奨)またはオプションで，外形線の幅を調節することが可能ですが，アウトラインモード以外でグラフィックが表示されていなければ，それは見えないということに注意してください．

作成した外形の例を 図43 に示します．

● 回路図から生成したネットリストの読み込み

　アイコンをアクティブにしてネットリストダイアロ

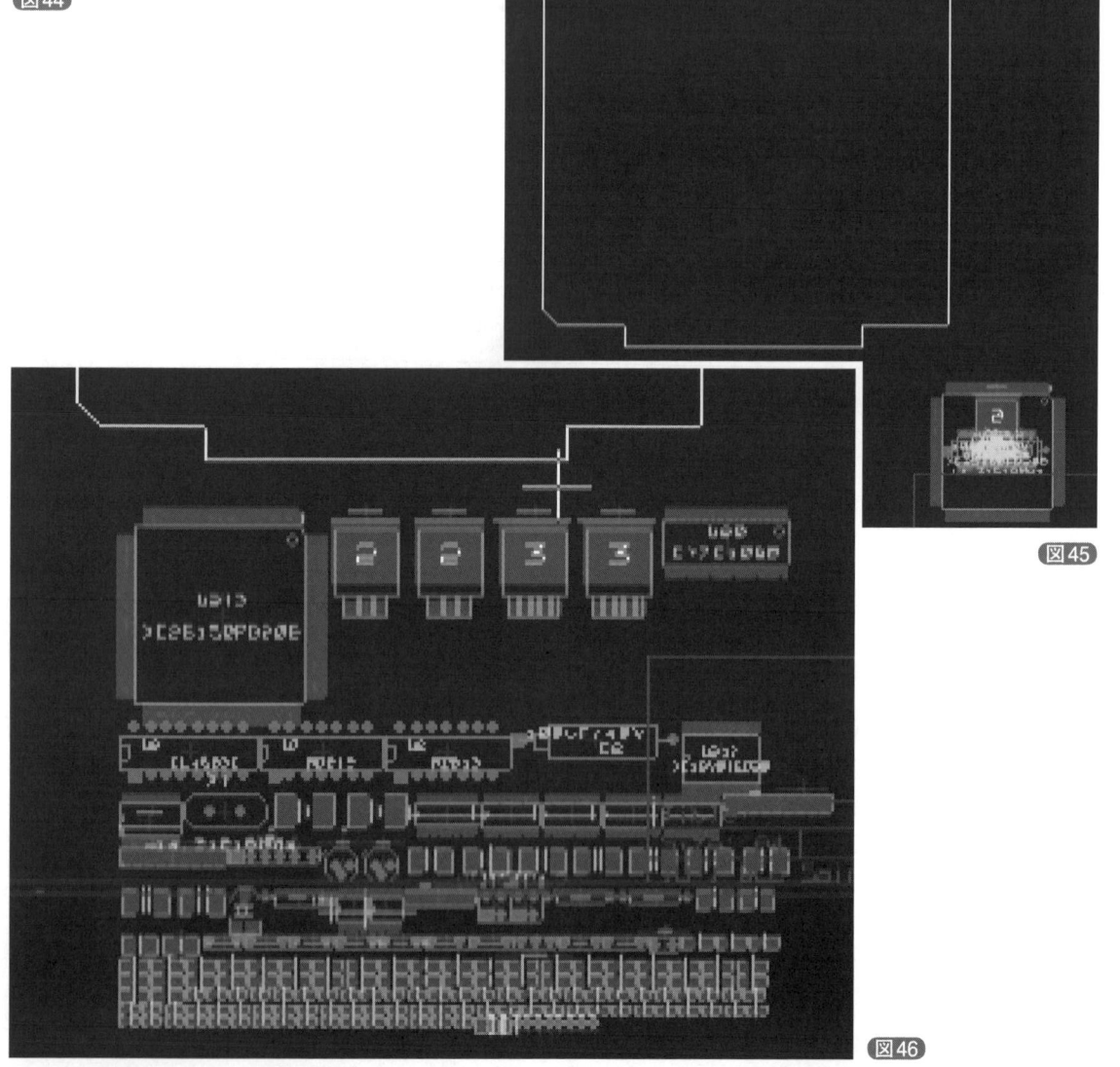

図45

図46

グウィンドウを表示します(図44).

ウィンドウタイトルに表示されるネットリストの名前(パス)が間違っている場合，選択ボタンを使用して望ましい(desired)ネットリストを参照します．それからネットリストを読み込みます．読み込み済みでないすべてのモジュールが互いに重ねられて現れます(図45，それらを自動的に移動させる方法を以下に示す).

モジュールが一つも配置されていない場合，すべてのモジュールは基板上の同じ場所に現れ，識別が困難になります．(マウスの右ボタンでアクセスするグローバル配置/モジュールの移動コマンドを使用して)それらを自動的に並べることが可能です．以下はその自動配置の結果です(図46).

▶重要な注意

Cvpcbで既存のモジュールを新しいもの(例えば，1/8 W抵抗を1/2 Wに変更)に置き換えて基板を修正する場合，置き換えるモジュールをPcbnewが読み込む前に既存のモジュールを削除することが必要です．しかし，あるモジュールを既存のモジュールで置き換える場合，問題のモジュール上でマウスの右ボタンをクリックしてアクセスするモジュールダイアログを使用して行うとより容易です．

4.6.2 基板の修正

回路図での変更に応じて基板を修正する必要があるときの手順です．

● 修正手順

1. 修正した回路図から新しいネットリストを作成する
2. 新しいコンポーネントが追加された場合，Cvpcbで対応するモジュールにそれらをリンクする
3. Pcbnewで新しいネットリストを読み込む

● 不正確な配線の削除

Pcbnewは，修正の結果不用になった配線を自動的に削除することが可能です．これを行うには，ネットリストダイアログのパッドトラックの削除ボックスの削除オプションにチェックを付けます(図47).

しかしながら，そのような配線変更は手作業の方が速いことがあります(DRC機能により不要な配線を特定できる).

● コンポーネントの削除

Pcbnewは，回路図から削除したコンポーネントに対応するモジュールを削除することが可能です．

これはオプションです．

PCBに追加されていて回路図には現れないモジュール(例えば，固定ネジ用の穴)がしばしば存在するので，削除しない設定が必要になります(図48).

余分なフットプリントの削除オプションにチェックが付いている場合，ネットリストには見つからないコンポーネントに対応するフットプリントは，そのロックのオプションがアクティブでなければ，削除されます．

"機械的"フットプリント用としてこのオプションをアクティブにするのはよい考えです．

各モジュールのプロパティから，モジュールをロックさせることができます．ロックしたモジュールは，設定にかかわらず削除されません(図49).

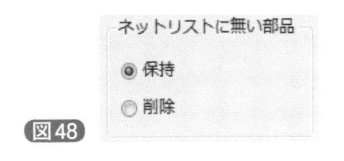

図49

図47

図48

4.6 基板外形の作成および修正

図50

図51

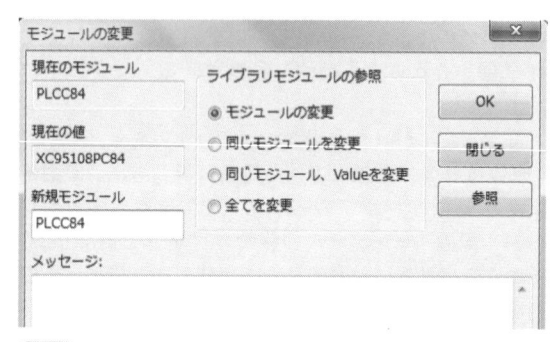

図52

図53

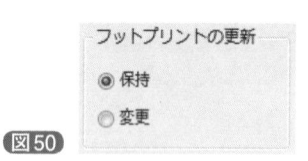

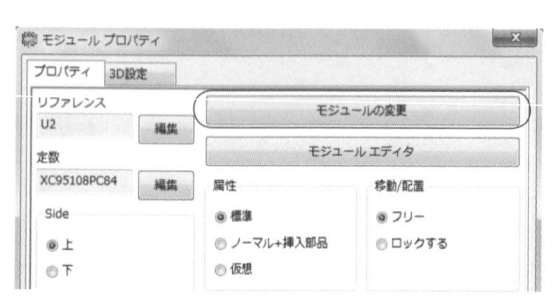

● 修正済みモジュール

（Cvpcbを使用して）ネットリスト内のモジュールを修正する場合で，そのモジュールがすでに配置済みの場合，ネットリストダイアログの対応するモジュール更新ボックスのオプションにチェックが付いていなければ，Pcbnewではそれは修正されません（図50）．

モジュールを編集することによりモジュールの変更（例えば，抵抗器を異なるサイズのものと置き換える）を行うことが可能です．

● 詳細オプション-タイムスタンプを使用した選択

回路の部品を変更せずに回路図の記述を変更することが時々あります（これはR5，U4などのようなリファレンスに関わることになります）．そのときPCBには（多分，シルクスクリーン表示を除いて）変更がありません．そうは言っても，内部的にはコンポーネントとモジュールはリファレンスで表現されます．この状況では，ネットリストを再読み込みする前に，ネットリストダイアログの"タイムスタンプ"オプションが選択されるかもしれません（図51）．

このオプションを使用すると，Pcbnewはリファレンスでモジュールを認識することはなくなりますが，その代わりにタイムスタンプで認識します．タイムスタンプはEeschemaが自動的に生成します（回路図にコンポーネントを配置した時の時刻および日付です）．

このオプションを使用する場合，大きな注意を要します（先にファイルを保存します！）

これは複数パーツを含むコンポーネントの場合にそのやり方が複雑だからです（例えば，7400にはパーツが4個と一つのパッケージがあります）．この状況では，タイムスタンプが一意に定義されません（7400の場合，四つまで各パーツに一つ存在するということになります）．そうは言っても，タイムスタンプオプションは通常再アノテーション問題を解決します．

4.6.3 基板上に配置済みのフットプリントの直接交換

フットプリント（または同じフットプリントをいくつか）を別のフットプリントに変更することは非常に便利です．

これは非常に簡単です．

フットプリントをクリックし，編集ダイアログ・ボックスを開きます．

モジュールの変更を実行します．

▶モジュールの変更にアクセスします（図52）．

▶フットプリント交換用オプション（図53）．

新しいフットプリントの名前を選択し，以下を使用しなければなりません．

- モジュールの変更：現在のフットプリントの場合
- 同じモジュールを変更：現在のフットプリントのようなすべてのフットプリントの場合
- 同じモジュール＋値の変更：現在のフットプリントのようなすべてのフットプリントの場合で，同じ値を持つコンポーネントに限る

▶注

すべてを変更する場合は基板上のすべてのフットプリントを再読み込みします．

4.7 モジュールの配置

4.7.1 配置補助

モジュールを移動中，配置を補助するためにモジュールのラッツネスト(ネット状の結線)を表示させることが可能です．これを有効にするには，左ツールバーのアイコンをアクティブにします．

4.7.2 手動配置

マウスの右ボタンでモジュールを選択し，メニューから移動コマンドを選択します．必要な位置にマウスの左ボタンでモジュールを移動させ，それを配置します．必要なら，選択したモジュールを回転，反転，編集することも可能です．中止するにはメニューからキャンセルを選択(またはEscキーを)押します．

図54に示すように移動中にモジュールのラッツネストの表示を見ることが可能です．

全モジュールを配置した時点で回路は図55に示すものになります．

4.7.3 モジュールの角度変更の概要

初期状態ではすべてのモジュールはライブラリ内で設定されているものと同じ角度を維持します(通常は0)．

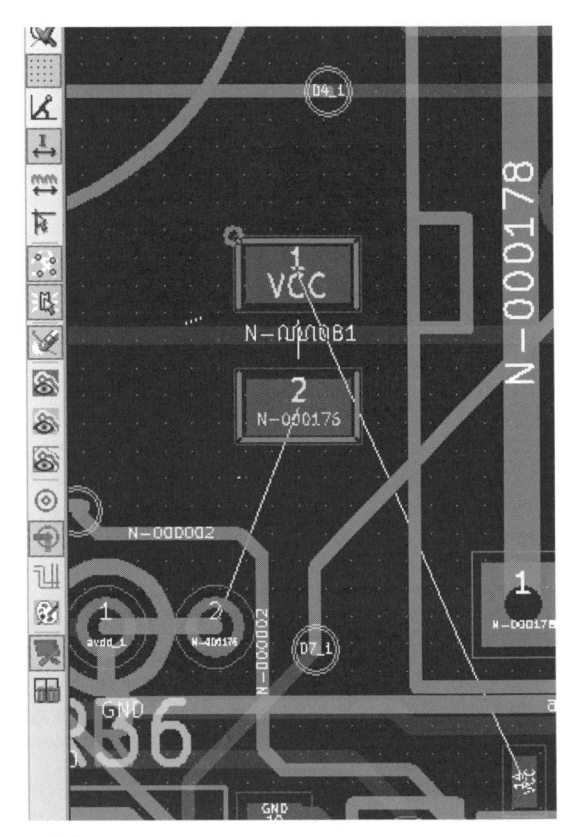

図54

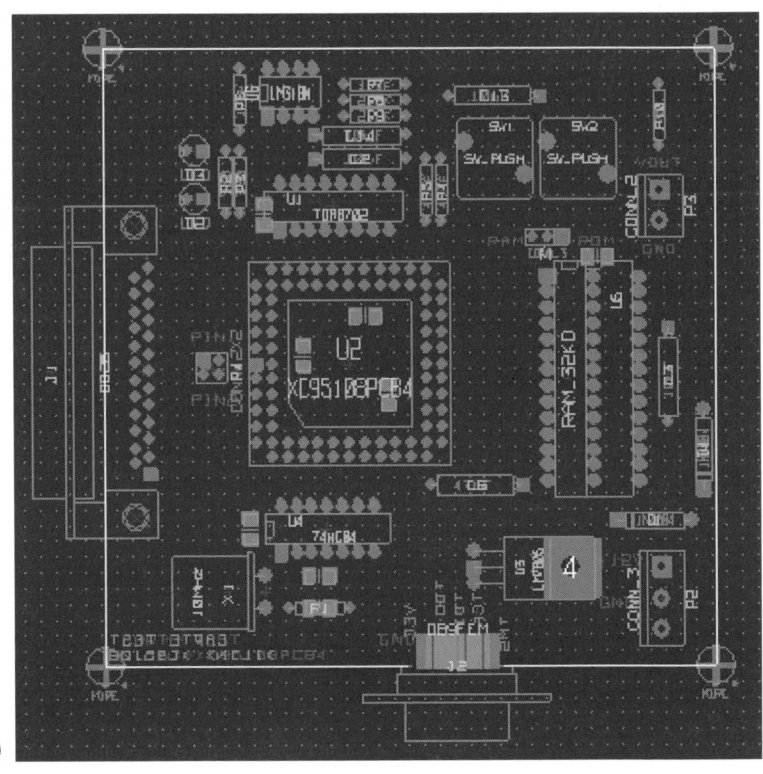

図55

図56

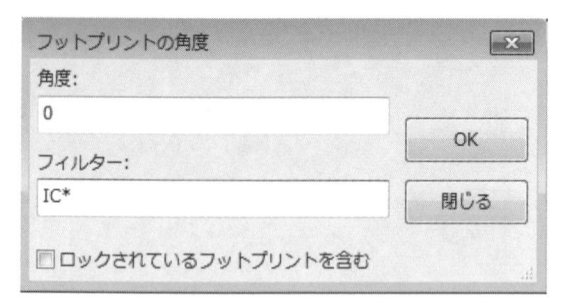

個々のモジュールごと，もしくは全てのモジュールで別の角度(例えばすべて90°)にする必要がある場合，すべてのモジュールを自動配置/角度のメニューオプションを使用します(図56)．この角度を選択することも可能です(例えば，リファレンスが"IC"で始まるモジュールのみ反映される)．

4.7.4 自動モジュール分散

通常，モジュールは"固定"されていなければ単に移動させることが可能です．モジュールモードにある間，ポップアップウィンドウ(マウスの右ボタンでモジュールをクリック)，またはモジュール編集メニューからこの属性のONおよびOFFの切り替えが可能です．

ネットリストの読み込み中に読み込んだ新しいモジュールは基板上の一箇所に積み上げられて現れます．Pcbnewにより手作業による選択および配置を容易にするためにモジュールの自動分散を行えます．

"モジュールモード"オプション(上ツールバーの アイコン)を選択します．

マウスの右ボタンでアクティブとなったポップアップウィンドウは次のようになります．

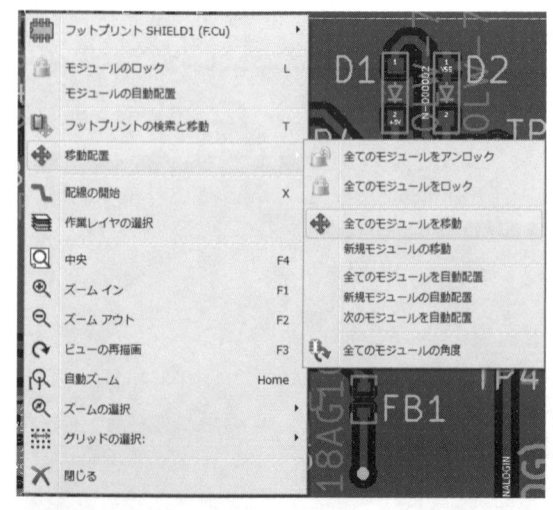

図57

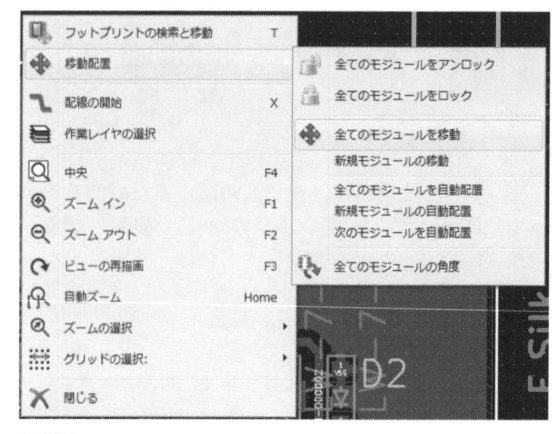

図58

▶カーソル下にモジュールがある場合のポップアップウィンドウを図57に示します．
▶カーソル下に何もない場合のポップアップウィンドウ図58に示します．
両方の場合に次のコマンドが使用可能です．

- すべてのモジュールを移動により固定されていない全モジュールの自動分散を行える．通常はネットリストの初回読み込み後にこれを使用
- 新規モジュールを移動によりPCB外形の内側に配置済みでないモジュールの自動分散を行える．このコマンドは，どのモジュールを自動的に分散させるかを決めるために基板の外形が作成される必要がある

4.7.5 モジュールの自動配置

● 自動配置処理の特徴

モジュールの自動配置により回路基板の二つの面にあるモジュールの配置が行えるようになります(ただし，導体層上のモジュールの切り替えは自動ではありません)．

また，モジュールの最善の角度(0, 90, -90, 180°)を求めます．

配置は最適化アルゴリズムによって行われます．そのアルゴリズムはラッツネストの長さが最小になるよう，また多数のパッドを持つ大きなモジュールの間隔を確保するように処理を行います．配置の順序ですが，まず最初に多くのパッドを持つ大きなモジュールを置くように最適化されます．

● 準備

前述のようにPcbnewはモジュールを自動的に配置できますが，この配置のガイドが必要です．それはユーザが行いたいことをソフトウェアが推測できないか

らです.

自動配置を実行する前に次のことを行います.

- 基板の外形を作成する（複雑になることがあるが，形状が矩形でない場合は閉じる）
- 位置が決まっている（imposed）コンポーネント（コネクタ，クランプ穴など）を手作業で配置
- 同様に，あるSMDモジュールおよび重要な（critical）コンポーネント（例えば大きなモジュール）は基板上の特定の面あるいは位置に配置する．これは手作業で行う
- すべての手動配置が完了したら，これらのモジュールを動かさないように"固定"する．モジュールを右クリックしてモジュールモードアイコンを選択し，ポップアップメニューの"モジュールの固定"を選択．これは編集/モジュールポップアップメニューで行える
- 自動配置を実行可能．右クリックでモジュールモードアイコンを選択，グローバル移動および配置を選択．次に全モジュールの自動配置を選択する

自動配信を実行中，Pcbnewは必要に応じてモジュールの角度を最適化します．ただし，モジュールの回転が許可されている場合のみ回転を試行します（モジュールの回転オプションを参照）．

通常，抵抗器および無極性のコンデンサは180°の回転が可能（authorized）です．あるモジュール（例えば小さいトランジスタ）は±90°および180°の回転が可能です．

モジュールはそれぞれ，一つ目のスライダが90°回転でき，二つ目のスライダが180°回転できます．0を設定すると回転を禁止し，10を設定すると回転できます．また中間の値は回転の設定を示します．

一旦モジュールを基板上に配置すると，モジュールを編集することにより回転の許可を行えます．しかし，必要なオプションはライブラリ内でモジュールに設定するのが好ましいです．その設定はモジュールを使用する度に維持されます．

● インタラクティブな自動配置

自動配置を実行中に（Escキーを押して）それを停止してモジュールを手作業で再配置することもできます．次のモジュールで自動配置コマンドを使用すると，停止した箇所から自動配置を再スタートします．

新しいモジュールを自動配置コマンドによりPCB外形の内側に配置済みでないモジュールの自動配置ができるようになります．モジュールを'固定'していない場合でもPCB外形の内側のモジュールを移動させることはありません．

モジュールの自動配置コマンドにより'固定'属性がアクティブの場合でもマウスで選択した（pointed）モジュールの再配置が可能です．

● 補注

Pcbnewは基板外形の形状に注意して，モジュールの配置が可能な区画を自動的に決定します．その基板外形は矩形である必要はありません（円形あるいは切り抜きがあってもよいです）．

基板が矩形ではない場合，その外形は閉じる必要があります．次にPcbnewは基板の内部にあるものと基板の外部にあるものを決定することが可能です．同様に，内部に切り抜きがある場合，その輪郭線は閉じる必要があります．

Pcbnewは基板の外形を使用してモジュールの配置が可能な区画を計算し，次にそれを配置する最適な位置を決定するために，この領域上に各モジュールを順々に移動させます．

4.8 配線パラメータ設定

4.8.1 現在の設定

● メインダイアログのアクセス

最も重要なパラメータは図59に示すドロップダウンメニューからアクセスします．

次にデザインルールダイアログで設定します．

● 現在の設定

現在の設定は図60に示すように上ツールバーにより表示されます．

4.8.2 一般オプション

図61に示す一般オプションメニューは上ツールバーのリンクの設定→一般設定ダイアログにより使用可能です．

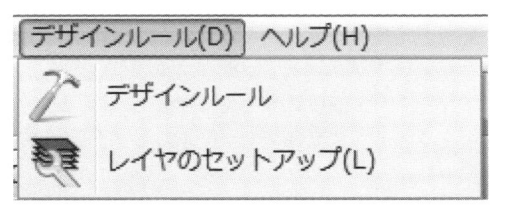

図59

図60

図62

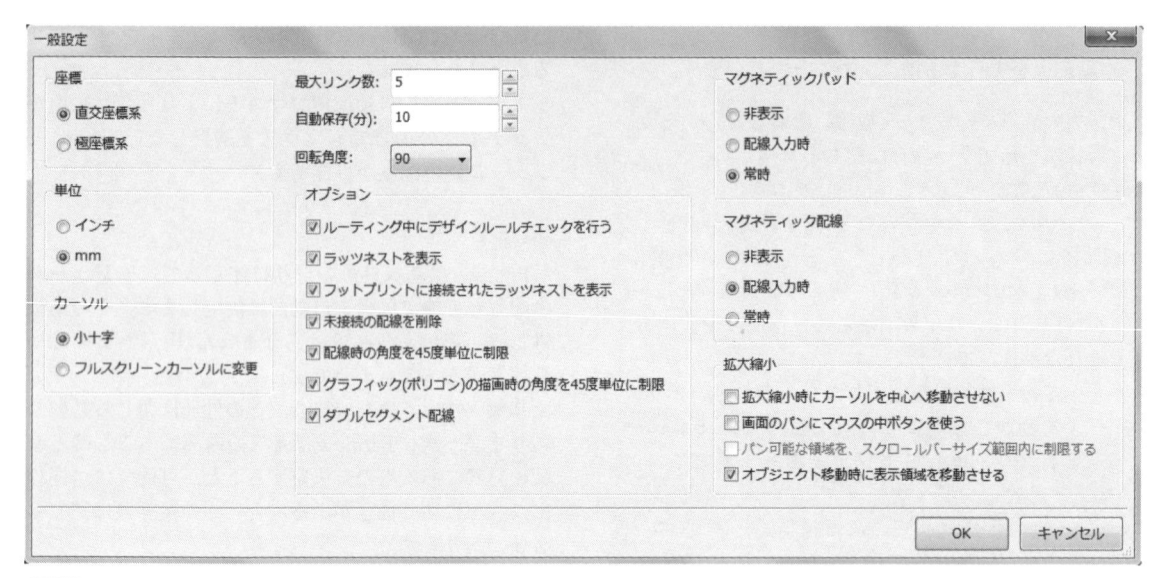

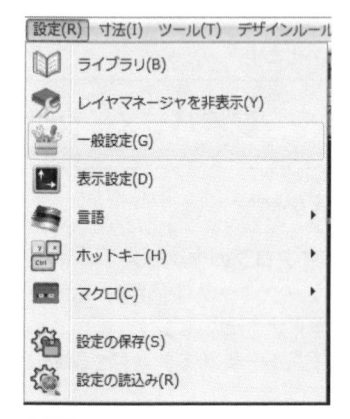

図61

ダイアログメニューを図62に示します．
配線の作成に必要なパラメータは以下の通りです．

- 配線時の角度を45°単位に制限：配線セグメントに許される向きは0，45，90°
- ダブルセグメント配線：配線を作成する時に，セグメントが二つ表示
- 未接続の配線を削除：配線を作り直す時に，古い配線が冗長であると見なされるなら自動的に削除
- マグネティックパッド：カーソルの形状がパッドになり，パッド領域の中央に配置
- マグネティック配線：カーソルの形状が配線軸になる

4.8.3 ネットクラス

Pcbnewはネットごとに異なる配線パラメータを定義できます．パラメータはネットのグループにより定義されます．

- ネットのグループをネットクラスと言う
- デフォルトのネットクラスが常に存在
- 他のネットクラスを追加

ネットクラスは以下を指定．

- 配線幅，ビア直径，ドリル
- パッド，配線（またはビア）間のクリアランス

配線時に，Pcbnewは作成または編集する配線のネットに対応するネットクラスに，従って配線パラメータを自動的に選択します．

● 配線パラメータの設定

メニューで選択します．デザインルール→デザインルール．

● ネットクラスエディター

図63に示すネットクラスエディタは以下を行えます．

- ネットクラスの追加または削除
- 配線パラメータ値の設定
  クリアランス，配線幅，ビアサイズ
- ネットクラスのグループ化

● グローバルデザインルール

グローバルデザインルールは以下の通りです．

- ビアタイプ
- マイクロビア使用の有効/無効

図63

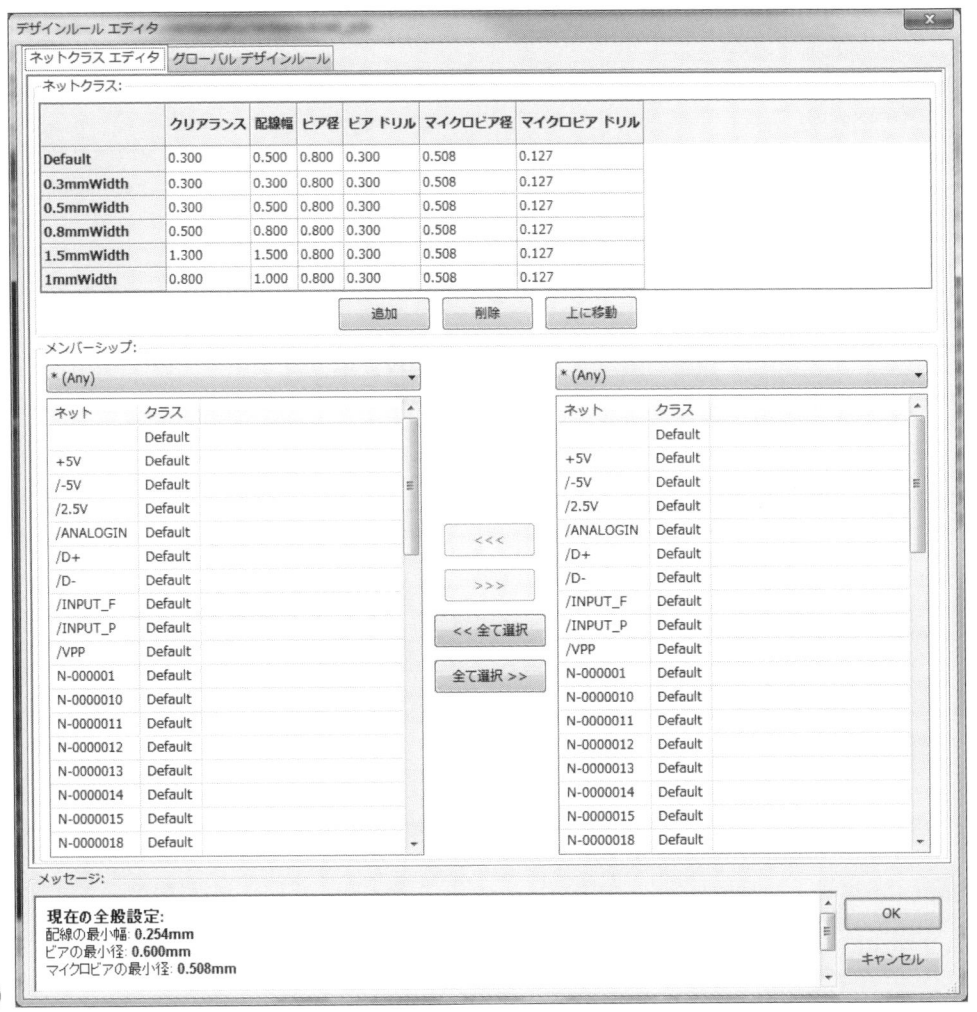

- 最小クリアランス
  （配線，ビア，パッド間の最小距離）
- 最小配線幅およびビアサイズ

　指定した最小値よりも小さい値があった場合，DRCエラーを出力します．2番目のダイアログパネルを図64に示します．

　このダイアログにより配線とビアサイズの"ストック"を入力できます．

　配線時に，ネットクラスのデフォルト値を使用する代わりに，これらの値の一つを選択してビアの配線を作成できます．

　小さい配線セグメントが特定のサイズでなければならないような厳しい（critical）場合に有用です．

● ビアパラメータ

　Pcbnewは3種類のビアを扱います．

- 貫通ビア（通常のビア）
- ブラインドまたはベリッドビア
- マイクロビア．ベリッドビアに似て，外層からその最近傍層への接続に制限

　これらはBGAのピンを最も近い内層に接続できます．通常その直径は非常に小さく，レーザで穴が開けられます．

　デフォルトでは，ビアは同じドリル値を採ります．

　このダイアログはビアパラメータの最小許容値を指定，基板上でここで指定した値よりも小さいビアはDRCエラーを生成します．

● 配線パラメータ

　最小許容配線幅を指定してください．基板上でここでの指定よりも小さい配線幅の配線はDRCエラーとなります．

4.8　配線パラメータ設定

図64

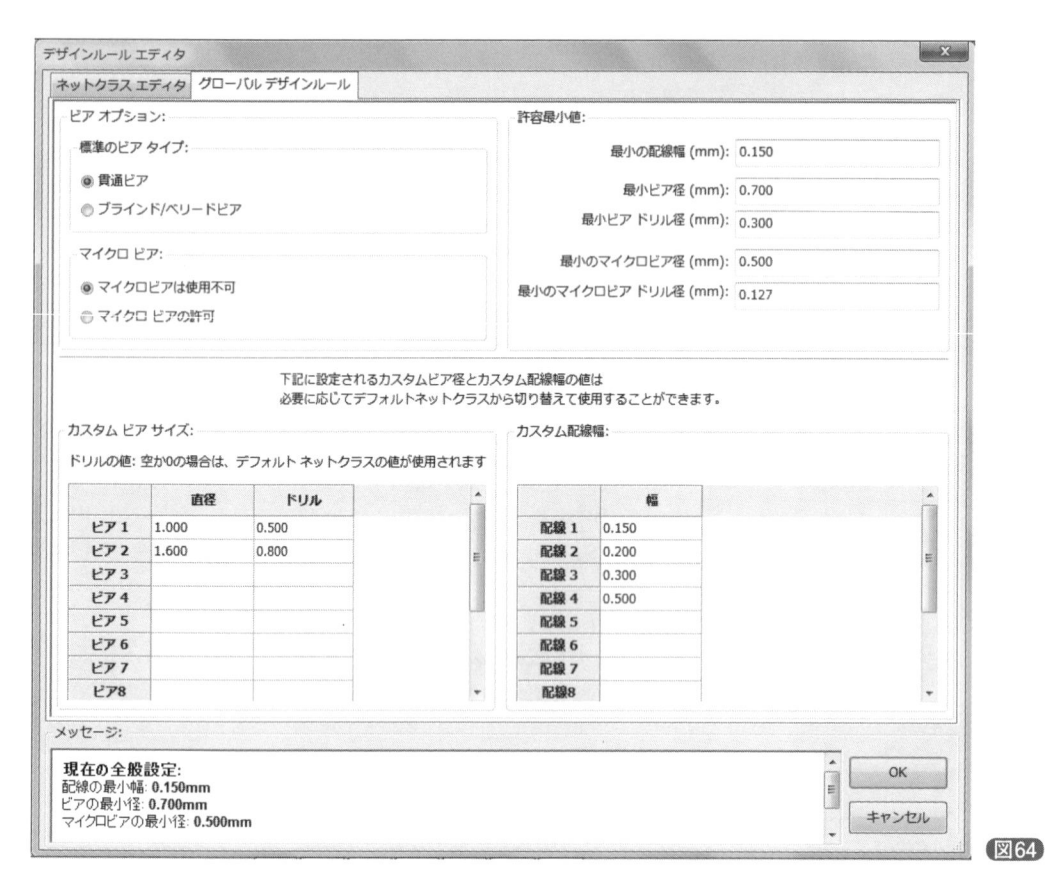

図65

● 特殊サイズ

図65に示すように予備の配線およびビアサイズをまとめて入力できます．配線の布線中，現在のネットクラス値の代わりにこれらの値を必要に応じて使用できます．

4.8.4 実例および標準的寸法

● 配線幅

配線幅は可能な限り大きくするのが基本です．

表11に最小幅の参考値を示します．

● 絶縁（クリアランス）

表12に示します．通常，最小クリアランスは最小配線幅にとても近い値です．

● 実例
▶単純値
図66を参照してください．

表11

単位	CLASS 1	CLASS 2	CLASS 3	CLASS 4	CLASS 5
mm	0,8	0,5	0,4	0,25	0,15
mils	31	20	16	10	6

表12

単位	CLASS 1	CLASS 2	CLASS3	CLASS 4	CLASS 5
mm	0,70	0,5	0,35	0,23	0.15
mils	27	20	14	9	6

図66

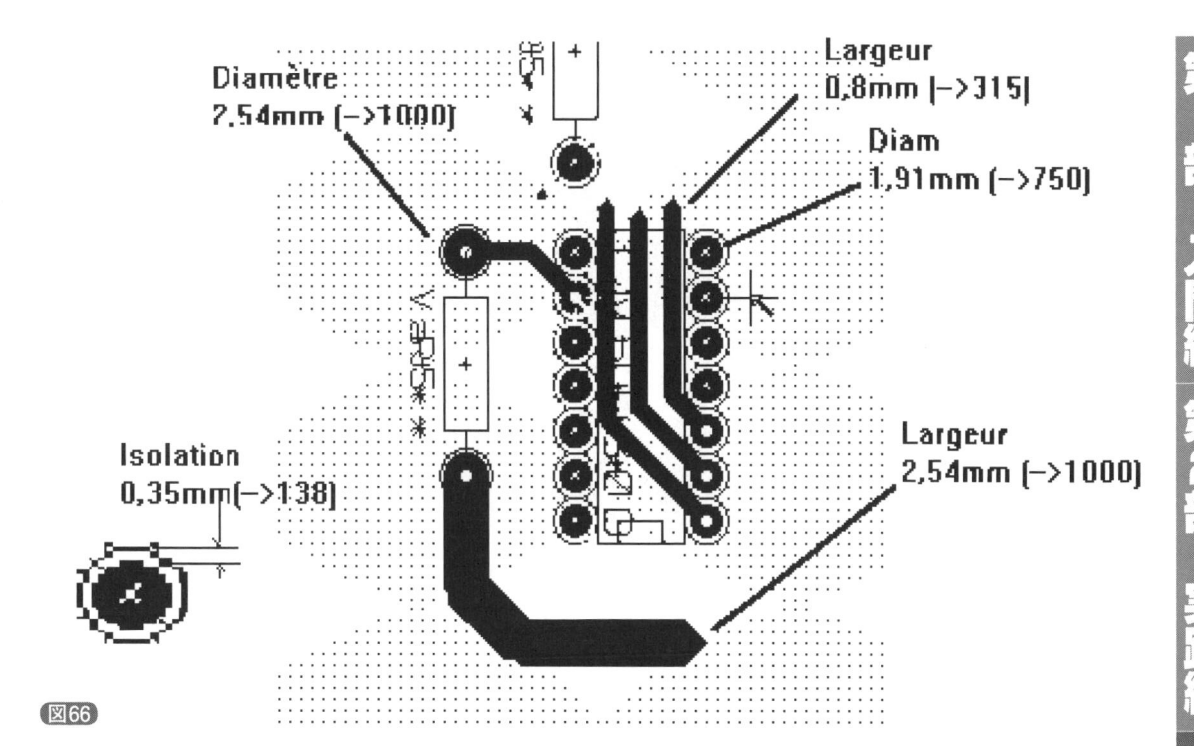

Diamètre 2.54mm (->1000)
Largeur 0.8mm (->315)
Diam 1.91mm (->750)
Largeur 2,54mm (->1000)
Isolation 0,35mm (->138)

- クリアランス：0.35 mm（0.0134.8インチ）
- 配線幅：0.8 mm（0.0315インチ）
- ICとビアのパッド直径：1.91 mm（0.0750インチ）
- ディスクリート部品のパッド直径：2.54 mm（0.1インチ）
- グラウンド線幅：2.54 mm（0.1インチ）

▶標準値

図67を参照してください．

- クリアランス：0.35 mm（0.0138インチ）
- 配線幅：0.8 mm（0.0127インチ）
- ICのパッドの直径：ICのパッド間を配線が通過し，それでいて十分な接着面を確保できるように細長くする．1.27 mm × 2.54 mm → 0.05 × 0.1インチ
- ビア：1.27 mm（0.0500インチ）

Dim : 1,27×2,54 (->500×1000)

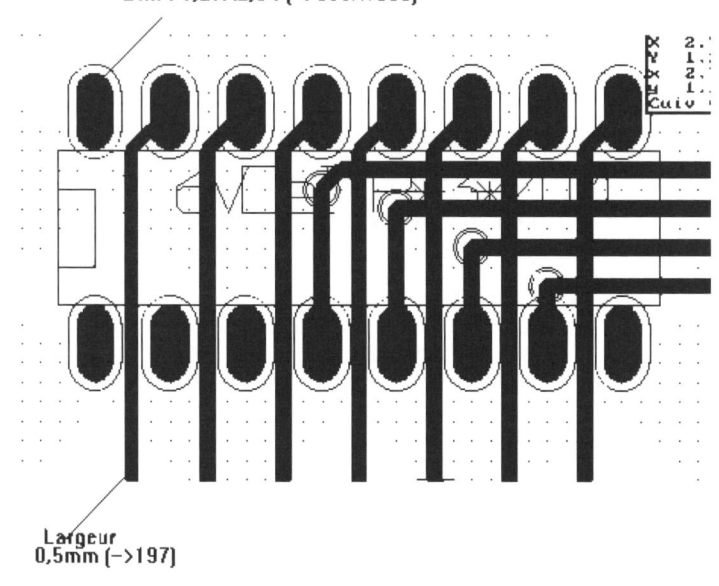

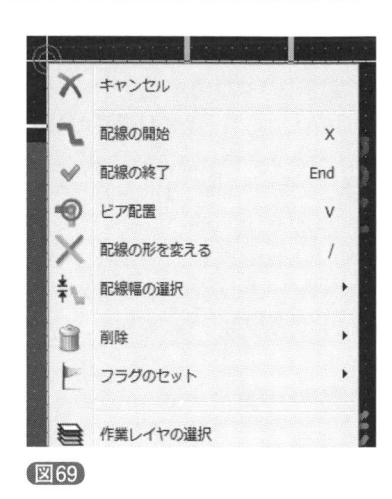

Largeur 0,5mm (->197)

図67

図69

✕ キャンセル		
⌐ 配線の開始		X
✓ 配線の終了		End
⊙ ビア配置		V
✕ 配線の形を変える		/
配線幅の選択		▶
削除		▶
フラグのセット		▶
作業レイヤの選択		

4.8 配線パラメータ設定 207

図68

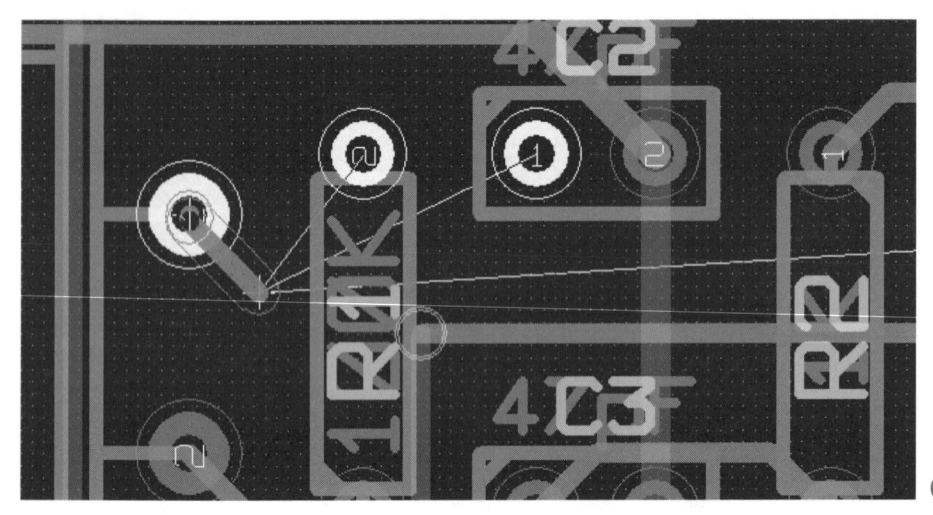

▶手動配線 (図67)

手動配線は配線の優先順位をコントロールする唯一の方法 (訳注：KiCadの場合) なので，ほとんどの場合，手作業による配線をお奨めします．優先順位の例として，電源ラインの配線から開始し，それらを太く短く，またアナログ電源とディジタル電源をしっかり分離します．その後，敏感な信号線を配線します．

また別の問題として，多くの場合，自動配線は多数のビアを必要とします．しかし，自動配線はモジュールの配置に役立つ洞察を提供できます．

経験から，自動配線は「分かりきった」配線を早く引くためには便利ですが，残りの配線は手配線がベストだと分かります．

● 配線作成時の支援機能

ボタンがアクティブになっていれば，Pcbnewで全ラッツネストを表示させることが可能です．

ボタンによりネットをハイライトにすることができます．パッドまたは既存の配線をクリックし，対応するネットをハイライトにします．

配線作成中でも，DRCはリアルタイムにチェックしてくれます．DRCルールに適合しない配線は作成することはできません．ボタンをクリックしてDRCを無効にすることが可能ですが推奨しません．特別な場合にのみ使用してください．

● 配線の作成

ボタンをクリックすると，配線を作成することが可能です．新規配線はパッドまたは他の配線上で開始しなければなりません．それは (DRCルールに適合させるために) Pcbnewが新規配線に使用するネットを知っているはずだからです．新規配線の作成時，Pcbnewは最も近くにある未接続のパッドへのリンクを表示します．表示されるリンク数は，一般オプションの"最大リンク"で設定できます (図68)．

ダブルクリック，ポップアップメニューまたはホットキーで配線を終了します (図69, p.207)．

● 配線の移動およびドラッグ

がアクティブの時，カーソルが置かれた所の配線はホットキー 'm' で移動させることが可能です．配線をドラッグしたい場合，ホットキー 'g' を使用することができます．

● ビアの挿入

配線作成中の時にのみ次の方法でビアを挿入できます．

- ポップアップメニュー
- ホットキー 'v'
- 適切なホットキーを使用して，新しい導体層に切り替える

4.8.5 配線幅およびビアサイズの選択/編集

配線またはパッドをクリックすると，Pcbnewはその対応するネットクラスを選択します．そしてこのネットクラスから配線サイズとビア寸法を自動的に選択します．

前述のように，グローバルデザインルールエディタには，予備の配線とビアサイズを追加するツールがあります．

- 水平ツールバーでサイズを選択できる
- ボタンがアクティブの時，(配線の作成時にもアクセス可能な) ポップアップメニューから現在の配線幅を選択できる

図70

表13

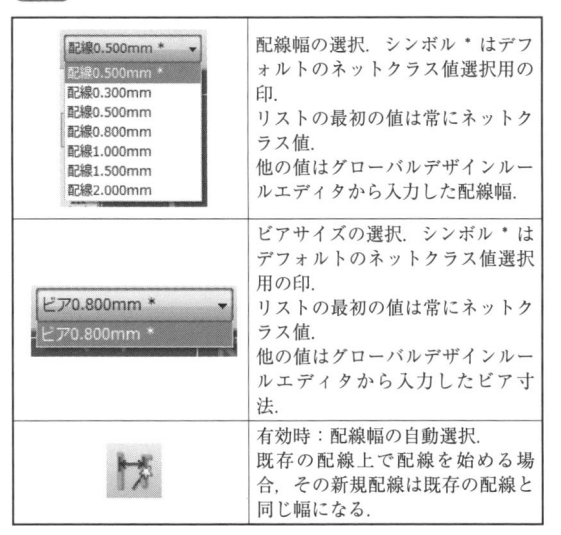

配線0.500mm * (リスト)	配線幅の選択．シンボル * はデフォルトのネットクラス値選択用の印． リストの最初の値は常にネットクラス値． 他の値はグローバルデザインルールエディタから入力した配線幅．
ビア0.800mm * (リスト)	ビアサイズの選択．シンボル * はデフォルトのネットクラス値選択用の印． リストの最初の値は常にネットクラス値． 他の値はグローバルデザインルールエディタから入力したビア寸法．
(アイコン)	有効時：配線幅の自動選択． 既存の配線上で配線を始める場合，その新規配線は既存の配線と同じ幅になる．

ユーザはデフォルトのネットクラス値あるいは特定の値を利用できます．

● 水平ツールバーを用いる方法

図70 と 表13 を参照してください．

● ポップアップメニューを用いる方法

ポップアップメニューで，新規配線や既存のビアまたは配線セグメントのサイズを選択できます（図71）．

たくさんのビア（または配線）のサイズを一度に変更したいときの最善の方法は，編集する必要があるネット用の特定のネットクラスを使用することです（グローバル変更を参照）．

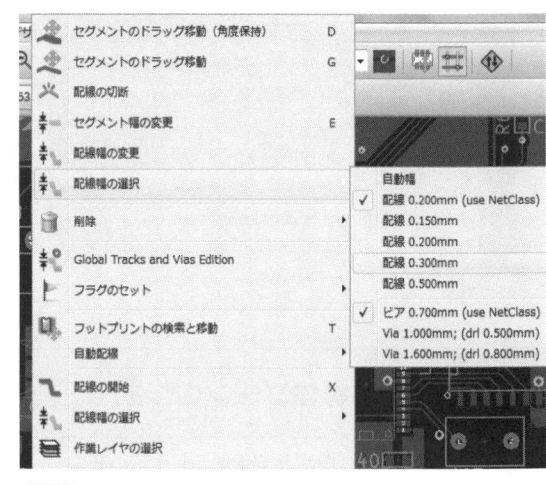

図71

4.8.6 配線の編集および変更

● 配線の変更

多くの場合，配線の引き直しが発生します．図72 は新規配線（進行中），図73 は終了時です．配線が冗長になっていると，Pcbnewは古い配線を自動的に削除します．

● グローバル変更

グローバル配線およびビアサイズダイアログエディタは，配線を右クリックして表示されるポップアップウィンドウで起動します（図74）．

ダイアログエディタにより，次の場合の配線およびビアのグローバル変更を行うことができます（図75）．

- 現在選択しているネット
- 基板全体

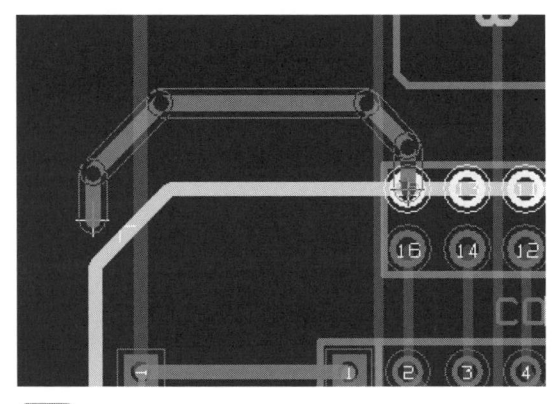

図72

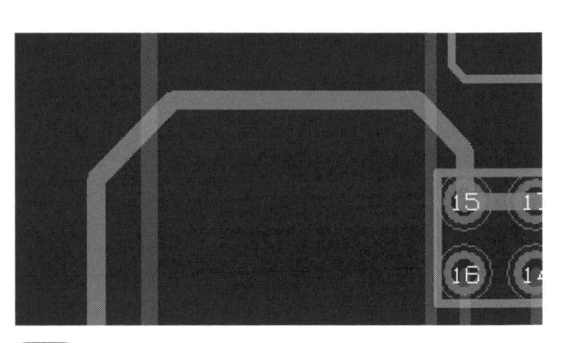

図73

4.8 配線パラメータ設定

図74

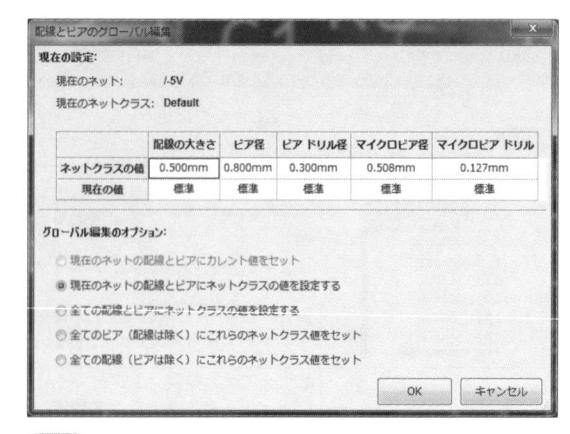

図75

4.9 導体ゾーンの作成

導体ゾーンは外形（閉ポリゴン）により定義され，穴（外形内部の閉ポリゴン）を含めることが可能です．ゾーンは導体層かテクニカル層に作成可能です．

4.9.1 導体層でのゾーンの作成

塗りつぶし導体領域によるパッド（および配線）の接続はDRCエンジンがチェックします．パッドを接続するためにゾーンを（作成するのではなく）塗りつぶさなければなりません．Pcbnewは現在の配線幅またはポリゴンを銅箔エリアの塗りつぶしに使用します．

各オプションは長所と短所があり，それは主に画面の再描画に関するものです．しかしながら最終結果は同じものとなります．

計算時間の理由により，変更する度にゾーンの塗りつぶしをやり直すのではなく，以下の場合のみ行います．

- ゾーン塗りつぶしコマンドを実行する場合
- DRCテストを行う時

配線またはパッドの変更後に導体ゾーンを塗りつぶしあるいは再塗りつぶしを行います．導体ゾーン（通常はグラウンドおよび電源面）は通常ネットに接続されています．

導体ゾーンを作成するために，以下を行います．

図76

- パラメータ(ネット名，レイヤ…)を選択する．レイヤを切り替えてこのネットをハイライトさせることは必須ではないが，好ましい
- ゾーンの境界を作成する(そうしないと，基板すべてが塗りつぶされる)
- ゾーンを塗りつぶす

Pcbnewはすべてのゾーンを塗りつぶして一つにします．そして，未接続の導体ブロックがなくなります．それでもある領域は塗りつぶされずに残ってしまうことがあります．ネットが存在しないゾーンは消去されずに，孤立した領域を含むことがあります．

4.9.2 ゾーンの作成

● ゾーン境界の作成

ツール🖊を使用します．アクティブな層は導体層でなければなりません．クリックしてゾーン外形の作成を開始する時に，図76に示すダイアログ・ボックスが開きます．

このゾーンに関するすべてのパラメータを指定できます(ネット，レイヤ，塗りつぶしオプション，パッドオプション，優先順位)．

このレイヤ上にゾーンの境界を作成してください．ゾーンの境界はポリゴンで，それぞれの角となるところで左クリックして作成します．ダブルクリックによりポリゴンを終了します．ポリゴンは自動的に閉じられます．開始点と終了点が同じ座標になければ，Pcbnewは終了点から開始点にセグメントを追加します．

▶注意

- ゾーン外形の作成時は，DRCコントロールはアクティブ
- DRCエラーとなるような角をPcbnewは受け付けない

ゾーン境界(薄い網掛けのポリゴン)の例を図77に示します．

● 優先度

大きなゾーンの中に小さなゾーンを作りたい場合，小さなゾーンが大きなゾーンよりも優先度が高い場合に可能です．優先度は，図78に示す画面で設定します．

● ゾーンの塗りつぶし

ゾーンを塗りつぶす時に，Pcbnewはすべての未接続の浮島を削除します．ゾーン塗りつぶしコマンドを

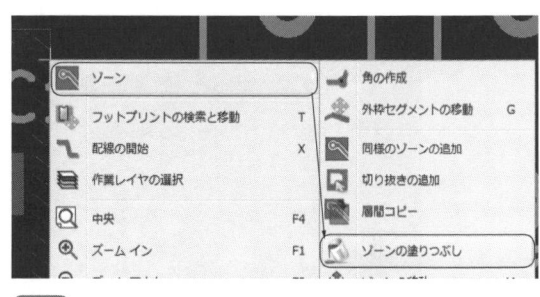

図78

図79

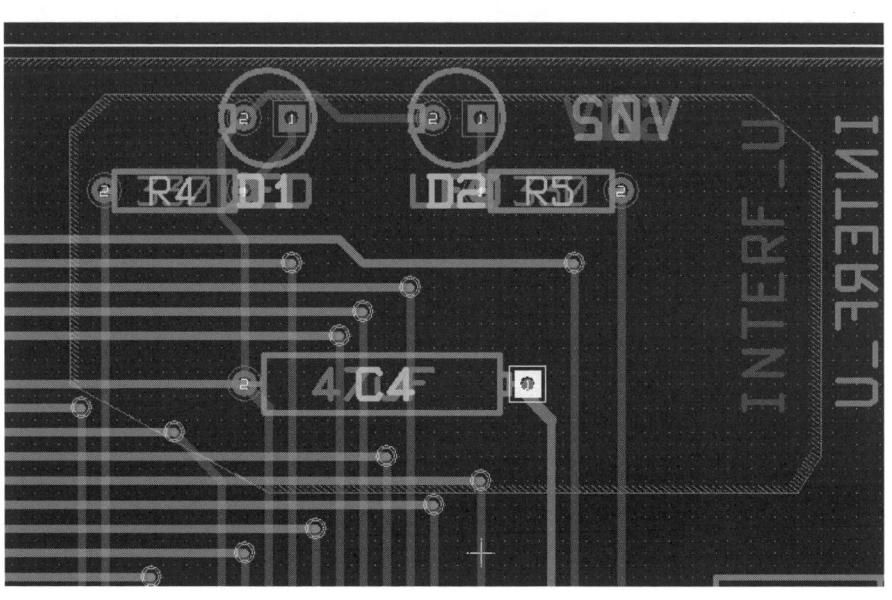

図77

4.9 導体ゾーンの作成

図80

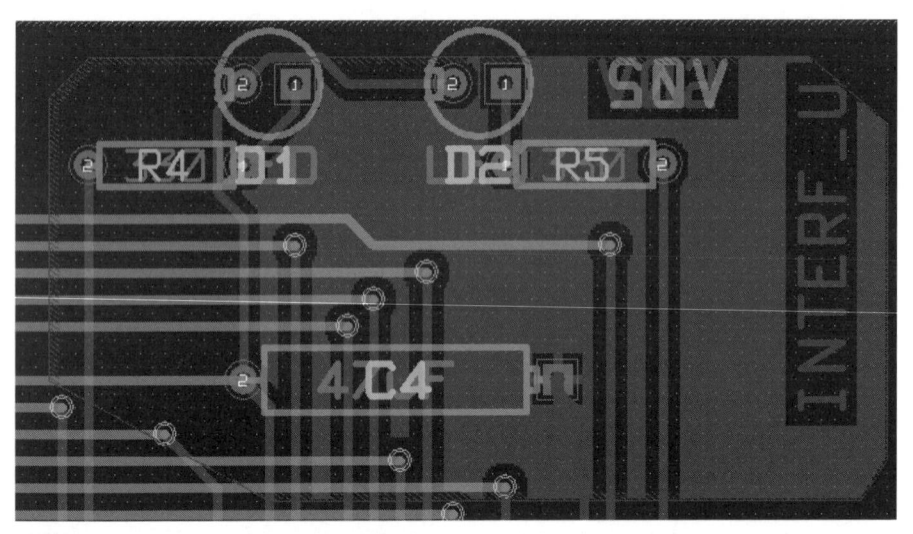

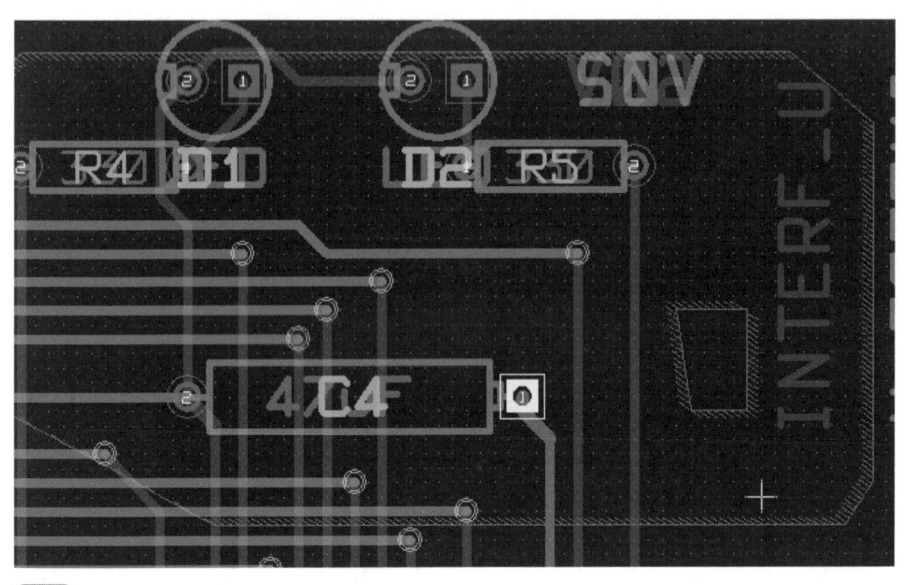

図81

使用するには，ゾーンの端辺を右クリックします．
　Lebel設定：
　次に例を示します．
　"ゾーンの塗りつぶし"コマンドを実行します（図79）．ポリゴン内部に開始点がある場合の塗りつぶし結果を図80に示します．ポリゴンは塗りつぶし領域の境界です．ゾーン内部の非塗りつぶし領域が分かると思います．これは，この領域にアクセスできないためです．
　▶注意

- 配線は境界を作成する
- この領域に塗り潰しの開始点はない

複数のポリゴンを使用して切り抜き領域を作成できます．図81に示す例を参照してください．
　結果は図82のようになります．

4.9.3 塗りつぶしオプション

領域を塗りつぶす時に，図83に示す画面から以下を選択する必要があります．

- 塗りつぶしのモード
- クリアランスおよび最小導体幅
- ゾーン内部にどのようにパッドを作成するか（あるいはこのゾーンに接続するか）
- サーマルパターンパラメータ

図82

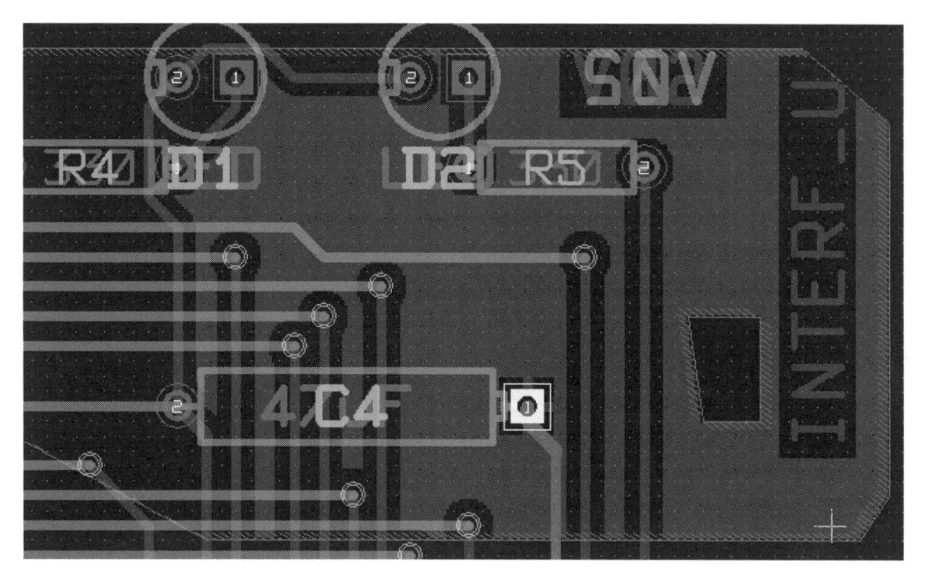

図83

● 塗りつぶしモード

ポリゴンまたはセグメントを使用してゾーンを塗りつぶします．どちらを使用しても結果は同じです．ポリゴンのモードに問題（画面の更新が遅い）がある場合はセグメントを使用します．

● クリアランスおよび最小導体幅

クリアランスには配線で使用するグリッドよりも少し大きいグリッドを選択すると良いでしょう．最小導体幅の値により，小さすぎない導体領域の確保を保証します．

この値が大きすぎるとサーマルパターンのサーマルパッド（stubs）のような小さな形状を作成できません．

● パッドオプション

ネットのパッドをゾーンに含める，除外する，あるいはサーマルパターンで接続できます．

- パッドを含める場合，はんだ付けおよびハンダ除去が非常に困難になる可能性がある

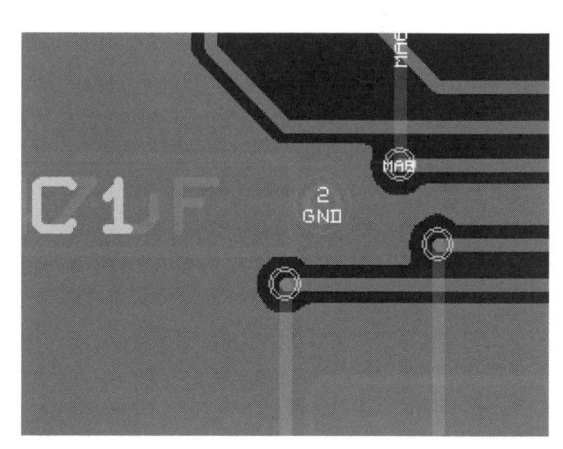

図84

- パッドを除外する場合，ゾーンへの接続はそれほど良くならない
- サーマルパターンははんだ付け性とゾーンへの接続の両方を満たす良い妥協案である

三つのオプションの結果です．

▶パッドを含める（図84）

4.9 導体ゾーンの作成

図85

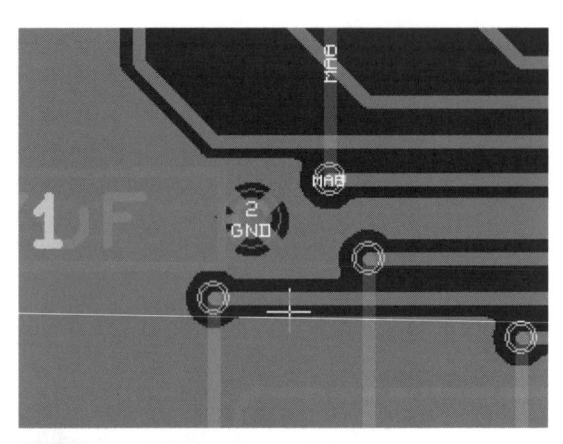

図86

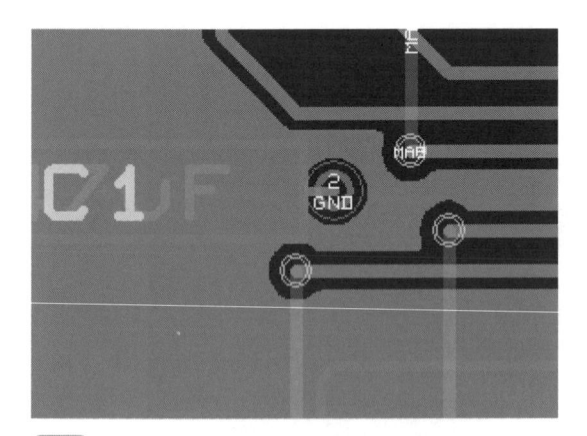

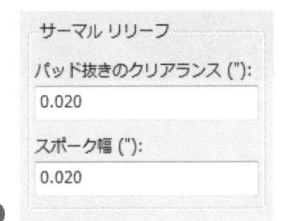

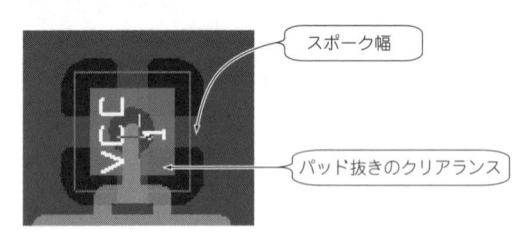

図87

図88

▶ パッドを除外する(図85)
▶ サーマルパターン(図86)

パッドは四つの配線セグメントにより接続されています．セグメント幅は配線幅で使用している現在値です．

▶ 注意

- ゾーン領域を接続するための配線が存在する場合にのみゾーンを塗りつぶす
- パッドは配線により接続されている必要がある

● サーマルパターンパラメータ

サーマルパターン用に二つのパラメータを設定できます(図87，図88)．

● パラメータの選択

サーマルパターン用の導体幅の値は導体ゾーンの最小幅よりも大きくなければなりません．そうでなければ，作成できません．

さらに，このパラメータまたはパッド抜きサイズの値が大き過ぎると(SMDコンポーネントに使用するパッドサイズのような)小さいパッド用のサーマルパターンを作成できません．

4.9.4　ゾーン内部への切り抜き領域の追加

ゾーンがすでに存在していなければなりません．切り抜き領域(ゾーン内部の非塗りつぶし領域)を追加する方法を次に示します．

- 既存の外形線を右クリックする
- 切り抜きの追加を選択する(図89)
- 新規外形を作成する

図90 は外形作成後です．

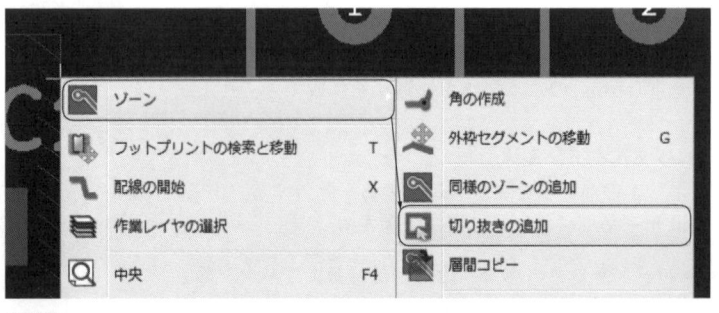

図89

図91

図90

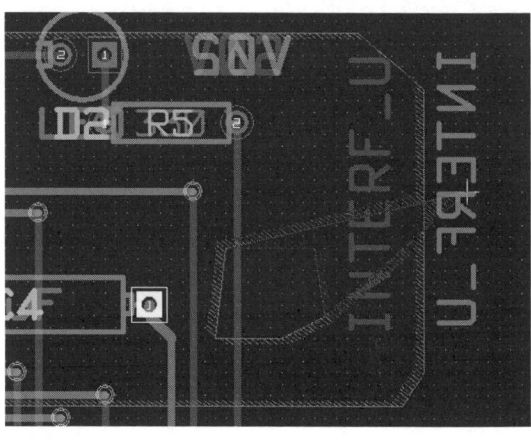

図92

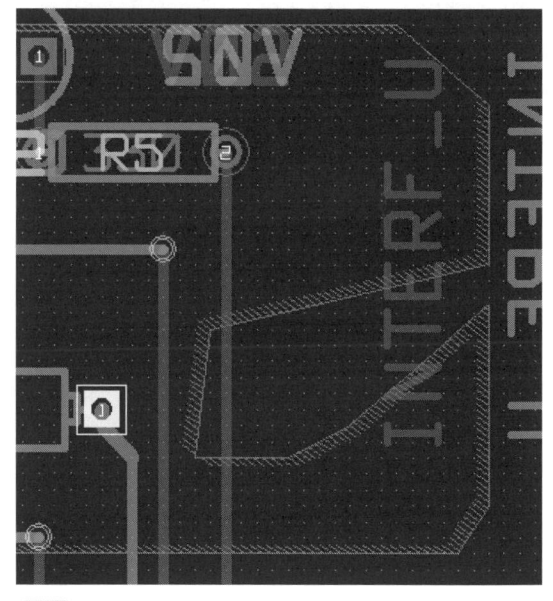

図93

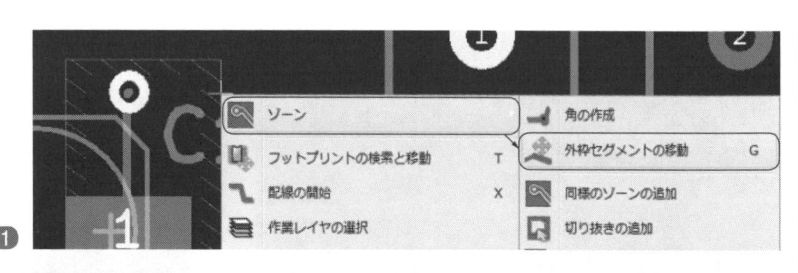

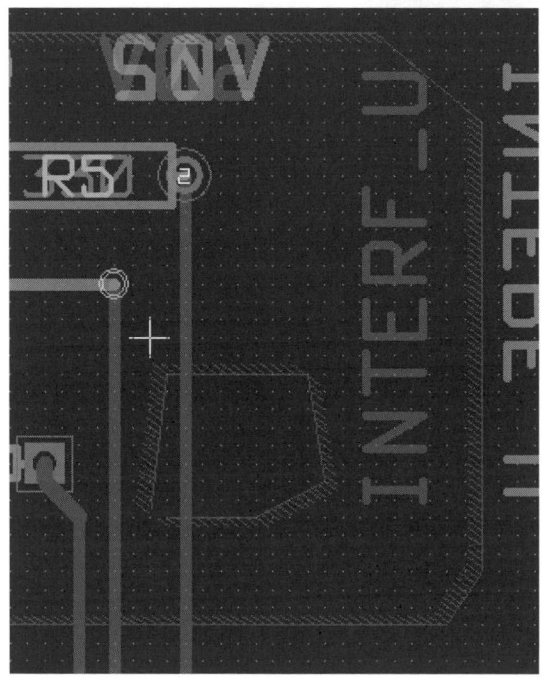

4.9.5 外形の編集

外形には次の修正ができます．

- 角または端辺を移動させる（図91）
- 角を削除または追加する
- 同様のゾーンまたは切り抜きを追加する

重なっているポリゴンは，結合されます．

外形の修正を行うには，角あるいは端辺を右クリックし，コマンドを選択します（図91）．

切り抜きの頂点を移動した例を示します（図92，図93）．

▶ ゾーンの追加

図94に示すゾーンを追加します．図95にゾーンの追加結果を示します．

4.9.6 ゾーンの編集：パラメータ

ゾーンの外形を右クリックし，ゾーンパラメータの編集を使用すると，ゾーンパラメータ・ダイアログ・ボックスが開きます．初期パラメータを入力できます．ゾーンがすでに塗りつぶされている場合には再塗りつぶしが必要になります．

● 最終ゾーン塗りつぶし

基板の作業終了時に，すべてのゾーンを塗りつぶしまたは再塗りつぶしをします．手順を次に示します．

4.9 導体ゾーンの作成　215

図94

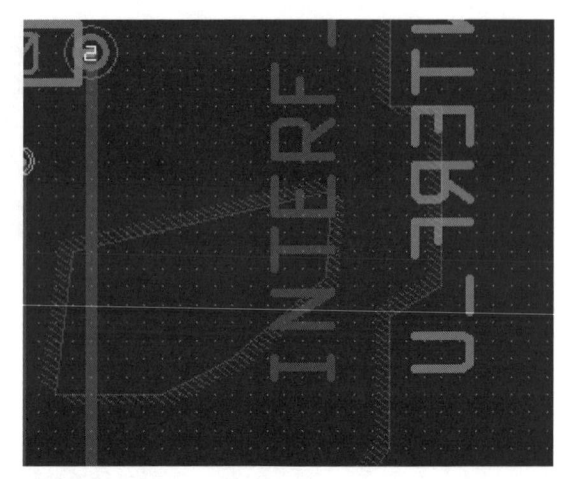

図95

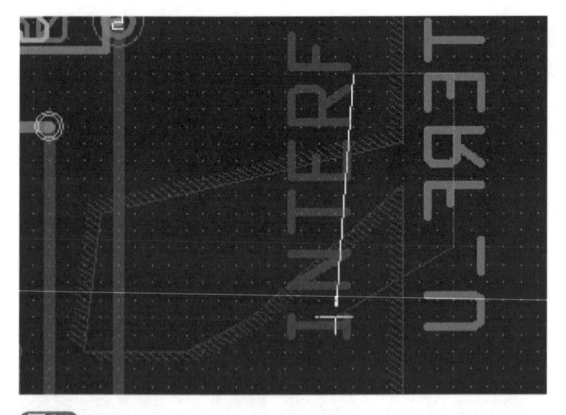

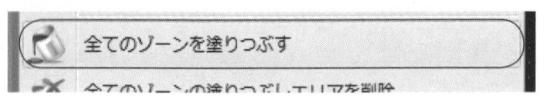

図96

- ボタンによりゾーンのツールを実行する
- 右クリックしてポップアップメニューを表示する
- "全てのゾーンを塗りつぶす"(図96)を使用する

塗りつぶしグリッドが小さいと計算に時間がかかることがあります．

● ゾーンネット名の変更

回路図の編集後，任意のネットの名前を変更できます．例えば，VCCを+5Vに変更できます．

グローバルDRCコントロールを行う時に，Pcbnewはゾーンのネット名が存在するかをチェックし，なければエラーを表示します．

古い名前を新しいものに変更するために"手作業"パラメータによるゾーンの編集が必要です．

4.9.7 テクニカル層でのゾーン作成

● ゾーン境界の作成

ボタンを使用して行います．アクティブな層はテクニカル層でなければなりません．

クリックしてゾーン外形を開始する時に，図97のダイアログ・ボックスが開きます．

ゾーンを配置するためのテクニカル層を選択し，ゾーン外形を作成します．

▶注意

- 外形を編集する場合は導体ゾーンの場合と同じ方法を使用する
- 必要なら，切り抜き領域を追加できる

図97

4.9.8 キープアウトエリアの作成

ツールを選択します．

アクティブ・レイヤは導体層である必要があります．新しいキープアウトエリアの開始点をクリックすると，ダイアログ・ボックスが開きます(図98)．

禁止するオプションを一つ以上選択できます．

- 配線
- ビア
- 塗りつぶしゾーン(銅箔ベタ面)

キープアウト内に許可されていない配線やビアがある場合にはDRCエラーが発生します．

導体層の場合，塗りつぶしゾーンが禁止されたキープアウトエリアには導体層が配置されません．

キープアウトエリアはゾーンのようなものなので，キープアウトエリアの輪郭の編集も導体ゾーンの編集

図98

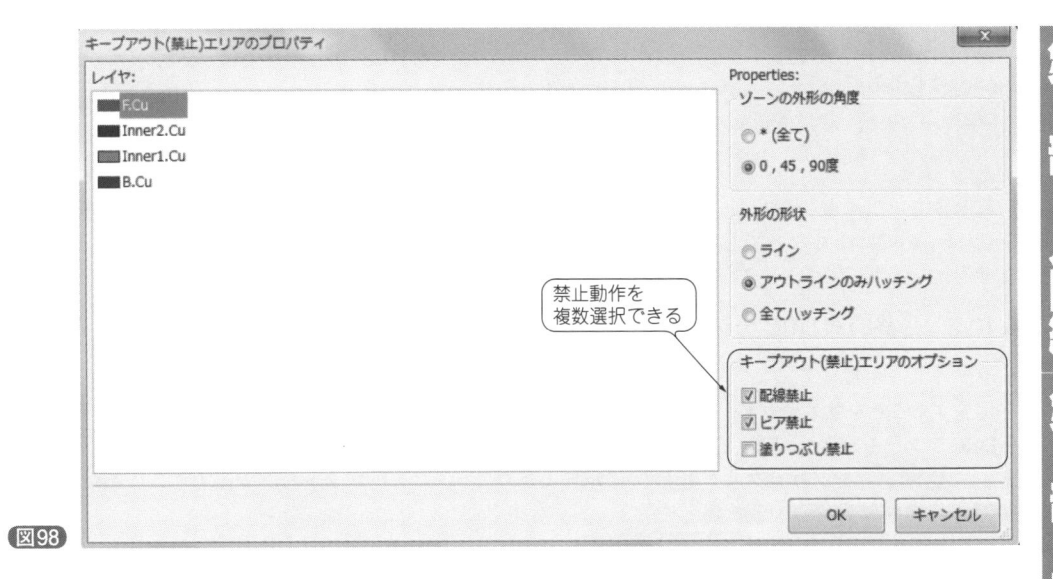

に類似しています．

4.10 基板製造のためのファイル出力

プリント基板を実際に製造するために必要なファイルの生成の仕方を説明します．

KiCadによって生成されるプリント基板のすべてのファイルは，xxxxxx.kicad_pcbと同じ作業ディレクトリに保存されます．

4.10.1 最後の準備

プリント基板を製造するために必要なファイルの生成ステップを，下記に示します．

- 部品面やハンダ面など各々の層へ，プロジェクト名などのテキストを配置する
- パターン層(ハンダ層(solder)や背面(bottom))のすべての文字列は，反転させる必要がある
- ベタGNDパターンを作成する．必要に応じて他

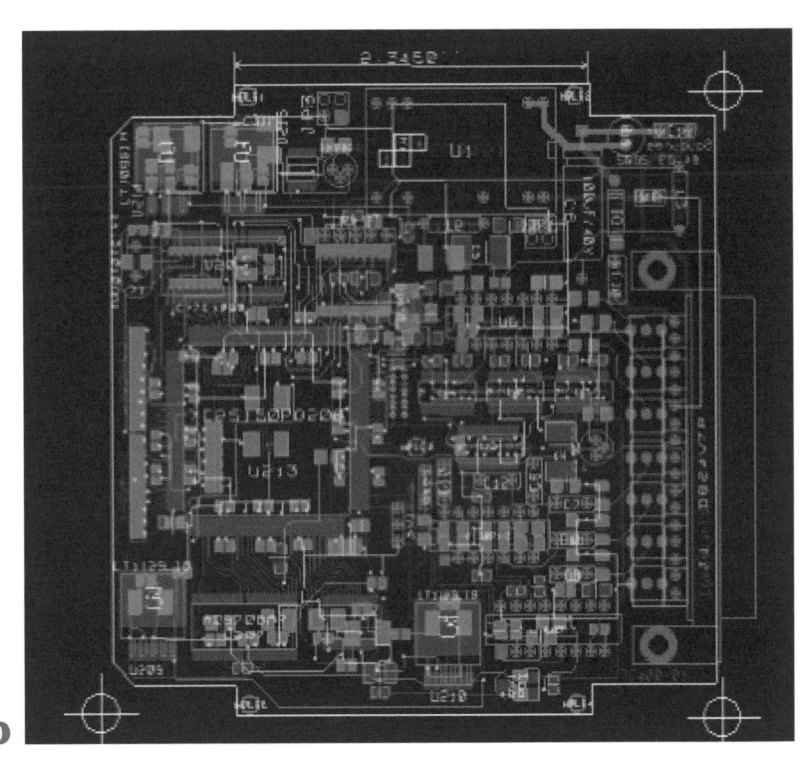

図99

の配線パターンを調整する
- 基板製造時に必要となるアライメントマーク（十字マーク）や，基板外形寸法線を配置する．これらは通常，汎用の層へ配置する

図99 に，これらの例を示します．ただし，ベタGNDについてはなくなってしまうため表示させていません．

4.10.2 最終的なDRCテスト

ファイルを生成する前に，グローバルDRCテストを実施することを強くお勧めします．

DRCテストを開始する際に，領域が塗りつぶされます．ボタンをクリックし，図100 に示すようなDRCダイアログを表示させます．

パラメータを適宜変更し，DRCの起動 をクリックします．この最終チェックで，つまらないミスを未然に防止することができます．

4.10.3 原点座標の設定

フォトプロッタやドリル穴あけ機のための原点座標を設定します．右部ツールバーより，アイコンを選択し，原点位置としたい座標でクリックすることにより，補助軸を移動させます（図101）．

4.10.4 フォトプロッタのためのファイル生成（図102）

ファイルメニューよりプロットを選択し，作業を行います．

通常，これらのファイルはガーバー・フォーマットで出力されます．他にもHPGLやPostScript，DXFフォーマットなどで出力することが可能です．

図100

図102

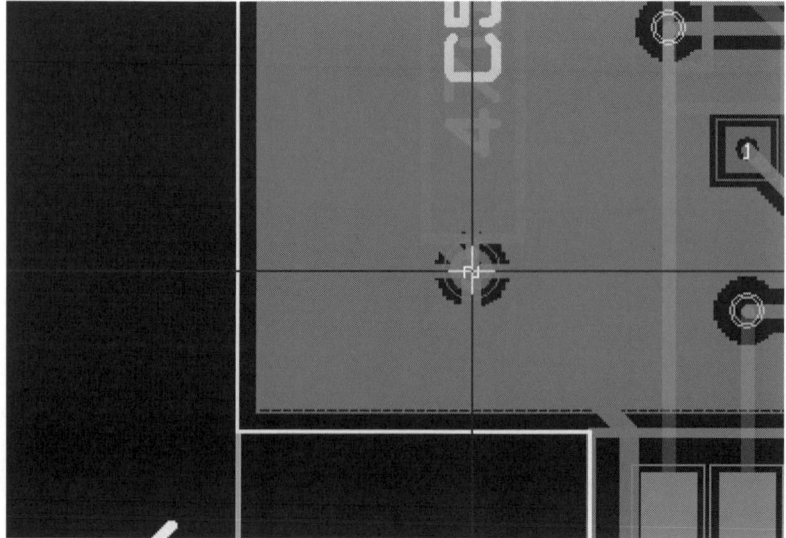

図101

PostScriptファイルが選択された場合，ダイアログは図103のようになります．

PostScriptの場合，高精度なスケール調整をこの設定から行うことができます．

● ガーバー・フォーマット

Pcbnewはデフォルトで3：4フォーマット（整数3桁，小数点以下4桁の合計7桁で示されるインチ単位の座標値）によるRS-274X標準に準拠したファイルをレイヤごとに生成します．これらは常にスケール1（等倍寸）の値となります．

通常，すべての導体層，および必要に応じてレジスト層とシルクなどについてファイル生成する必要があります．これらすべてのファイルは，チェックボックスの設定で一度に生成できます．

例えば，レジスト層，シルク，ハンダマスクを含んだ両面基板では，下記の8ファイルが生成されることとなります（xxxx部分には，.brdファイルのファイル名が入る）．

- xxxx.copper.pho（ハンダ面）
- xxxx.cmp.pho（部品面）
- xxxx.silkscmp.pho（部品面シルク印刷）
- xxxx.silkscu.pho（ハンダ面シルク印刷）
- xxxx.soldpcmp.pho（部品面ハンダマスク）
- xxxx.soldpcu.pho（ハンダ面ハンダマスク）
- xxxx.maskcmp.pho（部品面レジストマスク）
- xxxx.maskcu.pho（ハンダ面レジストマスク）

図103

Pcbnewで利用されるフォーマットは，ゼロサプレス（先方，後方ゼロ省略），絶対値表記のRS-274X3.4フォーマットです．

● PostScriptフォーマット

PostScript形式の場合，標準のファイル拡張子は.psとなります．

HPGL出力と同様に，ユーザが選択したスケールと反転/非反転の設定で出力が可能です．

「「全ての」レイヤにシートリファレンスを出力」というオプションが有効になっていた場合，図枠もトレースされます．

● プロットオプション

出力フォーマットをガーバーに設定したときを図104に，SVGに設定したときを図105に示します．

ガーバー・フォーマットのときに設定できるオプションについての説明を表14に示します．

● その他のフォーマット

いくつかのオプションはフォーマットによっては使

図104

4.10 基板製造のためのファイル出力

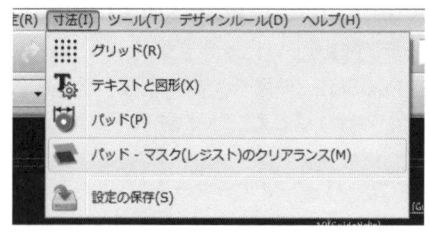

図105

表14

正規のファイル拡張子を使用	.gbl .gtl instead of .pho のファイル拡張子を使用する
全ての他のレイヤから基板外形レイヤのデータを除外します	基板外形のレイヤを他のレイヤ上に出力しない
シルクをレジストで抜く	(シルクとレジストが重なる部分について)シルクデータを削除する
補助座標系の原点を使用する	Pcbnewで設定された補助座標系の原点を，ガーバー・ファイル上の座標原点としない

図106

図107

用できません．

ユーザーが選択した倍率で出図することが可能です．また，反転することもできます．

ドリルオプションリストでは，塗りつぶしのパッド，実形状のドリル，小径のドリル(手加工で穴を開ける際のガイド)のオプションが用意されています．

「すべてのレイヤにシートリファレンスを出力」オプションが有効な場合，図枠が出力されます．

4.10.5 レジストとハンダマスクのグローバルクリアランス設定

マスクのクリアランス設定値は，レジストレイヤとハンダマスクレイヤで利用されます．これらクリアランスの設定は，下記の段階ごとに設定可能です．

- パッドごとのレベル
- フットプリントごとのレベル
- グローバル

Pcbnewでは，下記の順序で値が適用されます．

- パッドに対する設定値
  (数値が入力されている場合)
- フットプリントに対する設定値
  (数値が入力されている場合)
- グローバルの設定値

● 設定

このオプションメニューは図106に示す"寸法(I)"メニューより利用できます．

表示されるダイアログ・ボックスを図107に示します．

● レジストのクリアランス

通常は 10 mil（0.254 mm）に近い数値を設定しておくとよいでしょう．レジストマスクは通常パッドよりも大きくなるため，この値は正の数となります．二つのパッド間のレジストの残り幅に対し，最小値を設定することができます．実際の値が最小値より小さい場合には，二つのレジストマスク形状が結合されます．

● ハンダペーストのクリアランス

最終的なクリアランスは，ハンダペーストのクリアランスとパッドのサイズの合計値になります．

ハンダマスクは通常パッドよりも小さくなるため，負の数が設定されることとなります．

4.10.6 ドリルファイルの生成

ドリルファイル xxxxxx.drl は，EXCELLON 標準に則って生成されます．

オプションでドリルレポート，およびドリルマップが生成できます．

- ドリルマップはいくつかのフォーマットで出力できる
- ドリルレポートはプレーンテキストファイル

ドリルファイル生成ダイアログ（図109）は，次の二つの方法で表示させることができます．

- 製造ファイル出力画面（図104，図105）の下方の「ドリルファイルの生成」をクリックする
- ファイルメニューの各種製造用ファイル出力のド

図108

リルファイルをクリックする 図108

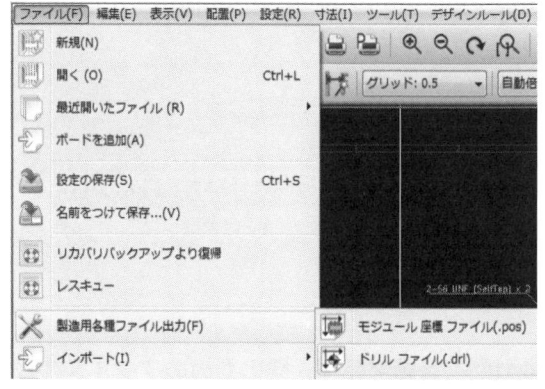

図110 に示す原点の設定では，絶対座標位置系を利用するか，補助座標系・補助軸で示される座標系を利用するかを設定します．右ツールバーの アイコンでも指定できます．

4.10.7 部品実装指示書やジャンパ配線指示書の生成

部品実装やジャンパ配線を指示する図面を作成する場合，部品面やハンダ面のシルクやパターン図を出力して利用できます．通常，部品面のシルク印刷のみで十分でしょう．ハンダ面のシルク印刷を利用する場合，反転しているテキスト指示を読めるように必要に応じて反転させる必要があります．

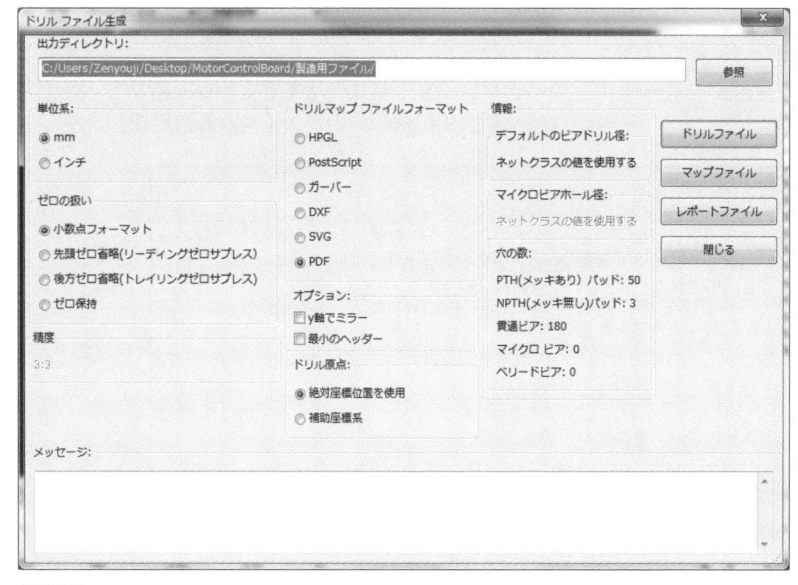

図109

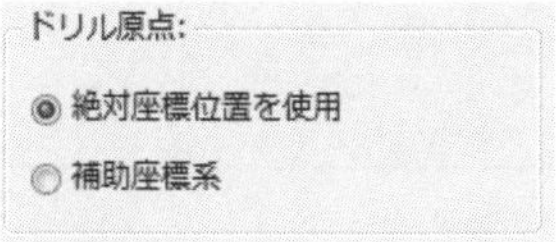

図110

4.10 基板製造のためのファイル出力　　221

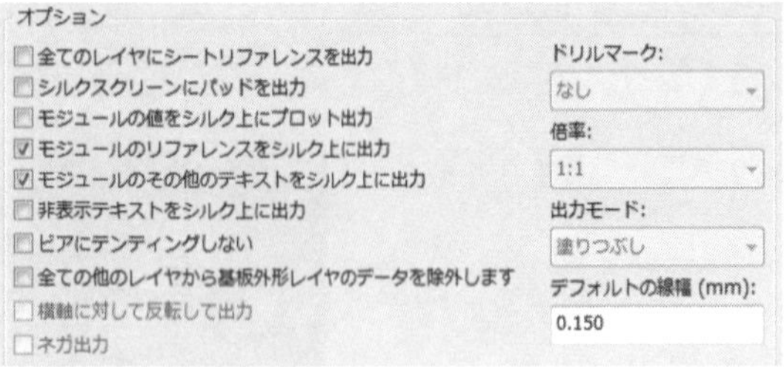

図111

4.10.8 自動部品挿入機のためのファイル生成

このオプションは,「製造用各種ファイル出力」を介してアクセスします.ただし,ノーマル＋挿入部品属性(モジュールの編集を参照)を持つモジュールが少なくとも一つ以上ないと生成できません.プリント基板の片面,あるいは両面に部品が存在するかによって,一つあるいは二つのファイルが作成されます.作成されたファイル名がダイアログ・ボックスに表示されます.

4.10.9 高度なオプション

これらオプションは(ファイルメニューよりプロットを選択した際のダイアログの一部),プロット出力をより詳細にコントロールすることができます.これらは特にシルク面の印刷や配線ドキュメントの生成時に役立ちます(図111).

利用可能なオプションを,表15と表16に示します.

4.11 ModEditライブラリ管理

4.11.1 ModEditの概要

Pcbnewは同時に複数のライブラリを保守することが可能です.このためモジュールを読み込む時に,モジュールが見つかるまでライブラリのリストに現れるすべてのライブラリを検索します.以下において,アクティブなライブラリとは,現在モジュール・エディタ(ModEdit)で選択しているライブラリであることに注意してください.

ModEditによりモジュールの作成および編集を行うことができます.

- パッドの追加および削除
- モジュールの個々のパッドのパッドプロパティ(形状,レイヤ)を変更,あるいはすべてのパッドのパッドプロパティをまとめて変更
- グラフィック要素(ライン,テキスト)の編集
- 情報フィールド(値,リファレンスなど)の編集
- 関連ドキュメント(説明,キーワード)の編集

ModEditでは以下を行い,アクティブなライブラリの保守も可能です.

- アクティブなライブラリ内でモジュール一覧表示
- アクティブなライブラリからモジュールを削除
- アクティブなライブラリにモジュールを保存
- プリント回路に含まれるすべてのモジュールを別名保存

新規ライブラリを作成することも可能です.ライブラリは実際には二つのファイルから構成されます.

正規のファイル拡張子を使用	ガーバー・フォーマットに関する設定.ファイル生成時に,それぞれのファイルについて仕様通りの拡張子を使用する.このオプションを無効にした場合,ガーバー・ファイルの拡張子は.phoとなる
全ての他のレイヤから基板外形レイヤのデータを除外します	ガーバー・フォーマットに関する設定

表15

全てのレイヤにシートリファレンスを出力	シート外形と図枠を出力する
シルクスクリーンにパッドを出力	シルクスクリーンにパッド外形を出力するかどうかの設定を行う(パッドは既に別レイヤで定義されている必要がある).実際には,無効設定とすることで,すべてのパッドを印刷させないようにする場合に役立つ
モジュールの値をシルク上にプロット出力	シルク上に定数のテキストを出力する
モジュールのリファレンスをシルク上に出力	シルク上にリファレンスの文字を出力する
モジュールのその他のテキストをシルク上に出力	シルク上へその他のテキストを出力する
非表示テキストをシルク上に出力	非表示にしているフィールド(リファレンス,定数)を強制的に印刷するモジュールのリファレンスと定数の組み合わせにより,ケーブル接続や修理のための製造書類を作成できる.これらのオプションは非常に小さい部品を使う際にそれぞれの文字フィールドを読みやすく離して配置するために必要

表16

- ライブラリ自体(ファイル拡張子 .lib)
- 関連ドキュメント(ファイル拡張子 .dcm)

ドキュメント・ファイルは，対応する .lib ファイルの修正後に体系的に再生成されます．このようにしてファイルが消失した場合には，容易にそれを回復させることが可能です．そのドキュメントはモジュールのドキュメントへのアクセスを加速するために使用されます．

4.11.2 ModEdit

モジュール・エディタは次の三つの方法で使用することが可能です．

- Pcbnew のメインツールバーのアイコン をクリックする
- Pcbnew より，フットプリント上で右クリックし，コンテキストメニューより「モジュールエディタで編集」をクリックする(図112)
- アクティブなモジュール のプロパティ編集ダイアログ(下図を参照：コンテキストメニューよりアクセス)から，"モジュール・エディタ"ボタンをクリックする(図113)

対象のフットプリントやモジュールからモジュール・エディタを起動した場合，基板のアクティブなモジュールが ModEdit に自動的に読み込まれ，直ちに編集またはアーカイブ可能になります．

4.11.3 ModEdit ユーザーインターフェース

ModEdit を呼び出すと，図114 のウィンドウが現れます．

4.11.4 上部ツールバー

このツールバー(図115)から，表17 の機能が使用可能です．

4.11.5 新規モジュールの作成

 ボタンにより新規モジュールを作成することができます．その時，モジュール名の入力が必要になります．これによりライブラリ内でモジュールを識別します．このテキストはモジュールのリファレンスとしての役割も果たしますが，プリント基板上で最終的なリファレンス(U1，IC3，など)に置き換えられます．

新規モジュールに以下を追加する必要があります．

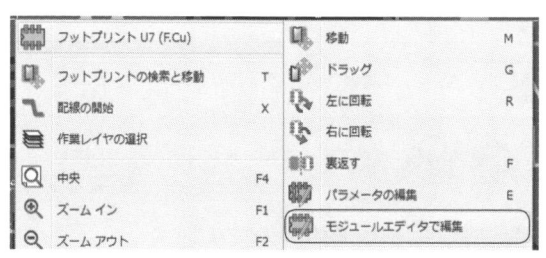

図112

図113

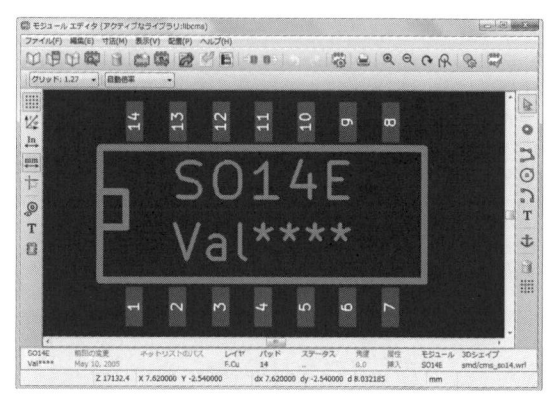

図114

図115

4.11 ModEdit ライブラリ管理　223

表17

アイコン	説明	アイコン	説明
	アクティブなライブラリを選択する		ライブラリからモジュールを読み込んだ時に、その現在のモジュールをプリント基板にエクスポートする．プリント基板上にモジュールをコピーして、位置0に配置する
	アクティブなライブラリに現在のモジュールを保存し、ディスクに書き込む		
	新規ライブラリを作成し、その中に現在のモジュールを保存する		エクスポートコマンド(　)で作成したファイルからモジュールをインポートする
	モジュールビューアを開く		モジュールをエクスポートする．このコマンドは本質的にライブラリを作成するコマンドと同じ
	アクティブなライブラリからモジュールを削除するためのダイアログにアクセスする		元に戻す．やり直し
	新規モジュールを作成する		モジュールプロパティダイアログを呼び出す
	アクティブなライブラリからモジュールを読み込む		印刷ダイアログを呼び出す
	プリント基板からモジュールを読み込む（インポートする）		標準ズームコマンド
	現在の基板からあらかじめモジュールをインポートしてある場合に、プリント基板に現在のモジュールをエクスポートする基板上の対応するモジュールを置き換える（つまり、位置および角度に関して）		パッドエディターを呼び出す
			モジュールのチェックを行う（現状では実装されておらず、機能しない）

- 外形(場合によりテキスト)
- パッド
- フィールド(プレースホルダーとなっているテキストが後で正しい値に置き換えられる)

新規モジュールがライブラリまたは基板に既に存在するモジュールと同じようなものである場合、モジュールをコピーして変更する方法を使用した方がよいでしょう．

1. 　、　および　ボタンにより似たようなモジュールを読み込む
2. リファレンスフィールドを新規モジュールの名前に変更する
3. 新規モジュールを編集し、保存する

4.11.6　新規ライブラリの作成

新規ライブラリの作成は　ボタンで行います．この場合、ファイルはデフォルトでライブラリのディレクトリに作成されます．あるいは　ボタンを用います．その場合にはファイルはデフォルトで作業ディレクトリに作成されます．

ファイル選択ダイアログにより、ライブラリ名の指定とそのディレクトリを変更することができます．どちらの場合にも、ライブラリは、編集しようとするモジュールを含んでいます．

同じ名前のライブラリが既に存在する場合、警告なしで上書きされます．

4.11.7　アクティブなライブラリへのモジュールの保存

モジュールの保存(アクティブなライブラリのファイルの変更)動作は、　ボタンを使用して実行します．同じ名前のモジュールが既に存在する場合は、置き換えられます．今後の作業がライブラリのモジュールの正確さに左右されるので、モジュールを保存する前にチェックを怠らないようにしてください．

リファレンスかまたはライブラリ内で識別されるモジュール名に対する値フィールドのテキストのどちらかを編集することを推奨します．

4.11.8　ライブラリ間のモジュールの移動

- 　ボタンで移動元ライブラリを選択する
- 　ボタンでモジュールを読み込む
- 　ボタンで移動先ライブラリを選択する

図116

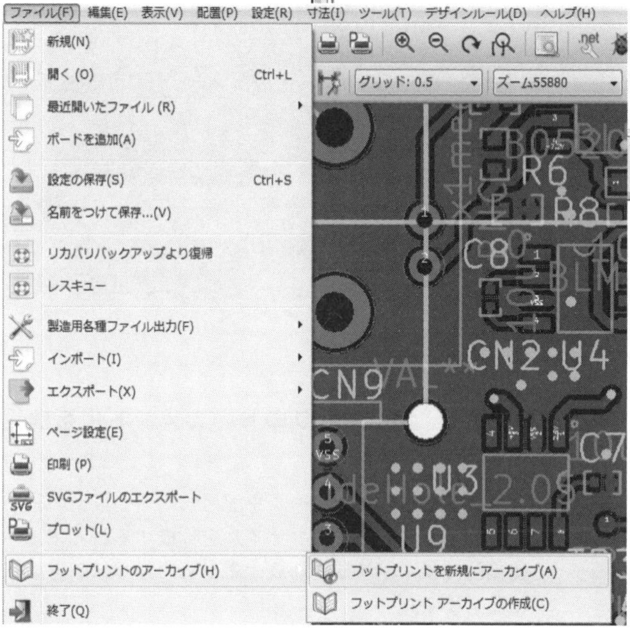

図117

- ボタンで当該モジュールを保存する

移動元のモジュールを削除したい場合は，移動元ライブラリを再度選択し，ボタンとボタンにより古いモジュールを削除します．

4.11.9 アクティブなライブラリへの基板の全モジュールの保存

設計中の任意の基板のすべてのモジュールをアクティブなライブラリにコピーすることが可能です．これらのモジュールは現在のライブラリ名を保持します．このコマンドには用途が二つあります．

- アーカイブを作成したり，あるいは万一ライブラリを消失した場合に基板のモジュールでライブラリを復元させる
- ライブラリ用のドキュメントを作成できるようにすることでライブラリの保守を容易にする

4.11.10 ライブラリモジュール用のドキュメント

高速でエラーのない検索ができるようにするために，作成したモジュールのドキュメント化を強く推奨します．

4.11 ModEdit ライブラリ管理　225

図118

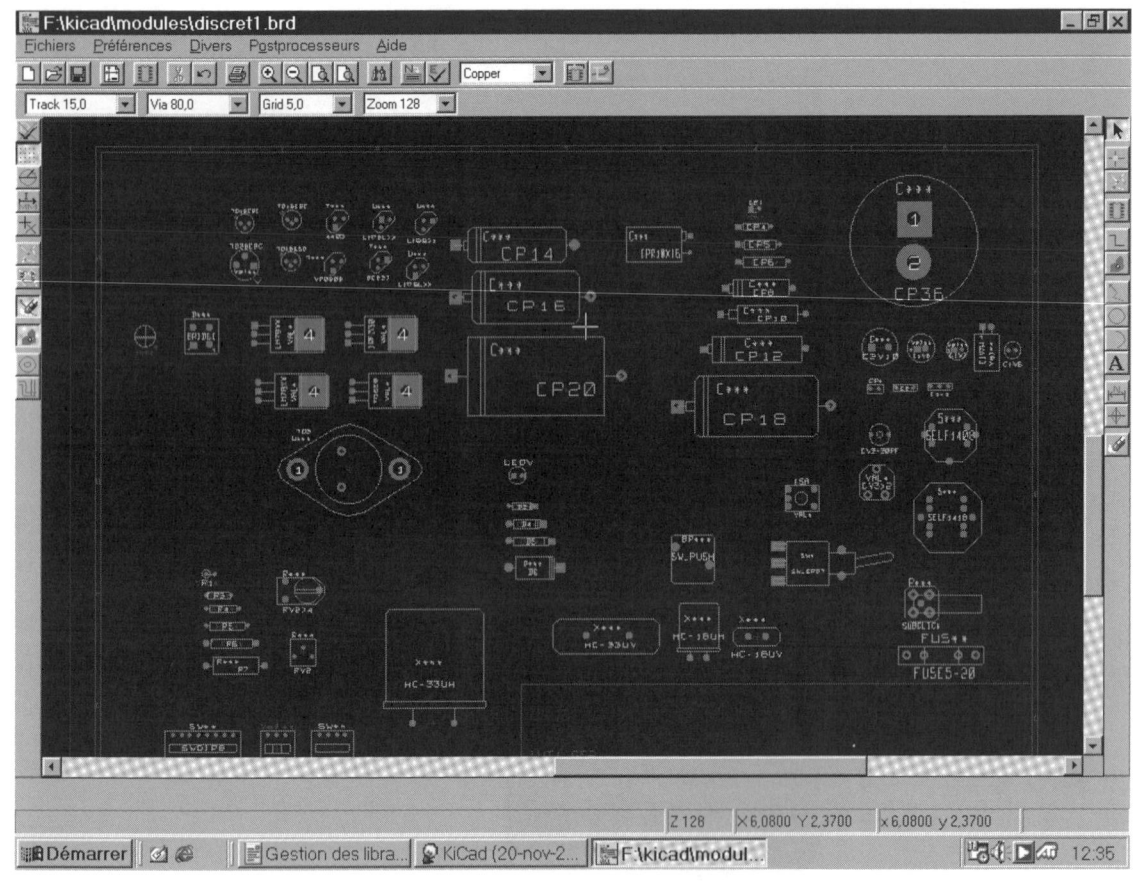

例えば，TO92パッケージでピン配置の違うものはたくさんありますがそれをすべて覚えている方はいないでしょう．モジュールプロパティダイアログは，この問題を解決します（図116）．

このダイアログには次を入力可能です．

- ドキュメント（1行コメント/説明）
- キーワード

CvPcbとPcbnewではコンポーネントの一覧と一緒に"ドキュメント"に記した説明が表示されます．それはモジュール選択ダイアログで使用されます．

キーワードにより検索の際に特定のキーワードに対応するモジュールに絞り込むことができます．

直接モジュールを読み込む（Pcbnewの右側のツールバーのアイコン）時に，ダイアログ・ボックスにキーワードを入力することができます．そのため，テキスト"=CONN"を入力すると，キーワードのリストにCONNという言葉を含むモジュールの一覧を表示します．

4.11.11 ライブラリのドキュメント化を推奨する手順

ライブラリのモジュールを配置した一つ以上の補助的なプリント回路基板ファイルを作成することにより，間接的にライブラリを作成するための推奨転順を以下に記します．

- 拡大/縮小して印刷可能にするために，A4フォーマットで回路基板を作成する（scale=1）
- ライブラリに含めるモジュールをこの回路基板に作成する
- "ファイル"メニューより，"フットプリントのアーカイブ"，"フットプリントを新規にアーカイブ"コマンドでライブラリを作成する（図117）

この場合，ライブラリの"真のソース"は，作成した補助的なプリント基板ファイルであり，その後のモジュールのどんな変更も，この基板ファイル上で行います．

当然，いくつかのプリント基板ファイルを，同じライブラリに保存することができます．

PcbNewはモジュール読み込みの際に多くのライブラリを検索できるので，異なる種類の部品用にそれぞれ異なるライブラリ（コネクタ用，ディスクリート用…）を作成することは，通常，良い考えです．図118はライブラリソースの例です．

この手法には利点がいくつかあります．

1. 回路を拡大／縮小して印刷することが可能で，あとは何もしなくてもライブラリ用のドキュメントとしての役目を果たします．
2. Pcbnewの今後の変更によってライブラリの作り直しが必要になるかもしれません．この種の回路基板のソースを使用していれば，非常に迅速に作り直しを行うことが可能です．これは重要なことです．プリント基板ファイルのフォーマットは今後開発されている間は互換性を維持していることが保証されていますが，そのことがライブラリのファイルフォーマットには当てはまらないからです．

4.12 ModEditモジュール・エディタ モジュールの作成および編集

4.12.1 ModEditの概要

PCBのモジュールを編集したり作成するためにModEditを使用します．これは以下の機能を持っています．

- パッドの追加および削除
- モジュールの個々のパッドまたはすべてのパッドのプロパティ（形状，レイヤ）の変更
- その他図形要素（ライン，テキスト）の追加および編集
- フィールド（値，リファレンスなど）の編集
- 関連ドキュメント（説明，キーワード）の編集

4.12.2 モジュール

モジュールとは，プリント基板上に追加した部品の物理的な表現（フットプリント）であり，回路図内の関連するコンポーネントにリンクしていなければなりません．各モジュールは三つの異なる要素を含んでいます．

- パッド
- グラフィカルな外形およびテキスト
- フィールド

さらに，自動配置機能を使用するのであれば，他の多くのパラメータを正しく定義しなれければなりません．同じことが自動実装ファイルの生成の場合にも言えます．

● パッド

二つの重要なパッドの設定があります．

- ジオメトリ（形状，レイヤ，ドリル穴）
- パッド番号

パッド番号は回路図コンポーネントのピン番号に相当するもので，4文字以内の英数字から構成されます．例えば，1, 45, 9999, そのほかAA56, ANODなどもすべて有効なパッド番号です．パッド番号は回路図内の対応するピン番号のそれと同じでなければなりません．それは，パッド番号によりピンとパッド番号の認識を行い，それによってPcbnewがピンとパッドをリンクさせるからです．

● 外形線

モジュールの物理的な形状を作成するためにグラフィカルな外形線を使用します．異なる種類の外形線をいくつか使用することが可能です．利用できる要素は，ライン，円，弧，およびテキストです．外形線は電気的な意味はなく，装飾や表示上の補助としてのみ利用される情報となります．

● フィールド

フィールドはモジュールに関連するテキスト要素です．リファレンスフィールドと定数フィールドの二つは必須であり，これらはどのモジュールでも設定されている必要があります．ネットリストをPcbnewへ読み込んだ時点で，Pcbnewは自動的にこれらフィールドを元に，ネットリスト情報から実際の値へ更新します．リファレンスは回路図の適切なリファレンス（U1, IC3など）に置き換えられます．定数は回路図の対応

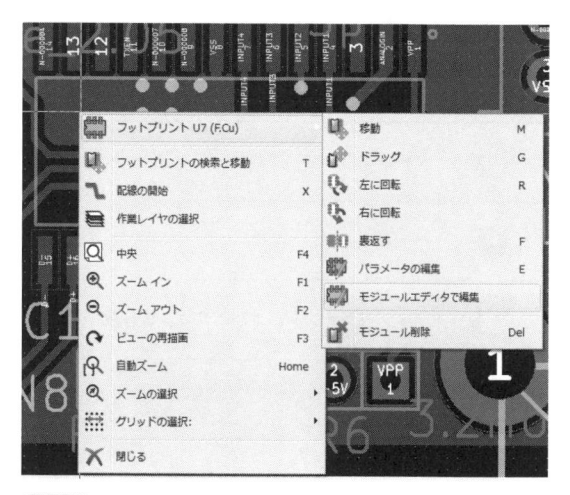

図119

図120

する部品の値に置き換えられます（47K，74LS02など）．他のフィールドを追加することも可能で，それらはグラフィックのテキストのように振る舞います．

4.12.3 モジュール・エディタの開始および編集用モジュールの選択

モジュール・エディタは次の三つの方法で使用することが可能です．

- Pcbnewの上部ツールバーのアイコン より起動する方法
- Pcbnewより，フットプリント上で右クリックし，コンテキストメニューより起動する方法（図119）
- モジュールのプロパティより，モジュール・エデ

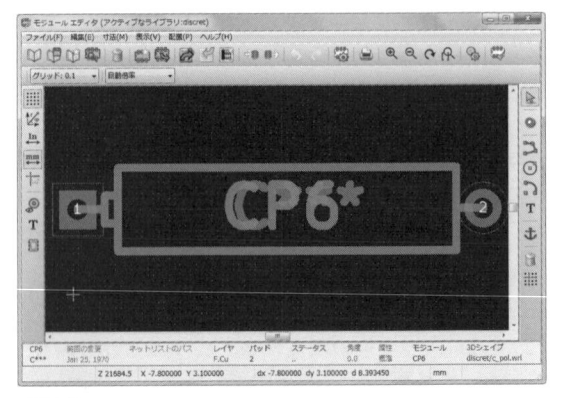

図121

ィタを起動する方法（"モジュール・エディタ"ボタン，図120）

対象のフットプリントやモジュールからモジュール・エディタを起動した場合，基板のアクティブなモジュールがモジュール・エディタへ自動的に読み込まれ，直ちに編集またはアーカイブ可能になります．

4.12.4 モジュール・エディタのツールバー

モジュール・エディタを呼び出すと，図121のような新規ウィンドウが開きます．

● 編集ツールバー（右側ツールバー 図122）
このツールバーには以下の機能があります．

- パッドの配置
- グラフィック要素（外形線，テキスト）の追加
- アンカーの設定
- 要素の削除

個別の機能は次の通りです（表18）．これらの機能を使うことで，パッドの配置は非常に容易になります．

表18

アイコン	説明	アイコン	説明
	ツールなし	T	グラフィックのテキスト（フィールド情報ではなく，あくまで装飾用のテキストになる）の入力
	パッドの追加		モジュールのアンカーの設定
	ラインセグメントおよびポリゴンの作成	✗	要素の削除
	円の作成		グリッドの原点（グリッドのオフセット）．パッドの配置に役立つ グリッドの原点は任意の位置に置くことが可能で（配置する最初のパッド），また，グリッドのサイズをパッド間隔に設定できる
	円弧の作成		

図122

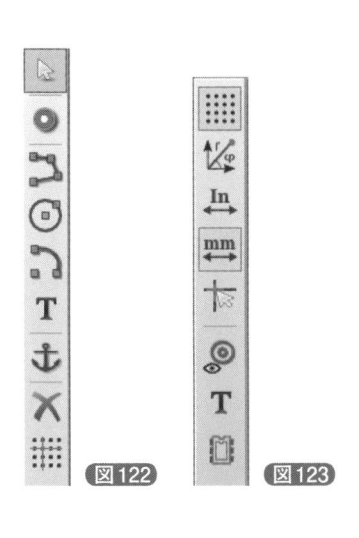

図123

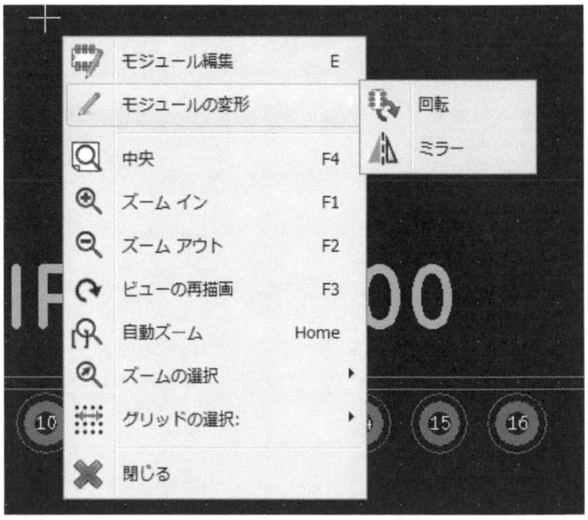

表19

⋮⋮⋮	グリッドの表示	▸	十字カーソルの表示
r/φ	直交座標系/極座標系切り替え	◎	アウトラインモード（輪郭線）でパッドを表示する
In/mm	単位系の切り替え（インチ/ミリメートル）	T	アウトラインモード（輪郭線）でテキストを表示する
			アウトラインモード（輪郭線）で外形シルクを表示する

● **表示ツールバー（左側ツールバー）**

図123のツールはモジュール・エディタの表示設定を行います．ツールのアイコンの説明を表19に示します．

4.12.5　コンテキストメニュー

マウスの右ボタンによりカーソルの下の要素に応じたメニューを呼び出します．

- モジュールパラメータ編集用のコンテキストメニュー（図124）
- パッド編集用のコンテキストメニュー（図125）
- グラフィック要素編集用のコンテキストメニュー（図126）

4.12.6　モジュールプロパティダイアログ

モジュール上にカーソルがある時に，マウスの右ボタンをクリックし，'モジュール編集'を選択するとこのダイアログを開くことが可能です（図127）．

モジュールパラメータを設定する際には，このダイ

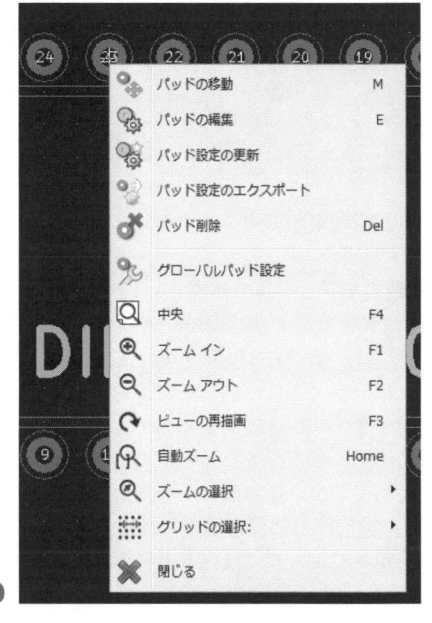

図124

図125

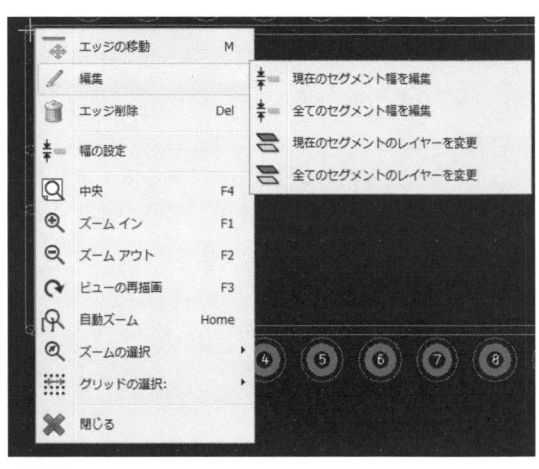

図126

4.12　ModEditモジュール・エディタモジュールの作成および編集　229

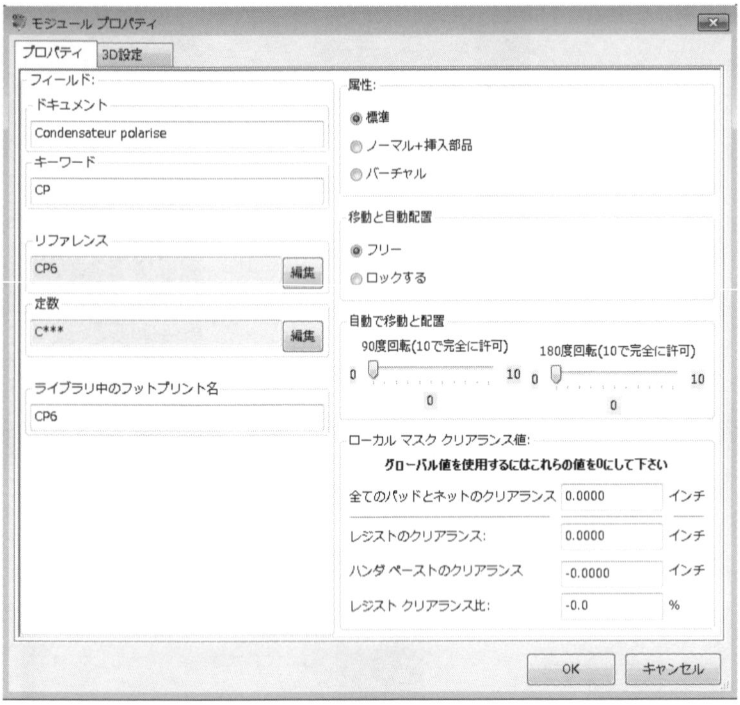

図127

アログを使用します．

● **新規モジュールの作成**

ボタンにより新規モジュールを作成することが可能です．新規モジュールの名前が必要になります．これは，ライブラリ内でモジュールを識別するための名前です．

このテキストはモジュールのリファレンスとしても機能しますが，最終的に，それは正しいリファレンス（U1, IC3, …）に置き換えられます．

新規モジュールには以下が必要です．

- 外形線（また場合によりグラフィックのテキスト）
- パッド
- 値（使用する時に正しい値に置き換えられる非表示テキスト）

新規モジュールがライブラリまたは回路基板に存在するモジュールと同じようなものである時，新規モジュールを作成する別のより速い方法は次の通りです．

- 似たようなモジュールを読み込む
  （　，　または　）
- 新しい識別子（名前）を生成するために，リファレンスフィールドを変更する
- 新規モジュールを編集して保存する

4.12.7　パッドの追加および編集

一旦モジュールが作成されると，パッドを追加，削除，または修正することが可能です．パッドはローカルに修正できますが，カーソル下のパッドだけが影響を受けます．あるいはグローバルにすると，モジュールのすべてのパッドが影響を受けます．

● **パッドの追加**

右側ツールバーから　アイコンを選択します．希望する位置でマウスの左ボタンをクリックして，パッドを追加することが可能です．パッドプロパティメニューでパッドプロパティを事前に定義します．

パッド番号を入力するのを忘れないでください．

● **パッドプロパティの設定**

これは三つの異なる方法で行うことが可能です．

1. 水平ツールバーから　アイコンを選択する
2. 既存のパッドをクリックし，'パッドの編集'を選択する．それにより，パッドの設定を編集することが可能になる
3. 既存のパッドをクリックし，'パッドの設定をエクスポート'を選択する．この場合，選択されたパッドのジオメトリプロパティがデフォルトのパッドプロパティになる

最初の二つケースでは，次のダイアログウィンドウ

図128

が表示されます（図128）．

パッドが属する層を正しく定義することに注意した方がよいでしょう．特に，導体層は定義が容易ですが，非導体層（ハンダレジストやハンダパッド）の管理は，回路製作およびドキュメントのために同様に重要です．

パッドタイプセレクタは通常は適合する(sufficient)層の自動選択を行います．

▶矩形パッド

4辺すべて（水平および垂直の両方）に矩形のパッドを持つVQFP/PQFPタイプのSMDモジュールの場合，形状（例えば，水平の矩形）を一つだけ使用して，それを異なる角度で（0°は水平用に，また90°は垂直用に）配置することを推奨します．パッドの全体的なサイズを一つの操作で変更できます．

▶パッドの回転

−90°または−180°の回転は，マイクロ波モジュールで使用する台形パッドに必要です．

▶非メッキのスルーホールパッド

- パッドを非メッキスルーホールパッド（NPTHパッド）として定義することが可能
- これらのパッドは一つまたはすべての導体層（明らかに穴はすべての導体層に存在する）に定義しなければならない
- この要件により特定のクリアランスパラメータ（例えば，ネジのクリアランス）を定義できる
- 円形か長円形のパッドで，パッド穴のサイズがパッドサイズと同じ場合，このパッドはガーバー・ファイル内の導体層には作成されない
- これらのパッドは機械処理の目的に使用されます．そのため，パッド名またはネット名がなくても問題ない．ネットへの接続はできない

▶非導体層のパッド

これらは特殊なパッドです．テクニカル層上にフィ

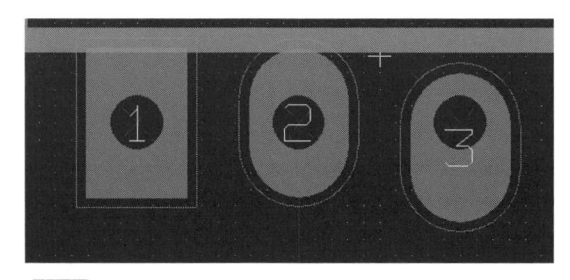

図129

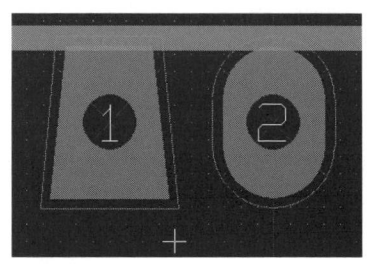

図130

4.12 ModEditモジュール・エディタモジュールの作成および編集

図131

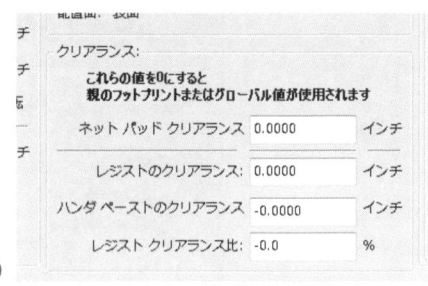

図132

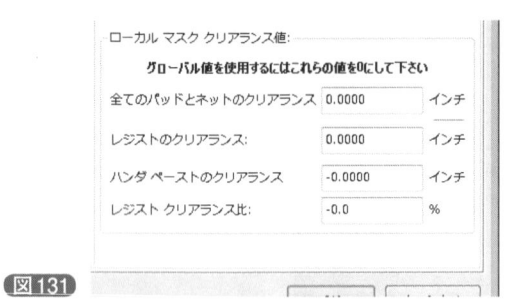

ディシャル，あるいはマスクを作成するためにこのオプションを使用できます．

▶オフセットパラメータ（図129）．図129はオフセットパラメータの説明です．

パッド3はオフセットがY=15 milです．

▶デルタパラメータ（台形パッド）（図130）．図130はデルタパラメータの説明です．

パッド1はパラメータがDeltaX=10 milです．

● ハンダレジストおよびハンダペーストマスク（メタルマスク）層用のクリアランスの設定

クリアランスの設定は三つのレベルで行うことが可能です．

- グローバルレベル
- フットプリントレベル
- パッドレベル

Pcbnewはクリアランスを計算するために以下を使用します．

- パッドのローカル設定（値が指定されている場合）
- フットプリントのローカル設定
  （値が指定されている場合）
- グローバル設定

▶注意

ハンダレジストのパッド形状は，パッドそのものよりも通常は大きくなります．そのためクリアランス値は正の値です．メタルマスクのパッド形状は，パッドそのものよりも通常は小さくなります．そのためクリアランス値は負の値です．

▶ハンダペーストマスク（メタルマスク）パラメータ

ハンダペーストマスク（メタルマスク）用に二つのパラメータがあります．

- 固定値
- パッドサイズの比率

実際の値はこれら二つの値の合計です．

▶フットプリントレベルの設定（図131）
▶パッドレベルの設定 図132

4.12.8 フィールドプロパティ

少なくとも二つのフィールドがあります：リファレンスと値です．

それらのパラメータ（属性，サイズ，幅）を更新しなければなりません．フィールドをダブルクリックしてポップアップメニューを表示し，そこからダイアログ・ボックスにアクセスすることが可能です．あるいはフットプリントダイアログ・ボックスを使用します（図133）．

4.12.9 モジュールの自動配置

自動配置機能の全機能を有効活用したい場合，モジュールでモジュールに許容する角度を定義する必要が

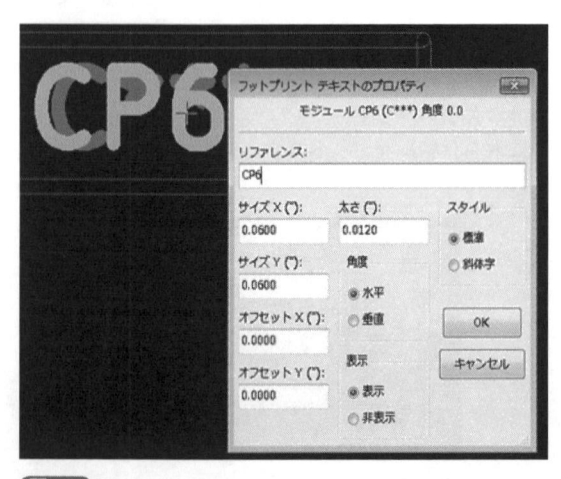

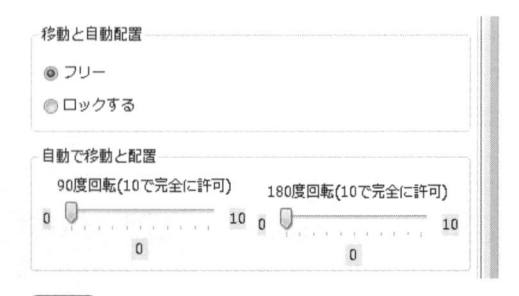

図133

図134

図 135

あります(モジュールプロパティダイアログ，図134)．

通常，抵抗器，無極性コンデンサ，および他の対称的な素子の場合に180°の回転が可能です．

一つのモジュール(例えば，小さなトランジスタ)を±90°または180°回転させることがしばしばあります．デフォルトでは，新規モジュールは回転許可設定が0°になっています．これは次のルールに従って調整できます．

0の値は回転不可で，10は完全にそれが可能で，それ以外の中間値は限られた回転角を表します．

例えば，抵抗器は回転許可設定を10にして180°(自由な)回転させたり，また，回転許可設定を5にして，±90°回転(可能，であるが非推奨)させるかもしれません．

4.12.10 属性

属性ウィンドウは次の通りです(図135)．

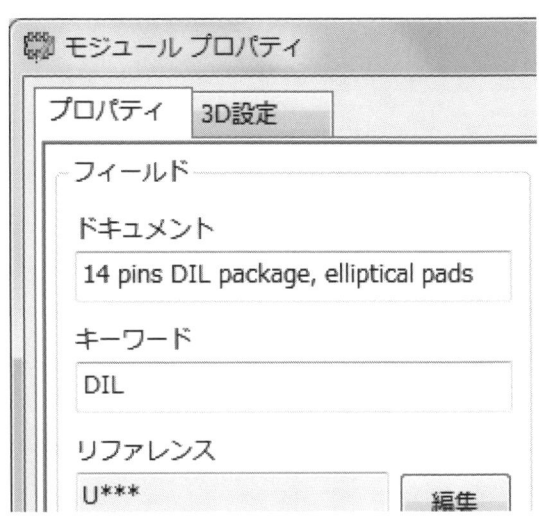

図 136

▶ ノーマル
　標準属性です．
▶ ノーマル+挿入部品
　モジュールが(自動挿入機用の)自動挿入ファイルの中に現れていなければならないことを示しています．この属性は表面実装コンポーネント(SMD)の

図 137

4.12 ModEditモジュール・エディタモジュールの作成および編集　　233

図138

4.12.12 3次元的な可視化

モジュールをその3次元的な表現を含んだファイルと関連付けることができます．そのようなファイルをモジュールと関連付けるために，3D設定タブを選択します．オプションパネルは次の通りです（図137）．
3Dデータの情報として，以下の項目を与えます．

- 3D表現を含むファイル（3Dモデラー wings3dによって作成されたVRML形式フォーマット）．デフォルトのパスはkicad/modules/package3d．この例におけるファイル名は，デフォルトパス以下のdiscret/to_220horiz.wri
- X，YおよびZ軸方向の倍率
- モジュールのアンカーポイント（基準点）に対するオフセット値（通常は0）
- X，Y，Z各軸についての初期の回転値（通常は0）

スケールの設定により次のことができます．

- 同じような形状でサイズが違うフットプリント（抵抗，コンデンサ，SMD部品…）に同じ3Dファイルを使用する
- 小さい（または非常に大きい）フットプリント用にWings3Dのグリッドを有効に活用したい場合（スケール1の場合→Pcbnewでの0.1インチ＝Wings3Dでの1グリッドに相当する）

そのようなファイルを指定すると，コンポーネントを3Dで見ることが可能です（図138）．3Dモデルはプリント基板の3D表現の中に自動的に現れます．

4.12.13 アクティブなライブラリへのモジュールの保存

保存コマンド（アクティブなライブラリのファイルの修正）は ボタンで実行します．

同じ名前のモジュール（旧バージョン）が存在する場合は，上書きされます．ライブラリのモジュールに信頼性があるということは重要です．保存する前にエラーがなくなるように，モジュールをダブルチェックする価値はあります．

保存する前に，モジュールのリファレンスまたは値を変更して，モジュールのライブラリ名と同じにすることを推奨します．

4.12.14 基板へのモジュールの保存

編集したフットプリントが（ライブラリ内ではなく）現在の基板上に置かれたものである場合， ボタンにより基板上のこのフットプリントを更新します．

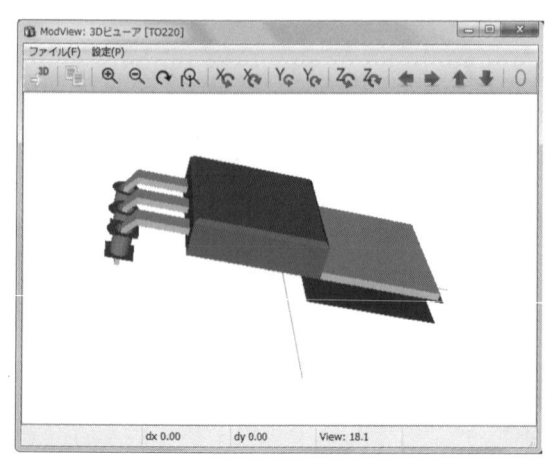

場合に最も有用です．
▶バーチャル
コンポーネントが直接回路基板により形成されることを示しています．一例として，エッジ・コネクタまたは特定の配線形状により作成される（マイクロ波モジュールで時折見られるような）コイルがあります．

4.12.11 ライブラリへのモジュールのドキュメント化

モジュールを速やかにかつ正確に回復させ易くするために，新規に作成したモジュールのドキュメント化を強く推奨します．TO92モジュールでピン配置の違うものはたくさんありますが，それを覚えている方はいないでしょう．

モジュールのプロパティダイアログは，ドキュメント生成のためのシンプルかつ強力な支援ツールです（図136）．

このメニューにより以下のことを行えます．

- コメント行（説明）の入力
- 複数のキーワードの入力

CvPcbとPcbnewのモジュール選択メニューでは，コメント行はコンポーネントのリストと一緒に表示されます．キーワードを使用して，当該キーワードを持つ部品に検索を限定することが可能です．

このため，モジュールの読み込みコマンド（Pcbnewの右側ツールバーアイコン ）を使用中に，テキスト=TO220をダイアログ・ボックスに入力してPcbnewにキーワードTO220を持つモジュールの一覧を表示させることが可能です．

第5章 基板の発注前にガーバー・データを確認しよう！
GerbView リファレンス・マニュアル

kicad.jp

Pcbnewで作成したガーバー・データとドリルデータをGerbViewで確認することで，最終的な仕上がり状態のチェックができます．基板メーカとのやりとりをスムーズにするためにもしっかり確認しましょう．

5.1.1 GerbViewの紹介

GerbViewは，ガーバー・ファイル（RS 274 Xフォーマット）のビューアです．**Pcbnew**で作成したドリルファイル（Excellonフォーマット）も表示できます．

合計32個のファイル（ガーバー・ファイルあるいはドリルファイル）まで読み込めます．

ファイル（各レイヤ）は，透過モードあるいはスタックモードを使って表示されます．

5.1.2 メイン画面

メイン画面を**図1**に示します．

5.1.3 ツールバー

ツールバーを**図2**に示します．ツールバーに表示される各項目の役割りを**表1**に示します．

5.1.4 ツールバーの機能：レイヤマネージャとオプション設定

● レイヤマネージャ

レイヤマネージャの表示画面を**図3**に示します．
画面右部に表示されるレイヤマネージャは二つの役割りを持っています．

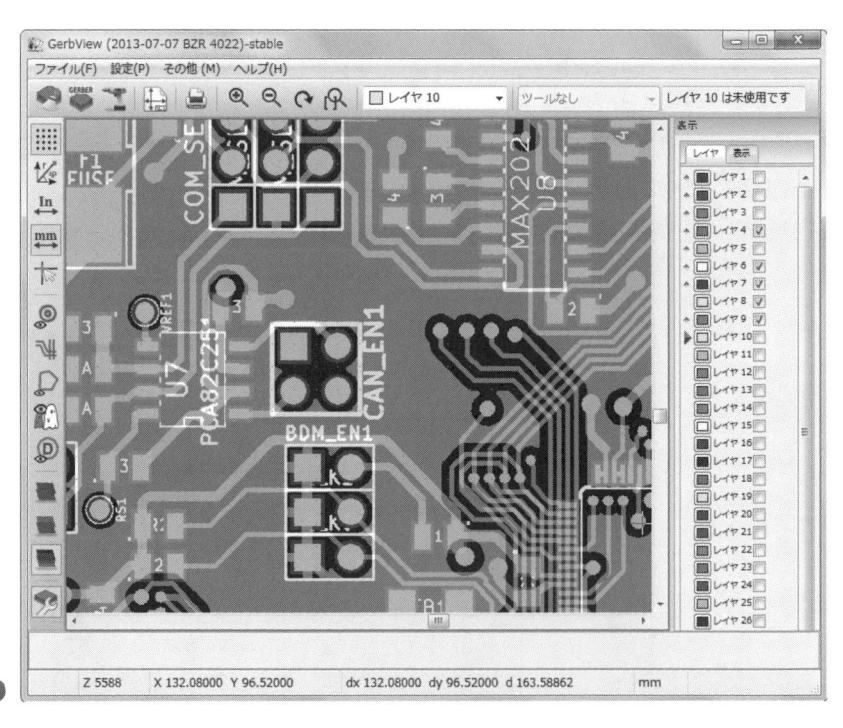

図1

図2

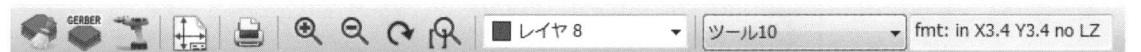

第5章 GerbView リファレンス・マニュアル　235

表1

アイコン	説明	アイコン	説明
	全てのレイヤをクリア		画面を再描画
	ガーバー・ファイルの読み込み		ページにズームを合わせる
	ドリルファイル（Pcbnewで作成したExcellonフォーマット）の読み込み	レイヤ8	レイヤを選択
	印刷用の用紙サイズ設定，ページ制限の表示／非表示を設定	ツール10	Dコードを選択（Dコードを使用したアイテムがハイライトされる）
	印刷ダイアログを開く	fmt: in X3.4 Y3.4 no LZ	現在のレイヤに読み込まれたガーバー・ファイルの情報を表示
	ズームイン・アウト		

- アクティブレイヤの選択
- レイヤの表示／非表示

アクティブレイヤは最後に（最前面で）描画されます．新しいファイルをロードする際には，アクティブレイヤが使われます（新しいデータは以前のデータを置き換える）．

▶レイヤマネージャを使うときの注意点

- 項目を選ぶときは左クリックする：アクティブレイヤを選択
- レイヤマネージャの上ではマウスを右クリックする：全てのレイヤの表示／非表示を切り替え
- カラーアイコンの上ではマウスを中クリックする：表示色の選択

● オプション設定

オプション設定に使うアイコンの役割りを表2に示します．

▶ガーバー・レイヤの表示モード

(1) Rawモード

それぞれのガーバー・ファイルとアイテムは，ファイルが読み込まれた順に描画されます．

しかし，アクティブレイヤのみ最後に描画されます．

黒で描かれるガーバー・ファイルにネガのアイテムがある場合は，すでに描画されたレイヤ上に画像の乱れが生じます（図4）．

(2) スタックモード

それぞれのガーバー・ファイルは，ファイルが読み込まれた順に描画されます．

図3

表2

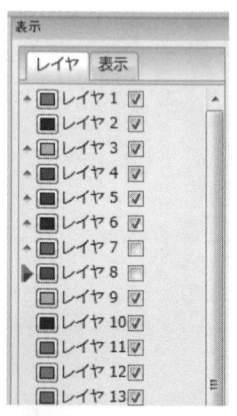

アイコン	説明	アイコン	説明
	グリッド表示のオン／オフ		ポリゴンの表示モードの選択（輪郭のみ／塗りつぶし表示）
	座標系の切り替え（直交座標／極座標）		ネガのレイヤを反転色で表示
In / mm	単位系の選択(Inch/mm)		Dコード値の表示／非表示（Dコードを使用したアイテムのみ）
	グリッド上のカーソル形状の選択	(1)(2)(3)	Gerbviewのレイヤ表示モードの切り替え
	フラッシュアイテム表示モードの選択（輪郭のみ／塗りつぶし表示）		
	ラインアイテム表示モードの選択（輪郭のみ／塗りつぶし表示）		画面右部のレイヤマネージャを表示／非表示

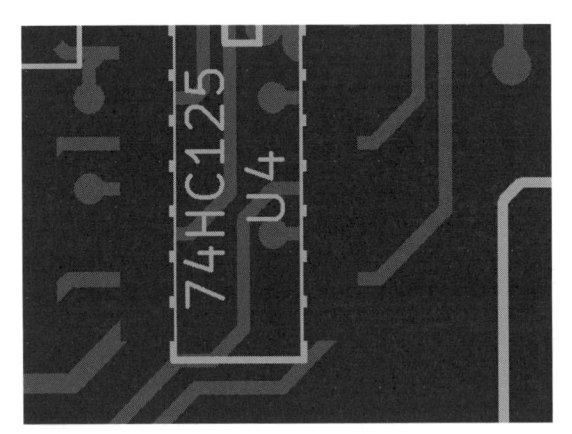

図4

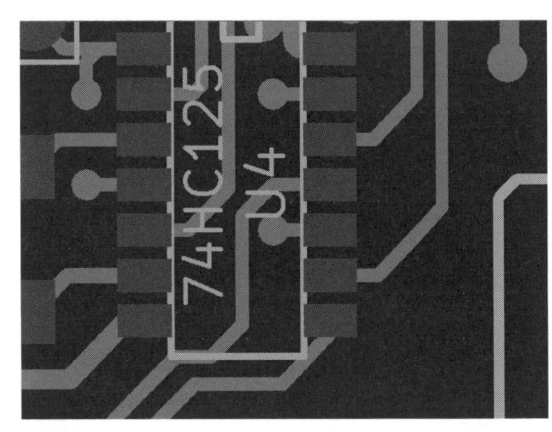

図5

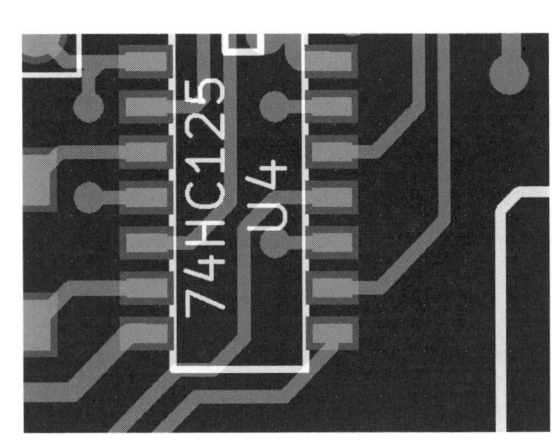

アクティブレイヤのみ最後に描画されます．
　このモードでは，画面上に表示する前にローカル・バッファ内の各ファイルを描画するので，ガーバー・ファイルに（黒で描かれる）ネガのアイテムがある場合でも，すでに描画されたレイヤ上に画像の乱れは生じません．ネガのアイテムは，画像の乱れをおこしません（図5）．
（3）透過モード
　透過モードの描画例を図6に示します．

● 図面のアクティブレイヤ選択の効果
　この効果はrawモード，スタックモードでのみ有効です．
　レイヤ1（緑色）はレイヤ2（青色）の後で描画（図7）．
　レイヤ2（青色）はレイヤ1（緑色）の後で描画（図8）．

5.1.5　レイヤの印刷

● 印刷ダイアログへのアクセス
　レイヤを印刷するには，画面上部のツールバーより
🖨ツール，あるいは"ファイル"メニューより"印刷"を使用します．
　▶注意
　📄により適切なページフォーマットを選択して，印刷対象が，印刷範囲の中に含まれていることを確認

図6

してください．一般的なフォトプロッタは，家庭/オフィス用のプリンタで印刷できる用紙サイズより大きなサイズで出力されることに注意してください．場合によっては，全てのレイヤをブロック移動コマンドによって移動する必要があります．

● ブロック移動コマンド
　マウスの左ボタンを押しながらドラッグし，画面上で選択したい範囲を選択することで，そこに含まれた対象を移動することができます．
　移動中の選択領域は，マウスの左ボタンをクリック

図7

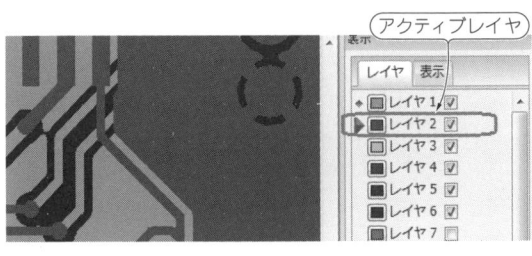

図8

第5章　GerbView リファレンス・マニュアル　237

図9

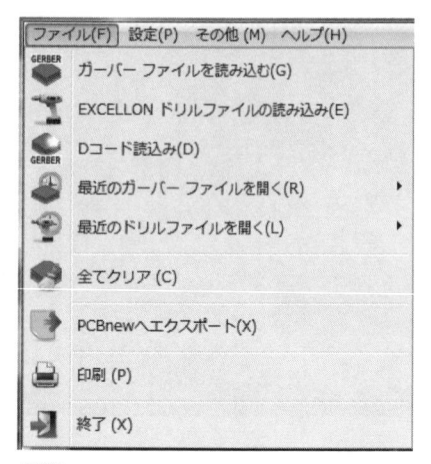

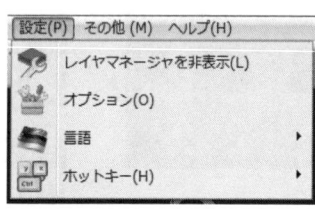

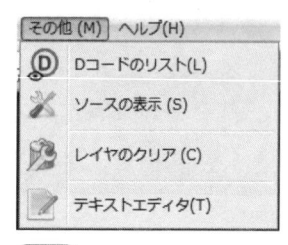

図10

図11

して配置します．

5.1.6 メニューバーのコマンド

● ファイルメニュー

図9にファイルメニューの画面を示します．ファイルメニューには，二つの特別なコマンドがあります．

- Dコード読み込み
- Pcbnewへエクスポート

現在は，Dコードの読み込みは廃止されています．それは，古いRS274Dのガーバー・ファイルを使用する場合に，Dコードのファイル定義を読み込むのに使用されています．

残念ながら，Dコードのファイル定義は，標準フォーマットではありません．

● Pcbnewへのエクスポート

Pcbnewにガーバー・ファイルをエクスポートするGerbViewの能力には限界があります．最終結果はガーバー・ファイル内でRS274Xフォーマットがどういった形で使われているかによります．

RS274Xフォーマットは，変換できないラスター形式の特徴を持っています（主にネガのオブジェクトに関係する全ての機能）．

フラッシュのアイテムはビアに変換されます．

ラインのアイテムはトラックセグメント，もしくは銅箔レイヤではないレイヤに線として変換されます．

そのため，変換されたファイルの扱いやすさは，PCBツールがガーバー・ファイルを作成した方法に大きく依存します．

● 設定メニュー

図10に設定メニューの表示画面を示します．

ホットキーエディターと表示項目のオプションへのアクセスが可能です．

● その他のメニュー

その他のメニューの表示画面を図11に示します．

- Dコードのリスト：使用されているDコードとDコードパラメータを表示する
- "ソースの表示"：テキスト・エディタにアクティブレイヤとなっているガーバー・ファイルの内容を表示する
- レイヤのクリアはアクティブレイヤの内容を削除する

Supplement
気軽に使えるホビー用からプロ用まで
プリント基板CADセレクション　武田 洋一
(2014年4月現在)

	製品名	メーカ名(入手先)	動作環境	参考価格(税別)	無償ビューア/試用版
フリーウェアとシェアウェア	CADLUS X	配布元：P板.com (http://www.p-ban.com/cadlus/x_merit.html)	32ビット版のWindows (Vistaと7の64ビット版は互換モードで動作可能)	無料	—
	DesignSpark PCB	配布元：RSコンポーネンツ (http://jp.rs-online.com/web/generalDisplay.html?id=pcb)	Windows XP/Vista/7/8	無料	—
	EAGLE	CadSoft Computer GmbH (http://www.cadsoftusa.com/)	Windows 2000/XP/Vista/7 Linux Kernel 2.6, Mac OS X 10.4	無料(非商用/機能制限), Light $69, Standard $315～$1890, Professional $625～$3750	—
	K2CAD	作者：YAN (http://www.yansoft.com/k2cad/)	Windows 95/98/Me/NT/2000/XP	シェアウェア(3,150円)	—
	KiCad	Jean-Pierre Charras, Kicad Developers Team (http://kicad.jp/)	Windows 2000/XP/Vista/7/8 Linux Mac OS X (Intelベース)	GPL(GNU General Public License)のオープン・ソース．利用は無料	CD-ROMに収録
	mikan++	作者：ふな (http://www.usamimi.info/~mikanplus/)	—	無料フリーウェア	—
	PasS	作者：uaubn (http://www.geocities.jp/uaubn/pass/)	Windows 98SE/2000/XP	学校や個人に限り無料	—
	PCBE	作者：高戸谷 隆 (http://www.vector.co.jp/soft/winnt/business/se056371.html)	Windows 2000/XP/Vista/7/8	フリーウェア	—
有償(評価版あり)	NI Ultiboard	ナショナル インスツルメンツ (http://sine.ni.com/nips/cds/view/p/lang/ja/nid/201801)	Windows	年間1ライセンス：68,000円 年間10ライセンス：389,000円	学生・教員向け30日間の評価版あり
	OrCAD PCB Editor	ケイデンス・デザイン・システムズ (http://www.cybernet.co.jp/orcad/product/substrate/)	Windows XP Pro/2008 Server/Vista (StarterとHome Basicを除く)/7 32/64ビット(Starterを除く)	OrCAD PCB Designer Standard：80万円～	ビューアはないがデモ版あり
	PADS LS Suite PADS ES Suite	メンター・グラフィックス (http://www.mentorg.co.jp/products/pcb-system-design/design-flows/pads/)	Windows XP(SP2)/Vista/7	PADS DS Suite：62万円 PADS LS Suite：108万円 PADS ES Suite：212万円	30日評価版あり(無償ビューアはなし)
	Quadcept	Quadcept (http://4cept.co.jp/)	Windows XP, Vista, 7, Server2003, Server2008	9,500円/月 (1年間では1ヶ月無料)	評価版あり
	WinPCB	シーエスアイグローバルアライアンス (http://www.csieda.co.jp/csieda/winpcb.html)	—	WinPCB PRO：120万円 WinPCB ENT：149万円	CSiEDA5ビューあり．部品の移動作業ができ，結果を印刷できる
有償(評価版なし)	CADLUS	ニソール (http://www.cadlus.com/)	Windows 2000/XP/Vista/7/8(32ビット/64ビット)	CADLUS One 2L：30万円 CADLUS One Lite：120万円 CADLUS One Pro：260万円 cALDUS One 6L：60万円	無償ビューアあり．無償回路図CAD「サーキット」と「スクール」あり
	Allegro PCB Design	ケイデンス・デザイン・システムズ (http://www.cybernet.co.jp/allegro/product/pcbdesign/)	Windows 2003Server/2008Server/XP Pro/Vista(32/64ビット，Home Basicを除く)	—	Free Viewer. AllegroとOrCAD PCB Editorで設計した基板ファイルやフットプリントをPCで表示
	Altium Designer 拡張セット	Altium limited (http://www.altium.com/, http://www.anvil.co.jp/altium/altium_designer_PCB.html)	推奨：Windows 7 (32/64ビット) XP/Vistaも使用可能	Altium Designer拡張セット無期限ライセンス69.5万円．12カ月ライセンス371,800円	無償ビューアあり
	K4	シーエィディプロダクト (http://www.cadpro.co.jp/products/k4/)	Windows 98/Me/NT4.0/2000/XP	—	無償ビューアあり
	Opuser XP-7	ユニクラフト (http://www.unicraft.co.jp/products/1_index_detail.html)	Windows XP/Vista(32/64ビット)/7(32/64ビット)	NC版(FDライセンス)49,800円 ～ Biz Plus+(10ユーザ)1,431,000円	—

製品名	主な特徴	回路図CAD機能	作成可能な最大層数	DRC機能	オートルータ機能	バック・アノテーション機能
CADLUS X	回路図ネット・リスト取込, P板.com製造仕様にあわせたDRC機能, 自動ベタ生成機能, 各種オプション・サービス(保守サポート込みのライセンス料金：月額1万円), 最大6人での同時並行設計機能, ガーバ・イン機能	なし(CALDUS Circuitを使用)	8層	○	学習用配線ルータ付き	振り替え情報出力
DesignSpark PCB	Schamaticは1プロジェクトで複数枚のページをサポート, PCBは拡張ガーバ出力可能. EAGLEのデザイン・ファイルやライブラリのインポートをサポート. 部品表にRSコンポーネンツの部品番号が併記される	○	無制限	○	○	○
EAGLE	基板CAD, 回路図CAD, オートルータの組み合わせ, 各連動可. 標準ガーバ/拡張ガーバ/エクセロン/ユーザ定義フォーマットで出力可能. 解説書籍あり. コンバータなどのツールも豊富. 日本語パッチあり	○	ホビイストは6層まで, Light：2層, Standard：6層, Professional：16層	○	パッケージの選択による	○
K2CAD	DRCの箔間チェック機能, 部品番号のダブりのチェックが可能, 各種回路図ネットリストの使用でのラッツ表示が可能, 逆ネット出力機能, ガーバ・データ入出力機能(拡張ガーバ対応), 自動実装機用の部品座標データ出力機能	なし	32層	○	なし	なし
KiCad	回路図CADと基板アートワークCAD. 回路図CAD, ボード・エディタ, ガーバ・ビューアなどから構成される.	○(Eeschema)	導体層16, テクニカル層12	○	○	○
mikan++	PCBEの不便を解消するために開発された. Undo, Redoやベジェ曲線, PCBEファイルのインポートなどをサポートする	PCBEからのインポート	無制限	なし	なし	なし
PasS	ユニバーサル基板上の部品配置図や配線図が作成できる. アドイン・プログラムを組み合わせるとガーバ出力が可能	なし	ユニバーサル基板用	なし	なし	なし
PCBE	NCデータを出力できる. ネットリストはサポートしない. デザイン・チェックやバック・アノテーション, ガーバ・データ変換も追加プログラムで可能	なし	256層	なし	なし	なし
NI Ultiboard	NI Multisimとの統合環境. 高機能なスプレッド・シート表示, ツール・ボックス, 設計ウィザードにより, ボード・レイアウトを容易に管理, 制御, 定義することが可能.	なし(NI MultiSimとの組み合わせ)	64層	○	○	NI MultiSimに対して可能
OrCAD PCB Editor	回路図設計ツールCaptureとのクロスプロービング機能やバックアノテーション機能あり. DXF, IDFファイルの入出力が可能. PADSやP-CADのデータ変換ツールを標準装備. 標準/拡張ガーバ出力可能	なし(OrCAD Captureにて)	ほぼ無制限	○	SPECCTRA(6層)が付属. OrCAD PCB Design Standardには付属しない	○
PADS LS Suite PADS ES Sute	対話型押し退け配線. 自動配線. RF設計ツールなどの機能を持つ. オートメーション, Visual Basicスクリプト, ASCIIデータベースなどの業界標準を使用	○	64層	○	○	PADS製品間でのみ可能
Quadcept	月極め低額で使用できるので, 必要なときに, 必要な台数使用でき, 増設も容易. 将来はアプリケーションがクラウドになる予定. Windowsリボン・フレームワークを採用.	なし	無制限	○	なし	○
WinPCB	ディジタル/アナログ設計用の高機能を実現. トリミング/図形分割/自動ベタ/自動シールド/ビルドアップ基板対応で意図通りの設計を可能にする. 分割設計機能では設計作業を分担できる. 他社CADからASC/ガーバ・データをインポート可能	なし	1024層	○	なし	なし
CADLUS	標準/拡張ガーバ・データ出力. NCドリル・データ出力. 実装マウンタ・データ出力, 領域DRC, 特性インピーダンス表示, インピーダンス指定配線, HPGL/DXFの入出力. 拡張ガーバ入力(オプション), バック・アノテーション(CADLUSサーキットのみ). 漢字抜き文字対応, Pro版は同時並行設計などを追加	なし	2L：2層, ユーザ層(論理)255層, 6L：6層, ユーザ層(論理)255層	○	なし	CADLUSサーキットだけに対応
Allegro PCB Design	回路図入力, 基板設計, 自動配線ツールが含まれる. 重要な信号を明示して管理・確認が可能. 3Dビュー機能あり. 設計途中で配線の状況を表示可能. 片面基板用のジャンパ配線機能を搭載, バック・アノテーションあり	OrCADシリーズやOrCAD Capture	制限なし	○	SPECCTRA(6層)が付属	○
Altium Designer 拡張セット	ペア配線や等長配線機能や, 伝送線路シミュレータなどの高速配線設計や3D表示機能や筐体設計との連携ができる. FPGA開発機能や回路図入力もできる. TrueTypeによる日本語文字入力, 3D表示機能などがある	○	メカニカル16層	○	○	○
K4	MY-PCBのOEM商品. ディジタル/アナログ基板に対応. 特に電源基板, フレキシブル基板, バーンイン・ボード設計など, 信号特性を重要視したアートワーク機能を実現. べた編集, インピーダンス計算, DXF I/Fオプションもある	なし	通常32層, 最大拡張200層	○	なし(外部, SPECCTRA)	なし
Opuser XP-7	リアルタイム双方向自動アノテーション, シミュレータのリアルタイム・リンク, 独立タイプ波形/ロジック・ビューア, ベタ面/ティアドロップの配置, 基板外形DXFデータ利用, 日本語社名/ロゴ・マークの基板への配置, 3Dビューアあり	○	32層	○	○	○

※ DRC：Design Rule Check

付属CD-ROMの内容と使い方

つちや 裕詞

本書付属CD-ROMを使用する際には，まず最初にReadme1st.txtをお読みください．

CD-ROMには以下のコンテンツが含まれています．

● **Windows用KiCadインストーラBZR4022版**
- KiCad本体ソースコード
（kicad-source-stable_2013.07.07-BZR4022.zip）
- 日本語ドキュメントおよび日本語ローカライズ用ファイルソースコード（kicad-docs-translations_only_for-stable_2013.07.07_BZR4022.zip）
- KiCad標準添付ライブラリ
（kicad_library_and_module_bzr4022.zip）

● **本書で取り上げた設計例の実際のKiCadデータ**
- USBヘッドホンアンプ基板（第1部）
- オートルータ（自動配線）を併用した液晶グラフィックモジュール制御基板（第2部 第2章）
- OPアンプによるポータブルヘッドホンアンプ基板（第2部 第3章）
- ロジックICによるD級アンプ基板（Appendix 5）
- Spiceネットリスト出力用KiCad回路図ファイル一式（第2部 第5章）

※本書KiCadインストール時の注意点

KiCadは標準添付のライブラリ一式をインストールディレクトリ内に配置しています．既にKiCadをインストール済みのPCで，標準添付のライブラリを修正して使っている場合，上書きインストールを行うとライブラリの修正内容も破棄されてしまいます．このような場合には，修正したライブラリを別ディレクトリに退避した後に，KiCadをインストールしてください．

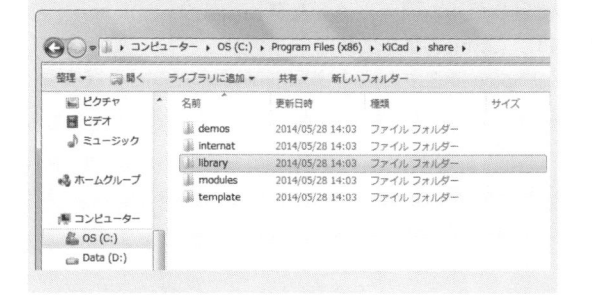

● **本書付属のKiCadについて**

本書付属のKiCad-BZR4022版は，KiCad本家で公開されているBZR4022版のヘルプファイルと日本語GUIを更新し，リビルドしたものです．既にBZR4022版をお使いの方にとって，機能的に変更はありませんがGUIとヘルプファイルが更新されているので，こちらに置き換えても良いでしょう．なお，kicad.jpのサイトでもBZR4022版用の日本語パッチファイルを公開しています．インストール・ディレクトリのKiCad￥share￥internet￥ja￥内のkicad.poとkicad.moを置換することで最新の日本語パッチが適用されます．

本CD-ROMに収録したKiCadは，Windows 8.1にインストールして使用できます．

BZR3256版からの変更について

● **ファイルフォーマットの変更**

KiCadはほぼ毎年のように安定版のバージョンアップが行われています．2012年発行のBZR3256版からBZR4022版に移行した際に，**Pcbnew**の基板データのフォーマットが変更されています．BZR3256版をお使いの方は，基板データ修正後，自動的に新フォーマット（拡張子.kicad_pcb）にて保存されます．バージョンアップから既に1年以上経過しており，特に不具合はないと思いますが，業務利用をされている方などは，念のため旧バージョンでのバックアップをお勧めします．

● **Keepout（禁止領域）機能の追加**

パターンの各層ごとに「配線禁止」「ビア禁止」「ゾーン（ベタ面）禁止」の各領域を設定できるようになりました．金属部品や高圧部分など，個別に設定したい場合に便利な機能です．あとは部品同士のクリアランスチェックができるようになることを切に希望しています．

● **パッドごとの個別クリアランス設定**

DRCでの全般設定とは別に，「この部分だけ特別にパッドとパターンの距離を広く取りたい」場合などパッドごとに個別にクリアランス設定が可能になりました．クリアランスを変更したいパッドの上で「E」キー，もしくは「右クリック」→「パッド」→「編集」と進

むことでパッドの個別編集のダイアログが開きます．「ローカルクリアランスと設定」タブの「ネット－パッド間のクリアランス」に値を入れることで，個別にクリアランスを設定できます．また，このダイアログの「導体エリア」の欄を編集することで，ベタ面にパッドを接続する際の「サーマル接続」「ベタ接続」「接続無し」などを個別に設定できます．電源ラインでのベタ接続などに便利な機能です．

● **Pcbnewの画面のハイライト表示について**

BZR4022版に移行した際に，画面左のハイライト表示用のアイコンが何故か削除されていますが，Ctrl＋Hキーにて，ハイライト機能を使用する事は可能です．

新しい安定バージョン 4.0.x系列での変更について

本書付属のKiCad-BZR4022版を含む2015年以前のKiCadソースコードは，Bazaarと呼ばれるバージョン管理システムで管理されていました．

2015年11月29日にリリースされた4.0.x系列からは，バージョン管理システムがGithubに変更されました．前バージョンからの変更点は次の通りです．

- 標準ライブラリの管理をGithubで行う
- フットプリントのファイル・フォーマット変更
- 図枠エディタの実装
- Push & Shove（押し退け配線）機能の実装（Pcbnew）
- Pythonスクリプト実行機能の実装（Pcbnew）

● **クラウド上のライブラリとの連携が標準に**

標準ライブラリの管理がGithubに変わったことによるメリットとデメリットは次の通りです．

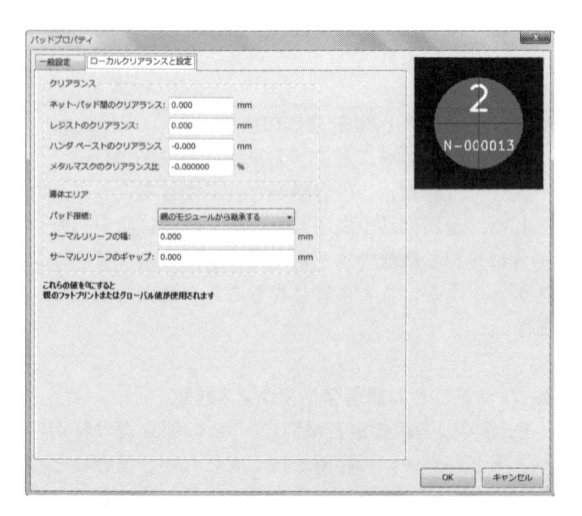

- メリット：世界中から膨大な数のライブラリが追加される
- デメリット：既存の回路図や基板データの修正時に，リンク切れライブラリのひも付け更新が必要

このデメリットは，ローカル・フォルダに自作ライブラリを作成して，必要な場合のみGithubから自作ライブラリに移して使用することで回避できます．

4.0.x系列ではフットプリントのフォーマットが変更されたため，BZR4022版からGithubに置いてある標準ライブラリのフットプリントを直接使うことはできません．

● **高機能だが安定度は向上の余地あり**

初めて基板CADを触る方は，本書のBZR4022版で操作に慣れた後で4.0.x版に移行したほうが，最初に覚える事が少ないのでおすすめです．

安定度もBZR4022版のほうが高いです．4.0.x系列では年に数回の安定版がリリースされますが，4.0.4版リリース時点（2016年8月）での安定度のみに限れば，筆者の体感ではBZR4022版のほうが優れています．

すでに何らかの基板CADを使用した経験がある方や，ソフトウェア開発の経験がある方は，ぜひ4.0.x系列のKiCadで，GithubやPythonスクリプトの機能をフルに使いこなすことに挑戦していただければと思います．

設計データの使い方

本書第1部では回路図入力から基板設計まで，また基板製造用のガーバー・データの作成までの一連の流れを解説しています．本書を見ながら1から始めるのもよいですし，敷居が高いと感じる方はCD-ROM収録データに触れながら慣れていくのもよいでしょう．

第2部ではいくつかの設計事例を紹介しています．CD-ROMの設計データを読み込み，回路図のみ残して基板データは消去してしまい，オリジナルの基板設計にチャレンジしてみてください．

なお，第2部 第5章のLTSpiceとKiCadの連携で使用した回路図データ，及びKiCadのEeschemaで使用するSpice用の回路図シンボルも収録しています．LTSpiceに渡すためのSPICE制御構文の記述方法や，Spiceデータに対応した回路図シンボル作成の参考にご活用ください．

索　引

(*斜体の数字は*「*第3部　資料編*」*のページ番号*)

【数字・アルファベット】

4端子法	72
AC解析	81
Allegro PCB Design	*239*
Altium Designer	*239*
Bitmap2Component	*107*
BOM	34
BOMツール	*123*
BOMの生成	*168*
CADLUS	*239*
CADLUS X	*239*
CvPcb	*107*
DesignSpark PCB	*239*
Digi-Key	41
DRC	28
DXF	88, *142*
EAGLE	*239*
Eeschema	*107, 112*
ERC	16, 62, *136*
ERCオプションダイアログ	*123*
ERCツール	*123*
ERCレポート・ファイル	*137*
FFT解析	86
FreeRoute	53
GerbView	*107, 235*
GNDビア	27
GPL	100
HPGL	*141*
Jw-cad	87
K2CAD	*239*
K4	*239*
KiCad	49, 100, *107, 239*
LibEdit	*142*
LTspice	78
mikan++	*239*
ModEdit	*222*
NI Ultiboard	*239*
NPTH	44
Opuser XP-7	*239*
OrCAD PCB Editor	*239*
OSHW	101
OSS	100
PADS DS Suite	*239*
PADS ES Suite	*239*
PADS LS Suite	*239*
PasS	*239*
PcbCalculator	*107*
PCBE	*239*
Pcbnew	*107, 180*
Postscript	*142, 219*
PTH	44
PWR FLAG	18
P版.com	36
Quadcept	*239*
SPICE	78
WinPCB	*239*
XSLT	*166*
xsltproc	*171*

【あ・ア行】

空き端子シンボル	*130*
アノテーションツール	*122, 134*
アンカ	94
アンカー位置	*152*
印刷	*141*
浮島パターン	73
エイリアス	*152*
オートルータ	51
オープン・ジャンパ	26
オプションファイル	*110*
オフセットパラメータ	*232*

【か・カ行】

カーソルの座標表示	*115, 183*
ガーバー	44
ガーバー・ビューア	31
ガーバー・ファイル	30
ガーバー・フォーマット	*219*
外形	23, 95, *227*
解析条件	82

階層	131	シミュレーション	78
階層ピン	132	ジャンパ配線指示書	221
階層ラベル	132	手動配線	208
開発フロー	125	定数	15
回路記号	93	使用の原則	108
回路図	62	上部のツールバー	109, 115
回路図エディタ	12	ショートカット・コマンド	29
回路図エディタのオプション	121	シルク	26
回路図の具現化	190	診断結果の表示	136
角度変更	201	シンボルライブラリ	155
間隔	61	ズームの選択	115
キープアウトエリア	216	ズームレベル	183
基板外形	197	スルーホール	44
基板製造メーカ	38	寸法線	23
基板のサイズ	61	接続点	16
基板の修正	199	設定メニュー	117
切り抜き	27	層数	61
クイックエディット	115	ゾーン	211
クリアランス	44, 206	属性	233
グリッド	44	**【た・タ行】**	
グリッド・サイズの選択	114	多パーツコンポーネント	146
グリッドサイズ	182	単位系	97
クローズ・ジャンパ	26	中間ネットリスト	156
グローバルラベル	131	ツール起動ペイン	109
ケース	87	ツールバー	181, 187
ゲート・スワップ	69	ディスプレイの選択	107
検索ツール	121	テキストコメント	130
コマンド	181	テクニカル層	193
コンポーネント	13, 20, 44, 93, 142	デザイン・ルール	21
コンポーネントセクション	170	デザイン・ルール・チェック	28
コンポーネント設計	147	デフォルト設定の初期化	107
コンポーネントの作成	145	デルタパラメータ	232
コンポーネントの編集と配置	125	電源	14, 95
【さ・サ行】		電源ポート	129
サーマル	44	電源ポート・シンボルの作成	151
サーマルパターン	214	テンプレート	110
最小パターン幅	61	導体層	193
作業層	192	導体ゾーン	210
作業フォルダ	11	等長配線	25
シート管理	121	ドキュメント	153
シートシンボル	132	特殊層	194
ジェネラルトップツールバー	121	特殊フィールド	153
自動配線	53	トップメニューバー	115
自動配置	202	トラックモード	190
自動部品挿入	222	トランジェント解析	84
自動モジュール分散	202	ドリル・データ	31

ドリルファイル	221

【な・ナ行】

塗りつぶし	212
ねじ穴	23
ネット	44
ネット・クラス	54, 204
ネットセクション	171
ネット名	16
ネットリスト	18, 82
ネットリスト・フォーマット	137
ネットリストツール	121
ネットリストの作成	137
ノイズ	68
ノーマルモード	188

【は・ハ行】

ハイコントラストモード	195
配線	16, 25, 205
配線禁止領域	56
配線幅	208
配線パラメータ	203
配置	24, 63
バス	128
発注	32
パッド	44, 227
パッドプロパティ	230
パラメトリック解析	84
汎用層	194
ビア	44, 61, 195, 205
ビアサイズ	208
左側のツールバー	115
平階層	133
ピン	44, 95
ピンの作成	148
ファイル出力	217
ファイルメニュー	117
フィールド	153, 227
フィールドの編集	150
フィールドプロパティ	232
複合階層	133
フットプリント	20, 44, 93
フットプリントモード	188
フットプリント割り当て用インポートツール	124
部品実装指示書	221
部品表	34
部品ライブラリ	13
プリント基板製造メーカ	35

フロア・プラン	63
プロジェクト	11
プロジェクトツリービュー	109
ブロックでの操作	183
プロット	141
ベタ・パターン	27
ヘッダーセクション	170
ヘッドラインの階層作成	131
ヘルプメニュー	119
変曲点	26
ホットキー	114, 183
ポップアップ・メニュー	115
ポリゴン	27

【ま・マ行】

マウス・コマンド	113, 181
マスク	220
マンハッタン現象	66
右側のツールバー	115
メインウィンドウ	108
メイントップメニュー	117
メニューバー	184
モジュール	20, 227
モジュール・エディタ	96
モジュールの配置	201
モジュールプロパティ	229

【や・ヤ行】

ユーザ・コミュニティ	100

【ら・ラ行】

ライセンス	100
ライブラリ	142
ライブラリ・エディタ	93
ライブラリ管理	222
ライブラリセクション	171
ライブラリパーツセクション	170
ライブラリブラウザ	155
ラッツネスト	24, 44
ラベル	127, 129
ランド	44
リアルタイム DRC	25
リファレンス番号	44
ルールの設定	137
レイヤの印刷	237
レジスト	220
ローカルラベル	131

【わ・ワ行】

ワイヤ	127

■**あとがき風謝辞**

　第3部のKiCadマニュアルでは，Zenyoujiさん，Milloさん，Nekokuniさんに多くの時間を費やして大量の英文マニュアルを翻訳していただきました．本当にありがとうございました．

　kicad.jpの運営では，共同管理の斉藤さんにずっとお世話になっています．遠方なので実際にお会いしたことはないですが，いつかぜひご一緒しましょう．

　kicad.jpメーリングリストのメンバーの方々には，いつも適切な助言を迅速にいただいており，感謝の気持ちでいっぱいです．ありがとうございます．

　TwitterやブログでKiCadに関する情報を拡散してくださっている方々もありがとうございます．@kicad_jpの中の人？さぁ？私は知らないですねぇ….

　CQ出版社の鈴木さん，内門さん，高橋さん，寺前編集長には，KiCadが日本で無名だった時代から目をかけて育てていただき，おかげさまで書籍として出版できるまでになりました．ありがとうございました．

　ここに挙げさせていただいた方以外にも，KiCadとkicad.jpは，非常に多くの方々に支えられています．こうした，ユーザー同士が互いに支え合う関係が強いのも，KiCadの特徴だと思います．この本を読んだあなたも，ぜひこの輪に加わっていただければと思います．意外と楽しいですよ？

〈米倉　健太〉

■執筆者紹介

つちや裕詞（つちや・ひろし）
　1971年生まれ　静岡県出身
　家電，オーディオ，通信，FAなどの分野で20年近く基板を描いてきたアートワーク屋．
　日本のモノづくりの衰退を受けて，OSS（オープンソースソフトウェア）コミュニティやオープンハードウェアでのエンジニア諸氏の活路を模索中．

米倉健太（よねくら・けんた）
　茨城県つくば市在住のロボット屋．"ロボットの心を作る"という人生の目標に向け，マイクロマウスから等身大ヒューマノイドまで，ロボットなら何でも手がける．http://blog.livedoor.jp/k_yon/

- ●本書記載の社名,製品名について ── 本書に記載されている社名および製品名は,一般に開発メーカーの登録商標または商標です.なお,本文中では ™, ®, © の各表示を明記していません.
- ●本書掲載記事の利用についてのご注意 ── 本書掲載記事は著作権法により保護され,また産業財産権が確立されている場合があります.したがって,記事として掲載された技術情報をもとに製品化をするには,著作権者および産業財産権者の許可が必要です.また,掲載された技術情報を利用することにより発生した損害などに関して,CQ 出版社および著作権者ならびに産業財産権者は責任を負いかねますのでご了承ください.
- ●本書付属の CD-ROM についてのご注意 ── 本書付属の CD-ROM に収録したプログラムやデータなどを利用することにより発生した損害などに関して,CQ 出版社および著作権者は責任を負いかねますのでご了承ください.
- ●本書に関するご質問について ── 文章,数式などの記述上の不明点についてのご質問は,必ず往復はがきか返信用封筒を同封した封書でお願いいたします.勝手ながら,電話でのお問い合わせには応じかねます.ご質問は著者に回送し直接回答していただきますので,多少時間がかかります.また,本書の記載範囲を越えるご質問には応じられませんので,ご了承ください.
- ●本書の複製等について ── 本書のコピー,スキャン,デジタル化等の無断複製は著作権法上での例外を除き禁じられています.本書を代行業者等の第三者に依頼してスキャンやデジタル化することは,たとえ個人や家庭内の利用でも認められておりません.

JCOPY 〈出版者著作権管理機構委託出版物〉
本書の全部または一部を無断で複写複製(コピー)することは,著作権法上での例外を除き,禁じられています.本書からの複製を希望される場合は,出版者著作権管理機構(TEL:03-5244-5088)にご連絡ください.

CD-ROM付き

本書に付属のCD-ROMは,図書館およびそれに準ずる施設において,館外へ貸し出すことはできません.

一人で始めるプリント基板作り[完全フリーKiCad付き]

編 集	トランジスタ技術SPECIAL編集部
発行人	小澤 拓治
発行所	CQ出版株式会社
	〒112-8619 東京都文京区千石4-29-14
電 話	編集 03-5395-2148
	販売 03-5395-2141

2014年7月1日 初版発行
2022年7月1日 第3刷発行
©CQ出版株式会社 2014
(無断転載を禁じます)
定価は裏表紙に表示してあります
乱丁,落丁本はお取り替えします

DTP・印刷・製本 三晃印刷株式会社
Printed in Japan

ISBN978-4-7898-4927-2